化学工业出版社"十四五"普通高等教育规划教材

功能高分子

谌 烈　吴飞燕　主　编
袁 凯　胡笑添　副主编

化学工业出版社

·北京·

内容简介

功能高分子是高分子学科中发展最为迅速的方向之一，其凭借特殊的电、磁、光、热、化学等性能在国民经济、国防建设、高新技术等领域发挥着至关重要的作用。本书以功能高分子的基本原理为基石，紧密结合实际应用，全面阐述了各类功能高分子的相关知识。内容涵盖功能高分子的定义、特点、分类、发展历史与趋势，详细介绍了其设计方法、合成技术与材料制备，系统解析导电高分子、光功能高分子、热和磁功能高分子、高分子催化剂和高分子试剂、液晶高分子、智能高分子、分离功能高分子、医用及生物降解功能高分子等各类功能高分子的原理、结构、性能与应用，还涉及高分子纳米复合材料和功能化碳材料等前沿领域。

本书内容兼顾传统与新型功能高分子，理论与实践并重，可作为本科化学、应用化学专业和研究生高分子化学与物理、高分子材料与工程专业的教材，也可供高分子领域的技术人员阅读参考。

图书在版编目（CIP）数据

功能高分子 / 谌烈，吴飞燕主编；袁凯，胡笑添副主编. -- 北京：化学工业出版社，2025.3. --（化学工业出版社"十四五"普通高等教育规划教材）.
ISBN 978-7-122-47256-4

Ⅰ. O631

中国国家版本馆CIP数据核字第2025E3B915号

责任编辑：傅聪智　　　　　　　文字编辑：王丽娜
责任校对：张茜越　　　　　　　装帧设计：王晓宇

出版发行：化学工业出版社
　　　　　（北京市东城区青年湖南街13号　邮政编码100011）
印　　装：北京建宏印刷有限公司
787mm×1092mm　1/16　印张17¼　字数412千字
2025年4月北京第1版第1次印刷

购书咨询：010-64518888　　　　售后服务：010-64518899
网　　址：http://www.cip.com.cn
凡购买本书，如有缺损质量问题，本社销售中心负责调换。

定　　价：68.00元　　　　　　　　版权所有　违者必究

前言
PREFACE

功能高分子是一类具有特殊的电、磁、光、热、力、化学、生物等功能，在适当条件下具有传递、转换、储存物质、能量和信息作用的高分子及其复合材料。虽然直到20世纪60年代功能高分子的概念才逐渐形成，80年代中后期才成为独立学科而被重视，但它却是高分子材料科学中发展最为迅速的、与其他学科交叉最为广泛的一个研究领域。可以毫不夸张地说，功能高分子凭借其独特的性能在国民经济、国防建设、高新技术等领域均发挥着至关重要的作用，而且未来必将在更多的科技领域大放异彩。

立足于功能高分子基本原理，本书力求兼顾传统功能高分子和近年来发展较为迅猛的新型功能高分子，全面介绍了当前各类功能高分子的作用原理、分子结构与性能以及相关应用，并结合各位编者长期的研究经验，对部分章节进行了重点阐述。本书内容主要包括绪论、功能高分子的设计与制备、导电高分子、光功能高分子、热和磁功能高分子、高分子催化剂和高分子试剂、液晶高分子、智能高分子、分离功能高分子、医用及生物降解功能高分子、高分子纳米复合材料和功能化碳材料等11章。其中第1、2章由吴飞燕编写，第3、4、5章由胡笑添编写，第6、9、11章由袁凯编写，第7、8、10章由谌烈编写。全书由谌烈和吴飞燕统稿，张有辉、祝阳阳、徐镇田、王静、刘靓、游诗勇等也参与了本书部分章节的编写，同时对文稿中图、表、公式等进行了细致的编绘整理。

本书是在南昌大学研究生优质建设课程"功能高分子"多年教学经验基础上编写而成，希望读者通过学习能建立基本的概念，熟悉各类功能高分子的基本原理和代表性应用，为功能高分子的后续学习或研究奠定基础。本书同样适合高年级本科生学习，或者供相关工作人员阅读参考。在本书出版过程中得到了南昌大学研究生院的资助，在此表示感谢。

由于本书内容涉及化学、材料、物理、生物、医学、信息科学等众多相关学科，很多内容涉及一些正在快速发展的新兴边缘学科，虽然作者在编写过程中力争准确，但限于学识水平，书中难免存在不足和疏漏之处，恳请各位读者和专家批评指正。

编者

2024年12月

目录 CONTENTS

第 1 章 绪论   001

  1.1 功能高分子的定义和特点   001
  1.2 功能高分子的分类   001
  1.3 功能高分子发展历史   002
  1.4 功能高分子的发展趋势   004

第 2 章 功能高分子的设计与制备   005

  2.1 功能高分子的结构与性能   005
      2.1.1 化学组成的影响   005
      2.1.2 官能团的影响   006
      2.1.3 高分子骨架的影响   006
      2.1.4 聚集态结构的影响   008
      2.1.5 超分子结构的影响   009
  2.2 功能高分子设计方法   009
      2.2.1 根据已知功能的小分子设计   009
      2.2.2 根据小分子或官能团与聚合物架之间的协同作用进行设计   010
  2.3 功能高分子合成方法   011
      2.3.1 活性阴离子聚合   011
      2.3.2 活性阳离子聚合   013
      2.3.3 活性离子型开环聚合   015
      2.3.4 基团转移聚合   016
      2.3.5 活性自由基聚合   017
      2.3.6 其他高分子合成方法   023
  2.4 功能高分子材料的制备   026
      2.4.1 功能性小分子高分子化法   026

  2.4.2 功能性小分子与高分子骨架结合法 027
  2.4.3 聚合包埋法及物理共混法 029
  2.4.4 功能高分子的其他制备技术 029
思考题 030
参考文献 030

第 3 章 导电高分子   031

3.1 概述 031
  3.1.1 导电高分子的特点 031
  3.1.2 导电高分子的分类 033
3.2 结构型导电高分子 033
  3.2.1 电子导电高分子 034
  3.2.2 离子导电高分子 040
3.3 复合型导电高分子 042
  3.3.1 复合型导电高分子的结构和导电机理 043
  3.3.2 金属基导电高分子 045
  3.3.3 碳基导电高分子 046
  3.3.4 复合型导电高分子的应用 048
思考题 049
参考文献 049

第 4 章 光功能高分子   051

4.1 概述 051
  4.1.1 光功能高分子中的基本原理 051
  4.1.2 光功能高分子的分类 052
4.2 光传导高分子 052
  4.2.1 光导纤维的基础 053
  4.2.2 光导纤维的分类 053
  4.2.3 光传导高分子的分类和应用 054
4.3 光敏性高分子 054
  4.3.1 光敏性高分子的分类 054
  4.3.2 光敏性高分子的重要应用 055
4.4 电/光转化高分子 056
  4.4.1 电/光转化高分子的特点 056
  4.4.2 电/光转化高分子器件结构和发光机理 056
  4.4.3 电/光转化高分子的分类 058
  4.4.4 电/光转化高分子的应用 060

4.5 光/电转化高分子 ... 060
    4.5.1 光/电转化高分子作用机理 ... 060
    4.5.2 有机太阳能电池性能参数 ... 060
    4.5.3 光/电转化高分子的分类 ... 062
    4.5.4 光/电转化高分子的应用 ... 066
4.6 光致导电高分子 ... 066
    4.6.1 光导电机理与性能 ... 069
    4.6.2 光致导电高分子的结构类型 ... 069
    4.6.3 光致导电高分子的应用 ... 070
4.7 光致变色高分子 ... 071
    4.7.1 光致变色高分子的分类 ... 071
    4.7.2 光致变色高分子的应用 ... 074
4.8 电致变色高分子 ... 075
    4.8.1 电致变色高分子的分类 ... 075
    4.8.2 电致变色高分子的应用 ... 076
4.9 高分子非线性光学材料 ... 077
    4.9.1 高分子非线性光学材料的分类 ... 077
    4.9.2 高分子非线性光学材料的应用 ... 078
4.10 高分子荧光材料 ... 078
    4.10.1 高分子荧光材料的分类 ... 078
    4.10.2 常见高分子荧光材料及应用前景展望 ... 079
思考题 ... 080
参考文献 ... 080

第 5 章　热和磁功能高分子 ... 082

5.1 热功能高分子 ... 082
    5.1.1 本征型导热高分子 ... 082
    5.1.2 填充型导热高分子 ... 085
    5.1.3 导热高分子的应用 ... 087
    5.1.4 导热高分子的导热机理 ... 088
    5.1.5 热电高分子 ... 089
5.2 磁性高分子 ... 093
    5.2.1 概述 ... 093
    5.2.2 结构型磁性高分子 ... 094
    5.2.3 复合型磁性高分子 ... 096
5.3 热和磁功能高分子研究展望 ... 098
思考题 ... 098
参考文献 ... 098

第 6 章　高分子催化剂和高分子试剂　101

6.1　概述　101
6.1.1　高分子催化剂和高分子试剂的结构特点与类型　101
6.1.2　发展高分子催化剂和高分子试剂的目的和意义　102
6.2　高分子催化剂　103
6.2.1　高分子酸碱催化剂　104
6.2.2　高分子金属配合物催化剂　108
6.2.3　高分子相转移催化剂　111
6.2.4　其他类型的高分子催化剂　113
6.3　高分子试剂　114
6.3.1　高分子试剂的分类　114
6.3.2　高分子氧化还原试剂　114
6.3.3　高分子转递试剂　119
6.3.4　高分子固相载体　123
6.4　分子印迹高分子　126
6.4.1　分子印迹基本原理　127
6.4.2　分子印迹高分子的制备方法　127
6.4.3　分子印迹高分子的应用　129
思考题　129
参考文献　130

第 7 章　液晶高分子　133

7.1　概述　133
7.1.1　液晶的定义　133
7.1.2　液晶的分类　134
7.2　液晶高分子的发展与分类　135
7.2.1　液晶高分子的发展史　135
7.2.2　液晶高分子的分类　136
7.3　液晶高分子的结构及表征　137
7.3.1　液晶高分子的结构特征　137
7.3.2　影响液晶高分子形态和性能的因素　138
7.3.3　液晶高分子的结构表征　138
7.4　液晶高分子基本理论　141
7.5　主链型液晶高分子　143
7.5.1　溶致型主链液晶高分子　143
7.5.2　热致型主链液晶高分子　145

7.5.3	主链型液晶高分子的相行为	145
7.6	侧链型液晶高分子	146
7.6.1	侧链型液晶高分子的合成	146
7.6.2	侧链型液晶高分子的相行为	148
7.7	液晶高分子的应用与发展前景	150
7.7.1	铁电性液晶高分子	150
7.7.2	树枝状液晶高分子	150
7.7.3	液晶高分子 LB 膜	151
7.7.4	分子间氢键作用液晶高分子	151
7.7.5	交联型液晶高分子	151
7.7.6	液晶高分子的其他发展方向	152

思考题　　154
参考文献　　154

第 8 章　智能高分子　　155

8.1	概述	155
8.2	智能高分子凝胶	156
8.2.1	凝胶的溶胀及体积相转变	156
8.2.2	智能高分子凝胶的刺激响应	157
8.2.3	智能高分子凝胶的应用	160
8.3	智能纤维与智能纺织品	161
8.3.1	智能纤维与智能纺织品的分类	162
8.3.2	智能纤维与智能纺织品的应用	163
8.4	形状记忆高分子	164
8.4.1	高分子的形状记忆原理	165
8.4.2	形状记忆高分子的分类	166
8.4.3	形状记忆高分子的应用	168
8.5	智能高分子膜与复合材料	169
8.5.1	智能高分子膜的制备	169
8.5.2	智能高分子膜的响应类型	170
8.5.3	智能高分子膜的应用	170
8.6	智能材料与仿生	171
8.6.1	生物材料与仿生材料	172
8.6.2	仿生智能材料的应用	172

思考题　　176
参考文献　　176

第 9 章　分离功能高分子　　179

9.1　离子交换树脂　　179
9.1.1　离子交换树脂的结构　　179
9.1.2　离子交换树脂的分类　　180
9.1.3　离子交换树脂的命名　　181
9.1.4　离子交换树脂的制备方法　　182
9.1.5　离子交换树脂的功能及主要应用　　186

9.2　大孔吸附树脂　　188
9.2.1　大孔吸附树脂的发展与分类　　188
9.2.2　大孔吸附树脂的结构　　188
9.2.3　大孔吸附树脂的吸附机理　　189
9.2.4　极性吸附树脂的制备　　191
9.2.5　吸附树脂的应用　　191

9.3　高分子分离膜　　192
9.3.1　高分子分离膜简介　　192
9.3.2　分离膜的分类　　193
9.3.3　典型的膜分离技术及其应用领域　　193

思考题　　202
参考文献　　202

第 10 章　医用及生物降解功能高分子　　205

10.1　医用高分子概述　　205
10.1.1　医用高分子发展简史　　205
10.1.2　医用高分子的分类　　206
10.1.3　对医用高分子的基本要求　　207

10.2　生物惰性医用高分子　　208
10.2.1　医用高分子材料的生物相容性及改善　　208
10.2.2　生物惰性医用高分子的种类　　209
10.2.3　生物惰性医用高分子的应用　　210

10.3　生物降解医用高分子　　210
10.3.1　医用高分子的生物降解机理　　211
10.3.2　生物吸收性医用高分子的降解　　211
10.3.3　生物吸收性天然医用高分子　　212
10.3.4　合成医用可降解高分子　　214

10.4　医用高分子材料在医学领域的应用　　215
10.4.1　外科整形材料与组织修复材料　　215

  10.4.2 人造器官功能高分子材料 216
 10.5 药用高分子 218
  10.5.1 高分子药物 218
  10.5.2 高分子载体药物 219
  10.5.3 新型药用高分子载体 221
 10.6 生物医用高分子的发展趋势 224
 思考题 226
 参考文献 226

第 11 章 高分子纳米复合材料和功能化碳材料 227

 11.1 概述 227
 11.2 高分子纳米复合材料的制备、结构与性能 228
  11.2.1 无机纳米单元的制备 228
  11.2.2 聚合物-层状硅酸盐纳米复合材料的制备与特性 232
  11.2.3 聚合物-石墨烯纳米复合材料的制备与特性 236
  11.2.4 高分子纳米复合材料的成型技术 238
 11.3 功能化碳材料 242
  11.3.1 多孔碳材料 243
  11.3.2 掺杂碳材料 245
  11.3.3 金属负载碳材料和单原子碳材料 247
 11.4 高分子纳米复合材料及功能化碳材料在超级电容器中的应用 248
  11.4.1 超级电容器的类型及储能机理 249
  11.4.2 超级电容器的设计及材料选择 250
 11.5 高分子纳米复合材料及功能化碳材料在锂离子电池中的应用 254
  11.5.1 锂离子电池的组成及储能机理 255
  11.5.2 高分子纳米复合材料和功能化碳材料用于锂离子电池 255
 思考题 257
 参考文献 258

电子教学课件获取方式 264

第 1 章
绪 论

1.1 功能高分子的定义和特点

功能高分子一般指带有某些特殊功能基团或者具有特殊物理化学结构，在适当条件下具有传递、转换、储存物质、能量和信息作用的高分子及其复合材料；或具体地指在原有力学性能的基础上，还具有化学反应活性、光敏性、导电性、催化性、生物相容性、药理性、选择分离性、能量转换性、磁性等功能的高分子及其复合材料。例如，感光高分子、导电高分子、光电转换高分子、医用高分子、高分子催化剂等都属于功能高分子范畴。功能高分子是高分子材料科学中发展最为迅速、与其他学科交叉最广的一个研究领域，其与化学、物理学、力学、医学、生物学、信息科学等相关学科有着密切联系。

相对于普通高分子而言，功能高分子具有如下特点。首先，功能高分子不以材料的常规力学性能作为研究和应用的主要目标，而是重点关注除力学性能之外的其他特殊化学、物理学或者生物学功能或性能等。其次，功能高分子往往涉及诸如电、光、磁、热、声、力等物理学分支，以及生理、病理、药理等生物学，各个学科之间交融渗透，对于相关基础知识和技术水平的要求明显高于普通高分子。再次，功能高分子通常是为满足某一特定的需要而制备的，具有高度的专一性，是同类用途普通高分子难以比拟的，往往具有品种多、专用性强、附加值高、技术密集、用量少的特点，而且可以通过多种途径增加或增强高分子的功能。例如，在同一高分子上连接不同的官能团，或不同高分子间复合，通过结构和配方的设计，利用它们之间的相互作用实现功能增加或增强。近几十年来，国内外在高分子的基础理论研究以及新型功能高分子的开发和应用方面投入了越来越多的人力和物力，这些领域已成为高分子学科的重点和热点研究方向。

1.2 功能高分子的分类

功能高分子是一门多学科相互交叉渗透、蓬勃发展的新兴学科，其种类繁多、涉及学科广泛。人们对功能高分子材料的次级划分普遍采用了按其性质、功能或实际用途划分的方法。如按照功能高分子的组成及结构，可以将其分为结构型功能高分子和复合型功能高分子。如按其功能大致可分为四大类，第一类为化学功能高分子，包括高分子催化剂、高分子试剂、光分解高分子、离子交换类分离功能高分子等；第二类为物理功能高分子，包括导电高分子、热电高分子、压电高分子、光电高分子、超导高分子等；第三类为生物活性功能高分子，包括高分子药物、药物控释材料、生物医学材料、生理组织功能高分子等；第四类为力学功能高分子，包括弹性功能材料和强化功能材料。也可以直接按照其特殊性质或功能分为导电高分子、光功能高分子、热功能高分子、液晶高分子等类型。本书在介绍功能高分子的设计与制备方法基础上，结合功能高分子的功能和实际用途，兼顾传统型功能高分子和近年来发展较为迅猛的几类材料，重点介绍以下功能高分子：导电高分子、光功能高分子（也称为光敏性高分子）、热功能高分子、磁性高分子、高分子催化剂和高分子试剂、液晶高分子、智能高分子、分离功能高分子、医用及生物降解功能高分子、高分子纳米复合材料和功能化碳材料。

1.3 功能高分子发展历史

高分子的出现和使用可以追溯到很久以前，但直到 1920 年德国 Staudinger 发表了《论聚合》的论文，预测了聚氯乙烯和聚甲基丙烯酸甲酯等聚合物的结构，高分子的概念才得以提出。之后，随着聚合方法的发展、高分子溶液理论的建立，高分子科学在理论和应用上都得到迅猛发展。功能高分子的发展脱胎于高分子科学的发展，并与功能材料等学科的发展密切相关。20 世纪 50 年代后，大量高分子工程材料问世，特种高分子和功能高分子得到关注，如具有高强度、耐高温、耐辐射、高频绝缘等特性的功能高分子逐渐被研究和应用。

国际上"功能高分子"的提法出现于 20 世纪 60 年代。最初的功能高分子主要是指以具有离子交换功能的离子交换树脂、螯合树脂、高分子分离膜为代表的吸附分离功能高分子。从 20 世纪 80 年代中后期开始，功能高分子被作为一个完整、独立的学科加以重视，逐步拓展出多种功能高分子类型。特别是到 20 世纪末，发展出了光敏高分子，在光聚合、光交联、光降解、荧光以及光导机理的研究方面都取得了重大突破，在过去几十年中快速发展，并在工业上得到广泛应用。与此同时，导电高分子、反应型高分子、生物医用高分子、智能高分子、新型高分子纳米复合材料、功能化碳材料等，先后被关注和开发。

1977 年，Heeger、MacDiarmid 和 Shirakawa 三位科学家（2000 年诺贝尔化学奖获得者）发现了高分子导电现象，开创了光电高分子研究的先河。光电共轭高分子不仅具有金属或半导体的电子特性，同时还具有高分子优异的加工特性以及力学性能，能够采用低温溶液加工的方式制备大面积柔性光电子器件。这些独特优势引起了国内外学术界及产业界的广泛关注，促使光电高分子及其在相关光电器件中的应用得到了快速发展。例如，白光高分子聚合物发光二极管的效率早已突破 50 lm/W，达到了荧光灯的效率水平；基于光电高分子的场效应晶体管已超过无定形硅的器件性能；高分子光伏器件的光电转换效率已超过 19%，显示出巨大的商业化应用潜力。我国的光电高分子研究始于 20 世纪 70 年代末，基本与国际同步。在钱人元、王佛松、沈家骢、沈之荃、曹镛、李永舫等科学家的领导下，我国学者的研究早期集中于导电聚合物，从 20 世纪 90 年代开始逐步转向共轭高分子发光、光伏、场效应晶体管等光电子材料和器件的研究，取得了一批有重要影响的成果，为推动这一领域的发展做出了重要的贡献。

分离功能高分子是 20 世纪后半叶以来功能高分子中应用最早的一类高分子材料，在各种工业特别是化学工业的分离、分析、富集中都具有十分重要的作用，例如硬水的软化、超纯水的制备、混合气体的分离、金属的富集、血液中有毒物质的离析等。离子交换树脂、高分子吸附树脂、高分子分离膜都得到了广泛的应用。其中，高分子分离膜开辟了气体分离、苦咸水脱盐、液体消毒等快速、简便、低耗的新型分离替代技术，也为电化学工业和医药工业提供了新型选择性透过和缓释材料。

反应型高分子是有机合成和生物化学领域的重要成果，已经开发出众多新型高分子试剂和高分子催化剂并应用到科研和生产过程中，在提高合成反应的选择性、简化工艺过程以及推动化工过程绿色化方面做出了重要贡献。由此发展而来的固相合成方法和固化酶技术开创了有机合成机械化、自动化与有机反应定向化的新时代，在分子生物学研究方面起到了关键性作用。

生物医用高分子融合了高分子化学和物理、高分子材料工艺学、药理学、病理学、解剖学和临床医学等方面的知识，还涉及许多工程学问题，其对于战胜危害人类的疾病、保障人民身体健康、探索人类生命奥秘具有重大意义。生物医用高分子的发展经历了三个阶段。第一阶段，利用现成材料，如用丙烯酸甲酯制造义齿的牙床；第二阶段，在分子水平上对合成高分子的组成、配方和工艺进行优化设计，有目的地开发所需要的高分子材料，如医用级有机硅橡胶、聚乙醇酸缝合线以及聚酯心血管材料；第三阶段，从寻找替代生物组织的合成材料转向研究一类能主动诱导、激发人体组织器官再生修复的新材料。在国外，早在 20 世纪 50 年代左右就开始了生物医用高分子研究，我国研究历史稍短，在 70 年代开始进行人工器官的研制。医药用功能高分子目前的发展非常迅速，高分子药物、高分子人工组织器官、高分子医用材料在定向给药、器官替代、整形外科和拓展治疗范围方面做出了相当大的贡献。

智能材料被称为"21 世纪的新材料"。1989 年，日本高木俊宜教授将信息科学融于材料结构和功能，首先提出智能材料（intelligent materials）概念，指对环境具有感知、可响应并具有功能发现能力的新材料。把仿生（biomimetic）功能引入材料中，可使材料和系统达到更高的层次或具有自检测、自判断、自结论、自指令和自执行功能，这类材料也可归为智能材料。智能高分子是指能够对周围环境和自身变化作出特定反应并以某种显性方式给出的高分子材料，包括高分子形状记忆材料、信息储存材料和光、电、磁、pH、压力感应材料。按材料类型又可分为智能高分子凝胶、形状记忆高分子材料、智能纤维与织物、智能高分子膜与复合材料等。其中，形状记忆高分子材料具有质量轻、形变量大、成型容易等优点，被用于医疗、包装、建筑等领域。

高分子纳米复合材料是近年来高分子材料科学中发展十分迅速的新领域。这种新型复合材料可以将无机材料的刚性、尺寸稳定性和热稳定性与高分子材料的韧性、可加工性及介电性质完美地结合起来，开辟了纳米复合材料的新时代。另外，平凡而神奇的碳元素，不仅以多种形式广泛存在于大气和地壳中，而且随着材料科学与技术的发展，多种新型功能化碳材料如富勒烯、碳纳米管、石墨炔、石墨烯先后被开发，在储能、催化、光电、超强结构材料、军工等方面有着诸多应用。本书最后一章把高分子纳米复合材料和碳材料相结合作为电化学储能材料，对其在超级电容器、锂离子电池中的应用做了详细阐述。

1.4 功能高分子的发展趋势

当前，功能高分子在国内外都是异常活跃的一个研究领域。随着我国对功能高分子研究的逐步深入，不同行业都得到了促进和发展，给生活的方方面面都带来了许多便利。在国家相关政策的指引下，国家对新材料产业尤为重视，功能高分子也必将迎来更加快速的发展。可以预计，在今后很长时期，功能高分子研究将代表高分子材料发展的主要方向。而且，为进一步满足国民经济各领域的新技术发展需求，功能高分子的发展将朝着高性能化、多功能化、智能化和绿色化方向发展。

高性能化发展，一方面是指增强高分子材料的物理性质，如提高耐高温性、耐腐蚀性、抗老化性等，这对于功能高分子在机械、交通、汽车、航天、电子信息技术和家用电器等行业的应用具有重要意义；另一方面是指进一步提高功能高分子的相应性能，如光/电高分子的光电转化效率提升、电/光高分子的发光性能提升等，以高性能实现更多商业化应用。多功能化是指在增强高分子材料原有功能的基础上，进一步扩展其新功能，从而实现更多应用。智能化则是指利用高分子材料具有的存储、传递、处理信息的功能，这是功能高分子材料研究的重要方向，一旦取得重大突破，将使高分子智能材料和人工智能得到飞跃式发展。绿色化是针对部分高分子材料具有毒副作用且难以降解的特点，研究环境友好的、绿色化的功能高分子，促进环境、社会和谐发展，这一点对于未来功能高分子的应用也非常重要。

第 2 章
功能高分子的设计与制备

2.1 功能高分子的结构与性能

材料的结构能够反映出材料的性能差异。功能高分子之所以能够被应用在很多领域，与其结构有巨大关系，如结构中所含的官能团能够表现出特殊的性质，此外连接承载这些官能团的高分子骨架对功能性发挥也起着至关重要的作用[1-4]。在研究功能高分子性能过程中，需要清楚结构对性能的影响及其重要性。化学组成、官能团、高分子骨架、聚集态结构、超分子结构等都是影响功能高分子性能的重要因素。

2.1.1 化学组成的影响

化学组成是区别高分子材料的最基本元素，不同的化学组成表现出不同的结构性能。例如，均由碳和氢元素组成的聚乙烯和聚乙炔两种聚合物（图 2-1），尽管组成元素一致，但是因为化学排列、电子结构、元素数量均不同，导致它们表现出截然不同的性质。聚乙烯是最常见的塑料，主要用于包装材料（如塑料袋、塑料薄膜、土工膜等），属于通用高分子材料；而聚乙炔用碘、溴等卤素或 BF_3、AsF_5 等路易斯酸掺杂后，其电导率可提高到金属的水平，被称为"合成金属"，可用作电极和半导体材料等，属于功能高分子范畴。由单体不同造成的化学组成不同，是影响高分子性能的最直接因素，也是影响功能高分子的根本因素之一。

$$-(CH_2-CH_2)_n- \qquad -(CH=CH)_n-$$

(a) (b)

图 2-1 聚乙烯（a）和聚乙炔（b）的结构简式

2.1.2 官能团的影响

除去化学组成的影响，官能团的种类与性质往往是决定功能高分子特殊性能的主要因素。通过聚合、接枝、共混、组装等高分子化过程将不同官能团引入高分子中，是使高分子实现不同功能的最常用方法。

当官能团在功能高分子中起主要作用时，高分子骨架仅起支撑、分离、固定和降低溶解度等辅助作用。比如具有相同高分子骨架——交联聚苯乙烯的两个功能高分子，当所连的官能团分别为季铵基团和磺酸基团时，前者可作为强碱性离子交换树脂，而后者则为强酸性离子交换树脂。类似地，在聚乙烯醇骨架上连接过氧酸基团可得到高分子氧化剂，而连接 N, N'-二取代联吡啶基团后则具有了电致发光功能。

在有些功能高分子中，官能团需要与高分子骨架协同作用才能发挥特殊功能，最典型的例子如固相合成用高分子试剂（图 2-2）。固相合成用高分子试剂采用带有化学反应活性基团的高分子作为载体，与小分子试剂经过单步或多步反应，过量的试剂和副产物通过简单的过滤方法除去，得到的产物通过固化键的水解从载体上脱下。

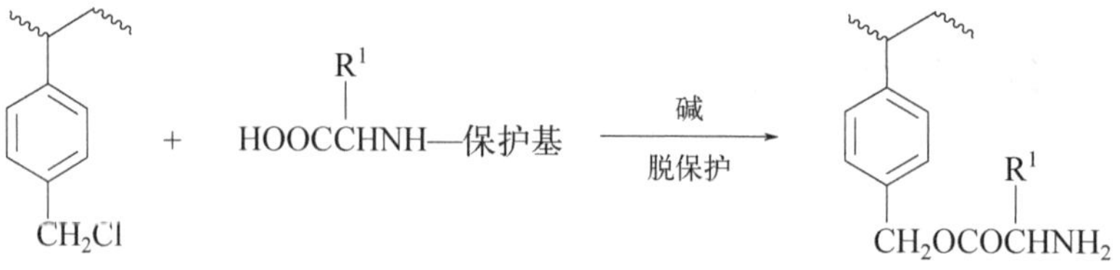

图 2-2 固相合成用高分子试剂

当官能团本身是聚合物骨架的一部分时，在这种特殊情况下，官能团与聚合物骨架是无法区分的，例如主链型液晶聚合物和导电聚合物。液晶聚合物中起主要作用的刚性结构处在聚合物主链上；而对于由线型共轭结构构成的导电聚合物，其线型共轭结构就是高分子骨架的一部分，对导电过程起着主要作用，如聚乙炔、芳香烃以及芳香杂环聚合物。

除了上述情况外，有时官能团在功能高分子中只起到辅助作用。这种情况下，聚合物骨架是完成功能过程的主体，引入官能团只用于降低玻璃化转变温度、改善分子的溶解性能、提高机械强度和改变润湿性等。例如，在高分子分离膜中引入极性基团可提高材料的润湿性；在主链型液晶高分子的芳香环上引入取代基，可以降低玻璃化转变温度从而降低液晶相温度。

2.1.3 高分子骨架的影响

高分子骨架在功能高分子中不仅起着承载官能团的作用，其自身结构对功能高分子的物理化学性能及功能性发挥也具有不可忽视的影响。根据分子链的结构，通常可以将高分子分为线型高分子、支化高分子以及交联高分子，不同分子链形态使得聚合物骨架具有明显不同的性质。线型高分子由重复单元在一个连续长度上连接而成，其凝聚态结构可以是非晶态或不同程度的结晶态。线型聚合物溶解性较好，能在适宜的溶剂中形成分散态溶液，在制备和加工过程中易于选择适当的溶剂。某些线型高分子的玻璃化转变温度较低，小分子和离子在其中比较容易扩散和传导，这一特性有利于其作为反应性材料和聚合物电解质。支化高分子是指在线型高分子的分子链上引入分支链或侧链，结构中包含分支点的高分子化合物。支化高分子也是可溶和可熔的，有很多性质和线型高分子类似，但物理和机械性能又有着明显的不同，支化高分子的分支点可以使其分子结构更加密集，具有更高的密度和更强的韧性。其中，超支化型高分子具有许多独特的性质，如高比表面积、高孔隙率、良好的热稳定性和化学稳定性等，在制备催化剂、吸附剂、生物医学材料等方面具有广阔的应用前景。代表性结构示例见图2-3。

交联高分子由于各分子链间相互交联，形成空间立体网状结构（图2-4），不能熔融，在溶剂中只能溶胀不能溶解，因而具有耐溶剂性，可便于高分子试剂回收，同时有利于提高机械强度。这些高分子根据其不同特性被应用到不同的领域。

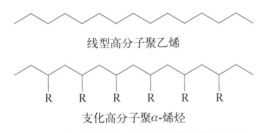

图2-3 典型线型和支化高分子结构示意图

图2-4 交联高分子的结构示意图

高分子骨架的性质赋予了功能高分子多孔性、透过性、稳定性、溶解性以及反应性等性质。具有同样官能团的高分子的物理化学性质（如结晶度、溶解性和挥发性等）与相应的小分子化合物存在明显的区别。这种因为引入高分子骨架后产生的性能差别被称为高分子效应，主要表现为高分子骨架的支撑作用、模板效应、邻位效应、稳定作用以及物理效应，具体如下。

（1）高分子骨架的支撑作用

大部分功能高分子中官能团连接在高分子骨架上，起支撑作用的高分子骨架对官能团的性质和功能起着重要作用。例如，高分子骨架的不溶性给高分子试剂、离子交换树脂、螯合树脂等在应用上带来易与液相分离的优点；高分子骨架的空间位阻提高了官能团的反应选择性，也有利于不对称合成；在相对刚性的聚合物骨架上稀疏地连接官能团，所制成的高分子试剂具有类似合成反应中的"稀释"作用，减少各官能团之间相互干扰。高分子骨架的构象、结晶度、次级结构都会对官能团的活性和功能产生重要的影响。

（2）高分子骨架的模板效应

模板效应是指利用高分子骨架的空间结构，包括高分子的构型和构象，在其周围建立起特殊的局部环境，在应用时提供一个场所或场型，就像浇注过程中使用的模板。在模板聚合中，聚合物模板与反应单体之间可以共价键、酸碱基团的相互作用、氢键作用、电荷转移作用、立体选择作用等结合，从而完成模板聚合过程。

（3）高分子骨架的邻位效应

在功能高分子中，骨架上邻近的一些结构和基团对官能团具有影响作用。比如在离子交换树脂中，如果附近有一个氧化还原基团，通过控制该基团的带电状态，可直接控制离子交换树脂的离子交换能力。图2-5是高分子骨架邻位效应示例。

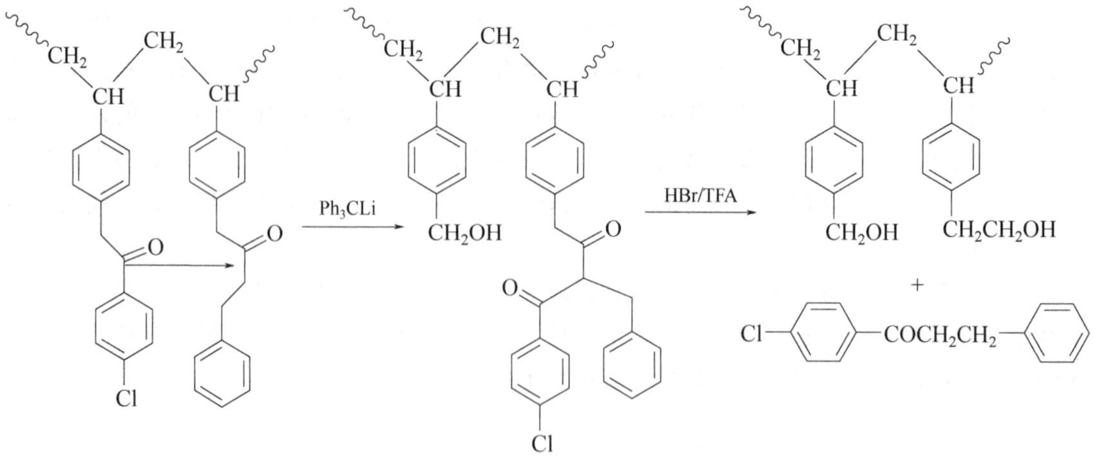

图 2-5 高分子骨架邻位效应
TFA—三氟乙酸

（4）高分子骨架的稳定作用

在引入高分子骨架后，材料的熔点和沸点均大大提升，挥发性则大大下降，扩散速率也随之下降，因此可以提高某些敏感性小分子试剂的稳定性。此外，高分子化后分子间的作用力增加，材料力学性能提高。

（5）高分子骨架的物理效应

由于高分子骨架的引入，材料的挥发性、溶解性都大大下降。当引入某些交联聚合物作骨架时，材料在溶剂中只溶胀不溶解。将某些性能优异的配合剂、萃取剂等高分子化，可以制成用途广泛的络合树脂和吸附性树脂。在制备高分子氧化还原剂时，由于克服了小分子试剂的挥发性，从而降低了材料的毒性，并消除了一些生产过程中的不良气味。

2.1.4 聚集态结构的影响

高分子化合物的聚集态结构是指许多单个大分子在高分子化合物内部的排列状况及相互联系，它是直接影响高分子功能性的因素。同一组成和相同链结构的聚合物，成型加工条件不同，导致其聚集态结构不同，表现出的功能性可能差别很大。高分子材料最常见的聚集态结构是结晶态、非结晶态以及取向态三种。高分子材料的基本性质取决于它的大分子结构，但其本体性质则是由大分子的排列状态所控制的。

高分子聚集态结构对高分子性能具有重要影响，主要表现在以下几方面：对机械性能的影响，如共价交联结构能够提供高强度和耐磨损性能，适用于有高强度要求的工程材料；对热稳定性的影响，如共价交联结构可以提高材料的热稳定性；对电学性能的影响，如高分子纳米纤维材料可用于制备超级电容器和锂离子电池等电能存储设备；对光学性能的影响，如发光性能、光吸收性能和折射率等；高分子液晶性强烈依赖于聚集态结构。

例如，作为高分子分离膜的材料必须具有一定的结晶性，而且在形成膜以后，膜的表面层必须存在一定的结晶，否则选择性分离效果会大大下降。由对羟基苯甲酸（PHB）与聚对苯二甲酸乙二醇酯（PET）共聚而成的 PET/PHB 共聚酯在加热到 300℃后快速冷却，可得到排列较规整的高分子液晶材料，具有十分优异的力学性能，而加热到 400℃后再冷却则得到了无定形高分子材料。

2.1.5 超分子结构的影响

超分子结构是由分子间非共价相互作用（如氢键、范德瓦耳斯力、静电作用等）形成的不规则、动态的结构。超分子结构在生物体中随处可见，如骨组织就是自组装超分子结构的典型例子。超分子聚合物是高分子科学和超分子科学的交叉学科，其连接方式和高分子聚合物不同，超分子聚合物通过非共价键连接。非共价键存在不同种类，且具有可逆性，因此在聚合过程中实现可控聚合对于控制反应平衡非常重要。同时，超分子聚合物存在不同的拓扑结构，这些拓扑结构会影响超分子聚合物的功能性。

非共价键的连接方式使超分子聚合物具有普通聚合物所不具有的性能。例如，非共价键相互作用使得超分子聚合物能够对外界一定的刺激作出响应，撤回刺激还能恢复起始状态。超分子具有结构稳定性、分子识别、催化性等特点，在材料科学、化学生物学和药物设计等领域有广泛应用。

氢键是形成超分子聚合物较为理想的非共价键，因为氢键连接的超分子聚合物能表现出优异的可逆性，而且氢键的强度以及超分子聚合物的可逆性能够很好地设计和控制。在超分子聚合物化学领域内，如果研究对象具有芳香结构，其主要非共价键作用就是 π-π 共轭，且随着 p 电子的增加，共轭效应也随之增加，但这种非共价键力要比极性溶剂中的氢键作用弱。和其他非共价键相比，金属配位键协同作用具有高度方向性和高强度，可应用于制备金属有机框架超分子，其中金属配位键的氧化还原作用在材料化学中具有重要作用。主客体相互作用是最常用的超分子聚合的作用力之一，常用的大环主体化合物有冠醚、环糊精、杯芳烃、柱芳烃以及葫芦脲等。

这些非共价键作用决定了超分子结构的形成和空间排列，从而对材料的性质和功能产生重要影响。例如，利用超分子结构可以调控材料的形态、性能和功能，制备出具有自修复、自组装、自识别以及可控释放功能的材料，在医药高分子、智能高分子等中具有重要的应用。

2.2 功能高分子设计方法

要获得具有良好性质与功能的高分子，分子结构的设计十分关键。高分子具有的特殊功能与其特定结构紧密相关，为了实现其功能性，必须事先对其结构进行设计，并按一定的方式予以实现。在功能高分子结构中，官能团和聚合物骨架均起着重要作用，功能高分子的设计就是以此为基础[5-6]。

2.2.1 根据已知功能的小分子设计

功能高分子通常是由具有特定功能的小分子材料发展而来，这些功能小分子在实际应用中存在某些不足，无法满足特定的需要。为了获得具有特定功能的高分子，需要对高分子化过程和高分子结构进行优化，将小分子材料的功能与高分子骨架的性能相结合。例如，小分子过氧酸是常用的强氧化剂，在有机合成中是重要的试剂，但是其存在较多的缺点，如稳定性不好、容易发生爆炸和失效、不便于储存且在反应后产生的羧酸不易被除掉从而影响产物的纯度。将小分子过氧酸引到高分子骨架上后，过氧酸稳定性提高，挥发性和溶解性都会降低。

在对已知功能的小分子材料进行功能设计时必须要注意，小分子被引到高分子骨架上之后不能影响其原有的性能，要做到最大化利用小分子原有功能并弥补其不足。另外，在高分子化过程中要尽可能不破坏小分子功能材料的作用部分，比如主要的官能团。此外，在设计功能高分子时还要考虑小分子的结构特征与选取的高分子骨架的结构类型是否匹配，这决定了小分子功能材料能否发展为功能高分子材料。

2.2.2 根据小分子或官能团与聚合物架之间的协同作用进行设计

许多功能高分子的特殊功能是相应小分子和聚合物骨架所不具备的，而在高分子化过程之后功能高分子能具有特定功能，其原因在于小分子或官能团与聚合物骨架的协同作用。它们之间的作用机理大多还不太清晰，这也提高了功能高分子合成路线的设计难度。要实现协同作用，可以从聚合物骨架与官能团的邻位协同作用出发进行设计，许多小分子化合物并不能发挥特定的作用，需要与聚合物骨架进行结合之后，再与聚合物骨架本身或骨架上的某些基团发生相互作用才能显现出来。典型的例子就是一些双官能团的高分子催化剂和高分子试剂。此外，利用高分子骨架的空间位阻作用也可以合成具有特定功能的材料（图2-6）。典型的例子就是立体选择性高分子试剂的设计，高分子骨架的空间位阻作用在立体选择性合成中主要体现在三个方面：一是交联的高分子骨架经溶胀后形成具有立体选择性的三维网状结构，小分子与高分子骨架上的官能团进行反应时，通过这一网状结构要受到一次立体选择；二是高分子骨架与反应性官能团连接，在官能团的某一方向形成立体屏障，阻碍小分子试剂在这一方向的攻击，因此产生立体选择性；三是高分子骨架在反应性官能团附近形成手性空穴，造成旋光异构体选择性局部环境。

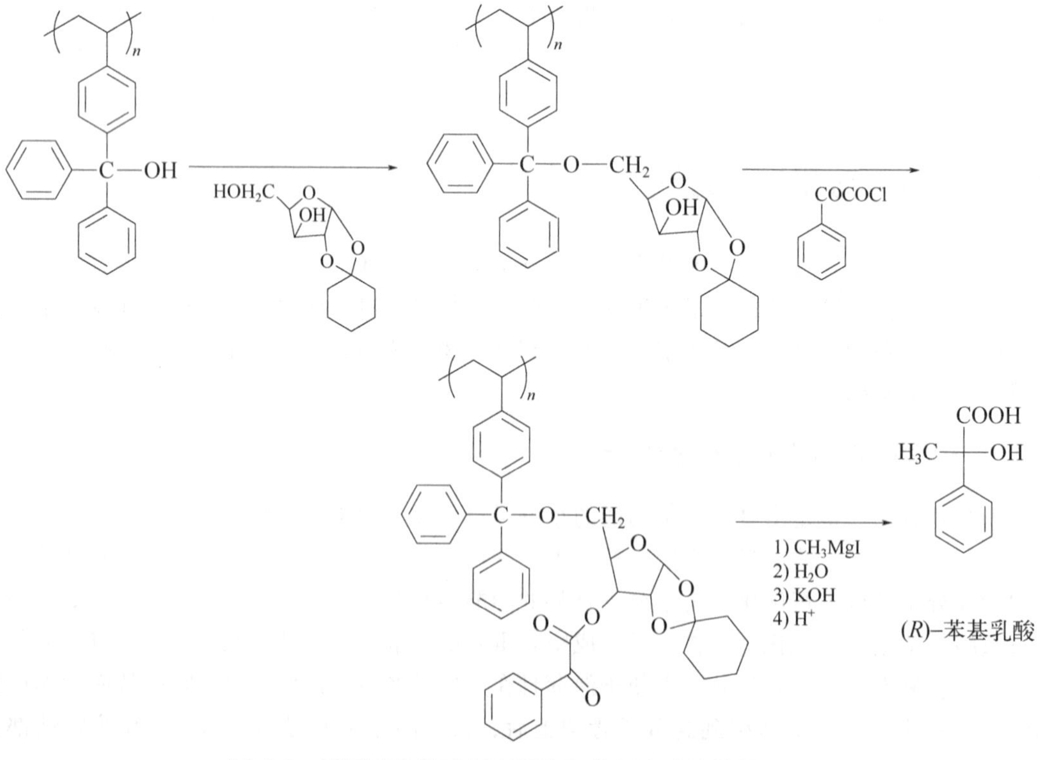

图 2-6　利用高分子试剂空间位阻作用合成纯苯基乳酸

2.3 功能高分子合成方法

常见的各种高分子化合物通常是由各种带不同功能官能团的结构通过聚合反应制得的。通常所说的聚合包括加成聚合和缩合聚合两种。加成聚合是指含不饱和键的化合物或环状小分子化合物，在催化剂、引发剂等外加条件作用下，同种单体间相互加成形成以新的共价键相连的大分子的反应，所得产物称为加成聚合物，其重复单元与单体结构是一致的。缩合聚合是指两个或两个以上带官能团的单体相互反应生成高分子化合物，同时生成小分子副产物的化学反应，主要形成以酯键、醚键、酰胺键等相连接的重复单元，也称缩聚反应。但是，采用传统缩聚或链式聚合方法合成指定聚合度的聚合物或者具有特殊结构功能的聚合物较困难。活性聚合的出现和不断发展为制备窄分散乃至单分散分子量的聚合物提供了实现途径。这里将重点介绍功能高分子合成中涉及的活性聚合方法。

活性聚合（living polymerization）是指无链转移和链终止反应存在的链式聚合反应。1956 年，Szwarc 等发现，在无水、无氧、无杂质、低温条件下，以四氢呋喃为溶剂，萘钠为引发剂，苯乙烯阴离子聚合不存在任何链终止反应和链转移反应，得到的聚合物溶液在低温、高真空条件下存放数月，其活性种浓度保持不变。若再加入苯乙烯，聚合反应可继续进行，得到分子量更高的聚苯乙烯。若加入第二种单体，如丁二烯，可以得到纯的苯乙烯-丁二烯嵌段共聚物。基于此，Szwarc 等第一次提出了活性聚合的概念。在经历了半个多世纪的发展之后，活性自由基的研究取得了重大进展，先后发现并创立了引发-转移-终止活性聚合、可逆加成断裂链转移聚合（RAFT）以及原子转移自由基聚合（ATRP）等多种活性自由基聚合反应机理和体系。活性聚合与传统的链式聚合相比较具有以下特点：

① 链引发速率远大于链增长速率，即要求引发剂快速转化为数量确定的活性中心，而由引发剂加入量决定的活性中心数在聚合过程中始终保持恒定。

② 聚合物的聚合度或分子量正比于初始单体浓度与引发剂浓度之比，并与单体转化率 C 呈线性正相关。

③ 聚合体系内数量确定的大分子活性链具有同步引发和同步增长的特征，所得聚合物的分散度通常为 1.1~1.3。

④ 聚合物分子链拥有活性端基，具有再引发单体聚合的能力，进而可以合成各种类型的嵌段共聚物。

目前成功开发的活性聚合包括活性阴离子聚合、活性阳离子聚合、活性自由基聚合等。其中，有些反应仍无法完全避免链转移反应和链终止反应，但是在特定的条件下，链转移和链终止反应可以控制在最低限度，使得聚合反应具有了活性聚合的特征，将这类存在链转移反应和链终止反应但是在宏观上又类似于活性聚合的聚合反应称为"可控聚合"。

2.3.1 活性阴离子聚合

与自由基聚合相比，活性阴离子聚合具有反应速率快、单体对引发剂有强烈的选择性、无链终止反应、多种活性种共存、产物的分子量分布很窄的特征。对于不同类型的单体，实施阴离子活性聚合的难易程度有所不同。在活性自由基聚合中，引发剂对于各种单体基本能通用；但是对活性阴离子聚合而言，单体对引发剂多有强烈的选择性。通常把阴离子聚合的引发剂看作 Lewis 碱，单体看作 Lewis 酸，碱性强的引发剂可引发酸性弱的和强的单体，而碱性弱的引发剂只能引发酸性强的单体。对于苯乙烯和丁二烯之类的非极性单体，活性阴离子聚合的实施相对容易，只要确保聚合反应在低温、无水、无氧、无杂质等条件下进行即可；而对于丙烯酸酯、甲基乙烯酮和丙烯腈等极性单体而言，实施活性阴离子聚合则相对困难，其主要原因在于这类单体的极性取代基易与碱性引发剂以及阴离子活性链发生副反应，从而导致链终止。常用的引发剂有丁基锂、萘钠、萘锂等。

活性阴离子聚合最典型的特征是在特定条件下不存在链终止反应。活性阴离子聚合中，由于活性链端带有相同的电荷，不可能发生偶联或歧化终止反应；而活性自由基聚合中，链终止的反应速率常数比链增长的反应速率常数约大 10^4 倍，偶联和歧化反应的活化能接近于零，自由基的平均寿命只有一秒至几秒，因此无法避免链终止反应。在活性阴离子聚合中，从活性链上脱去 H^- 十分困难。用烷基锂引发苯乙烯、丁二烯在脂肪烃、苯或醚类溶剂中聚合基本上不存在链转移反应，因此活性种不会自动消失，但阴离子活性链极易被水、酸、醇等带有活泼氢的化合物所终止。

在活性阴离子聚合的反应体系中，可以同时存在两种或两种以上的活性种。例如，在极性溶剂中，可存在共价键、紧密离子对、松散离子对以及自由阴离子等形式；在非极性溶剂中，引发剂往往可存在单量体和缔合体两种形式，单量体的聚合活性大于缔合体。溶剂性质的改变会影响活性种的类型和相对量，对聚合速率有着极大影响。例如，用正丁基锂引发苯乙烯聚合，在四氢呋喃（THF）中聚合比在环己烷中聚合的表观速率大 1000 倍左右。尽管活性阴离子聚合中存在多种活性种，但每种活性种的增长速率常数不同。如果活性种之间的转换速率比链增长速率慢，则最终的分子量分布就会出现两个峰，但在通常情况下活性种之间的转换速率远大于链增长速率，因而多种活性种的存在并不影响产物的分子量分布。

如前所述，在低温和绝对纯净条件下用萘钠引发苯乙烯阴离子聚合，引发剂瞬间即转化为活性中心离子对，然后开始相对较慢却几乎同步的链增长过程，直到单体消耗完毕，生成聚合物的分子链基本等长，分散度为 1.04~1.10，接近单分散。在活性阴离子聚合满足以下条件时其分子量分布接近非常窄的泊松（Poisson）分布：相对于链增长反应，引发反应的速率非常快；无链终止反应或链转移反应；与链增长反应相比，链解聚反应速率非常慢；体系中各种试剂均能有效混合。

活性阴离子聚合还可以用于合成活性端基聚合物。在现代高分子合成领域，利用有限种类的单体获得多样化的聚合物是学术界和产业界不断追求的目标。活性阴离子聚合物能与多种质子型或非质子型物质发生链终止反应，生成结构特殊、带有某种指定官能团的高分子化合物。例如，图 2-7 所示为含端基醇聚苯乙烯的活性阴离子聚合。

此外，利用活性阴离子聚合还可以合成加聚-缩聚嵌段共聚物。图 2-8 所示为两种嵌段共聚物的缩合反应式，以金属钠作为引发剂生成的活性聚苯乙烯与二氧化碳反应，再与聚对苯二甲酸乙二醇酯（PET）进行缩合，最后得到聚对苯二甲酸乙二醇酯-聚苯乙烯-聚对苯二甲酸乙二醇酯三嵌段共聚物。

又如，用丁基锂作引发剂进行苯乙烯的活性阴离子聚合，最后加入 $SiCl_4$ 与生成的活性聚合物进行缩合，可得到星状结构的聚合物。

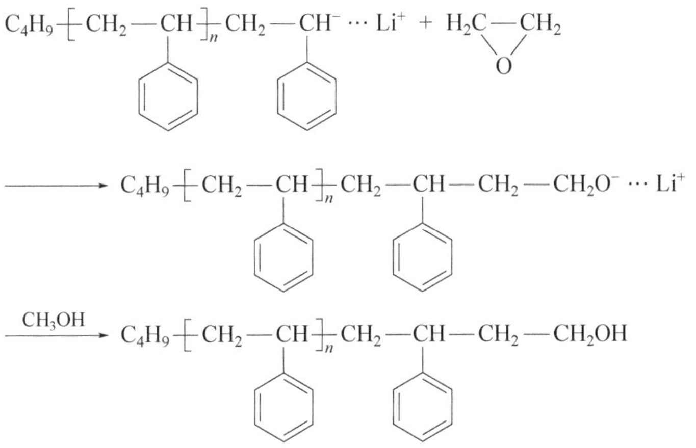

图 2-7 含端基醇聚苯乙烯的活性阴离子聚合

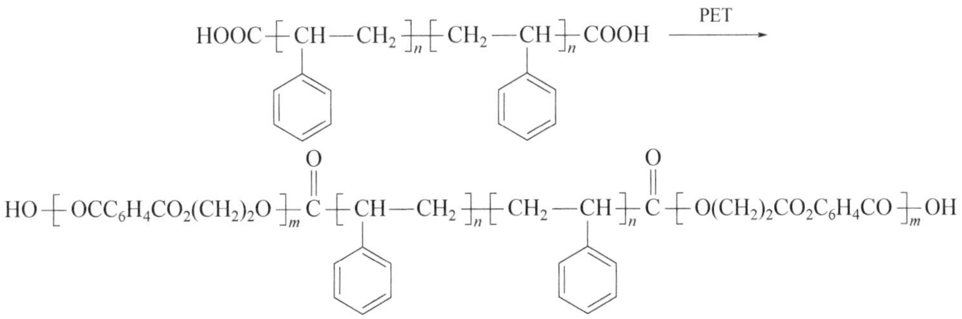

图 2-8 聚对苯二甲酸乙二醇酯-聚苯乙烯-聚对苯二甲酸乙二醇酯三嵌段共聚物的反应

2.3.2 活性阳离子聚合

活性阳离子聚合是链式聚合的另一重要分支，与活性阴离子聚合的不同在于其活性中心的稳定性极差。从 20 世纪初就已经发现了阳离子聚合，但在长期的探索中并未取得较大的成果。直至 1984 年，Higashimura 首先报道了烷基乙烯基醚的活性阳离子聚合，随后 Kennedy 又报道了异丁烯的活性阳离子聚合，由此，活性阳离子聚合取得了重大突破。随后，活性阳离子聚合在聚合机理、引发体系、单体和合成应用等方面都取得了重大进展。

活性阳离子聚合所面临的主要障碍是碳正离子固有的副反应。在常规的阳离子聚合反应过程中，一般取代乙烯单体生成的碳正离子的稳定性极差，β-碳原子上的氢原子酸性较强，很容易被单体或 Lewis 酸反离子夺去，发生链转移反应。由此可见在保证聚合物体系绝对纯净的同时，还必须创造条件使增长着的碳正离子趋于稳定，使 β-碳原子上氢原子的链转移反应得到有效抑制。

经实践证明（图 2-9），Higashimura 等采用非极性溶剂在-15℃以下的低温条件下，用 HI/I_2 引发 2-乙酰氧乙基乙烯基醚的阳离子聚合反应，具有活性阳离子聚合的典型特征，如：数均分子量（M_n）与单体转化率呈线性关系；向已完成的聚合反应体系中追加单体，数均分子量继续成比例增长；聚合速率与 HI 的初始浓度$[HI]_0$成正比；引发剂 I_2 浓度增加只影响聚合速率，对分子量（M_w）无影响；在任意转化率下，产物的分子量分布均很窄，$M_w/M_n<1.1$。

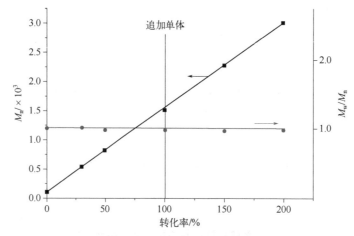

图 2-9 用 HI/I_2 引发 2-乙酰氧乙基乙烯基醚阳离子聚合时单体转化率与
数均分子量和分子量分布的关系

该反应是人们首次实现活性阳离子聚合所采用的引发剂体系,对后来的研究者完善、拓展活性阳离子聚合起着重要指导作用。进一步的研究结果表明,带推电子取代基的乙烯基醚类单体在进行活性阳离子聚合时需满足以下基本条件:选择亲核性适当的引发剂反离子;添加适量 Lewis 酸,以提高碳正离子-反离子对间的稳定性;添加适量季铵盐使碳正离子趋于稳定。

由于活性阳离子聚合反应中碳正离子的稳定性极差,因此在选择和设计引发剂体系时,必须充分考虑到碳正离子-反离子对之间相互作用力的强弱,以及与反离子亲核性的关联性。在离子型聚合体系中,通常存在多种活性中心。一般而言,阳离子聚合体系中碳正离子/Lewis 酸反离子可能存在共价键、紧密离子对、松散离子对以及自由离子 4 种状态。通常来说,反离子亲核性越强,碳正离子的稳定性则越好,但亲核性太强时则反离子会失去活性。因此在选择引发剂时,反离子亲核性的强弱成了非常重要的标准。

此外,较强的 Lewis 酸(如 $SnCl_4$、$TiCl_4$ 或者 $EtAlCl_2$ 等)用作引发剂时反应速率非常快,但是产物的分子量分布会相对较宽,链转移反应无法彻底避免。如果同时添加适量弱亲核性的有机物,如醚或酯,则可以降低聚合速率,同时使分子量分布变窄。若在用较强 Lewis 酸作引发剂时添加适量季铵盐或季鏻盐(Bu_4NCl、Bu_4PCl),基于反应体系中阴离子浓度的增高,在同离子效应作用下碳正离子-反离子对的解离受到有效抑制,促使离子对趋于稳定,最终保证活性阳离子聚合顺利进行。

在活性阳离子聚合中,活性中心的反应性与稳定性是碳正离子和反离子间相互作用大小的综合反映,它不仅取决于反离子的亲核性、单体分子的亲核性,还与碳正离子的亲电性有关,是由形成碳正离子的单体本身的结构所决定的。具有不同化学结构和性质的单体进行活性阳离子聚合时,所需要的引发剂是不同的。目前可进行活性阳离子聚合的单体主要有烷基乙烯基醚类单体、异丁烯类单体、苯乙烯及其衍生物类单体、二烯烃类单体和环烯烃类单体。引发剂体系有 HI/I_2 体系、HI/ZnX_2 体系、HI/SnX_4 体系、一元磷酸酯/ZnX_2 体系、三甲基硅化合物/ZnX_2/给电子引发体系,以及由 $AlCl_3$、$SnCl_4$ 等路易斯酸性很强的金属卤化物与可生成阳离子的化合物所组成的体系。

对活性阳离子聚合进行深入研究后发现，在聚合过程中链转移反应和链终止反应并不能完全消除，只是在某种程度上被掩盖了，从而表现出活性聚合的特征。目前，活性阳离子聚合可以用于合成各种单分散的带不同侧基的聚合物和大单体、带特定端基的聚合物，以及各种星状共聚物、嵌段共聚物、环状共聚物、接枝共聚物等。

2.3.3 活性离子型开环聚合

环状单体在引发剂或催化剂作用下形成线型聚合物的过程称为开环聚合。活性开环聚合和烯烃活性聚合一样具有重要意义。与缩聚反应相比，其聚合过程中无小分子生成；与烯烃加聚相比，聚合过程无双键断裂，因此是一类独特的聚合反应。开环聚合的推动力是环张力的释放，大部分开环聚合属于链式机理的离子聚合，小部分属于逐步聚合。目前可进行开环聚合的单体包括环醚、环缩醛、环酰胺、环硅烷等。环氧乙烷、环氧丙烷、己内酰胺、三聚甲醛等都是重要的工业开环聚合单体。

环烷烃开环聚合中环的大小、构成环的元素、环上的取代基等对开环的难易程度都有影响。如 γ-丁内酯、六元环醚等环状化合物较难开环；而己内酰胺等在开环聚合过程中环状单体和聚合物之间存在平衡。环的大小对环的稳定性及开环倾向的影响，在热力学上可用键角大小、键的变形程度、聚合热、环的张力能、聚合自由焓等做定性或半定量的判断。按碳的四面体结构，C—C—C 键角为 109°28′，而环状化合物的键角有不同程度的变形从而产生张力。三元、四元环烷烃由键角变化引起的张力很大（三元环键角 60°，四元环键角 90°），环不稳定而易开环聚合；五元环键角接近 108°，张力较小，环较稳定。五元以上的环可以不处于同一平面，从而使键角变形趋于零而难开环。六元环烷烃通常呈椅式结构，键角变形为 0，不能开环聚合。八元以上的环有跨环张力，即环上的氢或其他取代基处于拥挤状态，易产生斥力，开环聚合能力较强。十一元以上的环跨环张力消失，环更稳定，不易开环聚合。环酯、环醚、环酰胺等杂环化合物通常比环烷烃更容易开环聚合，因为杂环中杂原子提供了引发剂亲核或亲电进攻的位置，开环聚合能力与环中杂原子的性质有关。

（1）环醚的开环聚合

环醚主要指环氧乙烷、环氧己烷、四氢呋喃等，它们的聚合物都是制备聚氨酯的重要原料。醚是 Lewis 碱，可以用阳离子引发剂引发开环聚合。其中三元环因为张力较大，阴、阳离子聚合都可进行。但是阳离子开环聚合常伴有链转移反应，故工业上对环氧烷多采用阴离子开环聚合。三元环氧化物阴离子开环聚合的引发剂常采用氢氧化物（如 NaOH、KOH 等）、烷氧基化合物（甲醇钠），并以活泼氢化物为起始剂，产品主要用于非离子表面活性剂、合成聚氨酯的原料聚醚二醇等。用醇钠引发的环氧化物开环聚合机理如图 2-10 所示。

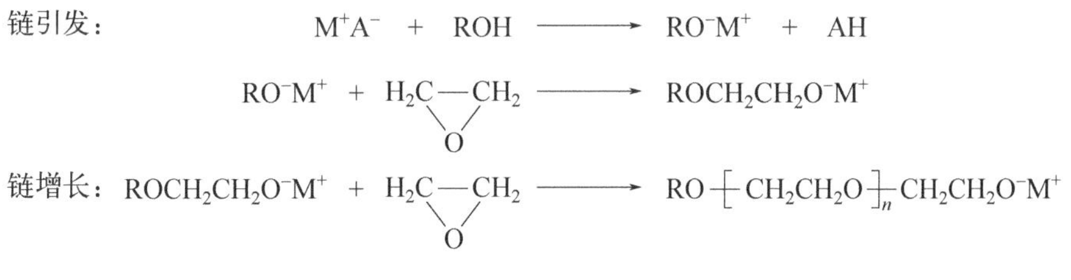

链引发：$M^+A^- + ROH \longrightarrow RO^-M^+ + AH$

$RO^-M^+ + H_2C\underset{O}{-\!-\!-}CH_2 \longrightarrow ROCH_2CH_2O^-M^+$

链增长：$ROCH_2CH_2O^-M^+ + H_2C\underset{O}{-\!-\!-}CH_2 \longrightarrow RO\!-\!\!\left[CH_2CH_2O\right]_{\!n}\!\!-\!CH_2CH_2O^-M^+$

图 2-10 醇钠引发的环氧化物开环聚合机理

环氧化物的开环聚合一般无链终止反应，需人为加入终止剂。

五元环氧化物四氢呋喃，环张力较小，开环聚合活泼性较低，对引发剂和单体选择要求较高。例如以五氟化磷为催化剂，在 30℃下聚合 6h，分子量为 30 万左右；而以五氯化锑作催化剂时，聚合速率和分子量要低得多。少量环氧乙烷可用作四氢呋喃开环聚合的促进剂。Lewis 酸配合物直接引发四氢呋喃开环速率较慢，但很容易引发高活性的环氧乙烷开环，形成氧鎓离子，这可以增加四氢呋喃生成三级氧鎓离子的能力，从而加速其开环聚合。

（2）己内酰胺的开环聚合

己内酰胺是七元杂环，具有一定的环张力，有开环聚合的倾向。最终产物中线型聚合物与环状单体并存，相互构成平衡，其中环状单体占 8%~10%。己内酰胺可以用酸、碱或水来引发开环聚合，工业上主要采用两种引发剂：水和碱金属。己内酰胺阴离子开环聚合与其他聚合存在明显不同：活性中心不是自由基、阴离子、阳离子，而是酰化的环酰胺键；不是单体加成到活性链上，而是单体阴离子加成到活性链上。

（3）环氧硅烷的开环聚合

聚硅氧烷是一类耐高温、耐化学品的有机高分子材料。环硅氧烷在酸性条件下水解有利于形成环状或低分子量线型聚合物，一般所用单体为八元环（八甲基环四硅氧烷）或六元环（六甲基环三硅氧烷），经过阳离子或阴离子开环聚合可得到超高分子量的聚硅氧烷，用作硅橡胶；在碱性条件下水解有利于形成分子量较高的线型聚合物。六甲基环三硅氧烷（D3）可以用丁基钾（BuLi）进行活性阴离子开环聚合，也可以用三氟甲磺酸（CF_3SO_3H）进行活性阳离子开环聚合。聚二甲基硅氧烷（PDMS）具有柔软、抗水、高 O_3 透过性、高热稳定性、低表面张力以及优良的生物相容性等特点，从而作为嵌段材料受到重视。利用 D3 的活性阴离子开环聚合可制备 PDMS 与聚甲基丙烯酸甲酯（PMMA）的嵌段共聚物，常见的制备方法有两种。

一种方法是先制备双阴离子，如二苯酮与金属钾的反应产物（图 2-11），其中氧阴离子先引发 D3 开环聚合，然后碳阴离子引发甲基丙烯酸甲酯（MMA）聚合。

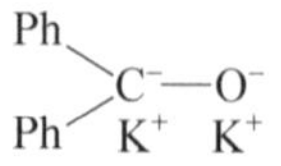

图 2-11　二苯酮与金属钾反应的产物结构

另一种方法是先制备端羟基 PMMA，然后将端羟基转变为氧阴离子引发 D3 开环聚合。例如，环硅氧烷的活性开环聚合可首先制备两端为羧基的 PDMS 与 N-氨乙基哌嗪的反应产物，然后由此反应产物与环氧树脂反应得到有机硅氧烷多嵌段共聚物（图 2-12）。

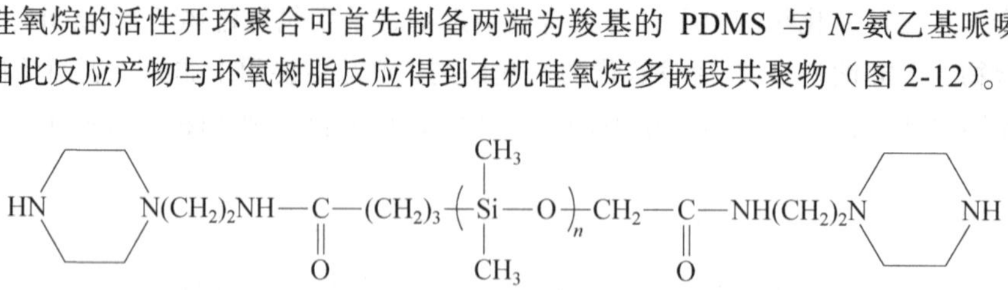

图 2-12　有机硅氧烷多嵌段共聚物结构

2.3.4　基团转移聚合

基团转移聚合是指以不饱和酯、酮、酰胺和腈等化合物为单体，以带有硅、锗、锡烷基等基团的化合物为引发剂，用阴离子型或路易斯酸型化合物作催化剂，选用适当的有机物为溶剂，通过催化剂与引发剂之间的配位，激发硅、锗、锡等原子与单体羰基上的氧原子或氰基上的氮原子结合形成共价键，单体中的双键或三键与引发剂中的双键完成加成反应，硅、锗、锡烷基基团移至末端形成"活性"化合物的过程。它是1983年由美国杜邦公司的Webster等首先报道的，是除自由基、阳离子、阴离子和配位阴离子型聚合外的第五种重要的链式聚合技术。基团转移聚合可以分为3个基元反应：链引发反应、链增长反应、链终止反应。Webster等以少量的二甲基乙烯酮甲基三甲基硅烷基缩醛（MTS）为引发剂，在阴离子催化剂（HF_2^-）作用下催化甲基丙烯酸甲酯（MMA）单体进行基团转移聚合反应，如图2-13所示。

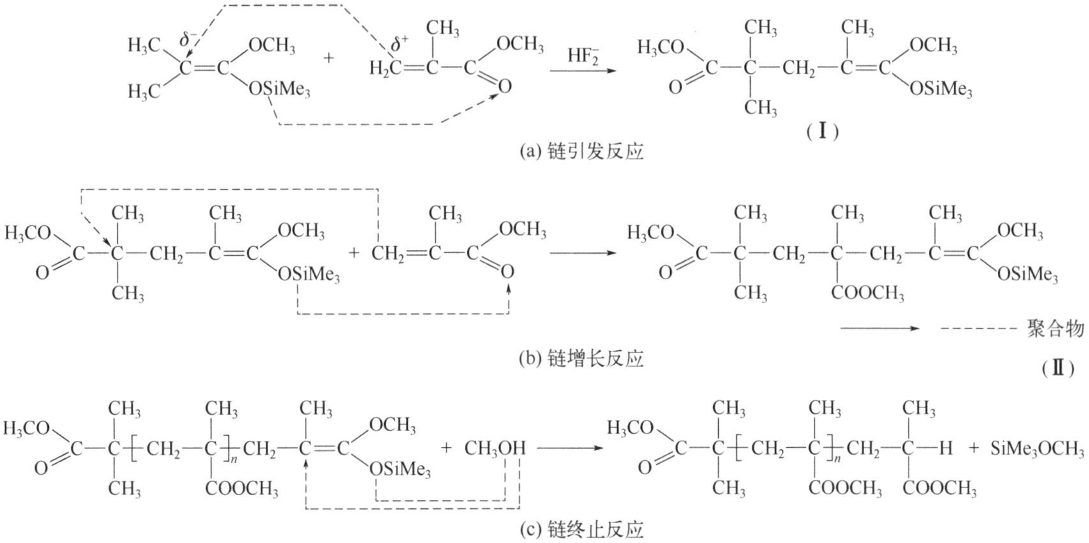

图 2-13 基团转移聚合示例

基团转移聚合与活性阴离子聚合一样，均属于活性聚合范畴，故此体系在室温下也比较稳定。此外引发剂的引发速率大于或等于链增长速率，因此所有被引发的活性中心都会同时发生链增长反应，从而获得分子量分布很窄接近Poisson分布的聚合物。

另一种转移机理——Aldol基团转移聚合，以苯甲醛为引发剂，Bu_2AlCl或$ZnBr_2$为催化剂，硅烷基乙烯醚为单体，通过基团转移聚合发生连续醛醇缩合，可直接合成聚乙烯醇。该聚合反应的特点是引发剂为苯甲醛，而且催化剂用量仅为单体量的0.0001%~0.01%（摩尔分数），就足以使反应顺利进行。

利用基团转移聚合可以合成端基官能团共聚物、结构和分子量均可控的无规共聚物和嵌段共聚物、侧基官能团共聚物、接枝共聚物、梳状共聚物、星状共聚物，还可以实现高功能性有机高分子的紧密分子设计，如高分子-抗体复合型药物载体以及某些功能性共聚物、生理活性高分子载体等。

2.3.5 活性自由基聚合

经过对活性聚合不断的优化、创新，已经成功开发了一系列适合不同单体聚合的活性聚合反应体系，譬如前面所介绍的活性阴离子聚合、活性阳离子聚合、活性离子型开环聚合、基团转移聚合等，使广大高分子化学工作者多年来进行高分子材料分子设计的梦想成为现实。

但是在实践过程中发现，这些反应存在条件苛刻、反应工艺比较复杂、成本居高不下且覆盖面较窄的问题，在很大程度上限制了活性聚合技术在高分子领域的应用。

自由基聚合的反应条件相对简单很多，且具有单体广泛、合成工艺多样、操作简便、工业化成本低等优点。但是，常规的自由基聚合反应具有慢引发、快增长、速终止和易转移的反应历程。在20世纪80年代以后，聚合反应过程中有关"基团转移"和"断裂过程"的机理研究结果显示，如果能在自由基聚合反应过程中使链终止或链转移反应实现可逆，即链终止或链转移反应速率相对于链增长反应而言降低到可忽略的程度，就能合成分子量分布较窄、分子结构相对规整的聚合物，这就是活性自由基聚合。

活性自由基聚合经历了漫长的发展，现已被广泛使用，是实验室最容易实施、工业化最便捷、生产成本最低的链式聚合技术。1982年，日本科学家Otsu等提出了引发-转移-终止法（iniferter法）的概念，并在之后成功地运用到了自由基聚合中，将自由基活性/可控聚合带入一个全新的时代。1993年，加拿大Xerox公司的研究人员首先报道了2,2,6,6-四甲基-1-哌啶氧化物（TEMPO）、过氧化二苯甲酰（BPO）引发体系引发苯乙烯的高温（120℃）本体聚合，成为最具影响力的一例活性自由基聚合反应。Georges等通过这一反应证明了在提高温度时，增长聚合物链的分子量随转化率的增加而增加，聚合物的分子量分布降到1.10~1.30，大大低于其理论极限值1.5，这标志着活性自由基聚合被成功实现。1995年，美国Matyjaszewski教授和中国旅美学者王锦山博士发现了原子转移自由基聚合（atom transfer radical polymerization，ATRP），成功实现了自由基的活性（可控）聚合，给自由基聚合领域带来了历史性的突破。

（1）活性自由基聚合原理

要想实现活性自由基聚合，主要需考虑以下两个方面：如何实现链终止或链转移反应的可逆，使得整个聚合过程中维持足够低的自由基浓度；尽量避免聚合物的分子量过大，以免其结构无法控制。

通过降低聚合反应体系内活性自由基的浓度与活性，有效抑制双基终止反应和链转移反应的发生，或使之降低到可以忽略的程度，从而使链增长反应处于绝对主导地位，这就是实现活性自由基的基本思路。自由基聚合反应过程中，对于自由基而言，链终止反应属于二级反应，链增长反应属于一级反应，二者的反应速率之比等于动力学链长的倒数。

$$v_t/v_p=(k_t/k_p)([R]/[M])=1/v \tag{2-1}$$

式中，v_t为链终止速率；v_p为链增长速率；k_t为链终止速率常数；k_p为链增长速率常数；[R]为自由基浓度；[M]为单体浓度；v为动力学链长。

其中，链终止速率常数和链增长反应速率常数之比k_t/k_p为$10^4 \sim 10^5$。动力学链长的倒数除与k_t/k_p有关外，还取决于聚合反应体系的自由基浓度与单体浓度之比。对常规的自由基本体聚合而言，反应初期与转化率达90%时的反应，后期的单体瞬时浓度分别约为10mol/L和1mol/L，相对自由基浓度而言仍然足够高。因此，k_t/k_p的大小很大程度上也取决于体系中自由基瞬时浓度，将体系内的自由基浓度控制得越低，动力学链长的倒数就越小，其实质意义就在于对链增长反应而言，链终止反应对整个聚合反应的贡献也就越小。但是，自由基浓度不可能无限降低，一般在10^{-8}mol/L时聚合速率仍比较可观，此时$k_t/k_p=10^3 \sim 10^4$，相对于链增长反应而言，链终止反应速率就可忽略不计。

因此，在自由基聚合中，人们实现活性自由基聚合的基本途径是：在自由基聚合体系中引入一种与活性自由基之间存在偶联-解离可逆反应的所谓"活性休眠种"，以此来降低活性自由基浓度，从而达到降低链自由基双基终止与转移终止反应的发生概率。而对于活性休眠种的要求是：体系中的高浓度活性自由基能够与该化合物迅速反应转变为惰性休眠种，而惰性休眠种又可以在适当条件下尽可能稳定而低速地解离成为活性自由基，这样就可以使体系中活性自由基浓度可控。

（2）活性自由基聚合类型

目前，按照控制活性自由基浓度所采用的方法不同，或者引入聚合体系中降低活性自由基浓度的活性休眠种类型不同，活性自由基聚合大体分为引发-转移-终止法、可逆加成断裂链转移聚合以及原子转移自由基聚合三种类型。

① 引发-转移-终止法（iniferter 法）

a. 热引发转移终止剂　1982 年，Ostu 提出了 iniferter 法，并用 2,3-二氰基-2,3-二苯基丁二酸二乙酯（DCDPST）和 2,3-二氰基-2,3-二对甲基苯基丁二酸二乙酯（DCDPPST）作为热引发剂。两种化合物均可加热到 50℃左右，引发极性单体甲基丙烯酸甲酯（MMA）进行活性自由基聚合，得到分子量较高且分子量分布较窄的聚合物。热引发转移终止剂主要为 C—C 键的对称六取代乙烷类化合物，以 1,2-二取代的四苯基乙烷衍生物居多，如四苯基丁二腈（TPSTN）、四(对甲氧基)苯基丁二腈（TMPSTN）、五苯基乙烷（PPE）、1,1,2,2-四苯基-1,2-二苯氧基乙烷（TPPE）等。由这些对称的 C—C 键热引发转移终止剂引发极性单体 MMA 的聚合为活性可控聚合，其活性顺序为 PPE>TMPSTN>TPSTN。经活性聚合得到的 PMMA 可作为大分子引发剂引发第二单体（如苯乙烯）的聚合。

b. 光引发转移终止剂　研究发现可作为引发转移终止剂的化合物很多，除了热分解外，光分解也是其中一种。进一步研究表明，硫代氨基甲酸苄酯和烷氧基胺类 iniferter 引发体系更加适合光引发的活性自由基聚合。光引发转移终止剂主要指含有二乙基二硫代氨基甲酰基（DC）的化合物，包括 N,N-二乙基二硫代氨基甲酸苄酯（BDC）、双(N,N-二乙基二硫代氨基甲酸)对苯二甲酯（XDC）、N-乙基二硫代氨基甲酸苄酯（BEDC）以及 2-N,N-二乙基二硫代氨基甲酰氧基异丁酸乙酯（MMADC）等。这些光引发转移终止剂多被用来引发乙烯基单体活性聚合，制备端基功能化聚合物及嵌段共聚物、接枝共聚物。常见的光引发转移终止剂结构如图 2-14 所示。

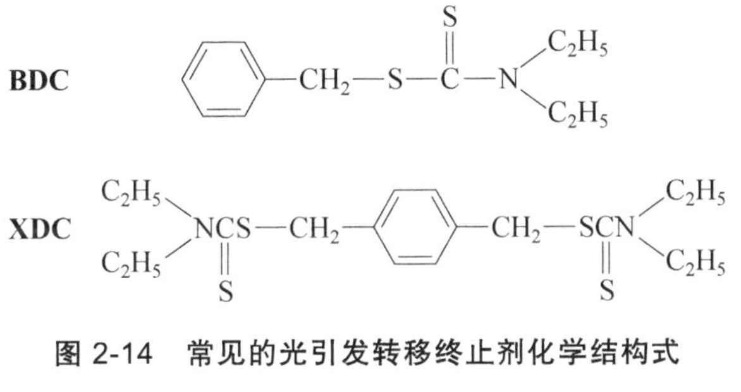

图 2-14　常见的光引发转移终止剂化学结构式

BDC 在光照条件下引发乙烯基单体进行活性自由基聚合的反应历程如图 2-15 所示。

在光照下，BDC 分子内相对较弱的 C—S 键容易发生共价键断裂，生成活泼的碳自由基和稳定的硫自由基。碳自由基可以与乙烯类单体发生加成反应开始链增长反应，而硫自由基

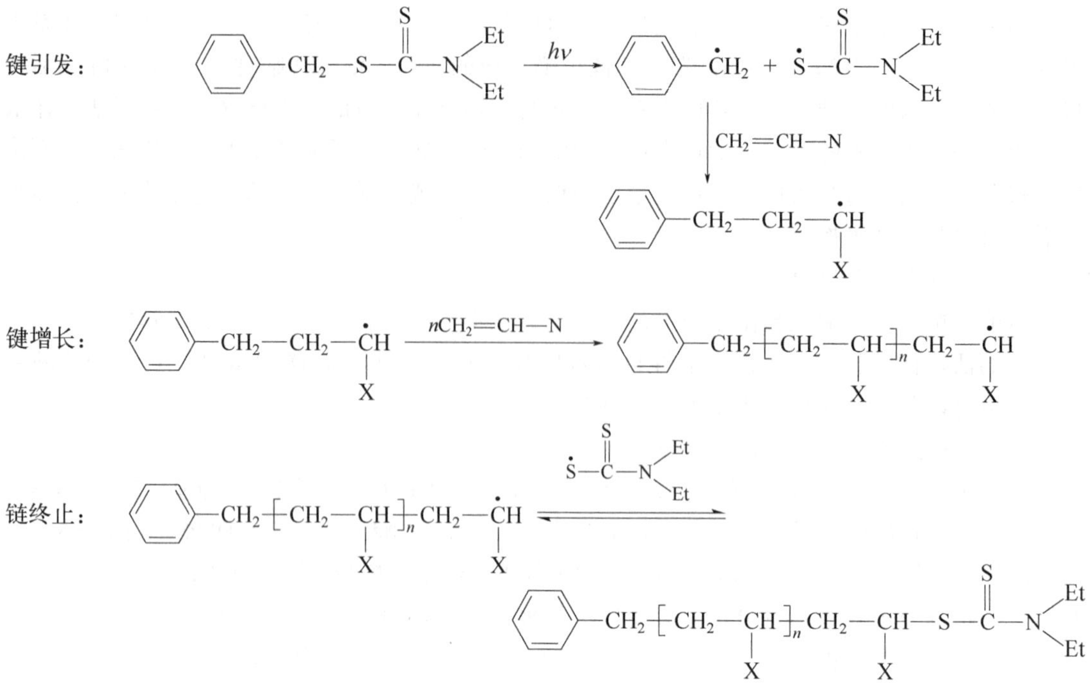

图 2-15　BDC 引发乙烯基单体进行活性自由基聚合反应历程

只能与活性自由基进行可逆终止反应。BDC 分子依次参与了活性自由基聚合的链引发、链增长和链终止反应。经实践证明，这类引发体系必须在光照条件下才能分解产生自由基，但同时也存在着副反应，使得到的聚合物的分子量分布不够窄。

c. TEMPO 引发体系　Georges 在 1993 年提出了另一类 iniferter 引发体系，由普通自由基引发剂与稳定的氧氮自由基供体组成，典型的稳定自由基是 2,2,6,6-四甲基-1-哌啶氧自由基（TEMPO 或 RNO）。TEMPO 是在 20 世纪 70 年代由澳大利亚 Rizzardo 等首次引入自由基聚合体系中，用来捕捉增长链自由基以制备丙烯酸酯低聚物。TEMPO 是常用的自由基捕捉剂，其结构如图 2-16 所示。

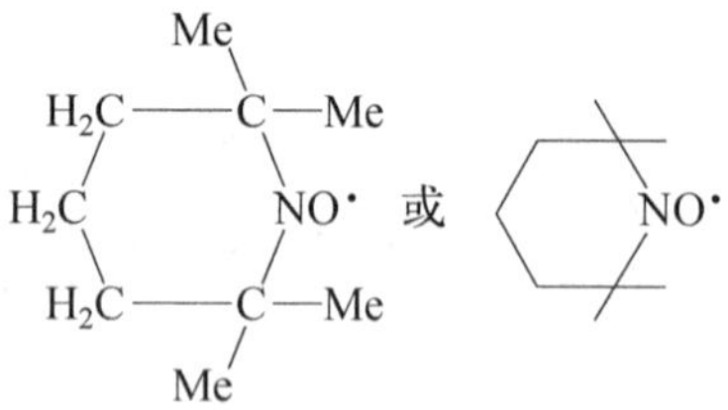

图 2-16　TEMPO 的结构式

由 TEMPO 控制的活性自由基不仅具有可控聚合的典型特征，还能避免活性阴离子聚合和活性阳离子聚合所需的各种苛刻反应条件。TEMPO 先与常规自由基引发剂分解产生的活性自由基发生偶联反应，生成可以在升温或光照条件下重新发生共价键均裂的活性休眠种。例如将 4-羟基-2,2,6,6-四甲基哌啶氧化物（HTEMPO）与甲基丙烯酰氯进行酯化反应，得到带有活泼双链的氮氧自由基 MTEMPO，反应如图 2-17 所示。

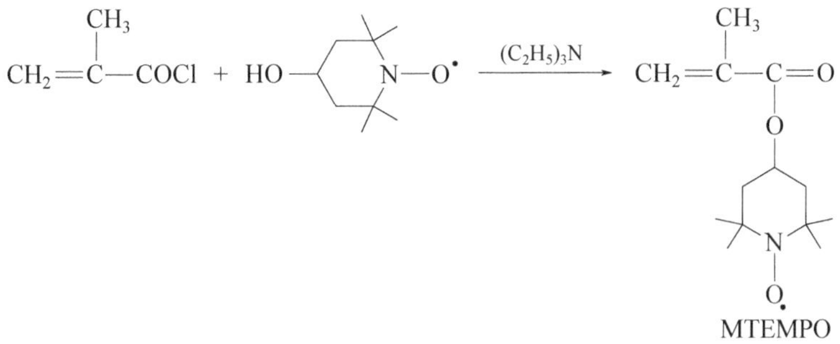

图 2-17 制备 MTEMPO 的酯化反应

MTEMPO 具有捕捉自由基和参与聚合的双重功能。在 MTEMPO 聚合得到高分子链之后，由于高分子链构象的屏蔽作用，TEMPO 的自由基捕捉能力大大降低，休眠链数目减少，增长链数目增加，从而加快聚合反应速率。

该引发体系的最大优点是 TEMPO 不能单独引发单体聚合，但可以与活性自由基发生可逆链终止和链转移反应，降低体系内活性自由基浓度，从而保证得到的聚合物分子量分布窄。但是这类引发体系存在较大的缺点，反应速率慢，例如 TEMPO/过氧化二苯甲酰（BPO）/苯乙烯（St）聚合体系在 120℃下达到 90%转化率需要 70h，限制了其在工业上的应用。之后的研究发现，若在 TEMPO 引发体系中引入少量的酸性物质，可以加快其反应速率。Georges 在 1994 年报道了在引发体系中加入低浓度（0.02mol/L）的樟脑磺酸（CSA），苯乙烯聚合速率显著提高，仅 6h 就可以实现 90%的转化率，且产物分子量分布很窄。1997 年，Hawker 等报道了一系列酰化试剂，如乙酸酐、三氟乙酸酐等也可以显著改善 TEMPO 引发体系的聚合速率。研究者们还发现 TEMPO 引发体系更适合用于苯乙烯及其衍生物的活性聚合。TEMPO 的出现为高分子合成化学带来了新的曙光。

② 可逆加成断裂链转移（RAFT）聚合　1998 年，Rizzardo 首次报道了 RAFT 聚合。与引发-转移-终止活性聚合所不同的是，RAFT 聚合的原理是利用可逆的链转移反应实现活性自由基聚合。众所周知，不可逆链转移副反应是造成常规自由基聚合过程无法控制的重要因素之一，而可逆链转移则能够形成休眠的大分子链和新的引发活性种。

实现 RAFT 的关键是找到一类具有高链转移常数和特定结构的链转移剂——双硫酯（ZCS2R），代表性化合物如图 2-18 所示。

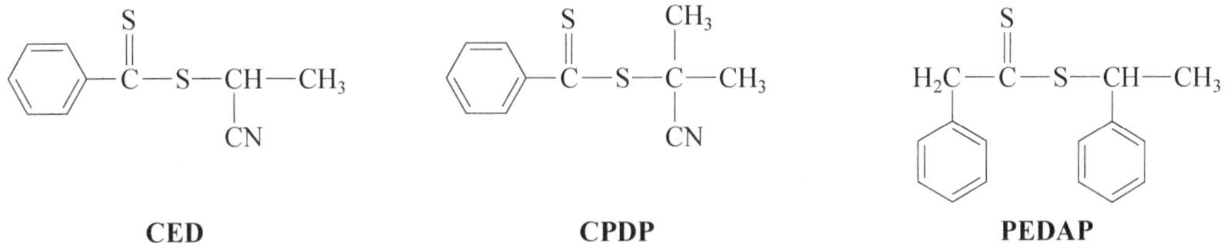

CED　　　　　　　　**CPDP**　　　　　　　　**PEDAP**

图 2-18　CED、CPDP、PEDAP 的结构式

在 RAFT 中，初级活性自由基须来源于常规自由基引发剂，引发单体发生链增长反应而成为链自由基，活性链自由基再向 ZCS2R 分子进行链转移，并向 ZCS2R 的 C=S 键加成，进而导致 S—R 键形成新的活性中心。当链转移剂的链转移常数和浓度足够大时，链转移反

应由不可逆变为可逆，聚合行为也会随之发生变化，由不可控变为可控。

③ 原子转移自由基聚合（ATRP） 原子转移自由基聚合又称为过渡金属催化原子转移自由基聚合。该方法以简单价廉的有机卤化物为引发剂，过渡金属配合物为卤原子载体，通过氧化还原反应在聚合体系活性自由基与休眠种之间建立可逆动态平衡，从而实现对自由基聚合反应过程的有效控制。这里将做详细的介绍。

a. ATRP 引发剂 研究表明，所有 α 位上含有诱导共轭基团的卤代烷都能引发 ATRP 反应。传统的 ATRP 引发剂主要由含活泼卤原子的有机物与作为卤原子载体的低价态过渡金属配合物共同组成。常用的有机卤化物包括 α-卤代羰基化合物、α-卤代氰基化合物、α-卤代苯化合物以及多卤化物四类。低价态过渡金属配合物多用氯化亚铜、溴化亚铜和氯化亚铁等。此外，含弱 S—Cl 键的取代芳基磺酰氯是苯乙烯和丙烯酸酯类单体的有效引发剂，其引发速率要大于卤代烷。

b. ATRP 配体 它在 ATRP 引发体系中占有重要地位，具有稳定过渡金属和增加催化剂溶解性能的作用。配体多为碱性配体，主要包括含氮配体（2,2′-联吡啶和 N,N,N',N'',N''-五甲基二乙基三胺等）、含磷配体（亚磷酸酯）、含氧配体（苯氧负离子）和含碳配体（苯基和环戊二烯基）等。其中含氮配体最为常用。

c. ATRP 单体选择范围 ATRP 最引人注目的就是具有很宽的单体选择范围，目前已报道的三类单体如下。

第一类为苯乙烯及取代苯乙烯：对氟苯乙烯（—F）、对氯苯乙烯（—Cl）、对溴苯乙烯（—Br）、对甲基苯乙烯（—CH_3）、对氯甲基苯乙烯（—CH_2Cl）、间氯甲基苯乙烯、对三氟甲基苯乙烯（—CF_3）、间三氟甲基苯乙烯、对叔丁基苯乙烯（—t-Bu）等。

第二类为（甲基）丙烯酸酯：（甲基）丙烯酸甲酯、（甲基）丙烯酸乙酯、（甲基）丙烯酸正丁酯、（甲基）丙烯酸叔丁酯、（甲基）丙烯酸异冰片酯、二甲氨基乙酯等。

第三类为带功能团（甲基）丙烯酸酯：（甲基）丙烯酸羟乙酯、（甲基）丙烯酸羟丙酯、（甲基）丙烯酸缩水甘油酯、（甲基）丙烯腈、（甲基）丙烯酸-2-全氟壬烯氧基乙酯等。

d. ATRP 历程 在 ATRP 反应中，过渡金属先与配体配位形成配合物，然后引发剂与过渡金属配合物发生原子转移完成链引发反应（图 2-19）。

引发剂有机卤化物分子内的活泼卤原子作为氧化剂转移到低价态过渡金属原子上使其氧化态升高，卤代物分子残余部分即转变为初级自由基，引发单体开始链增长反应。通常情况下，未发生卤原子转移的有机卤化物无法直接引发单体聚合。链增长反应如图 2-20 所示。

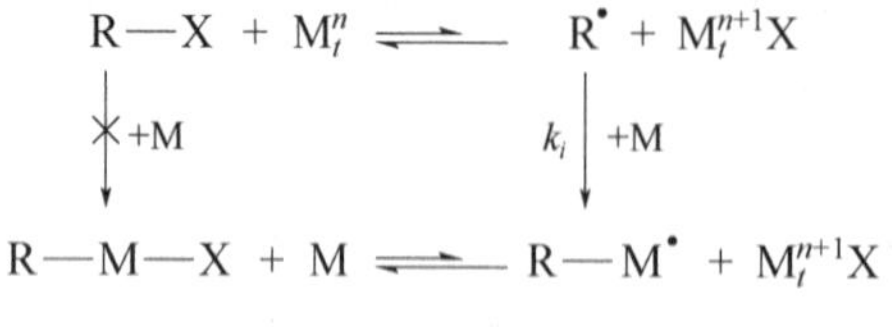

$$R—X + M_t^n \rightleftharpoons R^{\bullet} + M_t^{n+1}X$$

$$\downarrow +M \quad\quad k_i \downarrow +M$$

$$R—M—X + M \rightleftharpoons R—M^{\bullet} + M_t^{n+1}X$$

图 2-19 ATRP 链引发反应

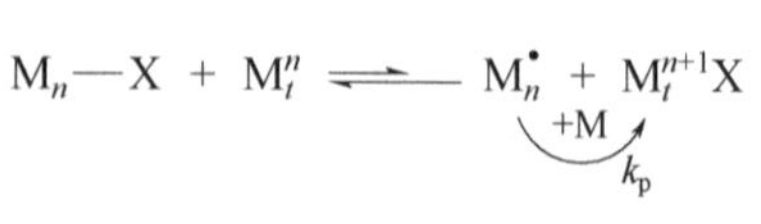

$$M_n—X + M_t^n \rightleftharpoons M_n^{\bullet} + M_t^{n+1}X$$

$$+M \curvearrowright k_p$$

图 2-20 ATRP 链增长反应
（k_p 为链增长反应速率常数）

由于该聚合反应中的可逆转移包含卤原子从有机卤化物转移到金属卤化物，再从金属卤化物转移至自由基这样一个反复循环的原子转移过程，所以是一种原子转移。虽然原子转移自由基聚合具有强大的分子设计功能，但也仍然存在一些缺点。例如，ATRP 的引发剂通常为有机卤化物，毒性较大；催化剂中的还原态过渡金属化合物容易被空气中的氧气氧化，给贮存和实验操作都带来了一定难度；催化体系活性不高，用量较大；金属盐作催化剂对环境保护不利。但不可否认，利用原子转移自由基聚合反应可以合成分子量分布窄的聚合物以及遥爪聚合物、真正的无规共聚物和梯度共聚物等。

2.3.6 其他高分子合成方法

除了上述活性聚合方法外，有机合成中常用的交叉偶联反应也是生成聚合物的重要反应，经常用于功能高分子的设计与合成。有机金属试剂与有机亲电试剂在第Ⅰ、Ⅱ、Ⅷ副族过渡金属的作用下形成 C—C、C—N、C—S、C—O、C—P 或 C—M（M 指金属）键的反应，能有效生成 C—C 键。其中，钯催化交叉偶联反应是生成 C—C 键的重要化学转化方法之一（图 2-21），常见的包括 Stille 偶联反应、Suzuki 偶联反应、Heck 反应、Suzuki-Miyaura 反应、Kumada 反应等。这里重点介绍常用于聚合反应的 Stille 偶联反应和 Suzuki 偶联反应。

$$R-M + R-X \xrightarrow{Pd催化剂} R-R$$

图 2-21　交叉偶联反应的通式

（1）Stille 偶联反应

Stille 偶联反应是有机锡化合物和不含 β-氢的卤代烃（或三氟甲磺酸酯）在钯催化下发生的交叉偶联反应。该反应由 Stille 等于 20 世纪 70 年代首先发现，是有机合成中很重要的一个偶联反应。该反应一般在无水无氧溶剂及惰性环境中进行，反应条件温和且反应速率快，试剂都很稳定，等当量的 Cu(Ⅰ)或 Mn(Ⅱ)盐可以提高反应的专一性及反应速率。氧气会使钯催化剂发生氧化，并导致有机锡化合物发生自身偶联。Stille 偶联反应是目前实验室常用的有机合成方法，但是有机锡化合物具有毒性大、极性小以及在水中溶解度低的缺点，其会妨碍聚合物的提纯。反应机理见图 2-22。

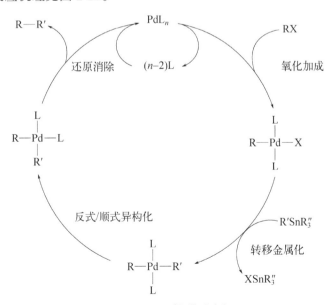

图 2-22　Stille 偶联反应机理

四(三苯基膦)钯是该反应最常用的催化剂,其他催化剂还包括 $PdCl_2(PPh_3)_2$、$PdCl_2(MeCN)_2$ 等。使用的卤代烃一般为氯、溴、碘代烃,以及乙烯基或芳基三氟甲磺酸酯。用三氟甲磺酸酯时,加入少量的氯化锂可以活化氧化加成这一步的产物,使反应速率加快。

烃基三丁基锡是最常用的有机锡原料,虽然烃基三甲基锡的反应性更强,但较大的毒性(约前者的 1000 倍)限制了其应用。强极性溶剂(如六甲基磷酰胺、二甲基甲酰胺或二噁烷)可以提高有机锡原料的活性。该反应共经历以下四个步骤:氧化加成、金属迁移、异构化、还原消除。金属迁移是反应的决速步骤,所连不同基团时锡金属迁移速率顺序为:炔基 > 烯基 > 芳基 > 烯丙基苄基 > α-烷氧基烷基 > 烷基。因此,三丁基锡或三甲基锡上的甲基和丁基对反应性没有影响。

(2) Suzuki 偶联反应

1981 年,Suzuki 和 Miyaura 将苯硼酸作为亲核试剂,引入与溴代化合物的 C-C 交叉偶联反应中,反应式如图 2-23 所示。

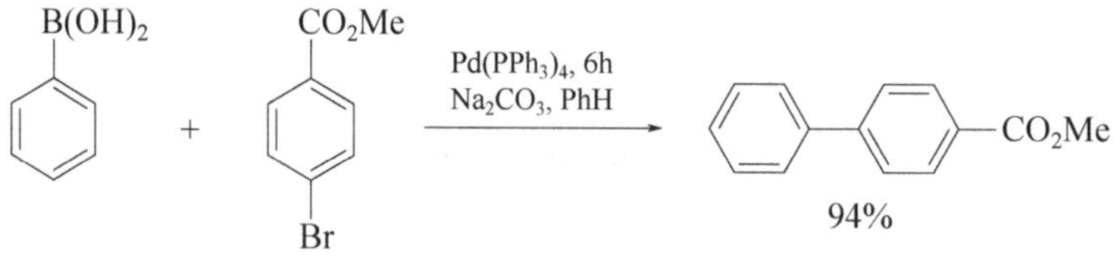

图 2-23 带酯基底物的 Suzuki 偶联反应

Suzuki 偶联反应的催化循环过程经历了氧化加成、芳基阴离子向金属中心迁移和还原消除三个阶段。

① 氧化加成 卤代芳烃与 Pd^0 发生氧化加成,形成 Ar'-Pd-X 金属有机化合物,随后与 1 当量的碱生成有机钯氢氧化物中间体 Ar'-Pd-OH,这一中间体具有极强的亲电性。反应最常用且研究最多的亲电试剂是卤代芳烃,其活性依次是:ArI > ArBr >> ArCl > ArF。但是由于氯代芳烃具有廉价易得等优点,成为研究热点之一。

② 芳基阴离子向金属中心迁移 芳基硼酸或硼酸酯与碱生成具有非常强富电性的四价硼酸盐 $ArB(OH)_3$,并向 Pd 金属中心迁移。富电性的四价硼酸盐与亲电性的有机钯氢氧化物协同作用,形成有机钯配合物 Ar-Pd-Ar' 中间体。

③ 还原消除 有机钯配合物 Ar-Pd-Ar' 中间体通过还原消除,生成芳基偶联产物 Ar-Ar',并释放出 Pd^0 继续参与催化循环。

在相当长的一段时间内,氟代芳烃被认为在钯催化的偶联反应中是不具活性的,所以对于氟代芳烃的研究相对较少。但后来,Widdowson 等使用 $Pd_2(dba)_3/PMe_3$ 的催化体系完成了 $Cr(CO)_3$ 配合的氟苯 Suzuki 偶联反应;Yu 等发现四(三苯基膦)钯体系可以顺利催化硝基取代的氟苯发生 Suzuki 偶联反应。

除了卤代芳烃以外,卤代烯烃和卤代烷烃也是可以用于 Suzuki 偶联反应的亲电试剂,如图 2-24 所示。此外,磺酸酯化合物、磺酰氯化合物等也可作为 Suzuki 偶联的亲电试剂。

Suzuki 偶联反应所用的亲核试剂为各类硼酸衍生物,其性质稳定、低毒、易保存,而且硼原子与碳原子具有相近的电负性,使得该类亲核试剂中可以有其他官能团存在。另外,其产生的硼化合物副产物易于后处理。可见,各类硼酸衍生物均可作为其亲核试剂是奠定该反应地位的基础。一般常见用于该偶联反应的硼酸衍生物有硼酸化合物、硼酸酯化合物、有机硼化合物以及有机硼酸盐等（图2-25）。

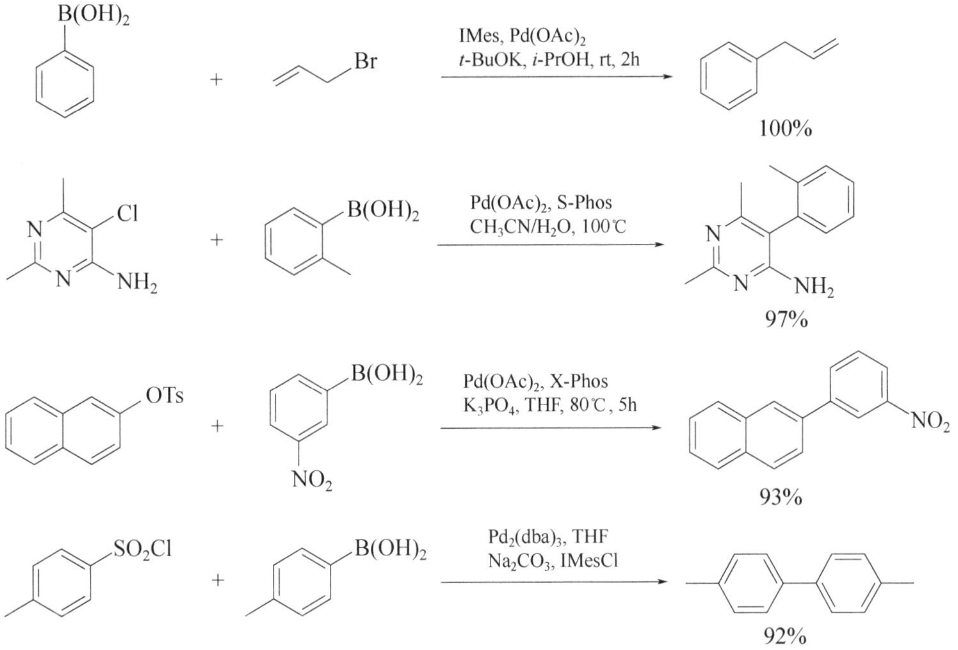

图2-24　Suzuki偶联经典反应

IMes—1,3-双(2,4,6-三甲基苯基)咪唑-2-亚基；Pd(OAc)$_2$—醋酸钯；i-PrOH—异丙醇；S-Phos—2-二环己基膦-2′,6′-二甲氧基-联苯；THF—四氢呋喃；X-Phos—2-二环己基膦-2′,4′,6′-三异丙基联苯；
Pd$_2$(dba)$_3$—三(二亚苄基丙酮)二钯；IMesCl—1,3-双(2,4,6-三甲基苯基)氯化咪唑；rt—室温

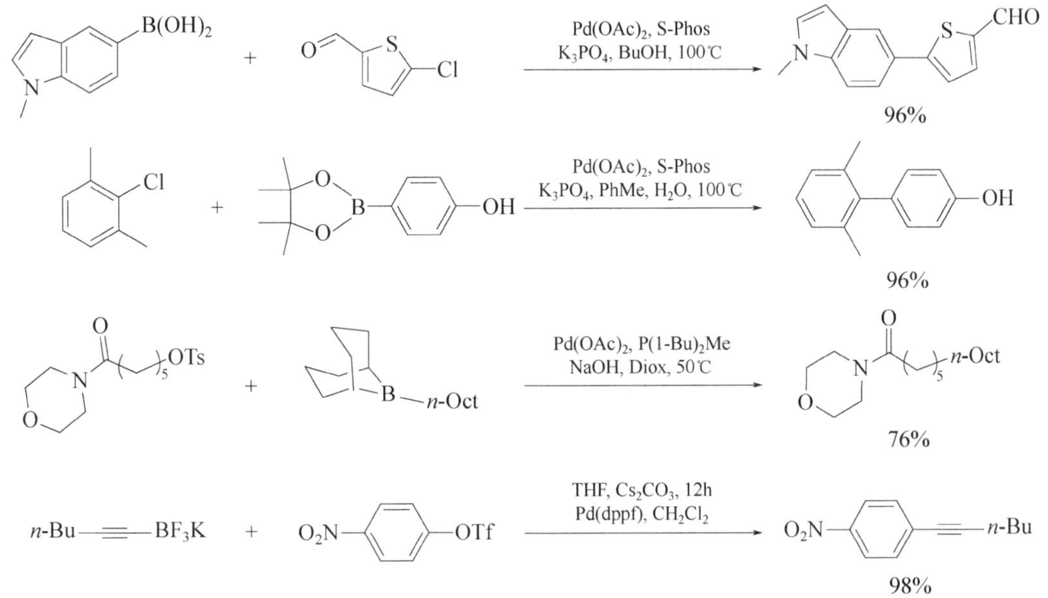

图2-25　常见的硼酸衍生物亲核试剂及代表性反应

Diox—1,4-二氧六环；Pd(dppf)—[1,1′-二(二苯基膦)二茂铁]钯

2.4 功能高分子材料的制备

如前所述，功能高分子的设计思路一般是将带有特定功能的结构和官能团的化合物与高分子骨架相结合，或者将这些小分子化合物进行高分子化，从而得到具有特定功能的高分子化合物。在制备方法上，主要有化学反应或物理方法引入官能团、多功能材料的复合以及已有功能材料的功能扩展。因此，在具体制备上，主要包括功能性小分子高分子化、已有高分子的功能化、通过特殊的加工方法制备功能高分子以及将普通高分子材料与功能材料复合的方法[7-9]。具体如下所述。

2.4.1 功能性小分子高分子化法

将相应功能性小分子高分子化是许多功能高分子的常用制备方法。目前常采用共聚、均聚等聚合反应，对功能性小分子进行高分子化。通常功能性小分子的高分子化包括两个步骤：将可聚合基团引入功能性小分子中得到单体，然后单体进行均聚或共聚反应得到功能聚合物。或者在含可聚合基团的单体中引入功能性基团得到功能性单体，然后再进行聚合反应。可聚合单体中常见的功能性基团主要有乙烯基、环氧基、酰氯基、吡咯基、羧基、羟基、氨基等。常见的功能性聚合单体结构如图 2-26 所示。

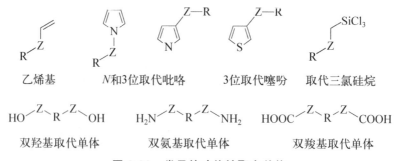

图 2-26　常见的功能性聚合单体

带功能性基团的单体聚合制备功能高分子的简单例子：带双键以及活性羧基的丙烯酸经过自由基均聚或共聚，即可形成聚丙烯酸及其共聚物，它可作为弱酸性离子交换树脂、高吸水性树脂。含有双键的功能性单体可通过链式聚合的方法得到功能高分子化合物，聚合反应后官能团均处于聚合物的侧链上。如果要在聚合物主链上引入官能团，则采用逐步聚合制备。一般含双羟基、双氨基、双羧基或分别含两种以上上述官能团的功能性小分子常被用于逐步聚合反应。另外，还可以采用本体聚合、溶液聚合、乳液聚合、电化学聚合等方法。含端基双键的功能性单体可用诱导还原电化学聚合法；对于含吡咯或噻吩的芳香杂环功能性单体，可采用氧化电化学聚合方法，该方法已被用于电导型聚合物的合成和聚合物电极表面修饰等。此外，上节内容中讲述的活性聚合方法、交叉偶联方法也是通过单体聚合制备功能高分子的重要方法。

根据功能性小分子中可聚合基团与官能团的相对位置，可以制备官能团在聚合物主链或官能团在聚合物侧链上的功能高分子。当反应性官能团分别处在官能团的两侧时，得到主链型功能高分子；而当反应性官能团处于官能团的同一侧时，则得到侧链型功能高分子。

2.4.2 功能性小分子与高分子骨架结合法

很多时候，虽然小分子化合物具备某些已知功能，但在实际应用中仍存在许多值得改进的地方。例如前面提到的常用强氧化剂——小分子过氧酸，它是有机合成中常用的重要试剂，但存在稳定性差等问题，通过将其引入高分子骨架中实现高分子化，则可以大幅提高稳定性。又例如青霉素，作为一种抗多种病菌的广谱抗生素，其应用非常普遍，它的结构中含有羧基、氨基，这些官能团与高分子载体进行反应可以得到疗效长的高分子青霉素。如将青霉素与乙烯醇-乙烯胺共聚物以酰胺键相结合，得到水溶性的药物高分子，这种高分子青霉素在人体内的停留时间为低分子青霉素的 30～40 倍。这些例子中所采用的方法就是将功能性小分子与高分子骨架结合而获得功能性高分子。

这种方法主要是通过化学法将活性官能团引入聚合物骨架中，从而改变聚合物的物理化学性质，使其具有新的功能。通常会选择比较廉价的通用高分子材料来进行这种功能化反应。在选择聚合母体时需要考虑以下因素：所选的聚合母体应该能较容易地接上功能性基团；应考虑聚合母体的价格、来源等因素；应考虑聚合母体的机械、热、化学稳定性等。目前常见的聚合母体包括聚苯乙烯、聚氯乙烯、聚乙烯醇、聚丙烯酰胺、聚环氧丙烷等。其中，聚苯乙烯最常被使用，这主要是由于单体苯乙烯可以通过石油化工大量制备，原料价格便宜。

一般这些聚合母体无法直接与功能性小分子化合物反应，这是因为商业上得到的聚合物大多是化学惰性的，因此常需要对其结构进行一定改造才能达到引入活性基团的目的。例如聚苯乙烯的功能化反应、聚氯乙烯的功能化反应、聚乙烯醇的功能化反应、聚环氧氯丙烷的功能化反应等。下面将简要介绍聚苯乙烯的结构改造及其功能化方法。

聚苯乙烯与多种常见的溶剂具有良好的相容性，调整交联剂二乙烯苯的加入量可以控制交联度，还可以通过改变合成条件得到不同形态的树脂，如凝胶型、大孔型、大网型树脂，它们都具有良好的机械性和化学稳定性。作为最常见的高分子材料之一，聚苯乙烯分子中的苯环比较活泼，可以进行一系列的芳香取代反应，如磺化、卤化、硝化、烷基化、羧基化、氨基化等。例如，对苯环依次进行硝化和还原反应，可以得到氨基取代聚苯乙烯；经溴化后再与丁基锂反应，可以得到含锂的聚苯乙烯；与甲基氯甲醚反应可以得到聚氯甲基苯乙烯等活性聚合物。引入这些活性基团后，聚合物活性增强，在活化位置可以与许多功能性小分子化合物进行反应从而引入各种官能团。例如，聚氯甲基苯乙烯中的氯甲基可以与带巯基的化合物反应生成硫醚键。除此之外，聚氯甲基苯乙烯还可以与带苯环的化合物发生芳香取代反应，与含羧基的化合物反应生成苄基酯键。聚氨基苯乙烯也能与带有卤代芳烃的化合物发生氨基取代反应，达到在氨基上引入芳香取代官能团的目的。图 2-27 所示为在聚苯乙烯骨架上引入各种官能团的反应。

聚苯乙烯高分子化合物具有良好的机械和化学稳定性，这是因为聚乙烯骨架不易受到常见化学试剂的攻击。以聚苯乙烯离子交换树脂的制备为例，在离子交换树脂的制备过程中，通常会将苯乙烯与少量的二乙烯苯共聚，形成交联聚合物，以此来保证机械、热、化学稳定性。交联得到的离子交换树脂不溶于常见溶剂或化学试剂，可以形成非均相体系，便于以后的分离，但可以发生溶胀，并不会妨碍其扩散。

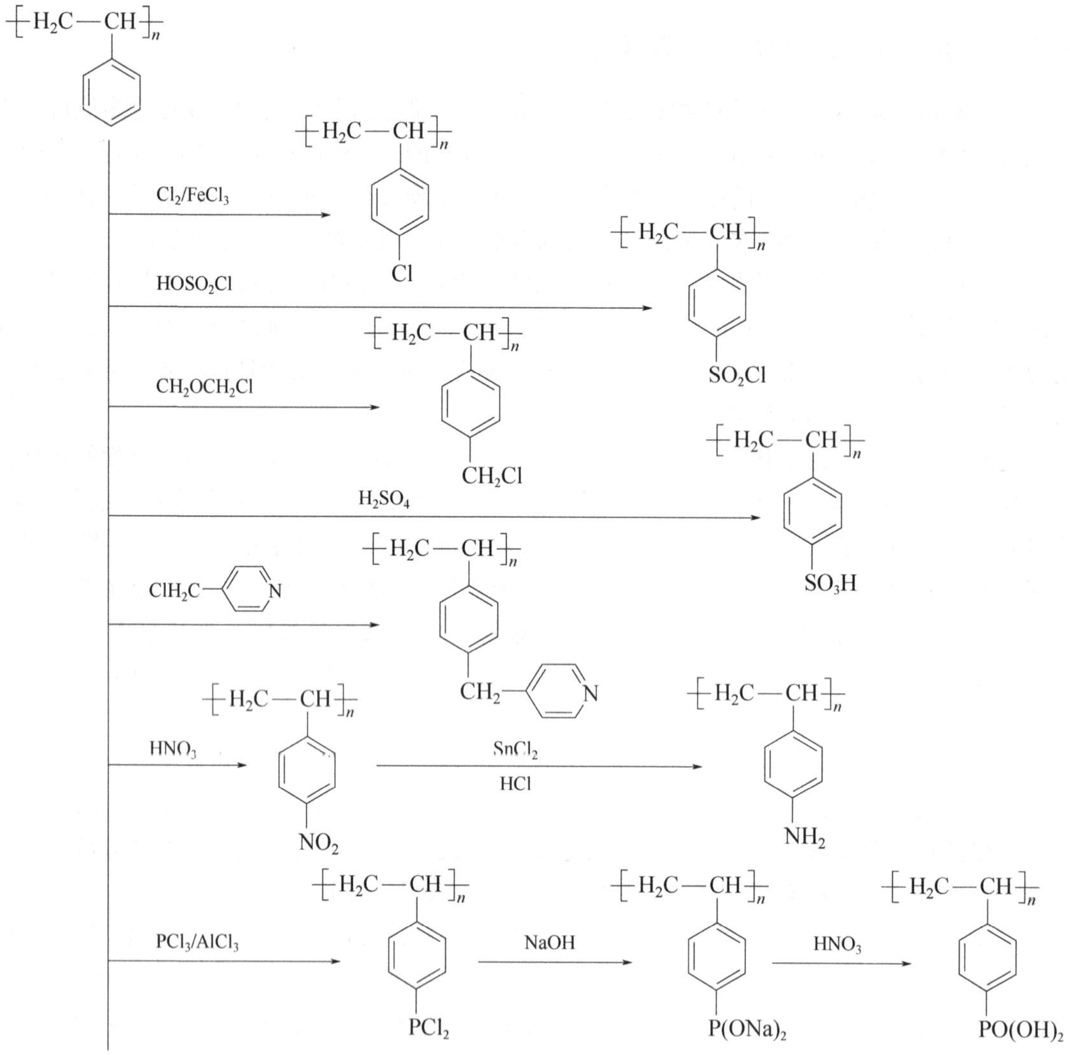

图 2-27 可用于在聚苯乙烯骨架上引入官能团的反应

与聚苯乙烯类似的化合物聚氯乙烯，也是非常常见并且价格低廉、具有一定反应活性的聚合物。对聚氯乙烯进行结构改造之后也可以作为高分子功能化的骨架，通过高分子反应在氯原子位置上引入活性较强的官能团。例如聚氯乙烯可以与二苯基膦锂反应，制备高分子催化剂的官能团二苯基膦；与硫醇钠反应，引入碳硫键。此外，聚氯乙烯还可以脱去氯化氢，生成带双键的聚合物，就可以进行各种加成反应。总体来说，由于聚氯乙烯反应活性较低，要引入活性基团需要有反应活性较高的试剂和比较激烈的反应条件。

其他可用于制备功能高分子的聚合物还有聚乙烯醇、聚环氧丙烷等。聚乙烯醇骨架上的羟基可以与邻位具有活性基团的不饱和烃或卤代烃反应形成醚键从而引入功能性基团；也可以与反应活性较强的酰卤和酸酐等发生酯化反应生成酯键；与醛酮类化合物进行羟醛缩合，可以使被引入基团通过两个相邻醚键与聚合物骨架连接，双醚键可增强其化学稳定性。而聚环氧氯丙烷上氯甲基与醚氧原子相邻，与聚氯甲基苯乙烯反应活性类似，也可以在非质子型极性溶剂中与多种亲核试剂反应，生成叠氮结构、酯键、碳硫键等活性官能团。

除了对有机聚合物进行改性及功能化，硅胶及多孔玻璃珠这类无机聚合物也可以被用作功能性基团的载体。这主要是因为硅胶和多孔玻璃珠的表面存在着大量的硅羟基，这些硅羟基可以通过与三氯硅烷等反应直接引入官能团，或者引入活性更强的官能团，为进一步功能化反应做准备。这类经过功能化的无机聚合物可作为高分子吸附剂、高分子试剂和高分子催化剂使用。

还需注意的是，这种方法在引入官能团过程中常常需要经过复杂的合成反应，对引入的官能团稳定性不好时需要加以保护。因此在引入时需要注意以下几点：在引入高分子骨架后应有利于小分子原有功能的发挥，并弥补其不足，二者功能不能互相影响；高分子化过程中不能破坏功能小分子材料的作用部分；功能性小分子的结构特征和选取的高分子骨架的结构类型是否匹配也决定着功能小分子材料能否发展为功能高分子材料。

2.4.3 聚合包埋法及物理共混法

尽管采用化学方法制备功能高分子具有许多优点，但根据前面的描述可知有一部分功能高分子是采用物理方法制备得到的。物理方法除了具有简便、快速的优势之外，它还不受场地和设备的限制，不受聚合物和功能性小分子官能团反应活性的影响，适用范围宽。

（1）聚合包埋法

利用生成高分子的束缚作用将功能性小分子化合物以某种形式包埋固定在高分子材料中也是制备功能高分子的常用方法，通常有两种基本方法。

一种方法是在聚合之前向单体溶液中加入功能性小分子化合物，在聚合过程中小分子被生成的聚合物所包埋。这样得到的功能高分子与功能性小分子化合物之间没有化学键连接，仅通过聚合物的包络作用完成。另一种方法就是以微胶囊的形式将功能性小分子化合物包埋在高分子材料中。微胶囊是一种以高分子为外壳，功能性小分子为核的高分子材料，可通过界面聚合法、原位聚合法、水中相分离法、溶液中干燥法等多种方法制备。高分子微胶囊在高分子药物、固定化酶的制备方面有独特的优势。第一种方法简便，功能性小分子的性质不受聚合物性质的影响，适用于酶等对环境敏感材料的固化；其缺点就是在使用过程中包络的功能性小分子化合物易逐步失去。

（2）物理共混法

聚合物的物理方法功能化主要通过功能性小分子化合物与聚合物的共混和复合来实现，主要有熔融共混和溶液共混。熔融共混是先将聚合物熔融，在熔融状态下加入功能性小分子或填料，混合均匀。功能性小分子或填料如果能在聚合物中溶解，将形成分子分散相，获得均相共混体；否则功能性小分子或填料将以微粒状态存在于高分子中，得到的是多相共混体。溶液共混则是将聚合物溶解在移动溶剂中，将功能性小分子或者溶解在聚合物溶液中呈分子分散相，或者悬浮在聚合物溶液中呈悬浮体，溶剂蒸发后得到共混聚合物。无论是均相还是多相共混，其结果都是功能性小分子通过聚合物的包络作用得到固化，聚合物本身由于功能性小分子的加入，在使用过程中发挥相应作用而被功能化。

2.4.4 功能高分子的其他制备技术

由于功能高分子材料的多样性，功能高分子制备的新方法也在不断涌现。例如在功能高分子研究中经常会碰到只用一种功能高分子材料难以满足某种特定需要的情况，必须采用两种以上的功能高分子材料加以复合才能实现。有时为了满足某种需求，需要在同一分子中引入两种以上的官能团。此外，某些功能高分子的功能单一，功能化程度不够，也需要使用化学或物理方法对其进行二次加工。因此，在前面所述的几种制备方法基础上，也经常结合下面两种方法制备功能高分子材料。

（1）功能高分子材料的多功能复合

将两种以上的功能高分子以某种方式结合，将形成新的功能高分子材料，而且具有任何单一功能高分子均不具备的性能，这一结合过程被称为功能高分子的多功能复合过程。在这方面最典型的例子是单向导电聚合物的制备。

（2）在同一分子中引入多种官能团

在同一种功能材料中，甚至在同一个分子中引入两种以上的官能团也是制备新型功能高分子的一种方法。以这种方法制备的聚合物，或者集多种功能于一身，或者两种功能起协同作用，能产生出新的功能。

思考题

1. 什么是活性聚合？哪些聚合属于活性聚合？
2. 简述 Stille 偶联和 Suzuki 偶联反应的反应原理。
3. 简述活性阳离子聚合和活性阴离子聚合的特征及意义。
4. TEMPO 引发体系具备什么优势？写出其引发机理。
5. 功能高分子的制备方法有几种？各有什么优缺点？

参考文献

[1] 潘祖仁. 高分子化学[M]. 5 版. 北京：化学工业出版社，2011.
[2] 赵文元，王亦军. 功能高分子材料化学[M]. 北京：化学工业出版社，2003.
[3] 王国建. 功能高分子材料[M]. 上海：同济大学出版社，2014.
[4] 马建标. 功能高分子材料[M]. 北京：化学工业出版社，2010.
[5] 焦剑，姚军燕. 功能高分子材料[M]. 北京：化学工业出版社，2015.
[6] 日本高分子学会. 高分子的分子设计[M]. 上海：上海科学技术出版社，1984.
[7] 张洪敏，侯元雪. 活性聚合[M]. 北京：中国石化出版社，1998.
[8] 罗祥林. 功能高分子材料[M]. 北京：化学工业出版社，2014.
[9] 王国建. 高分子合成新技术[M]. 北京：化学工业出版社，2004.

第3章

导电高分子

3.1 概述

绝大部分的高分子属于电绝缘体,直到1977年美国科学家黑格(A. J. Heeger)、麦克迪尔米德(A. G. Macdiarmid)发现掺杂聚乙炔(polyacetylene, PA)具有金属导电特性,从此"有机高分子不能作为导电材料"的概念被彻底改变。导电高分子材料具有质量轻、易成型、成本低、电导率范围宽且可调、结构多变等优点,其独特的电学、光学及磁学性质使得导电高分子材料可以克服使用时静电积累、电磁波干扰等危害,在电极材料、电磁屏蔽材料、防腐材料、传感器材料、隐身材料、电致变色材料等领域具有广泛的应用。根据已有的技术,碘掺杂聚乙炔的电导率接近室温下铜的电导率。导电高分子具有独特的结构特征和掺杂机制、优异的物理化学性能和诱人的技术应用前景,成为材料科学的热门领域。此外,当绝缘性的高分子与金属或石墨等导体材料共混时,这种共混材料可具有导体的某些特征。

3.1.1 导电高分子的特点

在导电高分子两端施加一定的电压,材料中会有电流通过,即具有导体的特征。导电高分子材料的结构和导电方式与传统的金属导体不同,导电高分子材料属于分子导电材料,而金属导体属于晶体导电材料[1-9]。

材料在电场作用下能产生电流是由于介质中存在能自由迁移的带电质点,这种带电质点被称为载流子。载流子在电场作用下沿着电场方向定向迁移构成电流。在不同的材料中,产生的载流子是不同的,常见的载流子包括自由电子、空穴、正负离子以及其他类型的荷电微粒。载流子是材料在电场作用下产生电流的物质基础,同时,载流子的密度是衡量材料导电能力的主要参数之一,通常材料的电导率与载流子的密度成正比。

根据欧姆定律,当在试样两端加上直流电压 U 时,若流经试样的电流为 I,则试样的电阻 R 为:

$$R = \frac{U}{I} \tag{3-1}$$

电阻的倒数称为电导，用 G 表示：

$$G = \frac{I}{U} \tag{3-2}$$

电阻和电导的大小不仅与物质的电性能有关，还与试样的截面积 S、厚度 d 有关。实验表明，试样的电阻与试样的截面积成反比，与厚度成正比：

$$R = \rho \frac{d}{S} \tag{3-3}$$

同样，对电导则有：

$$G = \sigma \frac{S}{d} \tag{3-4}$$

以上式中，ρ 为电阻率，$\Omega \cdot cm$；σ 为电导率，$\Omega^{-1} \cdot cm^{-1}$。

显然，电阻率和电导率都与材料的尺寸无关，而只决定于它们的性质，因此是材料的本征参数。

假定长方体材料的截面积为 S，载流子的浓度（单位体积中载流子数目）为 N，每个载流子所带的电荷量为 q，载流子在外加电场 E 作用下，沿电场方向运动速度为 v，则单位时间流过长方体的电流的表达式为：

$$I = NqvS \tag{3-5}$$

而载流子的迁移速度 v 通常与外加电场强度 E 成正比，如式（3-6）所示：

$$v = \mu E \tag{3-6}$$

式中，比例常数 μ 为载流子的迁移率，其含义为单位电场强度下载流子的迁移速度，单位为 $cm^2/(V \cdot s)$。可推导出电导率 σ（S/cm）可表示为式（3-7）：

$$\sigma = Nq\mu \tag{3-7}$$

当材料中存在 n 种载流子时，电导率 σ 可表示为式（3-8）：

$$\sigma = \sum_{i=1}^{n} N_i q_i \mu_i \tag{3-8}$$

由此可见，载流子浓度和迁移率是表征材料导电性的微观物理量。

根据电导率的大小，通常将材料分为绝缘体、半导体、导体和超导体 4 大类，从最好的绝缘体到导电性非常好的超导体，电导率可相差 40 个数量级以上。通常将高分子半导体和高分子导体都称为导电高分子。

那些带有强极性基团的高分子由于本征解离，可以产生导电离子。此外，在高分子合成、加工和使用过程中，加入的添加剂、填料以及水分和其他杂质的解离都会提供导电离子，特别是在没有共轭双键的电导率较低的非极性高分子中，外来离子是导电的主要载流子，其主要导电机理是离子电导。在共轭聚合物、电荷转移配合物、聚合物的离子自由基盐配合物和金属有机高分子材料中则含有很强的电子电导。如在共轭聚合物中分子内存在空间上一维或二维的共轭键，π电子轨道相互交叠使得π电子具有许多类似于金属中自由电子的特征，π电子可以在共轭体系中自由运动，分子间的迁移则通过跳跃机理实现。离子电导和电子电导有各自的特点，但大多数高分子材料的导电性很小，直接测定载流子的种类较为困难，一般用间接的方法区分。用电导率的压力依赖性来区分比较简单可靠。离子传导时，分子聚集越密，载流子的迁移通道越窄，电导率的压力系数为负值；电子传导时，电子轨道的重叠加大，电导率加大，压力系数为正值。大多数聚合物中离子电导和电子电导同时存在，视外界环境的不同，如温度、压力、电场等外界条件不同时某一种处于支配地位。

3.1.2 导电高分子的分类

导电高分子按照结构、组成及制备方法的不同可以分为复合型导电高分子和结构型导电高分子两大类[1-9]。

结构型（或称本征型）导电高分子其本身具有"固有"的导电性，由聚合物结构提供导电载流子（电子、离子或空穴）。这类聚合物经掺杂后，电导率可大幅度提高，其中有些甚至可达到金属的导电水平。复合型导电高分子是在不具备导电性的高分子材料中混入大量导电物质，如碳系材料、金属粉（箔）等，通过分散复合、层积复合、表面复合等方法构成的复合材料，其中以分散复合最为常用。

目前，对结构型导电高分子的导电机理以及聚合物结构与导电性关系的理论研究十分活跃，应用性研究也取得了很大进展。但由于大多数结构型导电高分子在空气中不稳定，导电性随时间延长明显衰减，导致结构型导电高分子的实际应用尚不普遍。通过改进掺杂剂的品种和掺杂技术，采用共聚或共混的方法，可以在一定程度上克服结构型导电高分子的不稳定性，改善其加工性能。

按照导电机理进行分类，可将结构型导电高分子分为电子导电型、离子导电型和氧化还原导电型三种类型。电子导电型高分子中载流子为自由电子，其结构特征是分子内含有大量的共轭电子体系，为载流子自由电子的离域提供迁移的条件。离子导电型高分子中载流子为能在聚合物分子间迁移的正负离子，此类材料亲水性好，柔性好，在一定温度下有类似液体的特性，允许相对体积较大的正负离子在聚合物中迁移。氧化还原导电型高分子是以氧化还原反应为电子转化机理，其导电能力来源于可逆氧化还原反应中电子在分子间的转移，该类导电聚合物的高分子骨架上必须带有可以进行可逆氧化还原反应的活性中心。

复合型导电高分子材料包括通常所见的导电橡胶、导电塑料、导电涂料、导电胶黏剂和导电薄膜等。与结构型导电高分子不同，在复合型导电高分子中，高分子材料本身并不具备导电性，只充当了黏合剂的角色，其导电性是通过混在其中的导电性物质（如碳系材料、金属粉末等）获得的。复合型导电高分子材料制备方便，有较强的实用性。

3.2 结构型导电高分子

结构型（或本征型）导电高分子与常规的金属导体同为导体，不同之处在于结构型导电高分子属于分子导电物质，而金属导体是金属晶体导电物质，因此其结构和导电方式也就不同。导电高分子中载流子有电子和离子，在许多情况下，这两种导电形式同时存在。纯粹的结构型导电高分子目前只有聚氮化硫类，其他许多导电聚合物几乎均需采用氧化还原、离子化或电化学等手段进行掺杂之后，才能有较高的导电性。研究较多的结构型导电高分子是含 π 共轭骨架的高分子材料[10-16]。

3.2.1 电子导电高分子

目前，对电子导电高分子中共轭体系高分子的研究最为广泛和深入。关于这一类导电材料的导电机理和结构特征已经有了比较成熟的理论。

3.2.1.1 共轭导电高分子

通常，将整个分子是共轭体系的高分子称作共轭高分子或共轭聚合物。共轭聚合物中碳-碳单键和碳-碳双键交替排列，可以是碳-氮、碳-硫、氮-硫等共轭体系。形成结构型共轭体系必须具备以下条件：第一，分子轨道能够强烈离域；第二，分子轨道能够互相重叠。满足这两个条件的共轭体系聚合物，可通过自身的载流子产生和输送电流。

（1）共轭导电高分子的导电机理

在电子导电聚合物的导电过程中，载流子是聚合物中的自由电子或空穴，导电过程需要载流子在电场作用下能够在聚合物内做定向迁移形成电流。因此，在聚合物内部具有定向迁移能力的自由电子或空穴是聚合物导电的关键。

在有机化合物中电子以 4 种形式存在：内层电子、σ 电子、n 电子和 π 电子。其中只有 π 电子在孤立存在时具有一定的离域性。当有机化合物中具有共轭结构时，π 电子体系增大，电子的离域性增强，可移动范围扩大。当共轭结构达到足够大时，化合物即可提供自由电子，共轭体系越大，离域性也越强。因此有机聚合物成为导体的必要条件是具有大共轭结构，能使其内部某些电子或空穴具有跨键离域移动能力。事实上，所有已知电子导电高分子的共同结构特征就是分子内具有大的共轭 π 电子体系，除了早期发现的聚乙炔外，大多为芳香单环、多环以及杂环的共聚或均聚物。

但是，具有上述结构的共轭高分子，其电导率大多数只处于半导体甚至绝缘体范围，还不能称为导体，这可以从分子轨道和能带理论对其结构的分析得到合理的解释。以聚乙炔为例，在其链状结构中，每一结构单元（—CH—）中的碳原子最外层有 4 个价电子，其中有 3 个电子构成 3 个 sp^2 杂化轨道，分别与一个氢原子和两个相邻的碳原子形成 σ 键，余下的 p 电子轨道在空间分布上与 3 个 σ 轨道构成的平面相垂直。在聚乙炔分子中相邻碳原子之间的 p 电子在平面外相互重叠构成 π 键。因此上述聚乙炔结构可以看成由众多享有一个未成对电子的 CH 自由基组成的长链，当所有碳原子处在一个平面内时，其未成对电子云在空间取向为相互平行，并互相重叠构成共轭 π 键。根据固态物理理论，这种结构应是一个理想的一维金属结构，π 电子应能在一维方向上自由移动，这是高分子导电的理论基础。

如果考虑到每个 CH 自由基结构单元的 p 电子轨道中只有一个电子，而根据分子轨道理论，一个分子轨道中只有填充两个自旋方向相反的电子才能处于稳定态。那么每个 p 电子占据一个轨道构成上述线型共轭 π 电子体系，应是一个半充满能带，是非稳定态。它趋向于组成双原子对，使电子成对占据其中一个分子轨道，而另一个成为空轨道。由于空轨道和占有轨道的能级不同，原有 p 电子形成的能带分裂成两个亚带，一个为全充满能带，另一个为空带。两个能带在能量上存在着一个差值，即能隙（或称禁带），而导电状态下 p 电子离域运动必须越过这个能级差。这就是线型共轭体系中阻碍电子运动，进而影响其电导率的基本因素。

电子的相对迁移是导电的基础，电子若要在共轭π电子体系中自由移动，首先要克服能隙，因为满带与空带在分子结构中是互相间隔的。这一能级差的大小决定了共轭导电高分子导电能力的高低，也正是由于这一能级差的存在决定了共轭导电高分子不是一个良导体，而是半导体。

因此，要使材料导电，高分子必须具有足够的能量以越过能隙（E_G），也就是电子从其最高占有轨道（基态）向最低空轨道（激发态）跃迁的能量ΔE（电子活化能）必须大于E_G。Ele和Parfitt利用一维自由电子气模型，通过量子力学计算得到E_G与共轭体系中π电子数N的关系。

对于线型共轭体系，能隙E_{Gl}（eV）与π电子数N的关系见式（3-9）。

$$E_{Gl} = 19.08 \times \frac{N+1}{N^2} \tag{3-9}$$

对于环型共轭体系，E_{Gc}（eV）与N的关系见式（3-10）。

$$E_{Gc} = 38.06 \times \frac{1}{N} \tag{3-10}$$

可见，随着共轭高分子链的延长，π电子数增多，能隙减小，高分子的导电性能提高。但共轭结构的延长，也会给材料的力学性能、加工性能带来不利的影响。

除了分子链的长度和π电子数目外，共轭链的结构也会影响到导电性。从结构上看，共轭链可分为"受阻共轭"和"无阻共轭"。受阻共轭是指共轭链分子轨道上存在"缺陷"，当共轭链中存在庞大的侧基或强极性基团时，会引起共轭链的扭曲、折叠等，使π电子离域受到限制。π电子离域受阻程度越大，分子链的导电性能越差。如聚烷基乙炔和脱氯化氢聚氯乙烯，都属受阻共轭高分子，其主链上连有烷基等支链结构，影响了π电子的离域。

无阻共轭是指共轭链分子轨道上不存在"缺陷"，整个共轭链的π电子离域不受阻碍。这类聚合物是较好的导电材料或半导体材料，如反式聚乙炔、聚对亚苯、聚并苯、热解聚丙烯腈等。顺式聚乙炔的分子链发生了扭曲，π电子离域受到限制，其电导率低于反式聚乙炔。所以说，受阻共轭高分子往往没有半导体性质，无阻共轭高分子多具有半导体性质。

（2）共轭导电高分子的掺杂与掺杂剂

研究发现，完全不含杂质的聚乙炔电导率很小。但是，因共轭高分子的能隙很小，容易与适当的电子受体或电子给予体发生电荷转移，因此它们经过掺杂后可以提升导电性。如在聚乙炔中添加碘或五氟化砷等电子受体，聚乙炔的电子向受体转移，电导率可增至10^4S/cm，达到金属导电的水平。聚乙炔的电子亲核性很大，也可以从作为电子给体的碱金属接受电子而使电导率上升。这种以添加电子受体或电子给体来提高导电性能的方法称为"掺杂"。

掺杂是最常用的产生缺陷和激发的化学方法。实际上，掺杂就是在共轭结构高分子上发生的电荷转移或氧化还原反应。共轭结构高分子中的π电子有较高的离域程度，既表现出足够的电子亲核性，又表现出较低的电子解离能，所以高分子链本身可能被氧化（失去或部分失去电子），也可能被还原（得到或部分得到电子），相应地，借用半导体科学的术语，称作发生了"p型掺杂"或"n型掺杂"。用能带理论来解释掺杂，掺杂都是为了在聚合物的空轨道中加入电子，或从占有轨道中拉出电子，进而改变现有π电子能带的能级，出现能量居中的半充满能带，减小能带间的能量差，使自由电子或空穴迁移时的阻碍减小。

导电高分子的掺杂与无机半导体的掺杂概念完全不同：首先无机半导体的掺杂是原子的替代，但导电高分子的掺杂却是氧化-还原过程，其掺杂的实质是电荷转移；其次无机半导体的掺杂量极低（万分之几），而导电高分子的掺杂量很大，可高达50%；此外，在无机半导体中没有脱掺杂过程，而导电高分子中不仅有脱掺杂过程，而且掺杂/脱掺杂过程是完全可逆的。

式（3-11）和式（3-12）以反式聚乙炔$(CH)_n$为例来说明掺杂的过程。

$$(CH)_n + nxA \longrightarrow [(CH)^{+x} \cdot xA^{-1}]_n \qquad 氧化掺杂或 p 型掺杂 \qquad (3-11)$$

$$(CH)_n + nxD \longrightarrow [(CH)^{-x} \cdot xD^{+1}]_n \qquad 还原掺杂或 n 型掺杂 \qquad (3-12)$$

其中，A 和 D 分别代表电子受体和电子给体掺杂剂（假定为 1 价），前者的典型代表如 I_2、AsF_5，而后者的典型代表如 Na、K 等；x 表示参与反应的掺杂剂的用量，也是高分子被氧化或还原的程度，对聚乙炔来说，可以在 0～0.1 变化，相应地，聚乙炔表现出半导体（x 较小时）、导体（x 较大时）的特性。

掺杂的方法有化学掺杂和物理掺杂两大类。

化学掺杂包括质子酸掺杂、气相掺杂、液相掺杂、电化学掺杂等。气相掺杂与液相掺杂是掺杂剂直接与高分子接触完成氧化-还原过程。电化学掺杂是将聚合物涂覆在电极表面上，或者使单体在电极表面上直接聚合，形成薄膜。改变电极的电位，表面的聚合物膜与电极之间发生电荷的传递，高分子失去或得到电子，变成氧化或还原状态，而电解液中的对离子扩散到聚合物膜中，保持聚合物膜的电中性。质子酸掺杂是向绝缘的共轭聚合物链上引入一个质子，聚合物链上的电荷分布状态发生改变，质子本来携带的正电荷转移和分散到聚合物链上，相当于聚合物链失去一个电子而发生氧化掺杂。这种掺杂现象在聚乙炔中首先观察到，聚苯胺表现得尤为突出。由于聚苯胺特殊的化学结构，在一定条件下，它的成盐反应就是掺杂反应。

除化学方法外，物理方法也可以实现导电高分子的掺杂，如对导电高分子进行离子注入，如注入 K^+，高分子则被 n 型掺杂。又如对导电高分子进行"光激发"，当高分子吸收一定波长的光之后表现出某些导体或半导体性能，如导电、热电动势、发光等。

常用的作为电子受体的掺杂剂主要有以下几大类：卤素，如 Cl_2、Br_2、I_2、IBr 等；路易斯酸（Lewis 酸），如 PF_5、AsF_5、BF_3、SbF_5 等；质子酸，如 HF、HCl、HNO_3、$ClSO_3H$ 等；过渡金属卤化物，如 NbF_5、TaF_5、MoF_5、$ZrCl_4$、TeI_4 等；过渡金属化合物，如 $AgClO_4$、$AgBF_4$、H_2IrCl_6 等；有机化合物，如四氰基乙烯（TCNE）、四氰基对二次甲基苯醌（TCNQ）、四氯对苯醌、二氯二氰基苯醌（DDQ）等。常用的电子给体掺杂剂为碱金属，如 Li、Na、K 等；电化学掺杂中常用 R_4N^+、R_4P^+（$R=CH_3$、C_6H_5 等）等。

必须指出，在共轭高分子的掺杂反应中，掺杂剂的作用并不止前述的电荷转移。用五氟化砷（AsF_5）掺杂聚苯硫醚（PPS）时，可得到高电导率的配合物。但当掺杂程度提高后，由元素分析及红外光谱结果可知，链上相邻的两个苯环的邻位 C-C 原子间发生交联反应，形成了噻吩环。用氯或溴对聚乙炔掺杂，在掺杂剂浓度较小时优先进行电荷转移反应，而在高浓度条件下在掺杂的同时会发生取代和亲电加成等不可逆反应，这对提高电导率是不利的。

（3）影响掺杂共轭导电高分子导电性能的因素

影响掺杂共轭导电高分子导电性能的因素主要包括掺杂剂的用量及种类、温度、高分子电导率与分子中共轭链长度之间的关系。

① 掺杂量　诸多共轭高分子中,聚乙炔的掺杂效果是最显著的,但不同的掺杂方法和掺杂剂对其电导率的影响是不同的。图 3-1 是聚乙炔膜中掺杂 AsF_5、I_2、Br_2 时电导率的变化[1]。从图 3-1 中可以看出,在掺杂量为 1% 时电导率上升 5~7 个数量级,出现半导体-金属相变。当掺杂量增至 3% 时电导率已趋于饱和。由电导率的温度依赖关系计算活化能,未掺杂聚乙炔为 0.3~0.5eV,掺杂后则急剧减小,当掺杂浓度达 2%~3% 时趋于恒定值(0.02eV)。由此,从电导率变化的角度来看,半导体-金属相变时掺杂剂阈值浓度为 2%~3%。从图 3-1 中还可以看出,掺杂效果最佳的是 AsF_5,其次是 I_2,Br_2 较差。

② 温度　图 3-2 中给出了不同比例碘掺杂聚乙炔的电导率-温度关系。从给出的关系图可以看出,与金属材料的特性不同,电子导电高分子的温度系数是正的:即随着温度的升高,电阻减小,电导率增加。

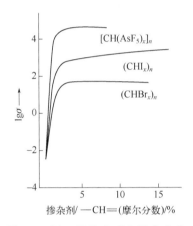

图 3-1　聚乙炔掺杂后电导率变化

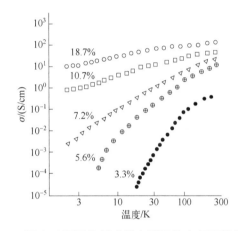

图 3-2　温度对不同比例碘掺杂聚乙炔电导率的影响[1]

这一现象可以从下面的分析中得到解释。在电子导电高分子中阻碍电子移动的主要因素是 π 电子能带间的能级差。从统计热力学角度来看,电子从分子的热振动中获得能量,显然有利于电子从能量较低的满带向能量较高的空带迁移,从而较容易完成其导电过程。然而,随着掺杂度的提高,π 电子能带间的能级差越来越小,已不是阻碍电子移动的主要因素。因此,在图 3-2 中给出的结果表明,随着导电高分子掺杂程度的提高,电导率-温度曲线的斜率变小,即电导率受温度的影响越来越小,温度特性逐渐向金属导体过渡。

③ 共轭链长度　电子导电高分子的电导率还受到高分子中共轭链长度的影响。线型共轭导电高分子的分子结构中电子分布不是各向同性的,高分子内的价电子更倾向于沿着线型共轭的分子内部移动,而不是在两条分子链之间。随着共轭链长度的增加,有利于自由电子沿着分子共轭链移动,导致高分子的电导率增加。一般地,线型共轭导电高分子的电导率随其共轭链长度的增加而呈指数增加。因此,增加共轭链的长度是提高高分子导电性能的重要手段之一,这一结论对所有类型的电子导电高分子都适用。值得指出的是,这里所指的是分子链的共轭长度,而不是高分子的分子长度。

除上面提到的影响因素之外,电子导电高分子的电导率还与掺杂剂的种类、制备及使用时的环境气氛、压力和是否有光照等因素有直接或间接的关系。

共轭高分子大多具有半导体的特性,多数属于电子导电型,且通过掺杂可以提高电导率。

典型的电子导电高分子有上述的聚乙炔，以及聚苯胺、聚噻吩、聚吡咯、聚对苯、聚对苯乙炔等。

3.2.1.2 高分子电荷转移配合物

电荷转移配合物是由易给出电子的电子给体D和易接受电子的电子受体A之间形成的复合体（CTC），反应过程如下：

$$\text{I (D+A)} \rightleftharpoons \text{II (D}^{\delta+}\cdots\text{A}^{\delta-}) \rightleftharpoons \text{III (D}^+\cdots\text{A}^-)$$

当电子不完全转移时，形成配合物Ⅱ；而完全转移时，则形成配合物Ⅲ。电子的非定域化使电子更容易沿着D-A分子叠层移动，$A^{\delta-}$ 的孤对电子在A分子间跃迁传导，加之在CTC中由于D-A键长的动态变化（扬-特勒效应）促进电子跃迁，因而CTC具有较高的电导率。

高分子电荷转移配合物可分为两大类：第一类是主链或侧链含有π电子体系的高分子与小分子电子给体或受体所组成的非离子型或离子型电荷转移配合物；第二类是由侧链或主链含有正离子自由基或正离子的高分子与小分子电子受体所组成的高分子离子自由基盐型配合物。

3.1.2.3 金属有机聚合物

将金属引入聚合物主链即得到金属有机聚合物，由于有机金属基团的存在，聚合物的电子电导增加。其原因是金属原子的d电子轨道可以和有机结构的π电子轨道交叠，从而延伸分子内的电子通道；同时由于d电子轨道比较弥散，它甚至可以增加分子轨道交叠，在结晶的近邻层片间架桥。金属有机聚合物主要有以下几种类型。

（1）主链型高分子金属配合物

由含共轭体系的高分子配位体与金属构成的主链型配合物是导电性较好的一类金属有机聚合物，它们是通过金属自由电子的传导导电的，其导电性往往与金属种类有较大的关系。

（2）金属酞菁聚合物

1958年，Woft等首次发现了聚酞菁铜具有半导体性能，其结构中庞大的酞菁基团具有平面状的π电子体系结构，如图3-3所示。中心金属的d轨道与酞菁基团中的π轨道相互重叠，使整个体系形成一个硕大的共轭体系，这种大共轭体系的相互交叠导致了电子流通。常见的中心金属除Cu外，还有Ni、Mg、Al等。在分子量较大的情况下，σ 为 $10^0 \sim 10^1$ S/m。

这类聚合物柔性小，溶解性和熔融性都极差，因而不易加工。若将芳基和烷基引入金属酞菁聚合物，其柔性和溶解性都有所改善。

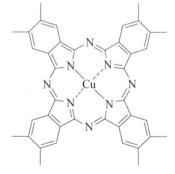

图3-3 聚酞菁铜结构单元

（3）二茂铁型金属有机聚合物

纯的含二茂铁聚合物的电导率并不高，一般在 $10^{-12} \sim 10^{-8}$ S/m，但是将这类聚合物用 Ag^+ 等温和的氧化剂部分氧化后，电导率可增加 5~7 个数量级。这时铁原子处于混合氧化态，电子可直接在不同氧化态的金属原子间传递，电导率可增至 4×10^{-3} S/m。一般情况下，二茂铁聚合物的电导率随氧化程度的提高而迅速上升，但通常氧化度约为70%时电导率最高。另外，聚合物中二茂铁的密度也会影响电导率。二茂铁型金属有机聚合物的价格低廉，来源丰富，有较好的加工性和良好的导电性，是一类很有发展前途的导电高分子。

3.2.1.4 电子导电高分子的应用

导电高分子的结构特征和独特的掺杂机制使其具有优异的物理化学性能，这些性能使导电高分子在电池、光电子器件、电磁屏蔽材料、隐身材料、传感器、金属防腐材料、分子器件和生命科学等领域都有广泛的应用前景，有些正向实用化的方向发展。简要举例如下。

（1）电池

由于导电高分子具有高电导率、可逆的氧化/还原特性、较高的室温电导率、较大的比表面积（微纤维结构）和小密度等特点，成为制备电池的理想材料。例如，最早的聚乙炔模型电池，及之后的聚苯胺电池，但因性能及稳定性问题，未能得到更多的发展和应用。相对而言，聚合物锂离子电池是应用最广泛的聚合物电池之一，它采用锂离子作为电荷载体，聚合物作为电解质。相比于传统的离子电池，聚合物电池具有更高的能量密度、更长的寿命和更好的安全性能，被广泛应用于智能手机、平板电脑、笔记本电脑等移动设备中。

（2）电磁屏蔽材料

电磁屏蔽是防止军事秘密和电子信号泄露的有效手段，也是 21 世纪"信息战争"的重要组成部分。通常所谓的电磁屏蔽材料是由炭粉或金属颗粒-纤维与高分子共混构成的。虽然金属或炭粉具有高的电导率而屏蔽效率高，但是兼顾电学和力学性能却有局限性。为此，研制轻型、高屏蔽效率和力学性能好的电磁屏蔽材料是必需的。由于高掺杂度导电高分子的电导率在金属范围（$10^0 \sim 10^5$S/m）内，对电磁波具有全反射的特性，即电磁屏蔽效应，且可溶性导电高分子的出现使导电高分子与高力学性能的高分子复合，或在绝缘的高分子表面上涂敷导电高分子涂层已成为可能。因此，导电高分子在电磁屏蔽技术上的应用已引起广泛重视。

（3）新型金属防腐材料

通常，富金属锌和铬、铜的涂料是传统的金属防腐材料，但这些金属防腐材料在环境保护、资源及成本等方面都有一定的局限性。自 20 世纪 90 年代中期以来，导电高分子作为新型的金属防腐材料，已成为它在技术上应用的新方向。尤其美国洛斯阿拉莫斯国家实验室和德国一家化学制品公司将导电高分子成功地应用到火箭发射架上，更刺激了导电高分子作为新型金属防腐材料的研制与开发。

（4）隐身材料

隐身材料是实现军事目标隐身的关键。所谓隐身材料是指能够减少军事目标的雷达特征、红外特征、光电特征及目视特征的材料。由于雷达技术是军事目标侦破的主要手段，因而雷达波吸收材料是当前核心的隐身材料。现有的雷达波吸收材料如铁氧体、多晶铁纤维、金属纳米材料等技术工艺成熟，吸收性能好，已得到广泛应用。但是，由于它们密度大，难以实现飞行器的隐身。

自导电高分子问世以来，其作为新型的有机聚合物雷达波吸收材料，成为导电高分子领域的研究热点和导电高分子实用化的突破点。与无机雷达波吸收材料相比，导电高分子雷达波吸收材料具有结构多样化、电磁参量可调、易复合加工和密度小等特点，是一种新型的、轻质的高分子雷达波吸收材料。但是实验研究发现导电高分子属电损耗型的雷达波吸收材料。根据电磁波吸收原理，吸波材料具有磁损耗是展宽频带和提高吸收率的关键。因此，改善导电高分子的磁损耗是实现导电高分子雷达波吸收材料实用化的关键。

3.2.2 离子导电高分子

离子导体最重要的用途是作为电解质用于工业和科研工作中的各种电解和电分析过程，以及作为各种电池等需要化学能与电能转换场合中的离子导电介质。但通常使用的液体电解质（即液体离子导体）在使用过程中容易发生泄漏和挥发而缩短使用寿命，或腐蚀其他器件，也无法成型加工或制成薄膜使用，其体积和重量一般都比较大，制成电池的能量密度较低，不适合在需要小体积、轻重量、高能量、长寿命电池的场合使用。因此人们迫切需要发展一种能克服上述缺点的固态电解质。从基本意义上来说，固态电解质就是像液态电解质一样允许离子在其中移动，同时对离子有一定溶剂化作用，但是又没有液体流动性和挥发性的一种导电物质。高分子电解质的研究可以解决这一问题，作为离子导电的高分子材料必须含有并允许体积相对较大的离子在其中做扩散运动，同时高分子对离子有一定的溶解作用。

3.2.2.1 离子导电高分子的组成

高分子电解质的种类相当多，但并不是所有的均有导电性。在固体高分子中，黏度相当高，离子的迁移很困难，如果没有水存在，它们只能像普通塑料一样作为绝缘体使用。然而在聚氧化乙烯（PEO）或聚苯醚（PPO）交联体聚醚中，在室温下即有较高的载流子迁移率。聚醚-碱金属盐组成的配合物体系中，作为离子传导介质的高分子的作用为：高密度的醚键（—O—）环境可促进盐的解离；保持材料的柔性；基于同盐的相互作用，高分子内聚能减小，有利于离子的运动。

作为固态离子导体的高分子，必须对离子化合物具有溶剂化作用。在这类聚合物中聚合物分子本身并不含有离子，也没有溶剂加入。但是聚合物本身一方面有一定溶解离子型化合物的能力，另一方面允许离子在聚合物中有一定移动能力（扩散运动）。在作为电解质使用时将离子型化合物"溶解"在聚合物中，形成溶剂和离子，构成含离子聚合物，其所含离子在电场力作用下可以完成定向移动。由于其中不含任何液体物质，因此是真正的固态电解质。此外一些聚合物本身带有离子性基团，同时对其他离子也有溶剂化能力，能溶解有机离子和无机离子，也具有离子导电能力。

对于有实际应用意义的高分子电解质，除要求有良好的离子导电性能之外，还需要满足下列要求：①在使用温度下应有良好的机械强度；②应有良好的化学稳定性，在固态电池中应不与锂和氧化性阳极发生反应；③有良好的可加工性，特别是容易加工成薄膜使用。然而，提高聚合物的离子导电性能需要聚合物有较低的玻璃化转变温度，而聚合物的玻璃化转变温度低又无法保证聚合物有足够的机械强度，因此这是一对应平衡考虑的矛盾。提高机械强度的办法包括在聚合物中添加填充物，或者加入适量的交联剂。这样处理后，虽然机械强度明显提高，但玻璃化转变温度也会相应提高，会影响到使用温度和电导率。对于玻璃化转变温度很低、对离子的溶剂化能力也低、导电性能不高的离子导电高分子，用接枝反应在高分子骨架上引入有较强溶剂化能力的基团，有助于离子导电能力的提高。采用共混的方法将溶剂化能力强的离子型高分子与其他高分子混合成型也可提高固体电解质的导电性能。最近的研究表明，采用在高分子中溶解度较高的有机离子，或者采用复合离子盐，对提高高分子的离子电导率有促进作用。

迄今为止，合成的聚醚配合物中阳离子多为一价的碱金属离子，除碱金属离子外，碱土金属离子也可以与氧、氮等产生强烈的相互作用，生成高分子金属配合物，如 Mg、Ca、Cu、Sr、Zn 等均可与 PEO 形成具有一定离子导电性的金属配合物盐。但是由于二价金属盐具有较高的晶格能，生成金属配合物盐较为困难。

3.2.2.2 离子导电高分子的导电机理

对于高分子的离子导电，主要有以下两种机理：非晶区扩散传导离子导电和自由体积导电。

（1）非晶区扩散传导离子导电

高分子均为非晶态或部分结晶的，因此它存在着玻璃化转变和玻璃化转变温度。在玻璃化转变温度以下时，聚合物主要呈固态晶体性质；但是在此温度以上，聚合物的物理性质会发生显著变化，类似于高黏态液体，有一定的流动性，当聚合物中含有小分子离子时，在电场力作用下该离子受到一个定向力，可以在聚合物内发生一定程度的定向扩散运动，因此具有导电性，呈现出电解质的性质。随着温度的提高，聚合物的流变性等性质愈显突出，离子导电能力也得到提高，但是其机械强度有所下降。在玻璃化转变温度以下，聚合物的流变性质类似于普通固体，离子不能在其中做扩散运动，因而离子电导率很低，且基本不随温度变化，不能作为电解质使用。由此可见，除了对离子的溶剂化能力之外，决定聚合物离子导电能力和使用温度的主要因素之一是聚合物的玻璃化转变温度，过高的玻璃化转变温度将限制高分子电解质的使用范围。

（2）自由体积导电

根据自由体积理论，在一定温度下聚合物分子要发生一定幅度的振动，其振动能量足以抗衡来自周围的静压力，在分子周围建立起一个小的空间来满足分子振动的需要。这个由每个聚合物分子热振动形成的小空间被称为自由体积。当振动能量足够大时，自由体积可能会超过离子本身的体积，在这种情况下，聚合物中的离子可能发生位置互换而移动。在电场力的作用下，聚合物中包含的离子受到一个定向力，在此定向力的作用下离子通过热振动产生的自由体积而定向迁移。因此，自由体积越大，越有利于离子的扩散运动，从而增加离子电导能力。自由体积理论成功地解释了聚合物中离子导电的机理以及导电能力与温度的关系。

所以，作为离子导电高分子，一般要求有较低的玻璃化转变温度和对于离子化合物较强的溶剂化能力。

3.2.2.3 离子导电高分子的应用

离子导电高分子最主要的应用领域是在各种电化学器件中替代液体电解质使用。虽然目前生产的多数高分子电解质的电导率还达不到液体电解质的水平，但是由于高分子电解质的机械强度较好，可以制成厚度小、面积很大的薄膜，因此由这种材料制成的电化学装置的结构常数（A/l）可以达到很大数值，使两电极间的绝对电导值可以与液体电解质相比，满足实际需要。按照目前的研制水平，高分子电解质薄膜的厚度一般为 10～100μm，其电导率可以达到100S/m，由固态高分子电解质和高分子电极构成的全固态电池已经进入实用化阶段。

与其他类型的电解质相比较，由离子导电高分子作为固态电解质构成的电化学装置有下列优点：容易加工成型，力学性能好，坚固耐用；防漏、防溅，对其他器件无腐蚀之忧；电解质无挥发性，构成的器件使用寿命长；容易制成结构常数大，因而能量密度高的电化学器件。

由固态电解质制成的电池特别适用于像植入式心脏起搏器、计算机存储器支持电源、自供电大规模集成电路等应用场合。当然，由于技术方面的限制，目前已经开发出的离子导电高分子作为电解质使用，也有其不足之处：①在固体电解质中几乎没有对流作用，因此物质传导作用很差，不适用于电解和电化学合成等需要传质的电化学装置；②由于电极和电解质两固体之间表面的不平整性，解决固体电解质与电极良好接触问题要比液态电解质困难得多，给使用和研究带来不便，特别是当电极或者电解质在充放电过程中有体积变化时，问题更加严重，经常会导致电解质与电极之间的接触失效；③目前开发的固态电解质要求在较高的温度下使用，低温高分子固体电解质还有待于开发。

3.3 复合型导电高分子

复合型导电高分子是采用各种复合技术将导电性物质与树脂复合而成的。复合技术主要包括导电表面膜形成法、导电填料分散复合法和导电填料层压复合法三种。

导电表面膜形成法是在高分子材料基质表面涂覆导电性物质，进行金属镀膜或金属熔射等处理。导电填料分散复合法是在高分子材料基质内混入抗静电剂、炭黑、石墨、金属粉末、金属纤维等导电填料。导电填料层压复合法则是将高分子材料与碳纤维栅网、金属网等导电件编织材料一起层压，并使导电材料处于高分子材料基质之中。其中，导电填料分散复合法最为常见。

从原则上讲，任何高分子材料都可用作复合型导电高分子的基质。在实际应用中，要根据使用要求、制备工艺、材料性质和来源、价格等因素综合考虑，选择合适的高分子材料。目前常用的复合型导电高分子的基质材料主要有聚乙烯、聚丙烯、聚氯乙烯、聚苯乙烯、丙烯腈-丁二烯-苯乙烯共聚物（ABS）、环氧树脂、丙烯酸酯树脂、酚醛树脂、不饱和聚酯、聚氨酯、聚酰亚胺、有机硅树脂等[16-23]。高分子基质材料的作用是将导电颗粒牢固地黏结在一起，使导电高分子有稳定的导电性，同时还赋予材料加工性。高分子基质材料的性能对复合型导电高分子的机械强度、耐热性、耐老化性都有十分重要的影响。

导电填料在复合型导电高分子中起到提供载流子的作用，其形态、性质和用量直接决定材料的导电性。高分子基质材料一般为有机材料，而导电填料通常为无机材料或金属，两者性质相差较大，复合时不容易紧密结合和均匀分散，影响材料的导电性。故通常还需对填料颗粒进行表面处理，如用表面活性剂、偶联剂、氧化还原剂对填料颗粒进行处理后，分散性可大大增加。

复合型导电高分子的制备工艺简单，成型加工方便，且具有较好的导电性。例如在聚乙烯中加入粒径为 $10\sim300\mu m$ 的导电炭黑，可使聚合物变为半导体（$\sigma=10^{-12}\sim10^{-6}$S/cm）；而将银粉、铜粉等加入环氧树脂中，其电导率可达 $10^{-1}\sim10$S/cm，接近金属的水平。目前，结构型导电高分子研究尚未达到实际应用水平，而复合型导电高分子作为一类较为经济实用的材料，已得到了广泛的应用。如酚醛树脂-炭黑导电塑料，在电子工业中用作有机实芯电位器的导电轨和碳刷；环氧树脂-银粉导电黏合剂，可用于集成电路、电子元件、正温度系数（PTC）陶瓷发热元件等电子元件的黏结；用涤纶树脂与炭黑混合后纺丝得到的导电纤维，可用于制作工业防静电滤布和防电磁波服装。

3.3.1 复合型导电高分子的结构和导电机理

复合型导电高分子的导电性主要由填料的分散状态所决定。实验发现，将各种金属粉末或炭黑颗粒混入绝缘性的高分子材料中后，材料的导电性随导电填料浓度的变化规律为：在导电填料浓度较低时，材料的电导率随浓度增大而增加很小；而当导电填料浓度达到某一数值时，电导率急剧上升，变化值可达 10 个数量级以上；超过这一临界值后，电导率随浓度的变化又趋于缓慢（图3-4）。

用电子显微镜观察导电材料的结构发现，当导电填料浓度较低时，填料颗粒分散在聚合物中，互相接触很少，导电性很低。随着导电填料浓度增加，填料颗粒间接触机会增多，电导率逐步上升。当导电填料浓度达到某一临界值时，体系内的填料颗粒相互接触形成无限网链，这个无限网链就像金属网贯穿于高分子中，形成导电通道，电导率急剧上升，使聚合物成为导体。之后再增加导电填料的浓度，对聚合物的导电性不会再有更多的贡献了，故电导率变化趋于平缓。发生突变的导电填料浓度称为"渗滤阈值"。这就是复合型导电高分子材料的导电"渗流理论"。

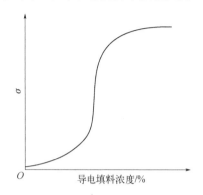

图 3-4 电导率与导电填料浓度的关系[1,24]

复合型导电高分子能导电的条件是填料粒子既能较好地分散，又能形成三维网状结构或蜂窝状结构。对于一个聚合物来说，需要加入多少导电填料才能形成无限网链，即渗滤阈值如何估算，这一问题具有十分重要的现实意义。Gurland 在进行了大量研究的基础上，提出了平均接触数的概念。所谓平均接触数，是指一个导电颗粒与其他导电颗粒接触的数目。如果假定颗粒都是圆球，通过对电镜照片的分析，可得平均接触数的计算公式。

$$m = \frac{8}{\pi^2} \left(\frac{M_s}{N_s}\right)^2 \frac{N_{AB} + 2N_{BB}}{N_{BB}} \quad (3\text{-}13)$$

式中，m 为平均接触数；M_s 为单位面积中导电颗粒与导电颗粒的接触数；N_s 为单位面积中的导电颗粒数；N_{AB} 为任意单位长度的直线上导电颗粒与基质（高分子材料）的接触数；N_{BB} 为上述单位长度直线上导电颗粒与导电颗粒的接触数。

Gurland 研究了酚醛树脂-银粉体系电阻与填料体积分数的关系，并用公式计算了平均接触数 m，结果表明，在 $m=1.3\sim1.5$ 时电阻发生突变，$m>2$ 时电阻保持恒定。从直观考虑，$m=2$ 是形成无限网链的条件，故似乎应该在 $m>2$ 时电阻发生突变，然而实际上 $m<2$ 时就发生了电阻值的突变，这表明导电填料颗粒并不需要完全接触就能形成导电通道。

当导电颗粒间不相互接触时，颗粒间存在聚合物的隔离层，使导电颗粒中自由电子的定向运动受到阻碍，这种阻碍可看作是一种具有一定势能的势垒。根据量子力学的概念可知，对于一种微观粒子来说，即使其能量小于势垒的能量，它除了有被反弹的可能性外，也有穿过势垒的可能性。微观粒子穿过势垒的现象称为贯穿效应，也称为"隧道效应"。电子是一种微观粒子，因此它有穿过导电颗粒之间隔离层阻碍的可能性。这种可能性的大小与隔离层的厚度 a 及隔离层势垒的能量 U_0 与电子能量 E 的差值（U_0-E）有关，a 值与（U_0-E）值越小，电子穿过隔离层的可能性就越大。当隔离层的厚度小到一定值时，电子就能容易地穿过隔离层，使导电颗粒间的绝缘隔离层变为导电层。这种由隧道效应而产生的导电层可用一个电阻和一个电容并联来等效。

据上述分析可知，导电高分子内部的结构有 3 种情况：①一部分导电颗粒完全连续地相互接触形成电流通路，相当于电流流过一只电阻；②一部分导电颗粒不完全连续接触，其中不相互接触的导电颗粒相当于电容器并联后再与电阻串联的情况；③一部分导电颗粒完全不连续，导电颗粒间的聚合物隔离层较厚，是电的绝缘层，相当于电容器的效应，如图 3-5 所示。

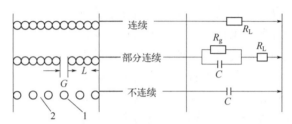

图 3-5　复合型导电高分子内部结构与等效电路
1—导电颗粒；2—导电颗粒间隔离层

F. Buche 借助 Flory 的网状缩聚凝胶化理论，成功地估算了复合型导电高分子中形成无限网链时导电填料的质量分数和体积分数。Flory 理论认为，对官能度为 f 的单体来说，如果每个单体的支化率（反应程度）为 α，当每个单体有 αf 个官能团发生反应时，体系发生了凝胶化，则此时凝胶部分的质量分数 W_g 的表达式为式（3-14）。

$$W_g = 1 - \frac{(1-\alpha)^2 a_1}{(1-a_1)^2 \alpha} \tag{3-14}$$

式中，a_1 是方程 $\alpha(1-\alpha)f^{-2} = a_1(1-a_1)f^{-2}$ 的最小根值。对于每一个 α 值，都可得到相应的 a_1 值，然后根据式（3-14）求出 W_g 值。

如果将导电颗粒看作缩聚反应中的单体，则在形成无限网链时，相当于体型缩聚中的凝胶化。导电颗粒的最大可能配位数相当于单体的官能度 f，与颗粒的形状有关。在导电高分子中，导电颗粒不可能密集堆砌，它的周围有可能部分被聚合物所占据。因此，每个导电颗粒周围被其他导电颗粒堆积的概率 a 可由式（3-15）求得。

$$a = \frac{\text{体系中实际占据空间的导电填料体积分数}}{\text{体系中最大可能占据空间导电填料体积分数}} = \frac{V_p}{V_0} \tag{3-15}$$

式中，分母 V_0 的数值，对不同堆砌形式取不同值。当配位数相等的导电颗粒将一个导电颗粒完全包围时，V_0 为 1。但当导电颗粒与导电颗粒之间存在空隙并有聚合物嵌入其中时，就不可能为 1。

由 Flory 凝胶化理论可知，当发生凝胶化时，亦即形成无限网链时，可得下式：

$$a = \frac{1}{f-1} \tag{3-16}$$

$$V_p = aV_0 = \frac{V_0}{f-1} \tag{3-17}$$

由式（3-17）可求出当体系电导率发生突变时导电填料的质量分数和体积分数。实验结果表明导电填料的填充量与导电高分子的电导率之间存在以下关系。

$$\sigma = \sigma_m V_m + \sigma_p V_p W_g \tag{3-18}$$

式中，σ 为导电高分子材料的电导率；σ_m 为高分子的电导率；σ_p 为导电填料的电导率；V_m 为高分子基质的体积分数；V_p 为导电填料的体积分数；W_g 为导电填料无限网链的质量分数。

在实际应用中，为使导电填料用量接近理论用量，必须使导电颗粒充分分散。若导电颗粒分散不均匀，或在加工过程中发生导电颗粒凝聚，则即使达到临界值，也不会形成无限网链。

3.3.2 金属基导电高分子

对金属填充型导电高分子的研究最早开始于 20 世纪 70 年代。将金属制成粉末、薄片、纤维以及栅网，填充在高分子材料中即可制成导电高分子材料。金属填充型导电高分子主要是导电塑料，其次是导电涂料。该类塑料具有优良的导电性能（体积电阻为 $10^{-3} \sim 10\ \Omega \cdot cm$），与传统的金属材料相比，质量轻，易成型，生产效率高，总成本低。20 世纪 80 年代后，导电高分子在电子计算机及一些电子设备的壳体材料上获得了飞速发展，成为最有发展前途的新型电磁波屏蔽材料。

可用于制备复合型导电高分子材料的金属粉末填料主要有金粉、银粉、铜粉、铝粉、镍粉、钼粉、镀银二氧化硅粉等。其中，银粉具有最好的导电性，故应用最广泛。炭黑虽电导率不高，但其价格便宜，来源丰富，因此也广为采用。根据使用要求和目的不同，导电填料还可制成薄片状、纤维状和多孔状等多种形式。

银粉具有优良的导电性和化学稳定性，它在空气中氧化速度极慢，在聚合物中几乎不被氧化，即使已经氧化的银粉，仍具有较好的导电性。银粉可用多种方法制得，不同方法制备的银粉其粒径和形状都不一样。例如，用真空蒸发法可制得扁平的片状银粉；用高压水喷射法可制得球粒状银粉；用电解法可制得针状银粉；用氢气还原法可制得球状超细银粉；用银盐热解法可制得海绵状银粉和鳞片状银粉等。

金粉是利用化学反应由氯化金制得或由金箔粉碎而成。金粉的化学性质稳定，导电性好，但价格昂贵，远不如银粉应用广泛。在厚膜集成电路的制作中，常采用金粉填充。

铜粉、铝粉和镍粉都具有较好的导电性，而且价格较低，但它们在空气中易氧化，导电性能不稳定，用氢醌、叔胺、酚类化合物作防氧化处理后可提高导电稳定性，目前主要用作电磁波屏蔽和印刷线路板引线材料等。将中空微玻璃珠、炭粉、铝粉、铜粉等颗粒的表面镀银后得到的镀银填料，具有导电性好、成本低、相对密度小等优点。尤其是铜粉镀银颗粒，镀层十分稳定，不易剥落，是一类很有发展前途的导电填料。金属性质对导电高分子电导率有决定性的影响。在金属颗粒的大小、形状、含量及在聚合物中的分散状况都相同时，掺入的金属粉末本身的电导率越大，则导电高分子的电导率一般也越高。

导电填料与聚合物应有一个适当的比例，这个比例与导电填料的种类和相对密度有关。聚合物中金属粉末的含量必须达到能形成无限网链才能使材料导电。因为金属粉末导电不会发生电子的隧道跃迁，因此金属粉末含量越高，导电性能相对越好，但导电填料加入量过多，起黏结作用的聚合物量太少，会导致力学性能下降，造成导电性不稳定。

金属粉末在聚合物中的连接结构因导电颗粒的形状而异，因而导电性也相应地呈现出不同。如球状银粉颗粒易形成点接触，而片状颗粒易形成面接触，显然片状的面接触比球状的点接触更容易获得好的导电性。实验结果表明，当银粉的含量相同时，用球状银粉配制的导电材料的电导率为 10^2S/cm，而用片状银粉配制的导电材料的电导率高达 10^4S/cm，如果将球状银粉与片状银粉按适当比例混合，则可得到更好的导电性。

导电颗粒的大小对导电性也有一定的影响。对银粉来说，若颗粒大小在 10μm 以上，并且分布适当，则能形成最密集的填充状态，导电性最好；若颗粒太细，在 10μm 以下，则反而会因接触电阻增大，导电性变差。

另外，顺磁性金属粉末复合导电高分子的电导率受外磁场的影响。将顺磁性金属粉末掺入聚合物中，并在加工时加以外磁场，则材料的电导率上升。例如，当含镍粉的环氧树脂固化时，施加外磁场后，电导率有所上升。

此外，金属基导电高分子的导电性主要来自导电颗粒表面的相互接触，聚合物的存在是使导电颗粒达到相互接触的必要条件。聚合物与金属颗粒的相容性对金属颗粒的分散状况有重要影响。任何聚合物与金属表面都有一定的相容性，宏观表现为聚合物对金属表面的湿润黏附。如果导电颗粒表面被聚合物所湿润，导电颗粒就会部分或全部被聚合物所黏附包覆，这种现象称为湿润包覆。导电颗粒湿润包覆的程度决定了导电高分子的导电性能，被湿润包覆程度越大，导电颗粒相互接触的概率就越小，导电性就越不好。而在相容性较差的聚合物中，导电颗粒有自发凝聚的倾向，则有利于导电性增加。如聚乙烯与银粉的相容性不及环氧树脂与银粉的相容性，在银粉含量相同时，前者的电导率比后者要高两个数量级左右。将环氧树脂与银粉混合后立即固化，电导率可达 10^2S/cm；而若将环氧树脂与银粉混合后，于 100℃下放置 30min，再加入固化剂固化，电导率降至 10^{-10}S/cm 以下，几乎不导电。

3.3.3 碳基导电高分子

目前制备导电高分子复合材料的填料主要有碳系材料和上述的金属系材料两大类，碳系导电填料主要包括炭黑、石墨、石墨烯、碳纤维、碳纳米管等。碳系导电填料复合的导电高分子材料由于性能优异而得到广泛应用。近年来，石墨烯凭借其优良的导电、导热性能及优异的机械特性而得到了许多关注。碳的存在形式是多种多样的，有晶态单质碳（如金刚石、石墨）、无定形碳（如煤）、复杂的有机化合物（如动植物等）、碳酸盐（如大理石）等，而单质碳的物理和化学性质取决于它的晶体结构。

碳单质的形态有很多种，如金刚石、石墨、C_{60}（又称富勒烯）和石墨烯，此外，还有 C_{36}、C_{70}、C_{84}、C_{240}、C_{540}、碳纳米管等，还有无定形碳。碳同素异形体的晶体结构各异，具有不同的外观、密度、熔点等。其中，高硬度的金刚石晶体中每个碳原子都以 sp^3 杂化轨道与另外 4 个相邻的碳原子形成共价键，每 4 个相邻的碳原子均构成正四面体。因金刚石中所有的价电子都参与了共价键的形成，没有自由电子，所以金刚石不导电。无定形碳包括炭黑、木炭、焦炭、活性炭、骨炭、糖炭，其具有和石墨一样晶体的结构，只是由碳原子六角形环状平面形成的层状结构零乱而不规则，晶体形成有缺陷，而且晶粒微小，含有少量杂质。关于石墨、石墨烯、富勒烯等碳同素异形体作为高分子材料导电填料的研究也受到了人们的关注。

炭黑是一种在聚合物工业中大量应用的填料，是由烃类化合物经热分解而成的。在制备过程中，炭黑的初级球形颗粒彼此凝聚，形成大小不等的二级链状聚集体，粒径尺寸分布在 14~300nm。链状聚集体越多，称为结构越高。炭黑的结构因其制备方法和所用原料的不同而异。炭黑以碳元素为主要成分，结合少量的氢和氧，吸附少量的水分，并含有少量硫、焦油、灰分等杂质。炭黑由于廉价易得已广泛应用于导电高分子复合材料的制备，但其导电性较石墨差，且由于自身色泽深，不适合用于浅色制品。

炭黑用于聚合物中通常起着色、补强、吸收紫外线和导电 4 种作用。用于着色和吸收紫外线时，炭黑浓度仅需 2%；用于补强时，约需 20%；用于消除静电时，需 5%~10%；而用于制备高导电材料时，用量可达 50% 以上。含炭黑的聚合物的导电性主要取决于炭黑的结构、形态和浓度。

炭黑的生产有许多种方法，因此品种繁多，性能各异。若按生产方法分类，基本上可分为两大类：一类是接触法炭黑，包括天然气槽法炭黑、滚筒法炭黑、圆盘法炭黑、槽法混气炭黑、无槽混气炭黑等；另一类是炉法炭黑，包括气炉法炭黑、油炉法炭黑、油气炉法炭黑、热裂法炭黑、乙炔炭黑等。若按炭黑的用途分，可分为橡胶用炭黑、色素炭黑和导电炭黑。根据制备方法与导电特性的不同，导电炭黑可分为导电槽黑、导电炉黑、超导电炉黑、特导电炉黑和乙炔炭黑 5 种。影响炭黑聚合物导电性的因素有以下几个方面。

(1) 外电场强度对导电性的影响

含炭黑聚合物的导电性对外电场强度有强烈依赖性。炭黑填充聚乙烯在低电场强度下 ($E < 10^4$V/cm)，电导率符合欧姆定律；而在高电场强度下 ($E > 10^4$V/cm)，电导率符合幂定律。研究发现，材料导电性对外电场强度的这种依赖性规律，是由它们在不同外电场作用下不同的导电机理所决定的。在低电场强度下，聚合物导电是由炭黑颗粒与聚合物之间的界面极化引起的离子导电，这种极化导电的载流子数目较少，故电导率较低。在高电场强度下，炭黑中的载流子（自由电子）获得足够的能量，能够穿过炭黑颗粒间的聚合物隔离层而使材料导电，隧道效应起了主要作用。

(2) 温度对导电性的影响

处于不同外电场强度时，含炭黑聚合物的导电性与温度的关系表现出不同的规律。图 3-6 中，(a) 为含炭黑 20%、厚 100μm 的聚乙烯薄膜在低电场强度时的电导率-温度关系，(b) 则为含炭黑 25% 的聚丙烯在高电场强度时的电导率-温度关系。可见，在低电场强度时，电导率随温度降低而降低；而在高电场强度时，电导率随温度降低而增大。这同样是由其不同的导电机理所引起的。低电场强度下的导电是由界面极化导致的离子导电引起的，温度降低使载流子动能降低，导致电导率降低。而高电场强度下的导电是由自由电子的跃迁引起的，相当于金属导电，温度降低有利于自由电子的定向运动，故电导率增大。

(3) 加工方法对导电性的影响

大量事实表明，含炭黑聚合物的导电性能与加工方法和加工条件关系极大。例如，聚氯乙烯-乙炔炭黑的电导率随混炼时间的延长而上升，但超过一定混炼时间电导率反而下降。又如，将导电炭黑与聚苯乙烯形成的完全分散的混合料在低的物料温度和较高的注射速度下注射成型，电导率下降；若将产品再粉碎，混炼后压制成型，电导率几乎可完全恢复。

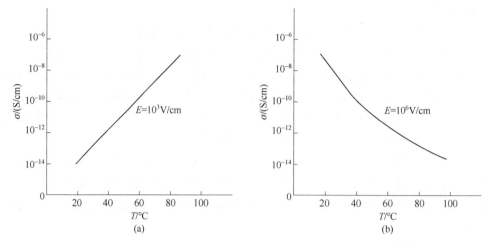

图 3-6 高（b）、低（a）电场强度时电导率与温度的关系[1,24]

研究认为上述现象都是由炭黑无限网链重建的动力学引起的。在高剪切速率下，炭黑无限网链在剪切作用下被破坏，而聚合物的高黏度使得这种破坏不能很快恢复，因此导电性下降。经粉碎再生后，无限网链重新建立，电导率得以恢复。

在制备炭黑/高分子导电材料时，炭黑经钛酸酯类偶联剂改性，可以改善炭黑在聚合物基体内的分散性能，而且还能够改善炭黑与聚合物基体的相容性，提高熔体流动性能和材料的力学性能。

3.3.4 复合型导电高分子的应用

复合型导电高分子可用于制作防静电材料、导电橡胶、导电涂料、电路板、压敏元件、感温元件、电磁波屏蔽材料、半导体树脂薄膜等。这里主要介绍以下两种。

（1）导电橡胶

导电橡胶一般是在通用橡胶或特种橡胶中加入导电填料，经混炼加工而成。产品有薄膜、片材、棒材、泡沫体等。导电橡胶按功能可分为普通导电橡胶、各向异性导电橡胶和加压性导电橡胶三类。普通导电橡胶是以炭黑为填料，这类导电橡胶主要用作防静电材料（医用橡胶制品、导电轮胎、复印机用辊筒、纺织机用辊筒等）。如果要求有更低的电阻率时，则以金属为填料。各向异性导电橡胶，其各个方向的电阻率不同，主要用于液晶显示装置、电子仪器和精密机械等方面。加压性导电橡胶与普通导电橡胶的区别在于其加压时才出现导电性，而且仅在加压部位显示导电性，未受压部位仍保持绝缘性。加压性导电橡胶的用途很广，如作防爆开关、声量可变元件、各种压力敏感元件等。此外，导电性硅橡胶还可用作医疗用电极（高频外科用电极、心电图仪和脑电图仪的测量电极）和加热元件。

（2）导电涂料

导电涂料一般是将合成树脂溶解在溶剂中，再加入导电填料、助剂等配制而成。导电涂料用的合成树脂主要有 ABS、聚苯乙烯、聚丙烯酸、环氧树脂、酚醛树脂、聚酰亚胺等。导电填料主要有 Au、Ag、Cu、Ni、合金、金属氧化物、炭黑等。在导电涂料的配方中，要尽量减少导电填料的用量以保证涂膜的稳定性、力学性能和附着力。在配料时，注意加料顺序,以便形成导电通路,切忌导电粒子被包得太紧而造成导电性能下降。以银粉为填料的导电涂料,为防止银的迁移而常加入 Mo、In、Zn、V_2O_5 等。导电涂料的用途很广,主要用作电磁屏蔽材料、电子加热元件和印刷电路板用的涂料、真空管涂层、微波电视室内壁涂层、录音机磁头涂层、雷达发射机和接收机的导电涂层。导电涂料的另一重要用途是作"发热漆",以银粉、超细微粉石墨为填料的高温烧结型导电涂料可代替金属作加热管、加热片。

思考题

1. 导电高分子的导电机理有哪些?
2. 影响掺杂共轭高分子导电性能的因素有哪些?
3. 导电高分子材料在生活中有哪些应用?请举例说明。

参考文献

[1] 焦健, 姚军燕. 功能高分子材料[M]. 北京: 化学工业出版社, 2016.
[2] 马建标, 李晨曦. 功能高分子材料[M]. 北京: 化学工业出版社, 2000.
[3] 王建国. 功能高分子材料[M]. 上海: 同济大学出版社, 2014.
[4] 郭卫红, 汪济奎. 现代功能材料及其应用[M]. 北京: 化学工业出版社, 2002.
[5] 蓝立文. 功能高分子材料[M]. 西安: 西北工业大学出版社, 1994.
[6] 何天白, 胡汉杰. 功能高分子与新技术[M]. 北京: 化学工业出版社, 2001.
[7] 黄丽. 高分子材料[M]. 北京: 化学工业出版社, 2005.
[8] Palencia M. Eco-friendly Functional Polymers[M]. Amsterdam: Elsevier, 2021.
[9] Shunmugam R. Functional Polymers[M]. New York: Apple Academic Press, 2016.
[10] Bruce V G, Vincent C A. Polymer electrolytes[J]. J Chem Soc Faraday Trans, 1993, 89(17): 3187-3203.
[11] Rudge A, Davey J, Raistrick I, et al. Conducting polymers as active materials in electrochemical capacitors[J]. Journal of Power Sources, 1994, 47: 89-107.
[12] Heeger A J, Kivelson S, Schrieffer J R, et al. Solitons in conducting polymers[J]. Reviews of Modern Physics, 1988, 60(3): 781-851.
[13] Su W P, Schrieffer J R, Heeger A J. Solitons in polyacetylene[J]. Physical Review Letters, 1979, 42(25): 1698-1701.
[14] 王涛, 伍洋, 欧阳雯静, 等. 如何讲好聚合物的导电性(Ⅱ)——新型的载流子: 孤子和极化子[J]. 高分子通报, 2018(05): 89-94.
[15] 赵贺, 韩叶林, 刘霞, 等. 导电高分子材料应用的最新进展与展望[J]. 材料导报, 2016, 30(S2): 328-334.
[16] 宋慧敏, 李雅菲, 韩继源, 等. 石墨烯、导电聚合物复合材料研究进展[J]. 胶体与聚合物, 2020, 38(40): 195-199.
[17] Heeger A J. Semiconducting and metallic polymers: The fourth generation of polymeric materials[J]. Journal of Physical Chemistry B, 2001, 105(36): 8475-8491.
[18] MacDiarmid A G. "Synthetic metals": A novel role for organic polymers[J]. Current Applied Physics, 2001, 1: 269-279.
[19] Angell C A, Liu C, Sanchez E. Rubbery solid electrolytes with dominant cationic transport and high ambient conductivity[J]. Nature, 1993, 263(6413): 137-139.
[20] Mugo S M, Lu W, Mundle T, et al. Thin film composite conductive polymers chemiresistive sensor and

[21] 刘家好, 吴赟, 吕海洋, 等. 炭黑填充型导电高分子材料的研究进展[J]. 广州化工, 2020, 48(09): 19-21.
[22] 于梦海, 刘昊, 胡超, 等. 复合型导电高分子材料温敏行为研究进展[J]. 塑料科技, 2016, 44(09): 89-93.
[23] 杨逢时, 张琼, 李国斌, 等. 复合型导电高分子材料的研究进展[J]. 化工新型材料, 2013, 41(12): 1-3.
[24] Yan D, Zhang H B, Jia Y. Improved electrical conductivity of polyamide 12/grapheme nanocomposites with maleated polyethylene-octene rubber prepared by melt compounding[J]. ACS Applied Material Interfaces, 2012, 4(9): 4740-4745.

第4章 光功能高分子

4.1 概述

光功能高分子是指能够对光进行传输、吸收、储存、转换的一类高分子材料。21世纪人类社会已进入了高度信息化的社会，伴随着信息光电子产业发展的巨大需求，光功能材料与器件的研发得到了前所未有的快速发展，特别是有机发光二极管（OLED）已经发展到了产业化阶段，所涉及的元件效率和寿命以及集成技术，已成为国际信息光电子领域的重大研究方向和竞相研发的焦点[1-5]。此外，在电子工业、太阳能利用等方面，光功能高分子也具有广阔应用前景。

4.1.1 光功能高分子中的基本原理

光功能高分子是指在光作用下能够产生物理（如光导电、光致变色）或化学变化（如光交联、光分解），或者在物理或化学作用下表现出光特性（如化学荧光）的高分子材料。它主要涉及以下光物理和光化学原理及相关定律。

高分子在吸收光量子后，从基态跃迁到激发态，处于激发态的分子会发生光交联或光分解等化学反应，以及光致变色、光致导电等物理变化，涉及激发态的猝灭、激发能的耗散、分子间或分子内的能量转移过程等。光化学过程中遵循以下三个基本定律。

（1）Grotthus-Draper 定律

该定律指出，当光通过物质时，它可以被物质吸收、反射或透射，只有在被吸收的过程中才能引起光化学反应。即光源波长应与物质吸收光相匹配，若光不被物质吸收，则不会引起光化学反应。

（2）Stark-Einstein 定律

该定律指出一个分子只吸收一个光子，分子的激发和随后的光化学反应是吸收一个光子的结果，分子吸收光是量子化的。该定律在一般情况下是指吸收一个光子的能量，但也发现某些物质在强光如激光束的照射下可以吸收2个或2个以上光子的能量。

（3）Lambert-Beer 定律

Lambert-Beer 定律的数学表达式如下：

$$A = \lg \frac{1}{T} = Kbc \tag{4-1}$$

式中，A 为吸光度；T 为透射比（透光度），是出射光强度（I）与入射光强度（I_0）之比；K 为摩尔吸光系数，它与吸收物质的性质及入射光的波长 λ 有关；c 为吸收物质的浓度，mol/L；b 为吸收层厚度，cm。

此定律物理意义为一束平行单色光垂直通过某一均匀非散射的吸光物质时，其吸光度 A 与吸光物质的浓度 c 及吸收层厚度 b 成正比，而与透光度 T 成反比。

4.1.2 光功能高分子的分类

按照具体性质，光功能高分子可分为光传导高分子、光敏性高分子、电/光转化高分子、光/电转化高分子、光致导电高分子、光致变色高分子、电致变色高分子、高分子非线性光学材料、高分子荧光材料等。

光传导高分子也被称为光导纤维，是一种由玻璃或塑料制成的纤维，是利用光在这些纤维中以全反射原理传输的光传导工具。光敏性高分子又称感光性高分子，是指在吸收了光能后，能在分子内或分子间产生化学、物理变化的一类功能高分子材料，而且这种变化发生后材料将输出其特有的功能。电/光转化高分子是指在电场作用下，受到电流和电场的激发可以发光的材料，它是一种可以将电能直接转化为光能的材料。光/电转化高分子是指可以通过光伏效应把太阳辐射能直接转换为电能的高分子材料。光致导电高分子是一种在光照前是绝缘体或半导体，而在光的作用下其电导率可以大大提高的高分子材料。光致变色高分子在光照射下，高分子吸收光能引起化学结构发生变化从而使吸收波长发生变化，表现出色彩的变化。光致变色有两种：一种是无色（或浅色）变为深色，称为正光致变色；另一种是从深色变为无色，称为逆光致变色。电致变色是指在外加电压时，物质的光吸收或光散射特性发生可逆变化的现象（材料表现出色彩的变化），其本质是电化学氧化-还原反应，材料的化学结构在电场作用下发生改变而引起材料吸收或散射光谱的变化。高分子非线性光学材料是指在激光以及外加电场作用下产生非线性极化，具有强的光波间非线性相互作用的高分子材料。高分子荧光材料是将荧光物质（芳香稠环、电荷转移配合物以及金属粒子）引入高分子骨架中的功能高分子材料，一般都含有共轭结构，在工农业生产和科学研究方面都有着广泛的应用。

4.2 光传导高分子

光导纤维（简称光纤）通常是在光纤一端的发射装置使用发光二极管或一束激光将光脉冲传送至光纤中，在光纤另一端的接收装置使用光敏元件检测脉冲。微细的光纤封装在塑料护套中，使得它能够弯曲而不至于断裂，包含光纤的线缆称为光缆[6-8]。光纤常被用作长距离信息传递媒介，也被用于医疗和娱乐用途。兼具成像作用的光导纤维称为聚焦光导纤维，这种纤维的焦距、像距、放大率和色差都是纤维长度的周期函数，只要截取适当长度，就能得到放大或缩小、正立或倒立的实像或虚像。虽然目前主要以特种无机玻璃制备的光导纤维占据长距离光信号传输材料的主导地位，不过，采用聚甲基丙烯酸甲酯等制备的合成高分子光导纤维，却在短距离和狭小空间内的光信号传输方面显示出独特的优越性。

4.2.1 光导纤维的基础

光导纤维的核心部分是高折射率玻璃，包覆部分是低折射率的玻璃或塑料，光在核心部分传输，并在包覆交界处不断进行全反射，沿"之"字形向前传输。当移动于密度较高介质中的光线，以大角度入射到核心-包覆边界处时，假若该入射角（光线与边界面的法线之间的夹角）大于临界角，则该光线会被完全地反射回去，光纤就是应用这种效应来限制传导光线于核心部分。由于光线入射于边界的角度必须大于临界角，故只有在某一角度范围内射入光纤的光线，才能够通过整个光纤，不会泄漏损失，这个角度范围称为光纤的收光锥角，是光纤的核心折射率与包覆折射率差值的函数。介质的折射率越小，产生全反射的临界角也就越小。研究表明，多数聚合物的折射率为 1.50 左右，由此可以计算出聚合物产生全反射的临界角为 41.8°。由此可见，当光线以大于 42°的角度照射聚合物时，将在聚合物界面上发生全反射，这也是聚合物光导纤维能够高效率地传输光信号的原理。

更简单地说，光线射入光纤的角度必须小于收光锥角，这样光线才能够在光纤核心传导。收光锥角的正弦值是光纤的数值孔径，数值孔径越大的光纤，越不需要精密的熔接和操作技术。单模光纤的数值孔径比较小，需要比较精密的熔接和操作技术。光纤的粗细跟头发丝接近，这样细的纤维要有折射率截然不同的双重结构分布，需要相当水平的制备技术。各国科学家经过多年努力，创造了内附法、改良化学气相沉积法（MCVD 法）、轴向化学气相沉积法（VAD 法）等，制成了超高纯石英玻璃，用其特制成的光导纤维传输效率有了非常明显的提高。现在较好的光导纤维，其光传输损失每公里只有 0.2dB/km，也就是说传播 1km 后只损失 4.5%。

4.2.2 光导纤维的分类

光导纤维可分为渐变光纤与突变光纤，前者的折射率是渐变的，而后者的折射率是突变的；另外还可分为单模光纤及多模光纤。光纤的结构大致分为里面的核心部分与外面的包覆部分，为了将光信号限制于核心，包覆的折射率必须小于核心的折射率。渐变光纤的折射率是缓慢改变的，从核心到包覆逐渐减小；而突变光纤在核心-包覆边界区域的折射率是急剧改变的。折射率可以用来计算在物质中的光线速度，在真空中及外太空，光线的传播速度很快，大约为 3×10^8m/s。物质的折射率是真空光速除以光线在该物质中传播的速度。根据定义，真空折射率是 1，其他物质的折射率越大，光线传播的速度越慢。通常光纤的核心的折射率是 1.48，包覆的折射率是 1.46，所以光纤传导信号的速度大约为 2×10^8m/s。

（1）单模光纤

单模光纤的中心玻璃芯很细（芯径一般为 9μm 或 10μm），只能传导一种模式的光纤，如图 4-1 所示。因此，其模间色散很小，适用于远程通信。但由于还存在着材料色散和波导色散，单模光纤对光源的谱宽和稳定性有较高的要求，即谱宽要窄，稳定性要好。后来又发现在 1.31μm 波长处，单模光纤的材料色散和波导色散为一正、一负，大小也正好相等。这样，1.31μm 波长区就成了光纤通信的一个很理想的工作窗口，也是现在实用光纤通信系统的主要工作波段。1.31μm 常规单模光纤的主要参数是由国际电信联盟 ITU-T 在 G652 建议中确定的，因此这种光纤又称 G652 光纤。

单模光纤相比于多模光纤可支持更长传输距离，在100Mbps的以太网以至1G千兆以太网，单模光纤都可支持超过5000m的传输距离。

（2）多模光纤

多模光纤是在给定的工作波长下传输多种模式的光纤，按其折射率的分布分为突变型和渐变型。普通多模光纤的数值孔径为0.2±0.02，芯径/外径为50μm/125μm，其传输参数为带宽和损耗。由于多模光纤中传输的光纤模式多达数百个，各个模式的传播常数和群速率不同，使光纤的带宽窄，色散大，损耗也大，只适于中短距离和小容量的光纤通信系统。多模光纤中的光波传播见图4-2。

图4-1 单模光纤

图4-2 多模光纤中的光波传播

多模光纤又可分为梯度型和阶跃型。对于梯度型光纤来说，芯的折射率于芯的外围最小，随着逐渐向中心点靠近而不断增大，从而减少信号的模式色散；而对阶跃型光纤来说，折射率基本上是平均不变，而只有在包覆表面才会突然降低。阶跃型光纤一般较梯度型光纤的带宽低。在网络应用上，最受欢迎的多模光纤为62.5/125，62.5/125意指光纤芯径为62.5μm而包覆直径为125μm，其他较为普通的为50/125及100/140。

单模光纤和多模光纤这两种模式在传输速率、传输距离、带宽特性、传输损耗、相对精密度、操作方便性等方面各有特点。因此，在设计和制作时需综合考虑制备成本、光纤性能和使用需求，合理使用相应模式和制作材料。

4.2.3 光传导高分子的分类和应用

除了特种玻璃等无机材料外，目前用于制作光导纤维的高分子主要有聚苯乙烯、聚甲基丙烯酸甲酯、聚碳酸酯等及其衍生物类，如邻苯二甲酸二烯丙酯-甲基丙烯酸甲酯、二乙二醇双丙烯基碳酸酯-三氟乙基甲基丙烯酸酯。

高分子光导纤维开发之初仅用于汽车照明灯的控制和装饰，现在已经拓展至用于医学、装饰、汽车、船舶等方面，以显示元件为主。此外，在通信和图像传输方面，高分子光导纤维的应用也日益增多，如在工业上用于光导向器、显示盘、标识、开关类照明调节、光学传感器等。

4.3 光敏性高分子

光敏性高分子是指在光作用下能迅速发生化学和物理变化的高分子，或者通过高分子或小分子上的光敏官能团可引起光化学反应（如聚合、二聚、异构化和光解等）和相应的物理性质（如溶解度、颜色和导电性等）变化的高分子材料[9-12]。

4.3.1 光敏性高分子的分类

按高分子合成目的的不同可分为：①在侧链或主链上含有光敏官能团的高分子；②由二元

或多元光敏官能团构成的交联剂；③在高效光引发剂存在下单体或预聚体发生聚合和交联而生成的高分子。

按使用目标不同可分为：①成像体系，主要用于光加工工艺、非银盐照相、复制、信息记录和显示等方面；②非图像体系，大量用于光固化涂层、印刷油墨、黏合剂和医用材料等方面。

4.3.2 光敏性高分子的重要应用

光敏性高分子也称光敏树脂，以其为核心的光刻技术在微电子元器件制造领域具有大规模的应用。可以说，如果没有光敏性高分子，就不可能有当今无处不在的大规模集成电路芯片，更谈不上以集成电路芯片为基础元器件的信息网络时代的发展。光敏性高分子有许多应用，本节主要介绍其在光刻技术中的重要应用。

(1) 光致抗蚀剂

用于光加工工艺的光敏性高分子统称为光致抗蚀剂（又称光刻胶），大量用于印刷制版和电子工业的光刻技术中。它的工作原理是：受光部分发生交联，生成难溶性的硬化膜，经加工得负像（负性光刻胶或光致抗蚀材料）；或者是原来的不溶性胶受光照后变为可溶性的，经加工得正像（正性光刻胶或光致诱蚀材料）。基本原理如图 4-3 所示。

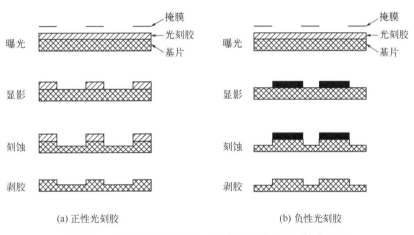

图 4-3 正性光刻胶 (a)、负性光刻胶 (b) 基本原理

通常用的光致抗蚀剂有：①聚肉桂酸酯型，例如聚乙烯醇肉桂酸酯，由聚乙烯醇和肉桂酰氯在吡啶溶剂中合成，配制的光刻胶称 KPR。在紫外线作用下，肉桂酸酯的双键发生光化学二聚反应，形成交联，转变为不溶性物质。KPR 是最早用于光刻的一种光致抗蚀剂，通常加入 5-硝基苊等作为光敏剂。②丙烯酰基型，其线型聚合物无法得到优良的图像，所以实用体系都是由预聚体和单体组成的，同时进行聚合和交联。通常交联单体和预聚体是一元或多元的丙烯酸酯、丙烯酰胺和丙烯酸氨基甲酸酯类。例如，由这类单体交联剂制成的聚酯和尼龙感光树脂版，已能用来代替铜、锌凸版。③叠氮型，叠氮化物可光解，生成活泼的一价氮化物，很容易偶联或与碳-氢键、双键反应。用于光敏树脂的叠氮化物均为稳定的芳香族化合物。双叠氮化物是一种光交联剂，能引起许多高聚物交联。例如叠氮-环化橡胶就是一种常用的光致抗蚀剂。④重氮盐型和邻偶氮醌型光敏性高分子，它们也是常见的光致抗蚀剂。

（2）光固化涂层和油墨

光固化涂层和油墨是光敏性高分子的另一重要类型。由于它们具有不用溶剂、不产生污染，以及固化速率快等优点，近年来发展很快。它们的主要组成：①树脂或预聚体；②交联单体（一般为双官能团或多官能团的丙烯酸酯类）；③光引发剂；④颜料或染料。目前以丙烯酸酯型和不饱和聚酯型为主，尤以前者重要。此外，硫醇-烯烃类光聚合和阳离子开环光聚合体系也是重要的体系。

其他功能性的光敏性高分子可根据不同用途，通过引入相应功能的光敏官能团而制得。例如，利用吲哚啉苯并螺吡喃发生可逆的光异构化反应，可以制备光致变色功能高分子；又如咔唑在光作用下易和电子受体发生电子转移，可用于制备高分子光导电材料；再如四溴四碘荧光素，其在光作用下通过能量转移能使氧转变为单线态氧，可用于制备高分子光氧化催化剂等，这些类型将在后面相应部分另行阐述。

4.4 电/光转化高分子

电致发光是指某些物质在电场作用下被电能激发而发出光线，将电能直接转化为光能的现象，具有这种效应的高分子称为电/光转化高分子。

4.4.1 电/光转化高分子的特点

与早期开发的无机金属与非金属半导体材料相比，电/光转化高分子材料具有以下特点[13-15]：

① 通过改变成分、结构等，能得到不同禁带宽度的发光材料，从而获得包括红、绿、蓝三基色的全谱带发光。
② 具有驱动电压低、能耗低、视角宽、响应速度快、主动发光等特性。
③ 材料的玻璃化转变温度高，不易结晶，具有挠曲性，机械强度好。
④ 具有良好的机械加工性能，并可用简单方式成膜，很容易实现大面积显示。
⑤ 高分子电致发光器件具有体积小、重量轻、制作简单、造价低等特点。

4.4.2 电/光转化高分子器件结构和发光机理

根据电致发光器件的结构原理，其使用的主要材料包括电子注入材料（阴极材料）、空穴注入材料（阳极材料）、电子传输材料、空穴传输材料和荧光转换材料（发光材料）。为了提高器件性能，通常会加入诸如荧光增强添加剂和三线激发态发光材料等辅助材料，前者是为了提高器件的光量子效率，后者是为了使相对稳定、不易以光形式耗散的三线激发态发出可见光。其中，电子传输材料、空穴传输材料和荧光转换材料都可以采用有机功能高分子。

（1）电/光转化高分子器件结构

电子发光材料与其他功能高分子材料不同，其性能的发挥在更大程度上依赖于器件的组成结构和相关器件的配合。电致发光器件的结构一般采用图4-4的三种基本方式。

电子传输层的主要作用是平衡电子和空穴的传输，使电子和空穴两种载流子能够恰好在光发散层中复合形成激子发光；光发散层则承担了荧光转换的作用。电/光转化高分子电致发光机理仍然沿用无机半导体的发光理论。

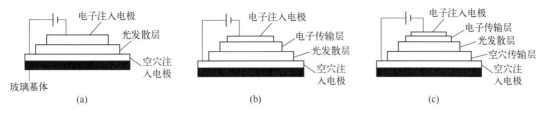

图 4-4 电/光转化高分子器件结构

（2）发光过程

① 由正、负电极注入载流子（空穴和电子）；

② 在电场作用下载流子（空穴和电子）向有机相层传输；

③ 空穴和电子在光发散层中复合形成激子——高能态中性粒子（激子是处在激发态能级上的电子与处在价带中的空穴通过静电作用结合在一起的高能态中性粒子）；

④ 激子的能量发生转移并以光的形式发生能量耗散（发光）。

（3）电能和光能的转换

由电能产生的激子属于高能态物质，其能量可以将发光分子中的电子激发到激发态，激发态电子通过一定的途径进行能量耗散。能量耗散方式有：

① 通过振动弛豫、化学反应等非光的形式耗散；

② 通过荧光历程以发光形式耗散，即电致发光；

③ 通过磷光形式耗散，但不明显。

（4）电致发光的量子效率

放出的荧光能量与激发过程吸收的总能量之比为电致发光的量子效率。理论上，电致发光的量子效率存在一个极限，一般情况下为25%。这是因为对于常见共轭型电致发光材料，产生单线激发态和三线激发态的比值约为1:3。

（5）影响发光效率的因素

发光效率与材料的电致发光效率、产生激子的载流子比例、载流子复合产生单线态激子的比例和器件外部发光的比例均成正比。

① 材料的电致发光效率：是材料的固有性质，只与材料的分子结构和超分子结构有关。可以通过分子设计改变分子结构来提高电致发光效率。

② 产生激子的载流子比例：载流子能否有效生成激子是电致发光器件结构设计中的重要因素。生成激子必须依靠电子和空穴的有效复合，而复合区域又必须发生在光发散层内才有效。对多数有机材料来讲，其对电子和空穴的传输能力并不相同，造成载流子不能有效复合。因此，在器件中加入电子传输层或空穴传输层是提高发光效率的重要方法。

（6）载流子的注入效率

要实现载流子的注入，必须保证注入电极与发光材料或载流子传输材料的能量匹配。一般利用电极与有机材料界面的势垒来控制载流子的注入，势垒的高低取决于有机材料和电极材料的功函数差值。

（7）电致发光光谱

电致发光的光谱性质依赖于发光材料的价带（在分子中的π键最低空轨道）与导带（在

分子中的π键最高占有轨道）之间的能隙宽度，即禁带宽度。禁带宽度是激子能量进行荧光耗散时的能量，它决定了电致发光的发光波长。利用分子设计调整能隙宽度，可以制备出发出各种波长光的电致发光材料。

4.4.3 电/光转化高分子的分类

根据电致发光器件的结构，电致发光材料包括荧光转换材料（光发散层）、载流子传输材料（载流子传输层）和载流子注入材料（载流子注入电极）。有机功能高分子都可以用于其中，特别是传输材料和荧光转换材料。

（1）载流子传输材料

载流子传输材料又包括电子传输材料和空穴传输材料。

① 电子传输材料　电子传输材料要求具有良好的电子传输能力和与阴极相匹配的导电能级，以利于电子的注入，同时易于向荧光转换层注入电子，其激发态能级能够阻止光发散层中的激子进行反向能量交换。它可分为有机电子传输材料和高分子电子传输材料。有机电子传输材料主要是金属有机配合物，如 8-羟基喹啉衍生物的铝、锌、铍等配合物，噁二唑衍生物 PBD 等。高分子电子传输材料有：聚吡啶类的 PPY、萘内酰胺聚合物 4-AcNI、聚苯乙烯磺酸钠等。典型电子传输材料见图 4-5。

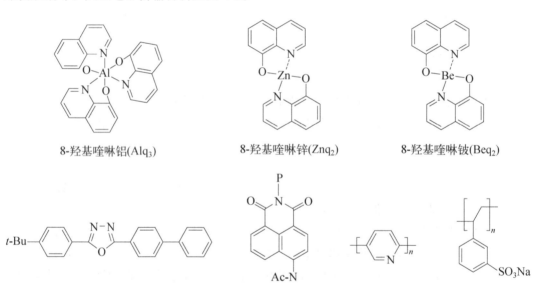

8-羟基喹啉铝(Alq_3)　　8-羟基喹啉锌(Znq_2)　　8-羟基喹啉铍(Beq_2)

2-(4-联苯基)-5-(4-叔-丁基苯基)-　　萘内酰胺聚合物(4-AcNi)　　聚吡咯(PPY)　　聚苯乙烯磺酸钠(SSPS)
1,3,4-噁二唑(PBD)

图 4-5　部分典型电子传输材料

② 空穴传输材料　空穴传输材料要求具有良好的空穴传输能力和与阳极相匹配的导电能级，以利于载流子空穴的注入，同时可向荧光转换层注入空穴。它一般具有较高的玻璃化转变温度，目前相比于电子传输材料相对较少。空穴传输材料又可分为有机空穴传输材料和高分子空穴传输材料。有机空穴传输材料主要有芳香二胺类 TPD 和 NPB 及其衍生物，而高分子空穴传输材料主要有聚乙烯咔唑（PVK）和聚甲基苯基硅烷（PMPS）等。代表性空穴传输材料见图 4-6。

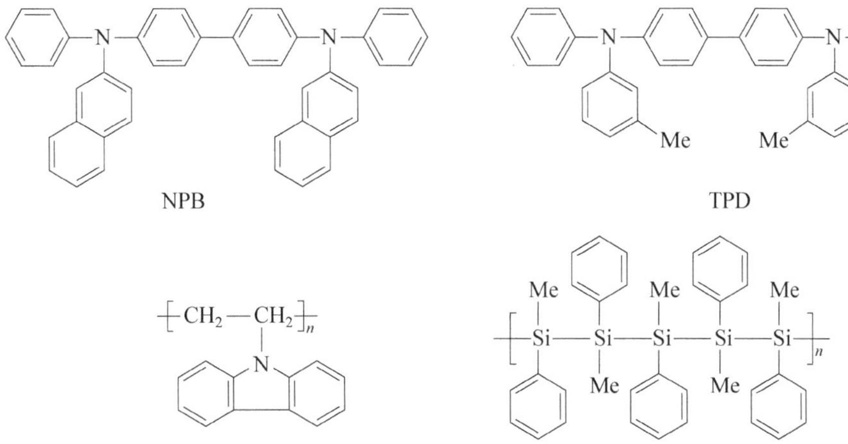

图 4-6　部分典型空穴传输材料

（2）载流子注入材料

载流子注入材料包括电子注入材料和空穴注入材料。电子注入材料主要采用低功函的金属或碱金属合金材料制作；空穴注入材料主要采用较高功函的氧化铟锡（ITO）玻璃制作，ITO 玻璃可以与多数空穴传输材料和有机电致发光材料匹配。ITO 电极具有良好的透光性和较好的导电性，特别适合制作平面型电致发光器件。另外，共轭型高分子也可以用于制作空穴注入电极。

（3）荧光转换材料（发光材料）

发光材料在电致发光器件中起决定性作用，如器件发光效率的高低、发射光波长的大小（颜色）、使用寿命的长短，都与发光材料的选择有关。类似地，它也可分为有机荧光转换材料和高分子荧光转换材料，其中高分子荧光转换材料主要有以下三类。

① 主链共轭型电/光转化高分子　此类材料主要特点是电荷沿主链传播，电导率高。它是目前使用最广泛的电致发光材料，主要包括聚对苯乙炔（PPV）及其衍生物类、聚烷基噻吩及其衍生物（PAT）类、聚芳香烃类化合物等。

a. 聚对苯乙炔（PPV）及其衍生物类　PPV 及其衍生物类是典型的线型共轭高分子电致发光材料，由于含有苯环，具有优良的空穴传输性和热稳定性。其常用的合成方法有前聚物法、强碱诱导缩合法和电化学合成法。单纯 PPV 的溶解能力较差，不能溶于常用的有机溶剂，不能用旋涂法直接成膜，一般是先将可溶性预聚体旋涂成膜，然后在 200~300℃ 条件下进行消去反应得到预期共轭链长度的 PPV 薄膜。

b. 聚烷基噻吩（PAT）及其衍生物类　PAT 及其衍生物类是主链共轭型杂环高分子电致发光材料，热稳定性好、启动电压低，根据其结构不同，可以发出红、蓝、绿、橙等颜色的光。它的合成方法主要有化学合成法和电化学合成法。单纯聚噻吩结构的高分子溶解性不好，当在 3 位引入烷基取代基时，可以大大提高溶解性能，并且可以提高量子效率。

c. 聚芳香烃类　此类材料化学性质稳定，禁带宽度大，能够发出其他材料难以发出的蓝光。

② 侧链共轭型电/光转化高分子　侧链共轭型电致发光高分子是典型的发色团与聚合物骨架连接结构，具有较高的量子效率和光吸收系数，其导带和价带能级差处于可见光区，可

以合成出能发各种颜色光的电致发光材料。由于处在侧链上的 π 电子不能沿着非导电的主链移动,因此此类材料导电能力较差,但对提高激子稳定性比较有利。典型材料有聚 N-乙烯基咔唑、聚烷基硅烷(PAS)等。

③ 复合型电/光转化高分子——由光敏小分子与高分子共混制得　复合型电/光转化高分子是通过将具有电致发光性能的小分子与成膜性能好、机械强度合适的聚合物混合制得。在复合物中,连续相主要采用惰性高分子材料,而作为分散相的荧光剂决定电致发光材料的量子效率和发光波长。

4.4.4　电/光转化高分子的应用

电/光转化高分子具有主动显示、无视角限制、超薄、超轻、低能耗、柔性等特点,制作工艺、品质质量方面也都在进一步提高。它主要可用于:平面照明,如仪器仪表的背景照明、广告等;矩阵型信息显示器件,如计算机、电视机、广告牌、仪器仪表的数据显示窗等。目前,基于前述高分子材料"电/光转换"特性,继液晶之后的新一代有机发光二极管(OLEDs)显示技术已成功实现了商业化,走进人们的生活。

4.5　光/电转化高分子

光/电转化高分子兼具导电高分子和发光高分子的特征,不仅具有金属或半导体的电子特性,而且要比金属或晶体半导体容易加工得多,特别适用于廉价加工电子器件。更重要的是可溶液加工光/电转化高分子可以作为电子"墨水",与传统印刷技术(喷墨打印、胶印等)相结合,将使电子器件的制造发生革命性变化,还可以实现一些需要特殊力学性质的应用(例如柔性器件)。由于这些特殊的优点,国内外学术界及产业界都在加大对这一领域的投入,使有机电子学得到了快速发展[16-19]。基于高分子半导体材料"光/电转化"特性的聚合物太阳电池(OPVs)已成为国际上的研究热点,成为高分子科学与能源材料、信息科学领域交叉的国际科学前沿和重大研究方向。

4.5.1　光/电转化高分子作用机理

活性层中的光/电转化高分子是聚合物太阳能电池进行光电响应过程的核心材料。其作用机理为:共轭聚合物吸收光子以后并不直接产生可自由移动的电子和空穴,而产生具有正负偶极的激子。之后,这些激子在活性层分离成可自由移动的载流子,并被相应的电极收集,产生光伏效应。因为激子具有高度的可逆性,它们可通过发光、弛豫等方式重新回到基态,不产生光伏效应的电能。故在没有外加电场的情况下,如何使光敏层产生的激子解离成自由载流子并被分别收集,是聚合物太阳能电池正常工作的前提条件。因此,聚合物太阳能电池光敏活性层一般会由给体和受体材料组成,所构建的给受体界面可以利于激子分离,从而获得自由载流子。光/电转化工作机理和典型电池器件结构见图 4-7。

4.5.2　有机太阳能电池性能参数

有机太阳能电池性能的核心指标是能量转化效率(PCE),由开路电压(U_{OC})、短路电流密度(J_{SC})和填充因子(FF)的乘积得到,如图 4-8 所示。具体如下:

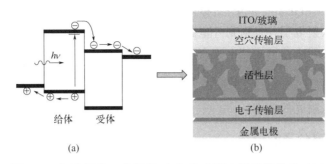

图 4-7 光/电转化工作机理（a）和典型电池器件结构（b）

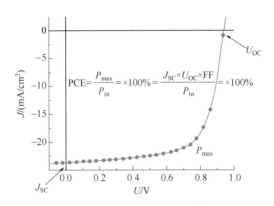

图 4-8 J-U 曲线及相关参数

① 能量转化效率（PCE）　指入射的太阳光转化成电能的数值大小，其定义为最大输出功率（P_{max}）与入射光的强度（P_{in}）之比，计算公式如下：

$$\text{PCE}=(P_{max}/P_{in})\times 100\%=(U_{OC}\times J_{SC}\times \text{FF})/P_{in}\times 100\% \quad (4\text{-}2)$$

从式（4-2）中可知，开路电压（U_{OC}）、短路电流密度（J_{SC}）、填充因子（FF）三项参数都会影响到最终的 PCE。因此，为了实现更优的光电转化效率，必须同时提升这三个参数。

② 开路电压（U_{OC}）　在光照条件下，电池的最大输出电压出现在开路状态，即输出电流为零时，此时的电压被称为开路电压，其单位为伏特（V）。该电压是通过 J-U 曲线与横轴的交点得到的。U_{OC} 的数值通常与给体材料的最高占据分子轨道（HOMO）能级和受体材料的最低未占据分子轨道（LUMO）能级之间的差值相关，同时也受到能量损失影响。

③ 短路电流密度（J_{SC}）　在光照条件下，有机太阳能电池的正负极短路时的电流密度（mA/cm²）取决于其捕获光子的能力以及激子解离和电荷收集的效率。为了实现较高的 J_{SC}，通常要求给体和受体材料具备互补的吸收光谱特性和优良的活性层薄膜形貌。

④ 填充因子（FF）　是指最大输出功率下 P_{max} 对应的输出电压与电流密度。计算公式如下：

$$\text{FF}=[(U_{max}\times J_{max})/(U_{OC}\times J_{SC})]\times 100\%=[P_{max}/(U_{OC}\times J_{SC})]\times 100\% \quad (4\text{-}3)$$

FF 是衡量器件性能的关键参数，它与活性层材料的电子迁移率和电池电阻特性密切相关。一般而言，当电子和空穴的迁移率达到一种更理想的平衡状态时，器件的 FF 会得到提升，从而改善整体性能。

⑤ 外量子效率（EQE）　EQE 又称入射光子-电子转化效率（IPCE），是指在某一给定波长下，能够吸收入射电子并发射到外电路的电子与入射光子的比值。外量子效率通常用来进一步验证从 J-U 曲线中获得短路电流密度的正确性。计算公式如下：

$$EQE = 1240 J_{SC} / (\lambda P_{light}) \qquad (4-4)$$

式中，P_{light} 为入射光的功率。

4.5.3　光/电转化高分子的分类

光/电转化高分子主要应用于有机/聚合物太阳能电池中的光敏活性层，主要分为聚合物给体材料和聚合物受体材料，是吸收太阳能获得自由载流子的功能主体。从发现光生伏特现象到聚合物太阳能电池的快速崛起，给受体材料的发展起到了至关重要的作用。此外，上一节电/光转化高分子中所述的部分传输层材料也同样适用于聚合物太阳能电池器件中。这里将结合编者课题组在聚合物光伏材料方面的研究经验[20]，重点对聚合物给体材料和受体材料的发展进行介绍。

（1）聚合物给体材料

① 聚 3-己基噻吩（P3HT）及其衍生物　前期研究比较多的材料是以 P3HT 及其衍生物为代表（结构式见图 4-9）的经典体系，由于其具有制备简单、成本低廉、结晶性好、迁移率高等优点，引起了人们的广泛关注。该类聚合物的分子设计主要通过烷烃链调整、杂原子取代、主链选择以及退火工艺等处理促进光伏性能提升。经过 20 多年的发展，该体系的器件性能已从 2003 年的 3.5%提升到如今超过 16%。

② 基于苯并二噻吩（BDT）类聚合物　给体材料中另一类非常重要的材料体系则为基于苯并二噻吩类的聚合物。单从空间上看，BDT 不仅空间结构对称而且体积较其他给体材料大，因此具备进一步提高共轭程度和电荷迁移效率的基础。该类聚合物一般可以通过构建给体-受体单元交替共聚主链实现电子推拉效应，进一步拓宽光谱吸收，并可从增加共轭面和延长共轭长度这两个角度对它进行优化。该结构吸引了大量有机太阳能电池领域研究人员对其进行应用研究，从最开始的基于苯并二噻吩（BDT）和酯基取代并噻吩（TT）单元的 PTB 和 PCE 系列，到基于二维共轭结构 TBDT 的 J 系列，再到引入另一重要受体单元苯并二噻吩二酮（BDD）的 PM 系列（或者 PBDB-T 等），相应器件性能也随之不断攀升。所述结构见图 4-10。

之后，该体系聚合物又进一步拓展受体单元。例如，引入具有较强吸电子能力和较大平面性的稠环芳族内酯基团，如大分子平面稠环受体双噻吩并苯并噻二唑（DTBT），具有低合成成本、易堆积特性的喹喔啉（Qx）单元，简单非对称、易合成的氰基取代噻吩单体，以及萘噻吩酰亚胺（NTI）、双环二氟苯并噻唑（BTz）等，获得了诸如 D18、L8-BO 等许多高性能聚合物给体材料。所述结构见图 4-11。

总之，目前报道的高效率器件几乎全部基于该体系聚合物活性层。

（2）聚合物受体材料

在有机太阳能电池的早期发展阶段，研究者们主要关注给体材料的开发，而对受体材料的研究则相对较少，主要采用富勒烯衍生物（PCBM）材料体系。然而随着苯并二噻吩类聚合物作为给体材料的问世，与之匹配的富勒烯受体材料在能级匹配、吸收互补等方面存在明显不足，严重制约了有机太阳能电池性能的提升及将来的商业应用。与富勒烯受体相比，非

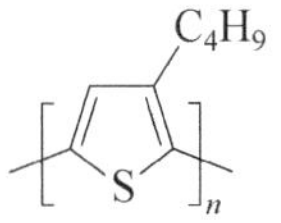

图 4-9 P3HT 及其衍生物结构

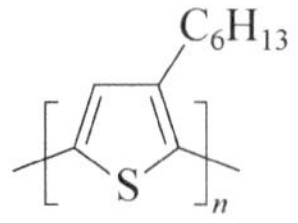

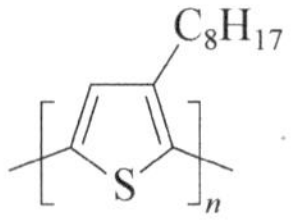

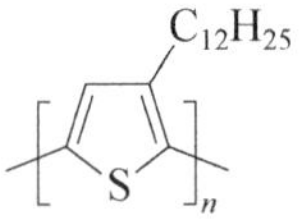

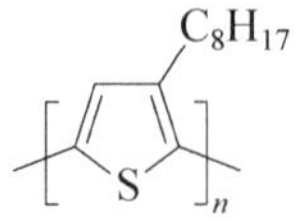

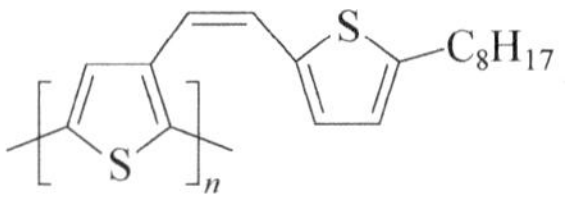

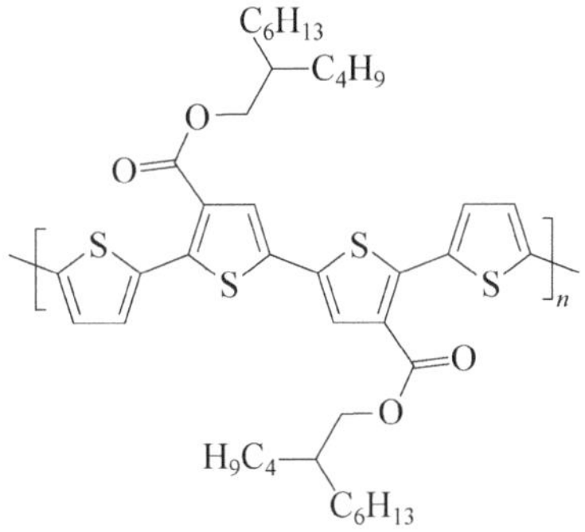

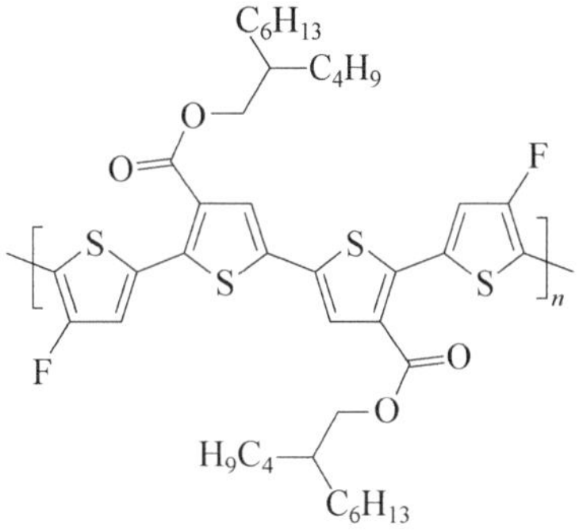

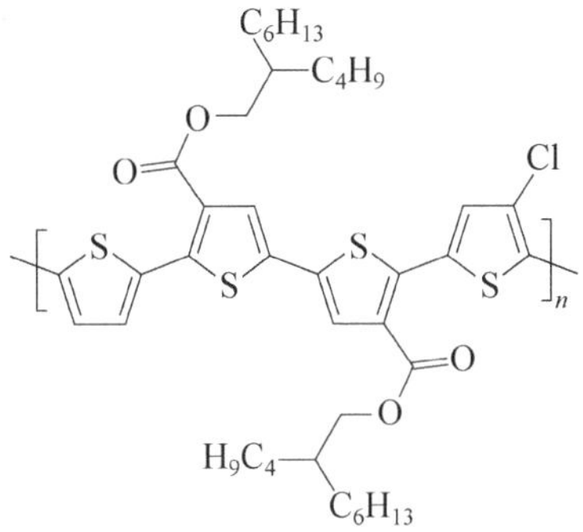

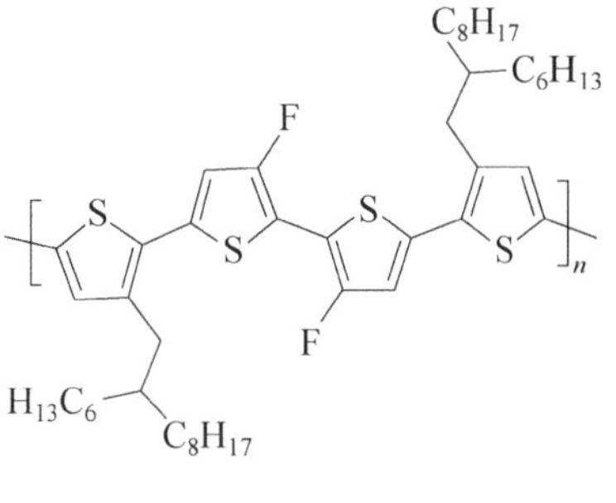

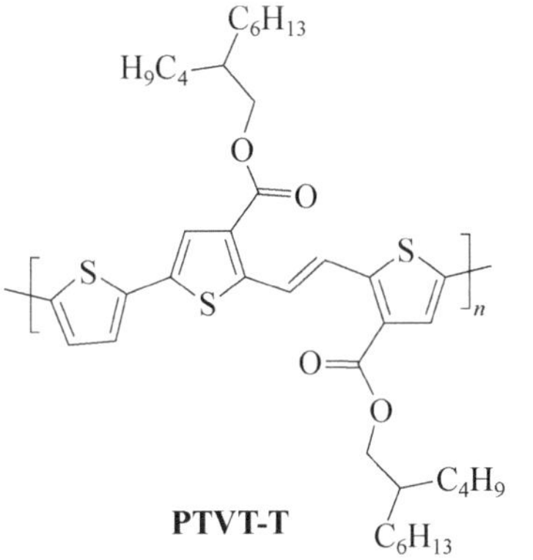

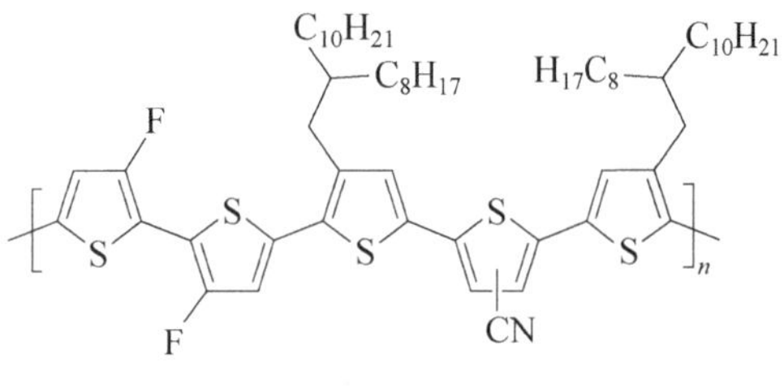

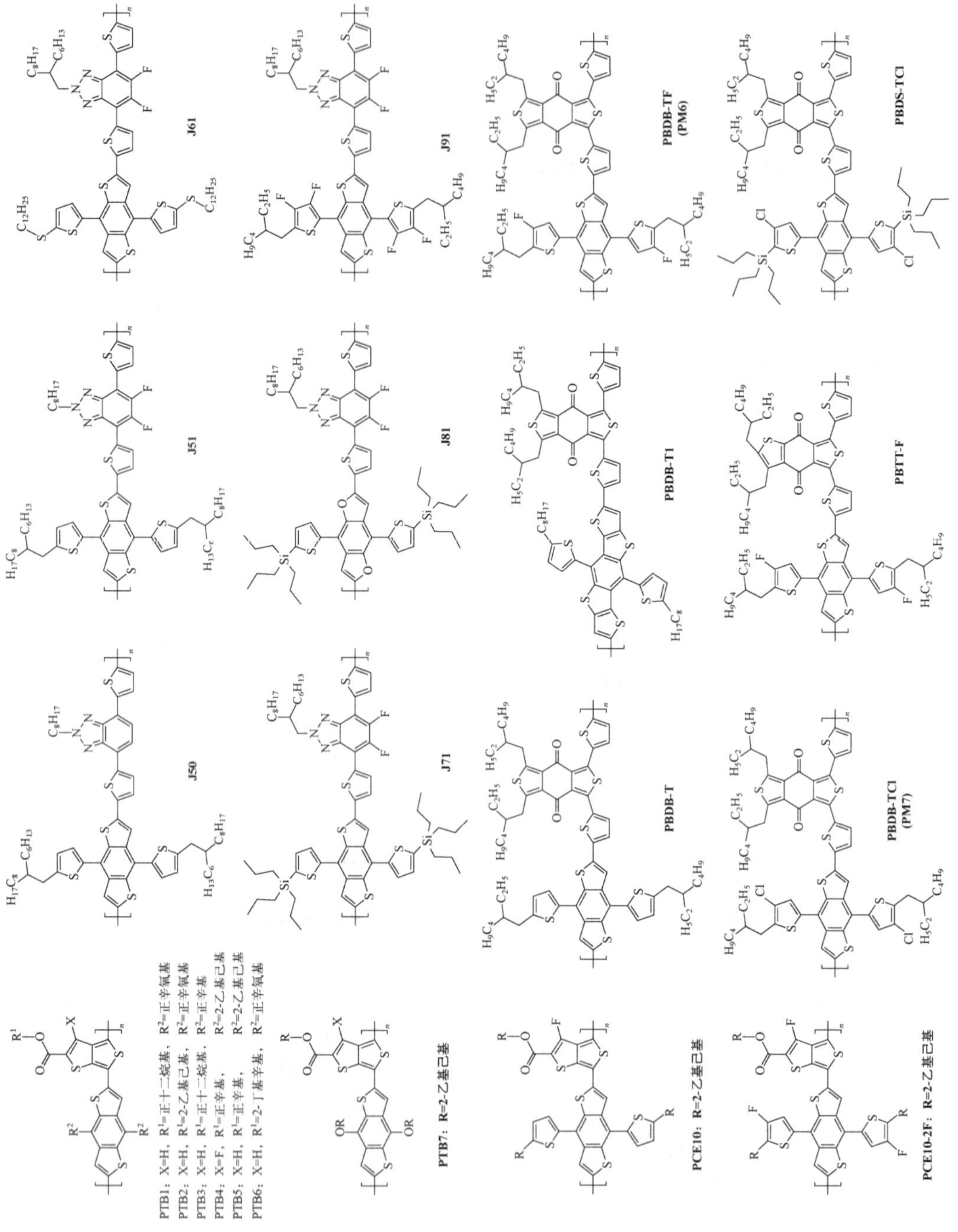

图 4-10 基于 BDT 类聚合物发展历程中代表性结构

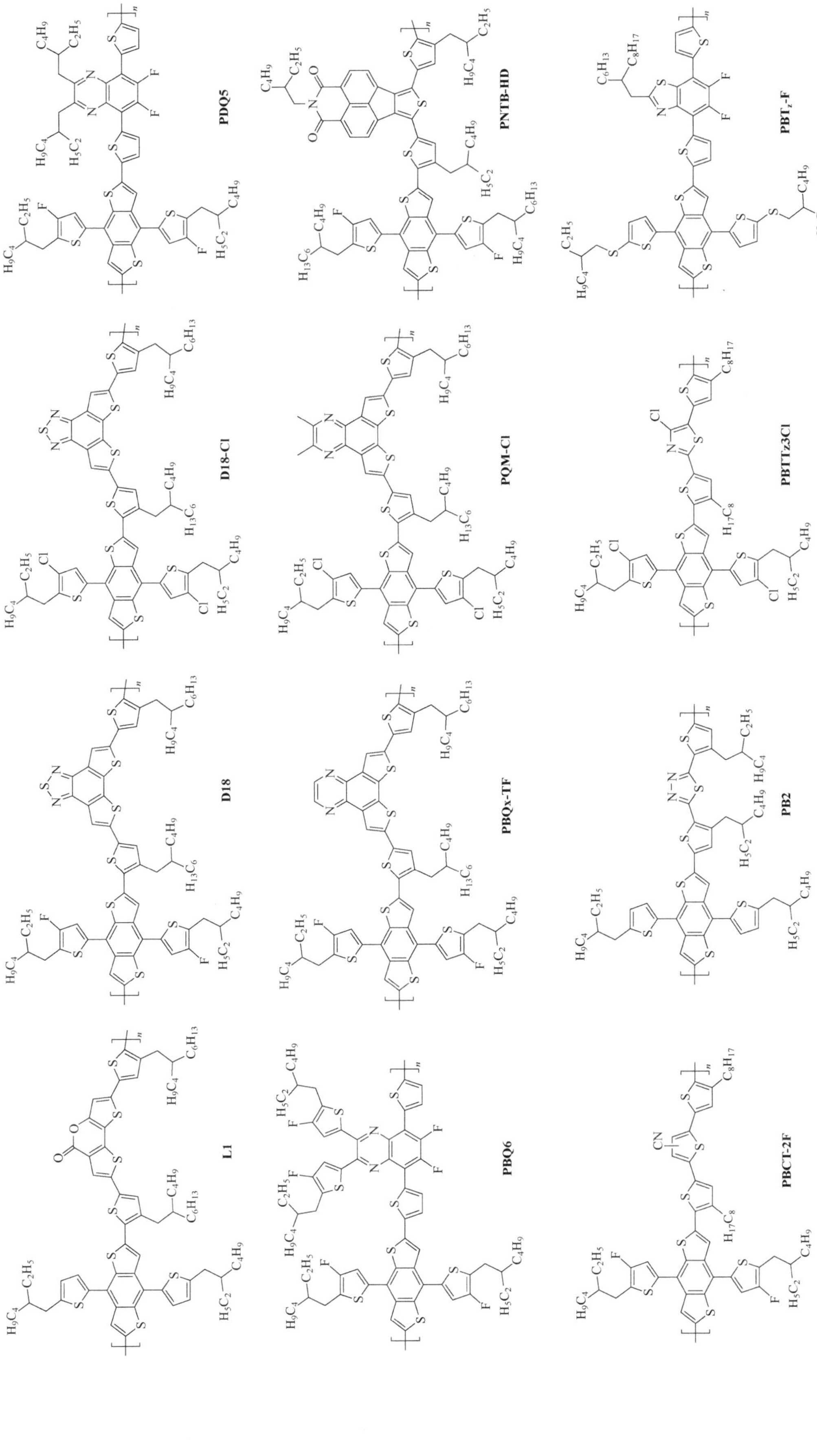

图 4-11 新型 BDT 类聚合物给体材料

富勒烯受体材料具有结构高度可修饰性、高收率、易于纯化，以及优异的近红外光吸收性能和灵活可控的电化学能级和分子聚集态等优点，引起了研究者的广泛关注。其中，A-D-A 型稠环受体和 A-D-A'-D-A 型稠环受体是目前发展最为迅速、性能优良的两大类，代表性材料如 ITIC 和 Y 系列，具体见图 4-12。

上述非富勒烯小分子受体材料虽然在匹配新型聚合物给体材料方面获得了成功，但不可否认小分子受体材料在延展性方面存在不足，而完全以聚合物给体材料和聚合物受体材料为活性层的全聚合物太阳能电池，不仅拥有卓越的机械韧性，还具备更出色的形态稳定性。在未来的大规模柔性太阳能电池领域中，这种独特的特性将展现出巨大的优势。因此，新型聚合物受体材料的开发显得尤为重要。1995 年，氰基取代聚对苯撑乙烯（CN-PPV）是首次用于全聚合物太阳能电池的受体聚合物，但它存在吸收弱、光谱响应范围窄、转换效率低等问题，光电转化效率只达 0.9%。还开发出了以萘二酰亚胺（NDI）为构筑单元的聚合物受体材料 N2200，但性能仍然很低。之后，在上述高性能非富勒烯小分子受体发展的基础上，小分子聚合化（PSMA）的概念得以提出和大量应用，获得了许多性能大幅提升的聚合物受体材料。特别是近几年，随着 Y6 小分子的开发，高效率聚合物受体多是以 Y6 及其衍生物为构筑基元，如图 4-13 中的 PY 系列和 PQ 系列。此外，非稠环体系的聚合物受体材料也逐渐被关注和开发。当前全聚合物太阳能电池的效率已经超过 18%，随着研究人员对高分子材料特性和器件物理的深入研究，电池效率还将会进一步被刷新。

除了这些给体、受体材料外，聚 3,4-乙烯二氧噻吩/聚苯乙烯磺酸盐（PEDOT/PSS）是目前空穴传输材料中应用最广泛的导电聚合物，具有透光性高、与活性层的功函数匹配、可溶液加工等优点，在正式结构的有机太阳能电池的性能提升中起到了关键的作用。但由于 PEDOT/PSS 中聚苯乙烯磺酸盐（PSS，pH≈2）具有强酸性，容易腐蚀电极，影响器件的能量转化效率（PCE）和稳定性。同时，PEDOT/PSS 的易吸水特性也会严重影响器件的稳定性。

4.5.4　光/电转化高分子的应用

有机太阳能电池作为一种能将太阳能转换为电能的新型光伏技术，在近十几年得到了快速发展，是有机高分子光电材料领域最受关注的研究主题，也是光/电转化高分子最重要的应用。相比于硅基太阳能电池，通过光/电转化高分子所制得的聚合物太阳能电池具有光电特性调节范围宽、可实现半透明及柔性器件等突出优点，而且可通过印刷制备大面积器件，能够有效降低制造成本。特别是，聚合物太阳能电池的轻薄、柔性、半透明特性，将使其在光伏建筑一体化和便携式电子设备等方面具有广阔的市场前景。

4.6　光致导电高分子

光致导电高分子是指那些在受光照射前本身电导率不高，但是在光子激发下可以产生某种载流子，并且在外电场作用下可以传输载流子，从而可以大大提高其电导率的高分子材料[21-23]。载流子可以是电子、空穴，或者正负离子。严格来讲，绝大多数有机材料都具有光导现象，然而，只有那些光导电现象显著，电导率受光照影响大的高分子材料才具有应用意义，被称为光致导电高分子。与无机光导电体相比，高分子光导电体具有成膜性好、容易加工成型、柔韧性好等特点。

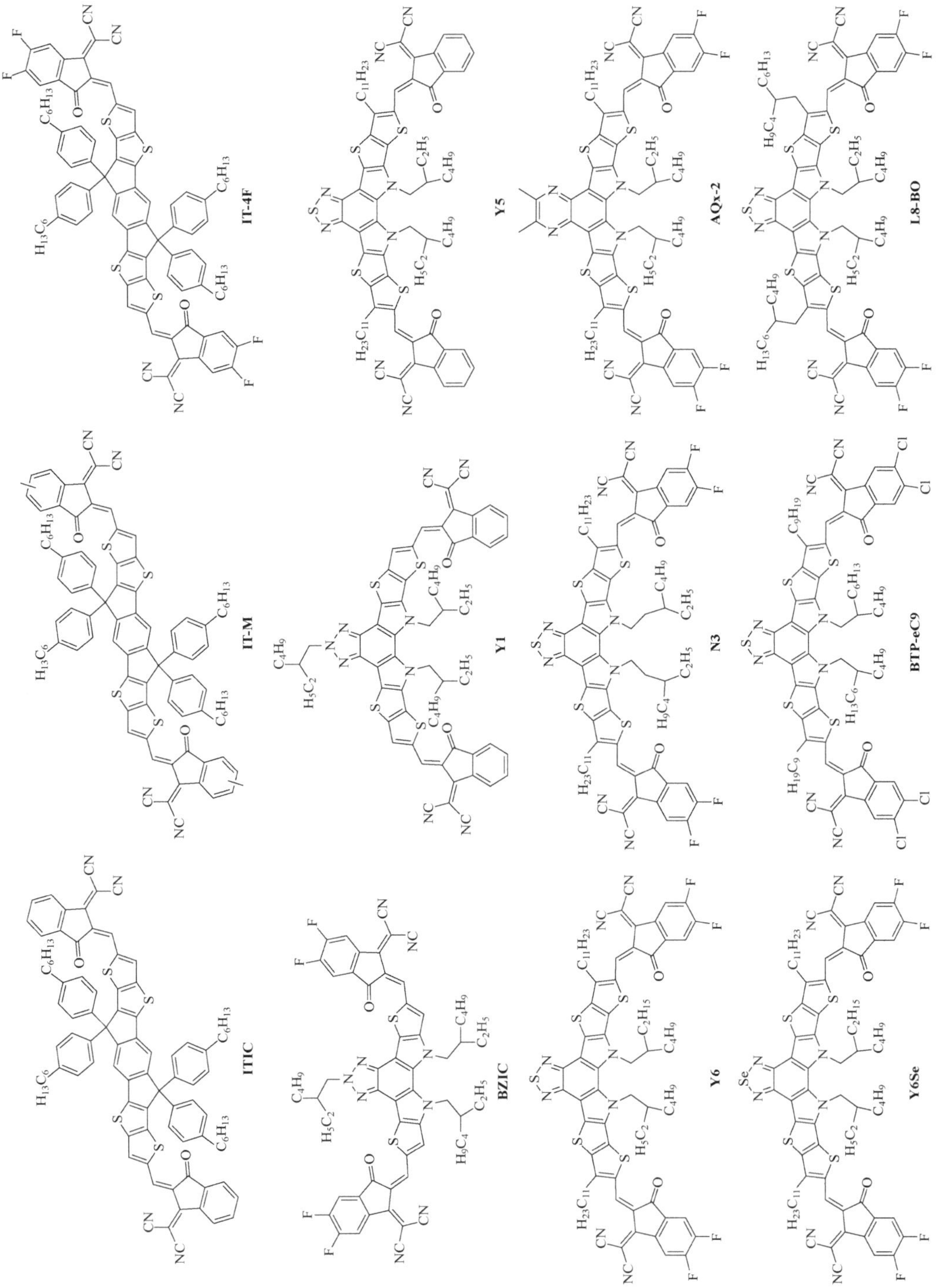

图 4-12 代表性非富勒烯小分子受体

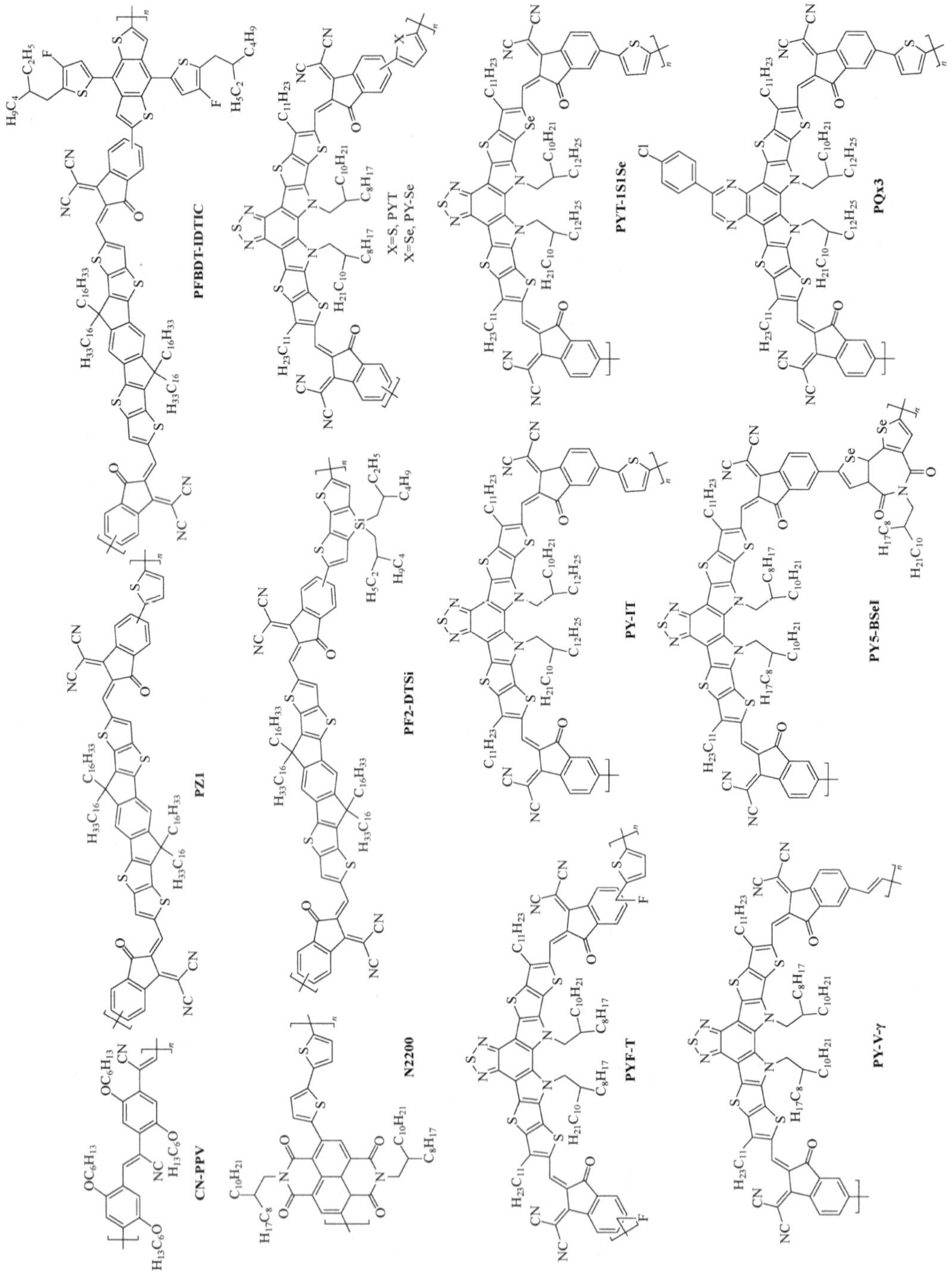

图 4-13 代表性聚合物受体材料

4.6.1 光导电机理与性能

（1）光导电机理

产生光导电的基础为，在光的激发下，材料内部的载流子密度能够迅速增加，从而导致电导率的增加。光导载流子通过以下两步生成：

① 光活性分子中的基态电子吸收光能后跃迁至激发态，激发态的分子发生离子化，形成电子-空穴对。

② 在外加电场作用下，电子-空穴对发生解离，解离后的电子或空穴作为载流子产生光电流。即：

$$D + A \xrightarrow{\text{光照}} [D^+A^-] \xrightarrow{\text{电场}} D^+ + A^-$$

式中，D 表示电子给予体，A 表示电子接受体。电子给予体和接受体可以是分子内的两部分结构，即电子转移在分子内完成；也可以存在于不同的分子之中，即电子转移过程在分子间进行。不管哪种，当光消失时，电子-空穴对都会由于逐渐重新结合而消失，导致载流子数下降，电导率降低，光电流消失。

因此，要提高材料光导电性能，需要在同等条件下提高光电流强度。可以从以下方面入手：

① 增加光敏结构密度和选择光敏化效率高的材料有利于提高光激发效率。分子结构与入射光的频率要匹配，即最大吸收波长与入射光的频率重合，摩尔吸收系数尽可能大，这样可以最大限度吸收入射光，从而有利于提高光电流密度。

② 降低辐射和非辐射耗散速率，提高离子化效率，增加载流子数目，从而有利于提高光电流密度。如激发态分子通过辐射和非辐射耗散过程回到基态，导带中的电子重新回到价带中，这一过程将不产生载流子，对光导电无贡献。选择价带和导带能量差小的材料，施加较大的电场，有利于电子-空穴对的解离。

③ 加大电场强度，使载流子迁移速度加快，降低电子-空穴对重新复合的概率，有利于提高光电流密度。

此外，除对光导材料的结构加以修饰，促进其本征光生载流子过程外，也可加入光导电敏化剂，如小分子电子给体或者电子受体等，使非本征光生载流子相对浓度提高，可以大幅提升载流子浓度和光电流密度。

（2）光导电性能测定

光导材料光导电性能通常采用感度 G 来表示，其定义为单位时间内材料吸收一个光子所产生的载流子数目。表达式为：

$$G = I_p / [eI_0(1-T)A] \tag{4-5}$$

式中，I_p 表示产生的光电流；I_0 是单位面积入射光子数；T 为测定材料的透光率；A 为光照面积；e 为电子电荷量。

4.6.2 光致导电高分子的结构类型

按前所述，具有显著光导性能的高分子应在入射光波长处有较高的摩尔吸光系数，并且应具有较高的量子效率，一般为含离域倾向的 π 电子结构化合物。目前研究较多的主要是聚合物骨架上带有光导电结构的"纯聚合物",和小分子光导体与高分子材料共混产生的复合型光导高分子材料。从结构上可将光导电高分子划分为主链共轭型光导电高分子和侧链共轭型光导电高分子,其中侧链可分为大共轭结构、各种芳香胺或者含氮杂环的光导电高分子。具体如下:

(1) 主链共轭型光致导电高分子

这类高分子主链中具有较高程度的共轭结构,载流子一般为自由电子。线型共轭导电高分子在可见光区有很高的光吸收系数,而且吸收光能后在分子内产生孤子、极化子和双极化子作为载流子,因此导电能力大大增加,表现出很强的光导电性质。线型共轭高分子是重要的本征导电高分子。但是,多数线型共轭导电高分子的稳定性和加工性能不好,目前研究较多的只有聚苯乙炔和聚噻吩。

(2) 侧链共轭型光致导电高分子

此类高分子侧链上可以连接大共轭结构的多环芳烃,也可以连接芳香胺或者含氮杂环结构。由于绝大多数多环芳香烃和杂芳烃类共轭结构的化合物,都有较高的摩尔吸光系数和量子效率,一般都表现出较强的光导电性质。多环芳烃,如萘基、蒽基、芘基等,含氮杂环中最重要的咔唑基,连接到高分子骨架上即可构成光导电高分子。电子或空穴的跳转机理是这类高分子导电的主要方式,当受到光照共轭电子被激发以后,发生电子的能级跃迁而使聚合物分子主链上彼此邻近的大共轭取代基成为电子自由移动通道,从而产生光致导电现象。研究表明,凡是具有与乙烯基咔唑及其类似衍生结构单元的聚合物,通常都具有光致导电特性。

4.6.3 光致导电高分子的应用

(1) 在静电复印机和激光打印机中的应用

① 静电复印机 光致导电高分子最主要的应用领域就是静电复印。在静电复印过程中光致导电高分子在光的控制下收集和释放电荷,通过静电作用吸附带相反电荷的油墨。在复印机上使用的光导材料最早是无机的硒化合物和硫化锌、硫化镉(采用真空升华法在复印鼓表面形成光导电层),不仅昂贵,而且容易脆裂。光导电聚合物则可以克服这些问题,目前主要使用含聚乙烯咔唑结构,还可以加入一些电子接受体作为光敏化剂,提高光响应范围和导电能力,如聚乙烯咔唑-硝基芴酮体系光导电高分子,见图4-14。

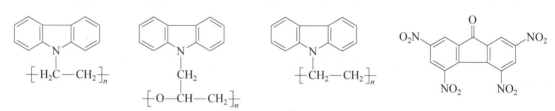

图 4-14 聚乙烯咔唑-硝基芴酮体系光导电高分子材料

② 激光打印机 激光打印机的工作原理与静电复印机类似,只是光源采用半导体激光器。目前研究较多的激光打印机光导材料有偶氮染料类、四方酸类和酞菁类等小分子有机化合物,在使用过程中往往用高分子材料作为成膜剂(共混)使用。

(2) 在图像传感器方面的应用

图像传感器是利用光电导特性实现图像信息的接收与处理的关键功能器件,广泛作为摄像机、数码照相机和红外成像设备中的电荷耦合器件，用于图像的接收。利用光导电原理制备图像传感器是光电子产业的重要突破。

4.7 光致变色高分子

光致变色现象是指在光照射下吸收光能引起化学结构变化，从而吸收波长也发生变化，表现出色彩的变化，停止光照或者加热等作用下又能恢复到原来颜色的现象。这种在光的作用下能发生可逆结构和颜色变化的高分子，被称为光致变色高分子。光致变色现象有两种：一种是正光致变色，由无色（或浅色）变为深色；另一种是逆光致变色，由深色变为无色。

理想的光致变色过程由如下两步组成：①激活反应，即显色反应，系指化合物经一定波长的光照射后显色和变色的过程；②消色反应，系指经照射显色后的化合物恢复原样的过程。除停止光照外，它还有两种主要途径：热消色反应，系指化合物通过加热恢复到原来的颜色；光消色反应，系指化合物通过另一波长的光照射恢复到原来的颜色。

高分子在结构上千差万异，因而产生光致变色现象的机理也多有不同，宏观上可分为光化学过程变色和光物理过程变色两种。光化学变色过程较为复杂，可分为顺反异构反应、氧化还原反应、解离反应、环化反应以及氢转移互变异构化反应等。光物理变色过程，通常是有机物质吸收光而激发生成分子激发态，主要是形成激发三线态，而部分处于激发三线态的分子进行态内能级跃迁，伴随特征光谱变化，产生光致变色现象。典型过程如，无色化合 A 吸收一定波长的光后发生光致变色，产生有色体 B；而 B 的热反应活化能较低，在一定温度下又可回到 A，成为无色体[24-28]。

4.7.1 光致变色高分子的分类

小分子光致变色现象早已被发现，将小分子光色基团导入聚合物链中就可制得光致变色高分子。光致变色功能高分子制备的途径主要有三种：第一种是把光致变色体混在高分子内，使共混物具有光致变色功能；第二种是通过侧基或主链连接光致变色体单体均聚或共聚制得光致变色高分子；第三种方法是先制备某种高分子，然后通过大分子与光致变色体反应使其连接在侧链上，从而得到侧基含有光致变色体的高分子。以下介绍几种典型光致变色高分子的变色机理及部分合成制备方法。

（1）含硫卡巴腙配合物的光致变色高分子

硫卡巴腙与汞的配合物是分析化学中常用的显色剂，含有这种官能团的高分子在光照下，化学结构会发生如图 4-15 所示的变化。

图 4-15 含硫卡巴腙配合物光致变色化学结构变化

当 $R^1=R^2=C_6H_5$ 时，光照前的最大吸收波长为 490nm，光照后的最大吸收波长为 580nm，其薄膜的颜色由橘红色变为暗棕色或紫色。硫卡巴腙与汞的配合物高分子化方法有很多，例如连接到聚丙烯酰胺型聚合物上。

（2）含偶氮苯的光致变色高分子

这类高分子的光致变色性能是由偶氮苯结构受光激发之后发生顺反异构变化引起的，分子吸收光后由顺式变为反式，其吸收光的波长由 350nm 变为 310nm，因此是一种逆光致变色现象。其光致变色过程中化学结构的变化如图 4-16 所示。

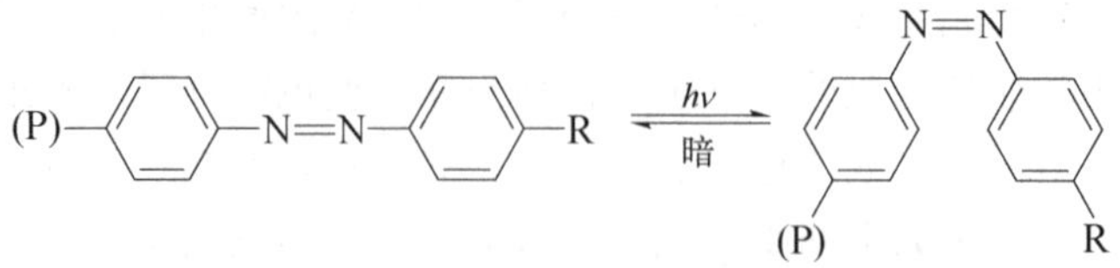

图 4-16 含偶氮苯的光致变色化学结构变化

一般而言，溶液中偶氮苯高分子在光照射时比较容易完成顺反异构的转变，转变速率较快，在固体膜中则较慢。在固体聚合物中，柔性较好的聚丙烯酸聚合体系中的转变速率比在相对刚性较强的聚苯乙烯体系中要快一些。

（3）螺苯并吡喃类、螺噁嗪类光致变色高分子

螺苯并吡喃类衍生物是一类典型的光致变色化合物，将其引入纤维素类聚合物分子链上，制备的纤维就具有光致变色功能，可实现如服装随光线强弱变化而变化功能。螺噁嗪也是一类重要的光致变色化合物，与螺吡喃化合物相比，更具热稳定性、抗疲劳性。它们的变色反应式见图 4-17。

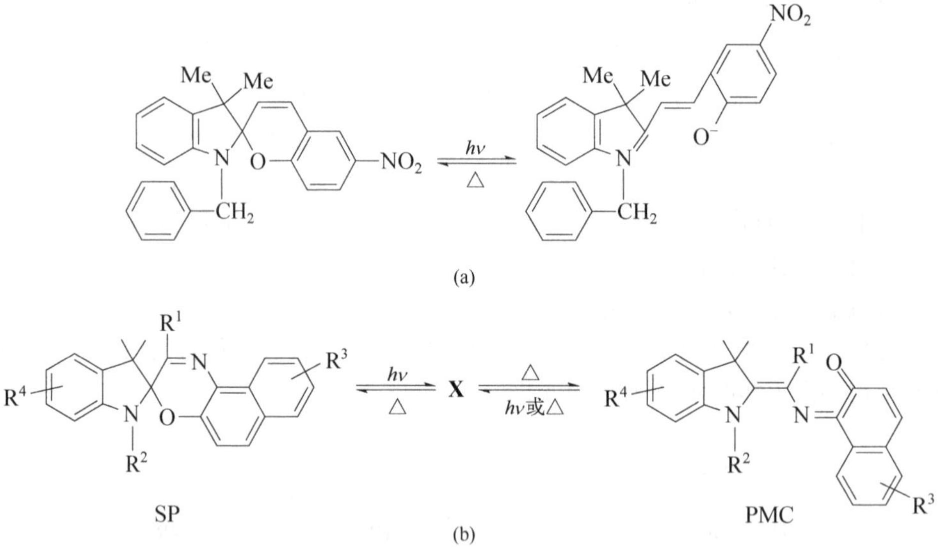

图 4-17 螺苯并吡喃类衍生物（a）和螺噁嗪类（b）光致变色化学结构变化

从螺噁嗪类光致变化中可见，反应物（SP）到光产物（PMC）存在一个中间体（X）。PMC 是 SP 光解，C—O 键断裂后经过键的旋转由螺噁嗪变为整个分子骨架共平面的共轭结构，对应吸收光谱由紫外区变到可见光区。

(4) 甲亚胺类光致变色高分子

甲亚胺基邻位羟基氢的分子内迁移形成反式酮，反式酮加热异构化为顺式酮，顺式酮通过氢的热迁移又能返回顺式烯醇。由于反式酮与顺式烯醇的共轭体系均不大，两者的吸收光谱之间差别不大，小分子量的聚甲亚胺光致变色不明显。通过合成邻羟基苯甲亚胺不饱和衍生物，再与苯乙烯或甲基丙烯酸甲酯（MMA）等单体共聚就可制得光致变色共聚物。这类光致变色高分子的基态最大吸收波长在 480nm 左右，激发态波长（最大吸收波长，以下同）在 580nm 左右。其光致变色化学结构变化见图 4-18。

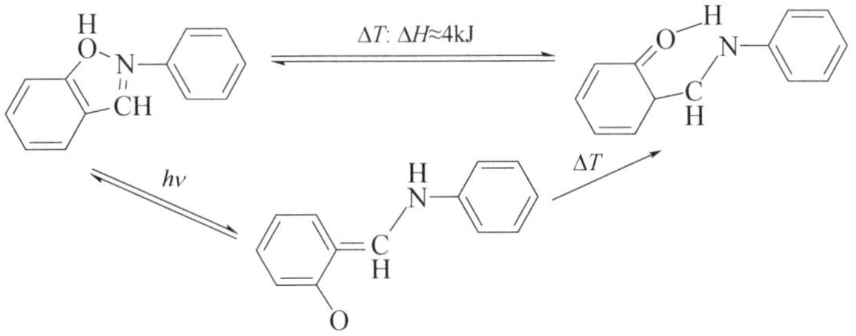

图 4-18 甲亚胺类光致变色化学结构变化

(5) 硫堇、噻嗪类光致变色高分子

硫堇、噻嗪类体系光致变色的原理是氧化还原反应，氧化态时是有色的，而在还原态是无色的。亚甲基蓝等硫堇染料（MB^+）在二价铁离子等还原剂的作用下，光致变色为无色或白色的白硫堇染料 MBH，显色和消色过程中通过半醌式中间体 MB· 进行，具体如图 4-19 所示。

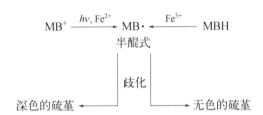

图 4-19 硫堇光致变色化学结构变化

这类光致变色高分子可由聚丙烯酰胺和硫堇染料缩合而成或者由硫堇染料和乙醇胺基团的聚合物缩合制得；也可由硫堇染料和丙烯酰胺的衍生物反应制得含硫堇染料的单体，再均聚或与丙烯酰胺共聚制得光致变色高分子。

(6) 二芳杂环基乙烯类光致变色高分子

芳杂环基取代的二芳基乙烯类光致变色化合物普遍表现出良好的热稳定性和耐疲劳性，芳杂环基取代的二芳基乙烯具有一个共轭的六电子己三烯母体结构，它的光致变色是基于分子内的环化反应，类似的还有俘精酸酐，代表性反应如图 4-20 所示。在紫外光激发下，化合物 **1** 旋转闭环生成异色的闭环体 **2**，而 **2** 在可见光照射下又能发生相反的变化。利用共轭效应，通过引入不同的取代基，可调节分子闭环体的最大吸收波长。开环反应和闭环反应的量子产率一般在 0.1~0.4，而且响应迅速，在 100 ps 左右。此外，此类高分子化合物具有良好的热稳定性和耐疲劳性，某些结构最高可循环 10^4 次以上。

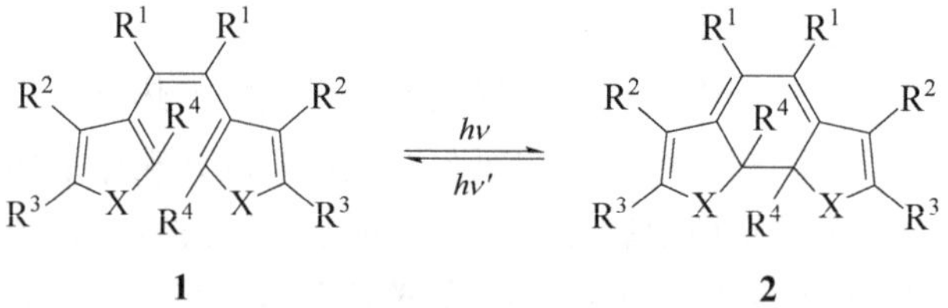

图 4-20　二芳杂环基乙烯类光致变色化学结构变化

二芳杂环基乙烯类光致变色高分子可以通过将此类结构直接键合到高分子载体上合成，但目前较常用的方法是将二芳基乙烯化合物掺杂在高分子基质中。例如，将其掺杂在聚苯乙烯（PS）中，利用化合物光致变色效应受 PS 介电常数和流动性影响的特性，从而可得到一个温控阈值超过 60℃的光致变色体系。

（7）苯氧基萘并萘醌类光致变色高分子

苯氧基萘并萘醌类光致变色高分子也具有可逆循环次数较高（耐疲劳性好）和室温下几乎无热消色反应等特点。典型的光致变色反应机理如图 4-21 所示。

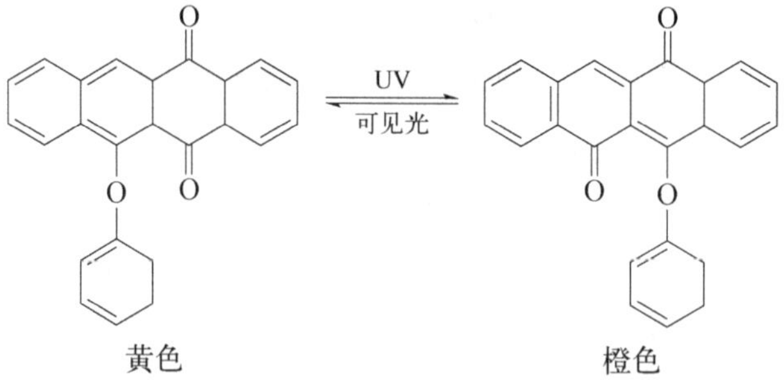

图 4-21　苯氧基萘并萘醌类光致变色化学结构变化

醌式结构在光诱导下发生异构化反应，从黄色到橙色的显色反应可用 $\lambda \leqslant 405nm$ 的紫外光诱导，而反向消色反应可在可见光照射下发生。这类光致变色高分子合成时可先合成出高分子，再通过该高分子的侧基与苯氧基萘并萘醌发生反应，即通过大分子反应将光致变色苯氧基萘并萘醌以侧基形式引入 PMMA、PS 和聚硅氧烷等高分子中。

（8）物理掺杂型光致变色高分子

以上所述的光致变色高分子主要都是通过化学方法合成的，其实还可以把光致变色化合物通过共混的方法掺杂到作为基材的高分子化合物中，制备光致变色高分子材料，这种物理掺杂的方法也是常用方法。

4.7.2　光致变色高分子的应用

光致变色高分子作为光敏性材料常被用于信息记录介质等方面，具有多项优点：操作简单，不用湿法显影和定影；分辨率非常高，成像后可消除，能多次重复使用；响应速度快。应用范围可归纳为以下几个方面：

① 光的控制和调变。例如制成光色玻璃可以自动控制建筑物及汽车内的光线；做成防护眼镜可以防止原子弹爆炸产生的射线和强激光对人眼的损害；还可以做成照相机自动曝光的滤光片、军用机械的伪装、光致变色纤维等。

② 信息存储元件。光致变色材料的显色和消色循环变换可用于建立计算机的随机记忆元

件，能记录相当大量的信息；制备高信息容量、高对比度和可控信息贮存时间的光记录介质。

③ 信号显示系统。光致变色材料可用作宇航指挥控制的动态显示屏、计算机末端输出的大屏幕显示、军事指挥中心显示设备等。

④ 辐射计量计。光致变色材料可用作强光的辐射计量计，可以测量电离辐射、紫外线、X射线和γ射线等。

⑤ 感光材料。光致变色材料感光度较低，且有些高分子化合物只对紫外光敏感，但可应用于印刷工业方面，如制版等。

⑥ 利用光色反应来模拟生物过程、生化反应也是一种很好的途径。

4.8 电致变色高分子

电致变色高分子是指在外电场及电流的作用下，光吸收或散射特性发生变化的材料，其实质是高分子结构在电场作用下发生改变或者发生电磁诱导的氧化还原反应，引起吸收光谱和颜色发生改变。按颜色变化过程可分为颜色单向变化的不可逆变色材料和颜色双向改变的可逆变色材料，后者这种颜色变化能够可逆地响应电场变化，因而具有开路记忆的功能，更具有实用价值。

4.8.1 电致变色高分子的分类

按照材料的结构特征可将电致变色材料分为无机电致变色材料和有机电致变色材料，有机电致变色材料又可分为有机小分子电致变色材料和高分子电致变色材料。相比于无机和有机小分子，高分子电致变色材料在制备方法、生产成本、色彩变化与加工性能等方面都具有明显的优势，是研究的热点方向[29-32]。电致变色高分子主要可以分为以下四个类型。

（1）主链共轭型导电高分子

主链共轭型导电高分子在发生氧化还原掺杂时，分子轨道能级发生改变，可引起颜色可逆变化。所有主链共轭型导电高分子都是潜在的电致变色材料。这类电致变色材料通常是一些芳香型导电聚合物，主要有聚苯胺、聚吡咯、聚吩、聚呋喃、聚吲哚，以及它们的衍生物等。所述代表性结构及变色机理如图4-22所示。

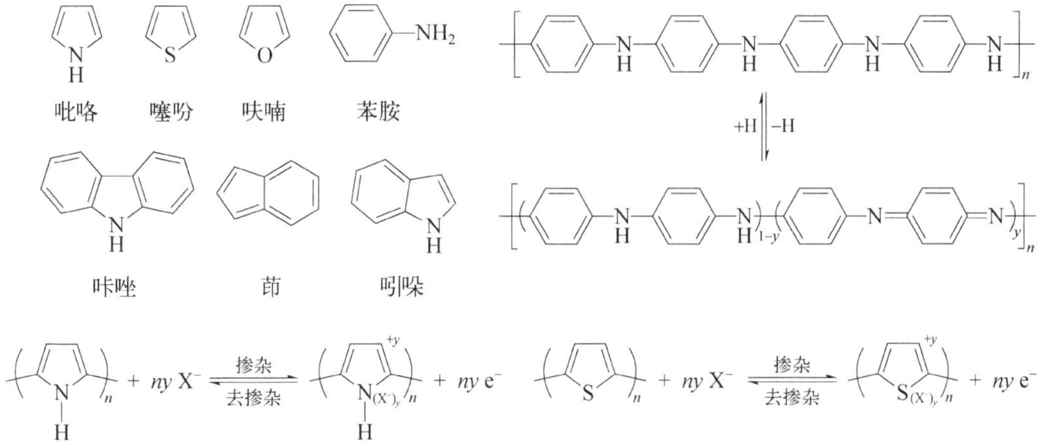

图4-22 代表性电致变色结构及其高分子的电致变色机理

（2）侧链带电致变色结构的高分子

相对于主链共轭型导电高分子，这种类型的电致变色材料既有小分子变色材料优异的变色性能，又有高分子材料的稳定性和易加工成膜性，具有很好的发展前景。这类材料是通过接枝或者共聚反应等高分子化的手段，将小分子电致变色结构连接到聚合物的侧链上。通过高分子化处理后，一般原来小分子的电致变色性能会保持下来或者改变很小。因此，可以认为该复合高分子电致变色材料的变色机理与接入的小分子相同。比如，将紫精基团接枝到聚合物链上后，整个复合高分子经氧化或还原同样会呈现与紫精小分子相同的颜色变化。合成反应如图4-23所示。

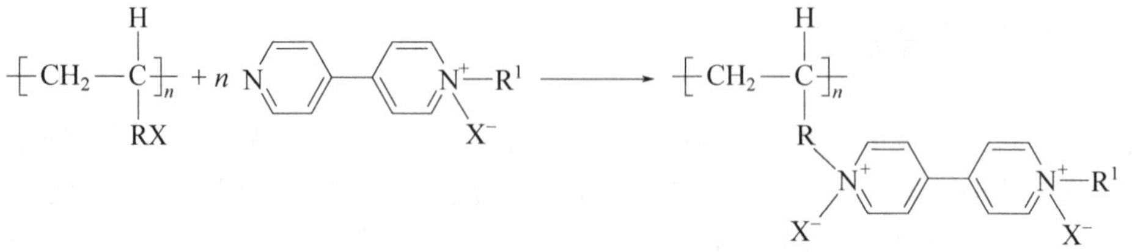

图4-23　侧链含紫精的高分子电致变色材料的合成

（3）高分子化的金属配合物

将具有电致变色性能的金属配合物通过高分子化方法连接到聚合物主链上，可以得到具有高分子特征的金属配合物电致变色材料。和侧链带有电致变色结构的高分子材料一样，其电致变色性能也主要取决于金属配合物，而力学性能和加工成膜性能则取决于高分子骨架。目前该类材料中研究较多的是高分子酞菁，当酞菁中含有氨基和羟基时，可以利用其化学活性，采用电化学聚合法合成高分子化的酞菁。

（4）小分子电致变色材料与高分子的共混物

将各种电致变色材料与高分子材料共混进行高分子化改性也是常见的电致变色高分子制备方法。它又包括了三种类型：小分子电致变色材料与常规高分子共混，高分子电致变色材料与常规高分子共混，高分子电致变色材料与其他电致变色材料共混。该方法工艺条件简单、材料易得，且电致变色性质、使用稳定性、可加工性能得到改善。

4.8.2　电致变色高分子的应用

电致变色高分子常见的主要应用可分为以下几类。

① 智能窗。智能窗是用具有可逆变色性和连续可调性的电致变色材料与玻璃制成的，具有透光、传热等的动态可调性。智能窗是电致变色高分子最主要的应用方向。

② 信息显示器。电致变色材料凭借其电控颜色改变可用于机械指示仪表盘、记分牌、广告牌以及公共场所大屏幕显示屏等新型信息显示器件的制作，具有无视盲角、对比度高、驱动电压低、色彩丰富、电耗低、不受光线照射影响的优点。

③ 电色信息存储器。电致变色材料具有开路记忆功能，可用于储存信息。利用多电色性材料，以及不同颜色的组合可以用于记录彩色连续的信息，其功能类似于彩色照片但又具有底片类材料所不具备的擦除和改写性质。

④ 无眩反光镜。在电致变色器件中设置一层反射电致变色层，具有光选择性吸收的特

性，发生电致变色时可以有效调节反射光线成为无眩反光镜，用于交通工具的后视镜可避免强光刺激，增加交通的安全性。

4.9 高分子非线性光学材料

高分子非线性光学材料指在激光以及外加场作用下能产生非线性极化，具有强的光波间非线性相互作用的高分子材料。利用非线性光学晶体的倍频、和频、差频、光参量放大和多光子吸收等非线性过程可以得到频率与入射光频率不同的激光，从而达到光频率变换的目的。这类晶体广泛应用于激光频率转换、四波混频、光束转向、图像放大、光信息处理、光存储、光纤通信、水下通信、激光对抗及核聚变等研究领域。

相比于非线性光学晶体，高分子非线性光学材料不仅具有非线性光学系数大、响应速度快、直流介电常数低等优点，而且由于分子链以共价键连接，机械强度高，化学稳定性好，加工性能优良，结构可变性强，可制成如膜、片、纤维等各种形式，在光调制器件、光计算用的神经网络、空间光调制器、光开关器件以及全光串行处理元件等许多方面具有广阔的应用前景。在合成高分子非线性光学材料时，虽然高分子本身具有非中心对称单元，但其偶极矩的取向无规律，其非线性光学性能较弱，因此可通过外加电场使分子的取向定向排列，从而增强其非线性光学性能。高分子链的极化取向要在玻璃化转变温度以上才能发生，而取向冻结要在玻璃化转变温度以下，这样要求高分子材料具有较高的玻璃化转变温度。聚合物还应是透明的材料，使光损失尽量小[33-35]。

选择非线性光学材料的主要依据包括：①有较大的非线性极化率。这是基本的但不是唯一的要求。由于激光器的功率可达到很高的水平，即使非线性极化率不是很大，也可通过增强入射激光功率的办法来加强所要获得的非线性光学效应。②有合适的透明程度及足够的光学均匀性。即在激光工作的频段内，材料对光的有害吸收及散射损耗都很小。③能实现位相匹配。④材料的损伤阈值较高，能承受较大的激光功率或能量。⑤有合适的响应时间，分别对脉宽不同的脉冲激光或连续激光作出足够响应。

4.9.1 高分子非线性光学材料的分类

按照聚合物结构，高分子非线性光学材料可大致分为主客体型聚合物、侧链及主链型聚合物、交联型聚合物、共轭型聚合物等。

（1）主客体型聚合物

将具有高非线性光学系数的客体有机共轭分子和主体聚合物进行混合，即可形成主客体型的非线性光学材料，又称掺杂型非线性光学材料。此类聚合物具有较好的非线性光学特性，容易制备和纯化，但往往主客体相容性较差，掺杂量难以增加。另外低分子掺杂物的加入还会降低材料的玻璃化转变温度，影响其取向稳定性。

（2）侧链及主链型聚合物

该类高分子材料将生色团分子通过共价键或离子键键合到聚合物主链或侧链上。此类聚合物较掺杂型材料中发色团含量增多，增加了取向稳定性，具有较好的非线性光学性能。但是，场诱导的非中心对称排列的高分子易发生松弛，使性能变差。

（3）交联型聚合物

该类材料将发色团分子交联在聚合物网络中，在交联反应发生之前或在交联过程中将发色团取向极化，生色团取向稳定性得到明显改善，从而可获得较好的光学性能。

（4）共轭型聚合物

共轭型聚合物可作为良好的二阶非线性光学材料，分子的离域程度越高，材料的非线性光学性能越好。此类聚合物非线性光学材料主要有聚二乙炔（PDA）、聚乙炔（PA）、聚噻吩（PTh）、聚苯乙炔（PPV）、聚苯胺（PAn）、聚苯并噻唑（PBT）、聚苯并咪唑（PBI）、聚酰亚胺及其衍生物等。另外还有聚合物如聚膦腈、聚硅氧烷和聚烷基硅等均表现出较好的非线性光学性能，具有较好的热和化学稳定性。

4.9.2 高分子非线性光学材料的应用

高分子非线性光学材料按照物理性质和应用范围可以分成以下几类：电光材料、光折变材料、声光材料、磁光材料、光感应双折射材料、非线性光吸收材料以及激光频率转换材料，用于激光的倍频、混频、参量振荡和放大等。这些材料能在外加电场、磁场、力场，或直接利用光波本身电磁场对所通过光波的强度、频率和相位进行调制，主要用作光电技术中对光信号进行处理的各种器件制作。

4.10 高分子荧光材料

高分子荧光材料都是含有共轭结构的聚合物材料，在工农业生产和科学研究方面有着广泛的应用[36-39]。高分子荧光材料的发光机理与小分子荧光材料一样，故这里只介绍高分子荧光材料的分类和应用。

4.10.1 高分子荧光材料的分类

高分子荧光材料大致可分为芳香稠环化合物、分子内电荷转移化合物和金属配合物荧光染料。在高分子骨架上连接荧光分子或者采用共混掺杂的方式就能制备得到相应高分子荧光材料。

（1）芳香稠环化合物

在高分子骨架上连接了芳香稠环结构的荧光材料。因稠环芳烃具有较大的共轭体系和平面刚性结构，从而具有较高的荧光量子效率。其中，具有广泛应用的结构是芘衍生物，结构见图4-24。

（2）分子内电荷转移化合物

分子内电荷转移化合物可分为共轭结构的分子内电荷转移化合物、香豆素衍生物、吡唑啉衍生物、1,8-萘酰亚胺、蒽醌衍生物、罗丹明类衍生物等，部分结构见图4-24。

代表性共轭结构的分子内电荷转移化合物是指两个苯环之间以—C=C—相连的共轭结构衍生物，吸收光能激发至激发态时，分子内原有的电荷密度分布发生了变化。这类化合物是荧光增白剂中用量最大的荧光材料，常被用于太阳能收集和染料着色。

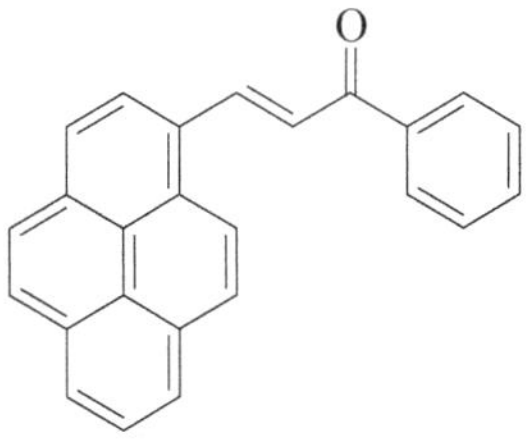

芘衍生物 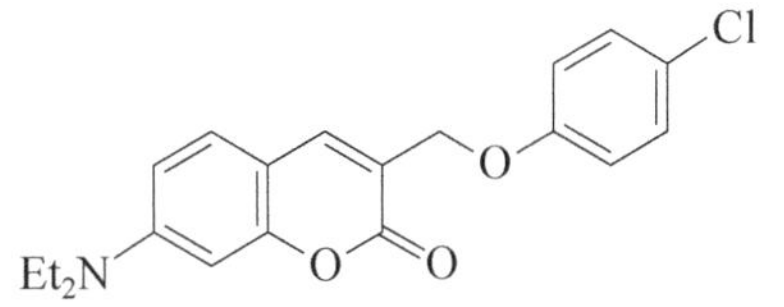　　　　　　　　香豆素衍生物 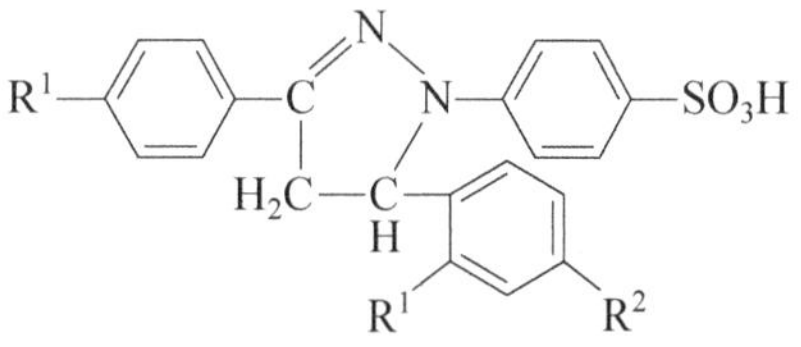　　　　　　　吡唑啉衍生物

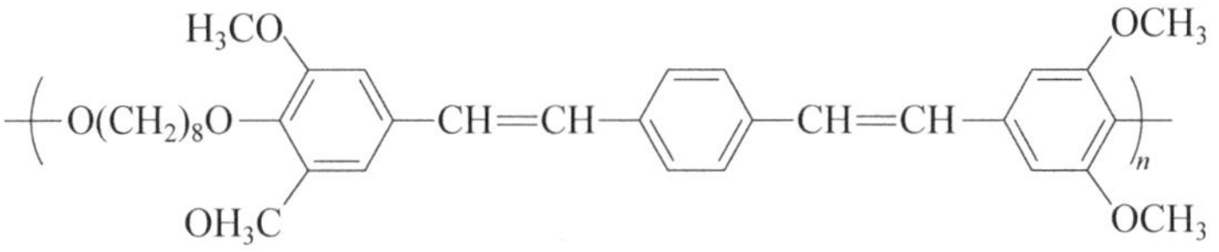

代表性共轭结构

图 4-24　部分代表性荧光材料类型

香豆素衍生物是通过在香豆素母体上引入氨基类取代基调节荧光的颜色，可发射出蓝绿到红色的荧光。但是，香豆素衍生物往往只在溶液中有高的量子效率，而在固态时容易发生荧光猝灭，故常以混合掺杂形式使用。

吡唑啉衍生物在吸收光后分子均可被激发，进而引起分子内的电荷转移而发射出不同颜色的荧光，具有较高的荧光效率。

萘酰亚胺类荧光材料色泽鲜明，荧光强烈，已被广泛用作荧光染料和荧光增白剂、金属荧光探伤、太阳能收集器、液晶显色、激光以及有机光导材料中。

蒽醌类荧光分子是以蒽醌为中间体制得的，具有良好的耐光、耐溶剂性能，稳定性较好，也具有较高的荧光效率。

罗丹明类分子是由荧光素开环得到的，两者都是黄色染料并都具有强烈的绿色荧光，广泛应用于生命科学领域。罗丹明系列的荧光材料绝大部分是以季铵盐取代原来的羟基位置而得。

（3）金属配合物荧光染料

该类材料又可分为掺杂型高分子稀土荧光材料和键合型高分子稀土荧光材料。

① 掺杂型高分子稀土荧光材料　把有机稀土小分子配合物通过溶剂溶解或熔融共混的方式掺杂到高分子体系中即可制得，一方面可以提高配合物的稳定性，另一方面还可以改善其荧光性能。这是由于高分子共混体系减小了浓度效应。

② 键合型高分子稀土荧光材料　先合成含稀土配合物的单体，然后用均聚或共聚方法得到配体与高分子骨架通过共价键连接的高分子稀土荧光材料。例如，甲基丙烯酸酯、苯乙烯等是常用的单体。

4.10.2　常见高分子荧光材料及应用前景展望

在高分子荧光材料中常见高分子有很多，如聚对苯乙烯、聚噻吩、聚芴等，在高分子中引入发光分子就能制备得到相应高分子荧光材料。荧光材料在实际生产和科学研究方面都有着广泛的应用。例如，高分子转光农膜，可以吸收太阳光中的紫外线转换成可见光发出；高分子荧光油墨，可以用于防伪印刷和道路标识绘制等；荧光材料在分析化学和化学敏感器制备方面也有广泛应用。

随着高分子荧光材料的需求逐渐变大，新型高分子荧光材料成为新的研究热点，例如稀土高分子荧光材料。稀土元素是 21 世纪具有战略地位的元素，稀土光致发光材料的研究开发与应用是国际竞争最激烈也是最活跃的领域之一。中国是稀土资源最丰富的国家，我们的目标就是要将资源优势转化为经济优势。要实现这一目标，根本出路在于提高我国稀土光致发光材料产业自身高科技的应用水平，提高稀土光致发光材料的产品质量，并进一步开发稀土新材料在光致发光领域的应用技术。有效地利用稀土资源，制造出具有高附加值的高新技术产品，对我国的经济发展都将具有积极的推动作用。

思考题

1. 简述光功能高分子材料的分类及各自的工作原理、工作特点和应用范围。
2. 说明光/电转化高分子和电/光转化高分子之间的区别和应用。

参考文献

[1] Richard B S, Shalav A. The role of polymers in the luminescence conversion of sunlight for enhanced solar cell performance[J]. Synthetic Metals, 2005, 154(1/3): 61-64.

[2] Diaz S A, Menendez G O, Etchehon M H, et al. Photoswitchable water-soluble quantum dots: pcFRET based on amphiphilic photochromic polymer coating[J]. ACS Nano, 2011, 5(4): 2795-2805.

[3] Wu B, Lei Y, Xiao Y, et al. A bio-inspired and biomass-derived healable photochromic material induced by hierarchical structural design[J]. Macromolecular Materials and Engineering, 2020, 305(1): 1900539.

[4] Cui Y, Yao H F, Hong L, et al. Achieving over 15% efficiency inorganic photovoltaic cells via copolymer design[J]. Advanced Materials, 2019, 31(14): 1808356.

[5] Xu Y, Chen L, Guo Z, et al. Light-emitting conjugated polymers with microporous network architecture: Interweaving scaffold promotes electronic conjugation, facilitates exciton migration, and improves luminescence[J]. Journal of the American Chemical Society, 2011, 133(44): 17622-17625.

[6] 毛虎. 光纤通信网络传输技术及其应用研究[J]. 轻工标准与质量, 2022(04): 117-119.

[7] 梁喆, 汪未阳, 邹鹏飞, 等. 光纤通信网络传输技术分析[J]. 数字通信世界, 2022(07): 70-72.

[8] 孙同飞, 魏文宇. 探析光纤通信传输技术的应用和发展趋势[J]. 数字技术与应用, 2020, 38(05): 28-30.

[9] 赵涛. 感光性天然高分子膜的制备与性能研究[D]. 无锡: 江南大学, 2009.

[10] 解一军. 光敏涂料的制备与性能表征[D]. 天津: 河北工业大学, 2002.

[11] 陆玮洁, 孙镛. 浅谈 UV 光敏涂料的发展概况[J]. 山东化工, 1996(02): 36-38.

[12] 李大爱. 光敏性 2-硝基-1,4-苄二硫醇在高分子合成中的应用及其光降解机理研究[D]. 温州: 温州大学, 2019.

[13] 陈俊, 徐颖, 徐超, 等. 辅助配体功能化铱（Ⅲ）配合物近红外电致发光材料的合成及其性能[J]. 发光学报, 2022, 43(08): 1217-1226.

[14] Yan Y, Zhang F, Liu H, et al. Suppressing triplet exciton quenching by regulating the triplet energy of crosslinkable hole transport materials for efficient solution-processed TADF OLEDs[J]. Science China Materials, 2023, 66(1): 291-299.

[15] 刘福通. 高效率、低滚降窄半峰宽有机电致发光二极管材料制备与光电性质研究[D]. 长春: 吉林大学, 2022.

[16] Han G, Yi Y. molecular insight into efficient charge generation in low-driving-force nonfullerene organic solar cells[J]. Accounts of Chemical Research, 2022, 55 (6): 869-877.

[17] Wang T, Sun R, Wang W, et al. Highly efficient and stable all-polymer solar cells enabled by near-infrared isomerized polymer acceptors[J]. Chemistry of Materials, 2021, 33(2): 761-773.

[18] Yu R, Wu G, Tan Z A, Realization of high performance for PM6:Y6 based organic photovoltaic cells[J]. Journal of Energy Chemistry, 2021, 61: 29-46.

[19] Zhang Z G, Li Y, Polymerized small-molecule acceptors for high-performance all-polymer solar cells[J]. Angew Chem Int Ed Engl, 2021, 60(9): 4422-4433.

[20] 程毓君. 优化活性层材料制备方法构建高性能有机光伏器件[D]. 南昌: 南昌大学, 2024.

[21] 潘华清, 董晨, 吴春芳. 导电聚合物包覆 GR/BaTiO$_3$ 复合材料的光催化性能研究[J]. 塑料科技, 2020, 48(09): 19-22.

[22] 广东材料谷. 邦得凌突破技术难关 世界领先新材料横空出世[J]. 科技与金融, 2020(Z1): 50-52.

[23] 宁廷州, 张敬芝, 付玲. 导电高分子材料在电子器件中的研究进展[J]. 工程塑料应用, 2019, 47(11): 162-167.

[24] 邢颖. 高性能光致变色材料的制备[J]. 染料与染色, 2022, 59(01): 11-12, 16.

[25] 阿依努尔·沙塔尔, 张瑜, 黄国光. 光致变色材料变色性能测试与探究[J]. 毛纺科技, 2021, 49(08): 95-98.

[26] 臧凤锐. 光致变色材料在产品设计中的运用[J]. 艺术研究, 2021(01): 170-172.

[27] 古玉. 光致变色材料研究取得新进展[J]. 中国光学, 2015, 8(06): 1054-1055.

[28] 孟继本. 光致变色材料的五大应该领域[J]. 化工管理, 2012(12): 64-65.

[29] 仇吉业, 郑鹏轩, 白瑞钦, 等. 基于聚噻吩及其衍生物电致变色材料的研究进展[J]. 化学推进剂与高分子材料, 2019, 17(05): 1-6.

[30] 苑晓, 贺泽民, 张兰英, 等. 电致变色材料研究及发展现状[J]. 新材料产业, 2014(05): 14-18.

[31] 董子尧, 李昕. 电致变色材料、器件及应用研究进展[J]. 材料导报, 2012, 26(13): 50-57.

[32] 李晓丽. 电致变色材料的应用[J]. 科技资讯, 2011(02): 3.

[33] 谭晓琳, 陈根祥, 宋秋艳. 非线性光学材料的研究及表征方法[J]. 光通信技术, 2014, 38(06): 56-59.

[34] 孙玉玲, 王新, 刘杰, 等. 非线性光学材料研究现状与应用前景[J]. 化工科技, 2011, 19(05): 51-54.

[35] 邵世洋, 丁军桥, 王利祥. 高分子发光材料研究进展[J]. 高分子学报, 2018(02): 198-216.

[36] 刘稀君, 肇杰. 基于荧光材料的有机电致白光发光器件[J]. 电子测试, 2022, 36(12): 56-58.

[37] 王小泽. 白光 LED 用荧光粉材料的制备及发光机理研究[D]. 烟台: 烟台大学, 2021.

[38] 郭金涛. 基于 LD 激发荧光粉白光光源的窄光束照明光学系统研究与应用[D]. 广州: 广东工业大学, 2020.

[39] 喻叶. 基于荧光材料 DPVBi 的蓝光有机电致发光器件的制备及发光性能研究[J]. 科技视界, 2018(08): 28-29, 33.

第 5 章
热和磁功能高分子

第 4 章着重介绍了光功能高分子，从中可见其类型之多与应用范围之广，而本章将关注热和磁功能高分子，这两者虽然类型相对较少，但却也有着非常独特和重要的应用。考虑到两者的特殊性和内容篇幅，将它们合并在一章之中，先介绍热功能高分子，然后再介绍磁功能高分子。

5.1 热功能高分子

相较于传统的金属、金属氧化物、陶瓷材料等，高分子具有更为良好的力学性能、高的耐化学腐蚀性、灵活的分子结构，以及低廉的加工成型成本，在发光二极管、航天航空材料、电子元器件等领域表现出重要作用。但是，普通高分子一般导热性能有限，影响了其在工业生产及生活中的广泛应用，例如散热不及时将严重影响电子元件的性能、寿命和可靠性，甚至破坏其他元件功能。因此，改善高分子导热性能已成为电子产品开发的主要任务之一。当前开发导热高分子的方式主要分为两种：第一种是制备本征型导热高分子，即设计出结晶完整且结构取向较高的聚合物[1]；第二种是向聚合物中加入性能优异的导热填料，以实现材料内部热量的良好传导[2]。除导热高分子外，还有一类能实现热能与电能之间转换的高分子也逐渐受到人们关注，即热电高分子。因此，本节将先介绍两类导热高分子的制备方法与应用进展，以及导热高分子的导热机理，最后一小节再简要介绍热电高分子。

5.1.1 本征型导热高分子

本征型导热高分子是指通过化学合成或机械外力作用的方法，改善高分子原有的分子链无规则缠绕和无序非晶结构，促进声子或电子在高分子内部对热量的传递，而制备出的本身具有高导热性能的高分子[3]。该方法可以在优化高分子本身热性能的同时，对其力学性能、导电性能等进行改善，从而得到综合性能优异的高分子材料。主要分为热塑性导热高分子、热固性导热高分子及其他本征型导热高分子。

5.1.1.1 热塑性导热高分子

热塑性导热高分子具有加热软化、冷却硬化的特性，大多数为线型结构或含有少量支链，分子间无交联，仅存在范德瓦耳斯力或氢键。此类高分子的分子链呈现出良好的有序性，热量能够沿着分子链进行有效传递，在反复受热-降温过程中，分子结构基本上不发生变化，但是分子链垂直方向上热导率有限[4]。常见热塑性导热高分子的分子链内无大共轭 π 键，不会通过电子迁移导热，只可能通过声子振动传热。通过对其结构进行设计或进行适当工艺处理，如引入结构单元取向或定向拉伸等，可促使其结晶度和取向性发生改变，提升分子链有序性，从而可以提升热塑性导热高分子的综合导热性能。

例如，Yu 等[5]设计合成了具有液晶结构的热塑性芳香族聚酯，与传统芳香族聚酯相比，其良好的热致液晶特性引起的高结构规整度能够极大优化聚合物的导热性能，且在注射成型后刚性链段之间具有较长间隔基，因此具有较高的热导率。此外，热导率的差异还取决于样品制备过程中的成型工艺和温度，温度能够在很大程度上决定高分子链取向的变化。Zhang 等[6]将熔融加工后的聚乙烯（PE）以不同的拉伸比进行单轴拉伸，结果表明拉伸有助于形成分子链上串状结构，拉伸后 PE 的面内和面外热导率均随拉伸比的增加而增大。

5.1.1.2 热固性导热高分子

热固性导热高分子具有受热后会固化变硬的性质，这类高分子在加热时可以先软化流动，当被加热到一定温度时就会产生交联反应，线型分子转变为三维网状结构，宏观上表现为变硬，强度和模量增加，不再溶于溶剂，且这种变化不可逆。常见的热固性导热高分子主要有环氧树脂、酚醛树脂、不饱和聚酯树脂等[7]，在工程塑料、涂料、电子封装材料领域中具有广泛的应用。但是，导热性能的高低会影响热固性导热高分子在苛刻条件下的使用[8]，对此类高分子导热性能的优化对于拓展其在高科技领域中的应用非常重要，增加高分子的"有序性"，减少材料中分子的"缺陷"等都有助于导热性能的提升。

例如，随着科技的发展，具有各向异性热导率的纯聚合物薄膜在电子器件封装中的应用得到广泛关注，而通过合理的结构设计可以提升高分子各向异性热导率性能。Ge 等[9]合成了一种新型的以二苯乙炔为核，以硫醇为端基的硫醇烯液晶单体，由于二苯乙炔核的液晶共轭结构和末端脂肪族长链的增长，该单体交联后所得液晶薄膜平面上的热导率和热导率各向异性值分别可以达到 3.56W/(m·K)和 15.0，较传统的酯型硫醇烯类聚合物分别增加了 46%和 29%。

环氧树脂作为一种经典的热固性聚合物，因其优异的热机械性能和高电阻而广泛应用于涂料、黏合剂和电子包装材料中，然而导热性能不足在一定程度上限制了其作为微电子元器件的使用。Islam 等[10]用简单阳离子引发剂代替常规的胺交联剂，制备出一种具有高导热性的液晶环氧树脂（其结构如图 5-1 所示），结果表明，其热导率比传统环氧树脂增大了约 141%。此外，该方法所制备的液晶环氧树脂与传统复合材料相比，不仅具有更高的热导率，而且具有更快的固化速率，以及反应过程中无需复杂设备，有助于液晶环氧树脂作为一种高效的工业散热材料进行商业化生产。

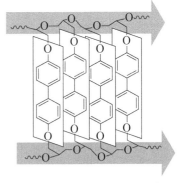

图 5-1 液晶环氧树脂线型结构[10]

Liu 等[11]首次以含有胆固醇类中间体的双功能苯并噁嗪单体（BA-ac）为原料，合成了具有交联结构的液晶聚苯并噁嗪（合成路线如图 5-2 所示）。结果表明，由于液晶结构的存在，

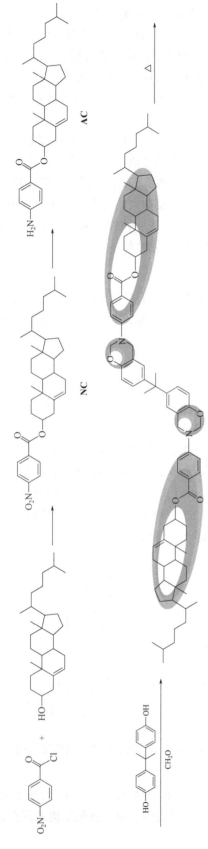

图 5-2 BA-ac 的合成路线[11]

BA-ac 聚合物［poly(BA-ac)］具有较高的热导率和耐热性能，其热导率较传统的聚苯并噁嗪增大了 31%。该研究也为交联液晶聚苯并噁嗪类化合物的合成提供了一种简单可行的方法。

5.1.1.3 其他本征型导热高分子

除了常见的热固性和热塑性导热高分子，近些年来还发展了一种非常规的导热高分子制备技术，即采用导热性能较低的有机分子来制备导热性能较高的导热光学透明聚合物材料。Mehra 等[12]提出了一种新型导热高分子的制备方法，即在引入传统金属、陶瓷或碳填料的基础上，通过研究高分子的热传输问题，合理设计出高分子-有机分子系统。在研究中，将二甘醇（DEG）的短链掺入聚乙烯醇（PVA）树脂基体中进行共聚，所制备的新型导热高分子较纯 DEG 和纯 PVA 热导率分别提高了 260%和 175%。该团队通过研究发现，较小的有机分子由于分子结构中的链间电阻较小，因此在驱动热传导方面更有效。主体聚合物中热桥链的大小、分子几何形状、末端桥基是决定该本征型导热高分子材料热导率的关键因素。

必须注意的是，虽然本征型导热高分子材料具有结构灵活、导热性可调控等优点，但是其合成制备过程相对较为复杂，产品应用前需要多次净化，因此大量工业化应用仍然是受限的。

5.1.2 填充型导热高分子

填充型导热高分子主要通过在高分子中添加导热填料而提高其导热性能，具有材料多样、制备工艺简单、工业化程度较高等优点[13]，在解决高分子散热的问题上关注较多。常见的导热填料主要有金属粒子及其氧化物、氮化物、碳材料等，这些导热填料在加入高分子中后，能够形成良好的导热通路，从而极大优化高分子的导热性能。

5.1.2.1 金属粒子及其氧化物填充型导热高分子

金属粒子是一种较为常见的导热填料，具有导热效率高、形貌可控等优点，因此在导热材料开发领域中应用较为广泛。其中，碲纳米线是一种具有各向异性的一维材料，能够很好地解决高分子热界面阻力和机械问题，在许多领域都得到了应用。通过对碲纳米线进行调控，可以有效发挥它在有机树脂中良好的导热性能。Yan 等[14]通过简便的棒涂法制备了碲纳米线（NWs）/环氧纳米复合材料，构建了 3D 互连导热网络，有效促进了高分子复合材料内部传热过程。研究结果显示，该环氧纳米复合材料在碲纳米线的添加量为 2.4%时，热导率达到最优，面外和面内热导率分别为 0.378W/(m·K)和 1.63W/(m·K)，比传统的环氧树脂分别提高了 189%和 715%。而且，它能良好地保持纳米复合材料的稳定性和柔韧性。

金属氧化物也在导热高分子的制备中得到了较为广泛的应用。Ren 等[15]通过在 Al_2O_3 填料表面进一步沉积银离子，极大改善了 Al_2O_3-Ag 纳米粒子/环氧树脂复合材料的平面外热导率，其最优热导率可达到 1.304W/(m·K)，是传统 Al_2O_3/环氧复合材料的 1.43 倍，比纯环氧树脂提高了 624%。研究表明，在填料表面沉积的银离子能够形成银纳米粒子"桥"，极大地降低了填料之间的界面热阻。

5.1.2.2 氮化物填充型导热高分子

金属及其氧化物的耐氧化性和耐腐蚀性有限，而许多陶瓷填料因具有较高的导热性和优异的电绝缘性，在填充型高分子材料中应用也非常广泛。氮化硼（BN）是一种常见的氮化物，根据其几何结构可以分为四类：立方氮化硼、六方氮化硼、菱形氮化硼和纤锌矿氮化硼。其中，六方氮化硼（h-BN）是一种二维材料[16]，由于其高导热性而在散热方面备受关注。Zeng等[17]以h-BN为导热填料，玻璃纤维为机械增强填料，制备出新型液晶环氧树脂复合材料，并对其性能进行研究。结果表明，h-BN的层状结构不仅为声子提供了传输途径，能够极大改善玻璃纤维增强环氧树脂复合材料的散热性能，而且还赋予了环氧树脂复合材料足够的机械强度，所得复合材料的最大面内热导率和平均面内热导率分别为5.85W/(m·K)和1.60W/(m·K)。此外，该h-BN/环氧树脂复合材料还具有良好的热稳定性、低介电常数和优异的机械性能，能够作为高导热型电子封装材料的有机基板使用。

Ghariniyat等[18]以二氧化碳为物理发泡剂，通过物理发泡法改性了热塑性聚氨酯（TPU）-六方氮化硼（h-BN）复合泡沫材料，并通过参数化研究探究了饱和压力、发泡温度和发泡后的弹性恢复对复合泡沫材料形貌和有效热导率的影响。结果表明，TPU的发泡效应能够诱导填料的取向和发泡后的弹性恢复，同时能够促进TPU基体中互连导热填料网络的形成，且发泡温度和饱和压力对TPU-h-BN复合泡沫材料的形态和有效热导率（k_{eff}）具有重要影响。该方法是一种制备TPU-h-BN复合泡沫材料的新工艺。

Yang等[19]首先通过硫醇-环氧亲核开环反应制备出硫基-环氧弹性体，之后通过原位聚合将微米氮化硼（mBN）填料引入上述体系中，制备出具有高导热性、自修复性的可回收mBN/硫醇-环氧弹性体复合材料，并对其性能进行研究。结果表明，当mBN含量为60%(质量分数)的时候，mBN/硫醇-环氧弹性体复合材料的热导率最高，为1.058W/(m·K)，且其耐高温指数高达149.9℃。该研究成果为可回收型导热树脂的开发提供了研究基础。

5.1.2.3 碳材料填充型导热高分子

碳材料不仅具有优异的导热性能，而且可以在聚合物基质内形成良好的导热通路，对于整个复合材料的热传导是非常有益的。Hussein等[20]分别研究了石墨烯、碳纳米管和短切碳纤维的添加对环氧树脂复合材料导热性能的影响。结果表明，填料对环氧树脂复合材料热导率的影响非常明显，石墨烯作填料可将其热导率较纯环氧树脂提高3.6倍，碳纳米管则可提高3倍。此外，在实验测试范围内，所有样品的热导率均随温度的提高而增大，且复合材料的机械和热性能呈线性增长，故该复合材料能够作为散热器和导热垫使用。下面主要介绍几个有代表性的研究工作及其特点。

高热导率石墨烯增强的高分子复合材料可作为热传递材料，在多个领域中具有重要意义，然而对其热导率的精确控制较难实现。Qin等[21]将三聚氰胺-甲醛（MF）泡沫浸入氧化石墨烯（GO）溶液中，之后将还原的氧化石墨烯（RGO）组装在高分子骨架上，得到了具有超弹性的柔性双连续网络（RGO@MF），并以其对聚二甲基硅氧烷（PDMS）进行改性，固化后得到了RGO@MF/PDMS纳米复合材料。该材料能够通过调节热传导网络的制备和变形参数有效地控制其热导率，且热传导网络可以通过动力驱动进行调控，从而使复合材料成为敏感温度检测的机器人皮肤。该研究为高导热聚合物纳米复合材料的简单制备和结构的灵活控制提供了理论基础。

Zhang等[22]以环氧树脂与石墨纳米板为原料，通过诱导作用增强了环氧树脂复合材料的导热性能。其中，石墨纳米板（GNPs）作为导电组分，甲基四氢苯酐和聚醚砜作为有机组分和环氧树脂进行共混，最终得到了双酚A型环氧树脂复合材料。结果表明，环氧树脂共混物在固化过程中能够通过反应诱导相分离作用，从而形成良好的网络结构，GNPs选择性地定位在环氧树脂的界面处,形成三维连续的填充网络。这种独特的结构能够将环氧树脂复合材料的热导率增加到 0.709W/(m·K),是纯环氧树脂的 3.5 倍。该研究为新型网络结构导热高分子的制备提供了新思路。

Zhang 等[23]在研究中发现,磷酸盐玻璃(PSG)和聚合物基质之间的界面张力较大,将碳纳米管(CNT)掺入 PSG 中可以实现对 CNT 的强约束,使其无法从 PSG 迁移到聚合物基质中,CNT 被电绝缘的氮化硼-聚丙烯(BN-PP)包围,阻止了它们建立导电网络。与传统的高密度聚乙烯类复合材料相比,该复合材料在碳纳米管高负载量的情况下仍可保持相对良好的电绝缘性能和导热性能。这项工作引入的技术不仅为制造导热和电绝缘聚合物复合材料提供了一种新颖的方法,而且通过将 PSG 与功能性填料结合使用,极大扩展了 PSG 的应用范围。

除了以上常见的填充粒子,新型的导热粒子也不断被开发出来,包括新结构导热粒子以及复合型导热粒子等。例如,Wang 等[24]研究了中空玻璃微球(HGMs)在聚合物基质复合材料中的导热性能。结果表明,HGMs 聚合物的热导率较传统的高分子材料降低了一个数量级,且在室温和高真空下具有优异的绝热性能。Sebastian 等[25]通过热压法制备出了聚丙烯-高能质子辐照硅复合材料,大大提高了其热导率。该研究采用液压层压机压缩成型方法,制造了含有 30%(体积分数)高电阻率高能质子的聚丙烯复合材料,其热导率较传统聚丙烯提高了约 331%。

5.1.3 导热高分子的应用

导热高分子具有良好的导热性、尺寸稳定性、耐腐蚀性和耐化学性,在解决设备散热问题并保持材料的寿命、性能和可靠性方面具有良好的应用[26]。因本征型导热高分子的制备相对更为复杂和高成本,故目前实现应用的多以填充型复合材料为主。近年来开发出的大量导热高分子,在多个领域中得到了广泛的关注,几类代表性应用如下。

(1)发光二极管

电子革命对材料的使用寿命和可靠性提出了新的要求,大大促进了散热材料的开发研究。发光二极管(LED)作为最常用的一种电子设备,其散热性能的提高是近年来研究的热点。例如,Permal 等[27]将 10μm 和 44μm 的氧化铝分别加入环氧树脂中,获得两种热导率分别为 1.13W/(m·K)和 2.08W/(m·K)的环氧树脂复合材料,其作为前照灯 LED 的热界面材料得到了非常广泛的工业应用。

(2)微电子封装材料

电子技术的发展使得微电子设备和集成电路变得更致密和更小型化,同时使用功率和频率变得更高。这就导致了大量的热量产生并积聚在较小的体积中,从而引起热疲劳和材料降解,容易导致故障和性能下降。因此封装材料的导热性能已成为保证电子设备的运行效率、性能、寿命、可靠性和安全性的关键。高热导率、低密度、防腐蚀和设计度高的高分子复合材料被认为是传统散热解决方案的可靠替代材料。例如,Xue 等[28]以碳基纳米棒互连网络为模板,通过原位碳热还原化学气相沉积取代反应,成功制备了 3D-BN 纳米棒组装网络和纳米薄片互连骨架。该 3D-BN/高分子复合材料具有优异的介电性能、高导热性、超低的热膨胀系数,以及较高的高温软化性能。此外,3D-BN 还很容易从其高分子复合材料中回收,并且可以可靠地重新利用,实现多功能重复使用。目前,已有大量的 3D-BN/高分子复合材料被用作电子封装材料。

(3) 航空、航天及军事领域

应用于航空、航天及军事领域的电子器件和工作元件通常需在高频、高压、高功率及高温等苛刻环境下运行，并且要求可靠性高、工作时间长，对散热要求极高，因此对绝缘材料的导热性、力学性能、耐热性等都提出了更高的综合要求。另外，导热高分子材料的低密度是金属及无机导热材料无法比拟的，在降低飞行器或武装设备的能耗上具有独特优势。

(4) 电子工业

导热高分子复合材料在工程材料领域中也得到了很好的应用。由于现代工业中电子设备趋于小型化和高度集成，采用传统制备方法会导致材料热导率降低，电绝缘性下降，填料不易构成有效的导热路径，所以制备导热聚合物纳米复合材料的传统方法正在慢慢被淘汰。Wu 等[29]制备出了 $g-C_3N_4$/纳米纤维纤维素（NFC）导热膜填料（MF）来解决这些问题。将该导热膜填料卷曲成圆柱体，然后将聚二甲基硅氧烷（PDMS）浸渍到圆柱体中来制造各向异性的导热纳米复合材料。$g-C_3N_4$ 可以沿传热方向排列，以创建有效的声子传输路径。该方法是制备高性能纳米复合材料的简便方法，为构建和设计高性能热调控材料提供了新的方向。

5.1.4 导热高分子的导热机理

热量传递方式包括热辐射、热对流和热传导，导热高分子中主要关注热传导性能。由热动力学可知，热量是原子、分子或电子之间相互移动、振动以及转动的能量，因此材料的导热机理由物质内部微观粒子的实际运动而决定，每种物质的结构及状态不同则会直接导致其导热能力的差异[30]。热导率是衡量物质内部导热能力大小的参数，表示在单位时间、单位温度梯度和单位面积通过的热量。对热传导机理进行深入研究能够进一步分析出材料结构与导热效率之间的关系，从而指导高分子结构的有效设计，制备出导热性能优异的新材料。目前，研究报道中常见的两种导热机理为声子导热理论和逾渗导热理论，这里作简单介绍。

(1) 声子导热理论

声子导热是目前学者们普遍认可的一种高分子导热理论。声子不是传统意义上真正的粒子，而是由晶格振动所产生的，在热传导过程中能够产生也能够消失。由于大多数高分子的结晶度较低，内部未形成完全的结晶态，且电子在高分子中往往处于被束缚的状态，因此热传导的主要介质是分子内晶格振动所产生的声子[31]。然而，分子、晶格之间所产生的非谐性振动以及界面均会出现声子散射现象，在一定程度上会影响高分子材料的热导率（又称导热系数）。高分子的结晶度相比无机材料低得多，结晶完善度也不太好，内部晶区与非晶区混杂。这使得高分子内部本身就存在许多界面、缺陷等，其声子散射相比无机材料严重得多，所以高分子本身的热导率通常较低。因此，为了提高高分子本征型导热性能，通常需要对其晶体结构进行设计和优化，如通过合成、加工过程使高分子高度结晶、取向，减少声子散射，提高热导率。

(2) 逾渗导热理论

除了声子导热的方式，形成导热网络通路也是增强高分子导热性能的一种方法[32]。当导热填料加入高分子材料中之后，可在材料内部形成良好的导热网络，促进聚合物之间的热量传递。当导热填料的含量达到某一个特定值，导热填料颗粒之间开始相互接触，建立相应的网络通路，这时高分子材料从不良热导体转化为热的良导体，这种转变现象即为"逾渗现象"，而此时的导热机理则为"逾渗导热理论"。导热填料的结构、性质以及在高分子材料内部的分散性和含量，能够极大影响材料的导热性能。

5.1.5 热电高分子

具有热功能性质的高分子除了上述具有热传导功能的材料外，还有一类是能实现热能与电能转换的功能性高分子，即热电高分子。热电高分子又称为温差电材料，是一种利用半导体物质内部载流子运动来直接实现热能和电能相互转换的功能材料。热电材料现在已经被广泛应用于制冷设备、发电机、热能传感器等，范围涵盖了军队、航空、生物、医疗、工业、商业等领域。热电设备具有很多优点，例如，无机械传动部件，结构简单，没有噪声；稳定运行的使用寿命较长；与传统制冷设备相比，不需要制冷剂，无污染；控制灵活；适用于各种环境运行等。当前热电材料主要以无机半导体为主，如 Bi_2Te_3、Sb_2Te_3、ZnSb、PbTe、$CsBi_4Te_6$、$Ca_3Co_4O_9$ 以及合金 $Ag(Pb_{1-y}Sn)_mSbTe_m^{2+}$ 等。

相比于无机材料，高分子材料质量轻、延展性好、热导率低、来源丰富、易加工成型，尤其是具有丰富的电子能带结构，这些独特之处展现了高分子在热电领域的应用价值。但因为电导率低以及相关研究起步较晚，目前其热电性能落后于无机材料。具有 π-π 共轭体系的高分子，经过化学或电化学掺杂之后可成为具有高电导率的半导体材料。基于此，部分导电高分子已经开始在热电材料的研究领域中出现，如聚乙炔（PA）、聚苯胺（PANI）、聚吡咯（PPy）、聚咔唑（PCz）、聚噻吩（PTh）及其衍生物等，所表现出的热电性能也在逐步提升。这里将简要介绍热电基本原理和热电高分子材料的发展现状。

5.1.5.1 热电基本原理

热电转换技术主要基于三大热电效应，包括塞贝克效应（Seebeck effect）、佩尔捷效应（Peltier effect）以及汤姆孙效应（Thomson effect），见图 5-3。

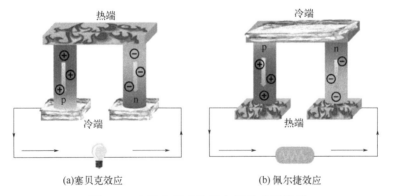

图 5-3 塞贝克效应和佩尔捷效应示意图 　　本图彩图

（1）塞贝克效应

塞贝克效应也被称为第一热电效应，它是由托马斯·约翰·塞贝克（Thomas Johann Seebeck）在 1821 年发现的。他发现当两种不同金属被连接成闭合回路且两端结点处温度不同时，电路周围存在磁场。他解释这一现象产生是因为温差使金属产生了磁场，但在当时塞贝克并没有发现金属回路存在电流，所以他称这一现象为"热磁效应"。直到丹麦物理学家汉斯·奥斯特（Hans Christian Ørsted）重新研究了这个现象，指出其实质就是两种不同电导体或半导体的温度差异而引起两种物质间电压差的热电现象。半导体的温差电动势较大，可用作温差发电器，温差电动势用塞贝克系数（S）衡量。

$$S = \Delta U / \Delta T \tag{5-1}$$

式中，S 为塞贝克系数，μV/K。S 的大小由材料本身决定，当载流子为空穴时，S 为正值；当载流子为电子时，S 为负值。

（2）佩尔捷效应

佩尔捷效应可以利用温差达到制冷效果，是法国科学家 Peltier 在 1834 年发现的，也被称为塞贝克效应的逆反应。在由两种不同的半导体组成的闭合回路中通入直流电流，可以观察到两端的接入点出现不同的现象，即一端制冷而另一端放热；相反地，改变通入电流的方向，可以发现放热和制冷的接入点发生改变。常用以下公式表示：

$$dQ/dt = \pi I \tag{5-2}$$

式中，Q 表示吸收或释放的热量；t 为通电时间；π 表示佩尔捷系数，当 $\pi>0$ 时表示吸热，$\pi<0$ 时表示放热。

（3）汤姆孙效应

在 1855 年，威廉·汤姆孙通过热力学分析发现了 Seebeck 效应和 Peltier 效应之间的关系。Thomson 发现，在电流通过单一的且具有温度梯度的导体时除了产生焦耳热，也会有额外的吸热或放热现象产生，即 Thomson 热量（dQ）。

$$dQ/dt = \beta I dt/dx \tag{5-3}$$

式中，β 为汤姆孙系数；I 为电流；x 为距热端的距离。

（4）热电性能指标

热电性能常用无量纲热电优值（ZT）来表示，其表达式如下：

$$ZT = S^2 \sigma T / \kappa \tag{5-4}$$

对于有机热电材料，由于其热导率较低且测试相对较为困难，通常还会采用功率因子（PF）来表示，其表达式如下：

$$PF = S^2 \sigma \tag{5-5}$$

式中，S、σ、T 和 κ 分别表示塞贝克系数、电导率、绝对温度以及热导率。根据公式可观察到，材料的 S 和 σ 同时增大，κ 减小的情况下，ZT 会升高。但是在实际的研究过程中发现，S 和 σ 以及 κ 三者之间存在着复杂的关系，三者之间相互制约且又相互依赖。在半导体材料中，随着载流子浓度的升高，S 逐渐降低，而电导率是逐渐升高的，因此很难实现两者同步增加，只能追求 ZT 最大化。

5.1.5.2 热电高分子材料的发展现状

热电器件的构造通常有 π 形、环形以及 Y 形三种形式，它们都是由 p 型和 n 型两种材料通过串联或并联连接而成的，因此高分子热电材料又分为 p 型有机热电材料和 n 型有机热电材料两种。有机热电材料具有优异的机械柔性以及溶液可加工性，其发展由初期的传统有机半导体材料，主要包括聚乙炔、聚苯胺以及聚吡咯等，到现在结构多样化的半导体体系，例如吡咯并吡咯二酮（DPP）、苝酰亚胺（PDI）、吲哚并二噻吩（IDT）等。它们的共同点是主链平面化程度高，π-π 相互堆叠紧密，具有高度离域化的 π 轨道，这些特点也让这类结构利于获得高的电导率，给有机热电材料的发展带来了希望。

（1）p 型有机热电材料

p 型有机热电材料比 n 型有机热电材料在空气中具有更强的抗氧化能力，且合成相对容易，因而在发展上更具优势。但是，当前 p 型热电材料仍然存在 ZT 值急需提升的问题。通常从分子结构设计出发，采用化学或物理掺杂改善载流子浓度，从而提高其电导率和热电性能。P 型有机热电材料掺杂原理主要是电荷载流子从聚合物最高占据分子轨道（HOMO）能级转移至掺杂剂最低未占据分子轨道（LUMO）能级。

传统的 p 型材料主要有聚乙炔、聚苯胺、聚吡咯等。聚乙炔因为其线型结构而具有较高的电导率，并且通过机械拉伸可进一步提高，但是由于聚乙炔的溶解性和空气稳定性都较差，在空气中极易被氧化，这抑制了它在有机热电材料方面的进一步应用。聚苯胺（PANI）目前也已成功在有机热电材料中被广泛研究。聚苯胺具有较高的电导率、较好的空气稳定性以及简单的加工方法，这是聚乙炔无法媲美的，酸掺杂是掺杂聚苯胺常用的方法。此外，除了聚苯胺对掺杂剂以及纳米结构形态敏感外，聚吡咯的热电性能也与其纳米结构有着密切关系。这些经典结构虽然未能取得较好的热电性能，但为有机热电材料的发展提供了前期研究基础。

聚 3,4-乙烯二氧噻吩-聚苯乙烯磺酸（PEDOT-PSS）具有良好的机械柔性、优异的空气稳定性以及良好的溶液加工处理能力等特点，是商业化程度较高的一种材料，也是研究较多的代表性 p 型高分子热电材料。PEDOT-PSS 是由带正电荷的 PEDOT 链和带负离子的 PSS 链组成，PSS 作为反离子存在，它使得 PEDOT 与水有良好的互溶性。但是过量的 PSS 链会导致 PEDOT 主链发生扭曲，使载流子局域化，因此对多余 PSS 的处理十分关键。作为最常见的化学掺杂方法，二次掺杂不仅对 PEDOT-PSS 的氧化程度影响较小，而且还能修饰薄膜形貌，改善电荷传输行为。有机极性溶剂处理、酸处理等也是常用的改善其热电性能的有效方法。目前，它的最高 ZT 值已经超过 0.4，通过在聚合物表面进行离子液体处理构建异质结后能进一步达到 0.75[33-34]。

聚噻吩及其衍生物在过去的研究中已经被大量报道，从最初的无取代基聚噻吩发展到现在多样的结构。聚噻吩具有优异的导电性，除了在液晶材料、有机光伏材料等领域大有用途外，在有机热电材料中也吸引了很多关注。无取代基聚噻吩的分子链刚性大，且不溶于有机溶剂，因此溶液加工困难。为了解决溶解性问题，逐渐设计合成不同烷基链取代的聚噻吩，最经典的为聚 3-己基噻吩（P3HT）。通过各种优化方法，如掺杂剂、成膜方式、高温摩擦等调控，P3HT 的功率因子（PF）可达 $60\mu W/(m \cdot K^2)$ 左右[35]。编者课题组设计了聚噻吩衍生物 PTTE-TVT，通过简单刮涂制膜的方法，获得最高功率因子达 $189.9\mu W/(m \cdot K^2)$[36]。

另一个由噻吩及并噻吩单元组成的经典共轭聚合物聚 3-丁基噻吩（PBTTT），经过薄膜加工处理，能具有良好的晶体行为。Vijayakumar 等利用高温摩擦的方法制备了 PBTTT 晶体，可以在简单、快速的一步工艺中实现较高的面内取向，且不需要后退火。在摩擦基底上直接进行加热，可以进一步改善分子取向，改变晶域在基片上的优先接触面，同时保持面内取向，该方法促使 PBTTT 获得了超过 $2mW/(m \cdot K^2)$ 的功率因子[37]。

此外，D-A 共轭型材料也受到人们关注，如基于吡咯并吡咯二酮（DPP）、异靛蓝（IID）的代表性结构。其中，DPP 结构具有较高的载流子迁移率，其中较为经典的聚合物为聚噻吩-

吡咯并吡咯二酮-双噻吩交替共聚物（PDPP3T），它具有明显的 p 型材料特征，在经过掺杂之后，电导率大幅提升，功率因子可达 200μW/(m·K^2)以上。进一步采用更大原子尺寸杂硒吩取代噻吩单元，促进聚合物薄膜的有序堆积，增强分子间相互作用，促使 DPP 类聚合物 PDPPSe-12 具有较高的载流子迁移率和浓度，在掺杂之后，电导率高达 1000S/cm，最佳功率因子为 346μW/(m·K^2)，ZT 突破 0.2[38]。

（2）n 型有机热电材料

n 型有机热电材料中以电子传输为主，它在热电器件制备中是必要的。但是，n 型材料的发展远落后于 p 型材料，主要是因为 n 型材料在空气中的不稳定性、掺杂效率低以及导电性差等缺陷。直至近几年，n 型有机热电材料的性能才有所改善。n 型有机热电材料的稳定性以及掺杂效率与聚合物最低未占据分子轨道（LUMO）能级有着紧密的联系，其掺杂过程是电荷载流子从掺杂剂的最高占据分子轨道（HOMO）能级转移至聚合物的 LUMO 能级。

调节聚合物的 LUMO 能级通常是在共轭主链中引入具有强吸电子能力的基团，例如氰基（—CN）、卤素原子（F、Cl）或者氮原子（N）等。2019 年，Lu 等[39]合成了具有刚性结构的聚苯乙烯衍生物（LPPV），该结构含有四个羰基，致使聚合物的 LUMO 能级低至-4.9eV，且氧原子和氢原子之间形成的分子间氢键,碳碳双键之间交替连接等特征使结构的平面性增强。在 N-DMBI 掺杂机制下聚合物在空气中放置 7 天，其功率因子仅下降 2%，放置 76 天之后，电导率下降 39%，是当时空气中较为稳定的结构之一。吡咯并吡咯二酮（DPP）结构作为受体单元，在经过合适的调整之后，也可做 n 型材料，并且也能实现较高的 PF。Yan 等合成了新的 n 型材料 P(PzDPP-CT2)，使用吡嗪单元取代了噻吩单元，使聚合物具有了更低的 LUMO 能级，并能实现良好的 N-DMBI 掺杂，功率因子可达 57.3μW/(m·K^2)[40]。近几年，更多的受体结构单元被开发和应用于 n 型聚合物的合成，目前该类热电高分子的功率因子已经大幅提升，已达 110μW/(m·K^2)[41]。

上述代表性高分子热电材料结构见图 5-4。

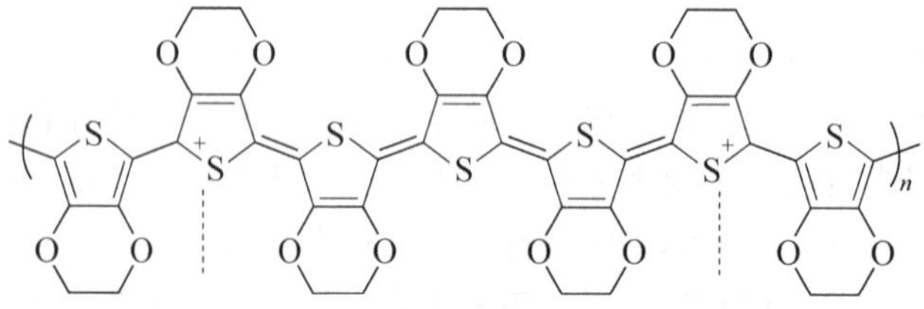

PEDOT

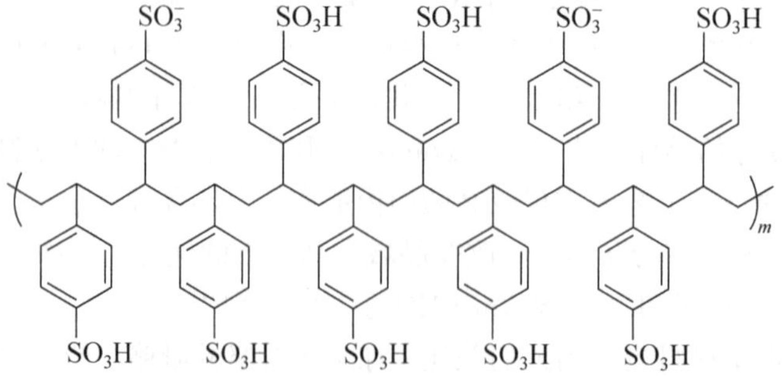

PSS

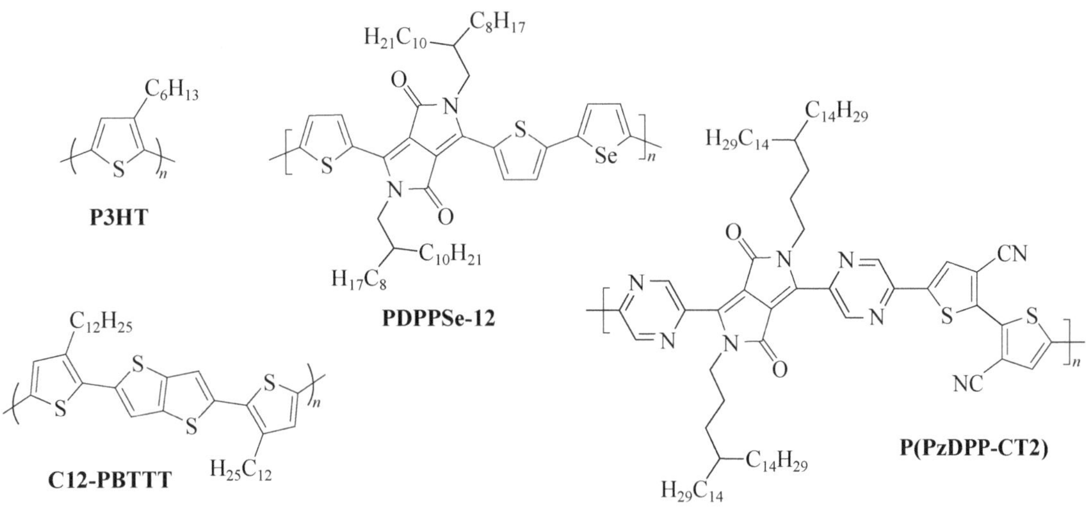

图 5-4 高分子热电材料代表性结构

5.2 磁性高分子

5.2.1 概述

物质的磁性一般来源于电子自旋磁矩、原子轨道磁矩、原子核自旋磁矩和分子转动磁矩。其中原子核自旋磁矩只有电子自旋磁矩的几千分之一,而固体的分子转动磁矩也非常小,所以起主要作用的是电子自旋磁矩和原子轨道磁矩。根据磁化率的大小,可以分为抗磁性(磁化率 $\chi=-10^{-8} \sim -10^{-5}$)、顺磁性($\chi=-10^{-6} \sim -10^{-3}$)、反铁磁性($\chi=-10^{-5} \sim -10^{-3}$)、亚铁磁性($\chi=1 \sim 10^4$)、铁磁性($\chi=1 \sim 10^5$)等不同类型。抗磁性物质表现为抗磁,顺磁性和反铁磁性物质表现为弱磁,亚铁磁性和铁磁性物质表现为强磁[42]。

居里温度是表征材料铁磁性的一个临界温度,高于此温度材料的铁磁性消失变成抗磁性。一般所说的磁性材料是指常温下表现为强磁性的亚铁磁性和铁磁性材料,其磁性主要来源于电子自旋磁矩。凡是过渡金属元素、自由基和三线态中的未成对电子均具有顺磁性。未成对电子的交换作用可产生强磁性,若未成对电子自旋同向排列,可形成磁畴,从而产生铁磁性。表征磁性材料性质的基本量有起始磁导率 μ_i、最大磁导率 μ_m、矫顽力 H_c、剩余磁感应强度 B_r、最大磁能积 $(BH)_{max}$ 等。

人类最早使用的磁性材料由天然磁石制成,其主要成分为四氧化三铁,又如磁带用磁记录材料是 γ-三氧化二铁。此类无机磁性材料的缺点是相对密度大、性硬脆、不易加工、难以制成形状复杂或尺寸精度高的制品,而有机磁性高分子材料则在这些方面具有独特优势,包括了有机小分子磁体和磁性高分子。有机小分子磁体是含有自由基的分子晶体,如硝基氧化物或电荷转移盐,如四氰基乙烯(TCNE)和四氰基对二次甲基苯醌(TCNQ)盐。磁性高分子可分为复合型和结构型两种[43]。复合型是用高分子材料与无机磁性物质通过混合黏结、填充复合、表面复合、层积复合等方法制备的磁性体,例如磁性橡胶、磁性树脂、磁性薄膜、磁性高分子微球等。结构型是指不加入无机磁性材料,高分子结构自身具有强磁性的材料。

结构型磁性高分子按其基本组成又可分为：纯有机磁性高分子，如聚丁二炔和聚卡宾；金属有机磁性高分子，如桥联型、Schiff碱型、二茂铁型、电荷转移型高分子[44]。

5.2.2 结构型磁性高分子

5.2.2.1 纯有机磁性高分子

纯有机磁性高分子是指不含任何金属，仅由C、H、N、O等组成的磁性高分子，其磁性主要来源于自由基未成对电子的铁磁自旋耦合。组成有机高分子的C、H、N、O等原子和共价键为满层结构，电子成对出现且自旋反平行出现，无净自旋，表现为抗磁性。要使这类材料具有铁磁性必须使材料获得高自旋，且高自旋分子间产生铁磁自旋耦合排列。典型的纯有机磁性高分子是将含有自由基的单体聚合，使自由基稳定通过主链的传递耦合作用，让自由基未配对电子间产生铁磁自旋耦合而获得宏观铁磁性。例如，将两个稳定的2,2,6,6-四甲基-4-羟基-1-氧自由基哌啶基连接到丁二炔上，得到含有自由基的单体 1,4-双(2,2,6,6-四甲基-4-羟基-1-氧自由基哌啶基)丁二炔（BIPO，结构式如图5-5所示），分子结构中具有两个可进行聚合反应的三键，两个带有哌啶环的亚硝酰稳定自由基。

通过爆炸聚合或热聚合（温度约为100℃）就可制成聚BIPO，聚合物为黑色粉末。单体中的一个三键打开进行聚合，变为双键，构成聚乙炔主链，而另一个三键则处于侧链，在聚合物中双键和三键上具有多余电子，这些电子布满整个碳链，产生延伸的π键系统。聚合物中两个亚硝酰自由基带有奇数个电子，自旋连成一片，形成强磁性。

5.2.2.2 金属有机磁性高分子

金属有机磁性高分子是含有多种顺磁性过渡金属离子的金属有机高分子配合物，磁性来源于金属离子与有机基团中未成对电子间的长程有序自旋作用。由于金属有机配合物中过渡金属离子被体积较大的配体所包围，金属离子间的相互作用减小，故仅能得到顺磁性。主要分为以下几种类型。

（1）桥联型

用有机配体桥联过渡金属离子及稀土金属离子，顺磁性金属离子通过"桥"产生磁相互作用，获得宏观磁性。顺磁性金属离子间的磁相互作用对高分子的磁性起十分关键的作用。例如，含Mn和Cu的金属有机高分子配合物、二硫化草酸桥联配体的双金属有机配合物、咪唑基桥联过渡金属或稀土金属有机配合物等均是桥联型金属有机磁性高分子。

（2）Schiff碱型

较早引起人们关注的Schiff碱金属有机磁性高分子配合物是PPH-FeSO$_4$型高分子铁磁体，具体制法如下：将2,6-吡啶二甲酸与二胺的反应产物与硫酸亚铁配位得到聚双-2,6-(吡啶辛二胺)硫酸亚铁（PPH-FeSO$_4$），其分子式为[{Fe(C$_{13}$H$_{17}$N$_3$)$_2$}SO$_4$·6H$_2$O]$_n$，结构式如图5-6所示。

PPH-FeSO$_4$型高分子铁磁体性能优良，铁磁性很强，相对密度为1.2~1.3，耐热性好，在空气中300℃不分解，不溶于有机溶剂，剩磁仅为普通铁磁的1/500，矫顽力为795.77A/m（27.3~37℃）、401.19A/m（266.4℃）。

（3）茂金属化合物

用金属茂(C$_5$H$_5$)$_n$M 的有机金属单体在有机溶剂中通过反应可制出多种常温下稳定的二茂金属磁性高分子，分子结构式如图5-7所示。

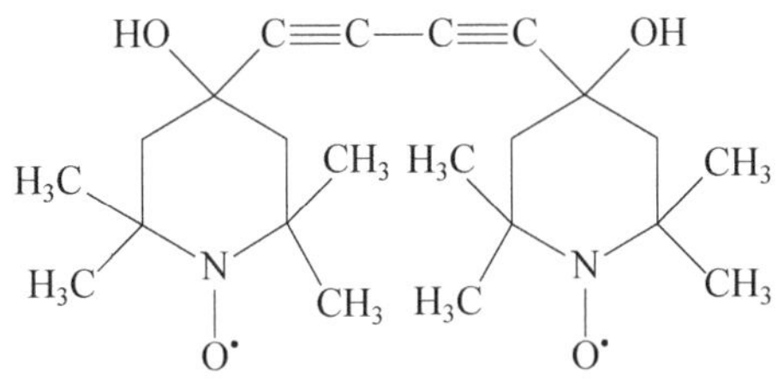

图 5-5 BIPO 的分子结构

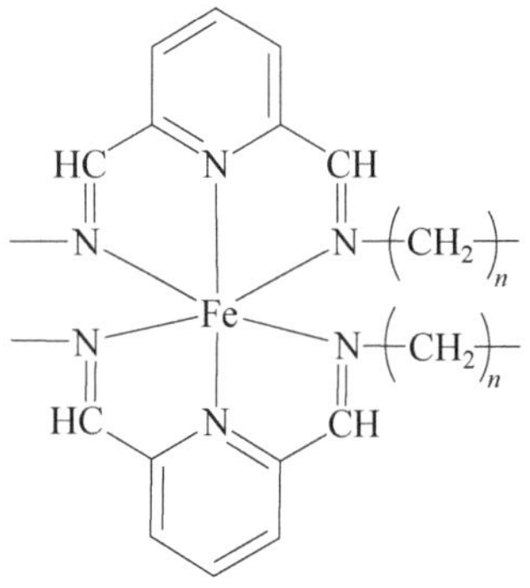

图 5-6 聚双-2,6-(吡啶辛二胺)硫酸亚铁结构

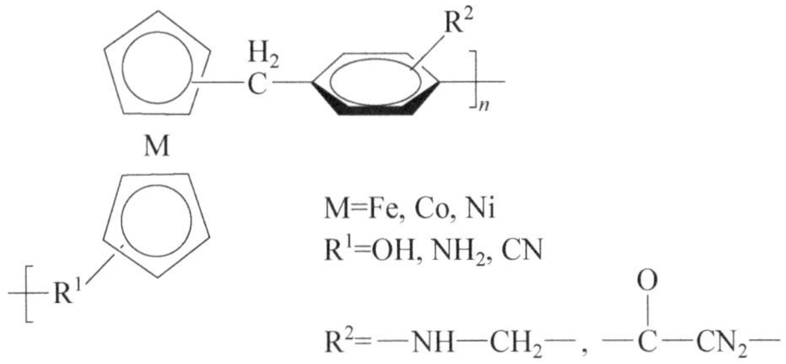

图 5-7 二茂金属磁性高分子结构

这些有机磁性高分子（OPM）具有质轻、磁损低、常温稳定、易加工及抗辐射等特点，而且其介电常数、介电损耗、磁导率和磁损耗基本不随频率和温度而变化，适合制作轻、小、薄的高频、微波电子元器件。表 5-1 给出了有机磁性高分子与 NiZn 铁氧体的特性对比。

表 5-1 有机磁性高分子与 NiZn 铁氧体的特性比较

特性	有机磁性高分子（OPM）	NiZn-5	NiZn-10	NiZn-20
初始磁导率（μ_i）	3~6 3~6 （1000MHz）	4~6 1.5~2.0 （1000MHz）	8~12 2.5~3.0 （1000MHz）	18~28 3.0~4.0 （1000MHz）
比损耗因子（$tg\delta/\mu_i$）	96×10^{-5} （200MHz） 92×10^{-5} （1000MHz）	200×10^{-6} （200MHz） 300×10^{-2} （1000MHz）	650×10^{-6} （50MHz） 860×10^{-2} （1000MHz）	800×10^{-6} （80MHz） 500×10^{-2} （1000MHz）
适用温度范围/℃	−272~150	20~80	−55~125	−55~85
温度变化率（−55~+55℃）/%	≤0.01	≤2.0	≤2.5	≤2.5
居里温度（T_C）/℃	≥220	≥500	≥500	≥500
剩磁（B_r）/T	3.5×10^{-4}	1200×10^{-4}	950×10^{-4}	800×10^{-4}
矫顽力（H_c）/(A/m)	278.5	1989.4	2387.3	1193.7
饱和磁感应强度（B_s）/T	1160×10^{-4}	1200×10^{-4}	1000×10^{-4}	800×10^{-4}
电阻率/(Ω·cm)	≥10^{10}	≥10^6	≥10^6	≥10^6
密度/(g/cm³)	1.05~1.20	3.8	4.0	4.2
适用频率（f）/MHz	200~3500	<300	<300	<50

5.2.3 复合型磁性高分子

复合型磁性高分子是由高分子与磁性材料按不同方法复合而成的一类复合材料，可分为黏结磁铁、磁性高分子微球和磁性离子交换树脂等不同类别，从复合概念出发，可统称为磁性树脂基复合材料。

5.2.3.1 黏结磁铁

指以塑料或橡胶为黏结剂与磁粉按所需形状结合而成的磁铁。磁粉分为铝镍铁永磁合金系、铁素体系、钐-钴系、钕-铁-硼系、钐-铁-氮系等许多种类。黏结剂分为橡胶型和合成树脂型。黏结磁铁的特性主要取决于磁粉材料，并与所用的黏结剂、磁粉的填充量及成型方法有密切的关系。常见的有以下几种。

（1）铁氧体类

采用铁氧体为填充材料。橡胶为黏结剂时可制得磁性橡胶，磁性橡胶用的黏结剂包括天然橡胶、丁基橡胶、氯丁橡胶等。磁性塑料是采用磁粉与塑料混合制得的，主要由树脂、磁粉及助剂组成。磁性塑料铁氧体与热塑性树脂的复合一般采用加热熔融磁场成型法，如将尼龙和锶铁氧体混炼可获得黏结磁铁。一般使用的树脂有尼龙 6（PA6）、尼龙 12（PA12）、聚丙烯（PP）、聚乙烯（PE）、聚苯乙烯（PS）、聚苯硫醚（PPS）、聚氯乙烯（PVC）、环氧树脂和酚醛树脂等。此类磁性塑料可以作为磁性元件用于电机、电子仪器仪表、音响机械以及磁疗设备等。

（2）稀土类

分为稀土钴系和 Nd-Fe-B 系两类。目前 NdFeB 磁粉的制备方法主要有以下两种：

① MS 法。其工艺流程为 Nd、Fe、B 及其他原材料→真空熔炼→NdFeB 母合金锭→熔体旋淬→破碎处理→晶化处理→磁选分级→各向同性磁粉。目前这种磁粉占主导地位。

② HDDR 法。其工艺流程包括由主相、富 Nd 相及富 B 相组成的 NdFeB 合金铸锭块暴露在氢气中，一个大气压（氢化）→在氢气中加热到 750~850℃，真空保温→冷却到室温→形成由主相、富 Nd 相及富 B 相组成的细晶粒微晶结构的 NdFeB 磁粉。HDDR 法主要用于制备各向异性 NdFeB 磁粉，是生产高矫顽力 NdFeB 磁粉的重要方法。

在 NdFeB 黏结磁体的黏结剂中，二茂金属高分子铁磁粉是一种较新型的黏结剂，与环氧树脂黏结的 NdFeB 永磁相比，具有磁粉用量少，最大磁能积 $(BH)_{max}$、剩磁 B_r、矫顽力 H_c 高，磁性能高的优点。又如，利用 $Sm_2Fe_{17}N_x$ 化合物，可制成取向的高性能各向异性磁性塑料。

（3）纳米晶复合交换耦合永磁材料

也称交换弹簧磁体，是近些年发展起来的一类新型永磁材料，具有优异的综合永磁性能。添加 Co、Nb、V、Zr 等元素可以细化晶粒、提高矫顽力和增强交换耦合作用，同时磁体具有较高的抗氧化性能。例如 NdFeB 纳米晶双相复合永磁材料的研究就是一个关注热点。

5.2.3.2 磁性高分子微球

磁性高分子微球是指通过适当的方法，使用有机高分子与无机磁性物质结合起来形成的具有一定磁性及特殊结构的微球。磁性高分子微球可分为以下几类。

(1) 核壳式

这类微球是以磁性材料为核,高分子材料为壳的核-壳式结构,主要制备方法有原位法、包埋法和单体聚合法。用原位法可以制备出磁性高分子微球,系列商品化的产品如 Dynabeads。包埋法是运用机械搅拌、超声分散等方法使磁性粒子均匀分散于高分子溶液中,然后通过雾化、絮凝、沉积、蒸发等方法使高分子包裹在磁性粒子表面而得到磁性高分子微球。单体聚合法是指在磁性粒子和有机单体存在的条件下聚合制备磁性高分子微球,包括悬浮聚合、分散聚合、乳液聚合(包括无皂乳液聚合、种子聚合)和辐射聚合等。

(2) 夹心式

这类微球是内层、外层皆为高分子材料,中间层为磁性材料的夹心式结构。这类微球制备多采用两步聚合法,如用聚苯乙烯(PS)和 $NiO·ZnO·Fe_2O_3$ 杂聚制得了以乳胶为壳的杂聚体,然后在油酸钠-水分散体系中以这些杂聚体为种子与苯乙烯(St)单体聚合,合成出了复合多层磁性高分子微球。两步聚合法制备的磁性高分子微球形状规则、大小均匀且具有较窄的尺寸分布。

(3) 反核壳式

这类微球与前述核壳式相反,是以高分子材料为核,磁性材料为壳的反核-壳式结构,其制备方法主要有化学还原法和种子非均相聚合法。种子非均相聚合法常用于制备核为复合聚合物的磁性高分子微球。例如以单分散的 PS 为种子,St 为单体,在 Fe_2O_3 磁流体存在的条件下制备出核为核桃壳形的 PS,壳为 Fe_2O_3 的磁性高分子微球。用这种方法制备的磁性高分子微球不仅具有一定的单分散性,而且稳定性很好。

(4) 弥散式

这类微球不同于上述三种结构,是将无机磁性颗粒分布在整个聚合物微球中,较早是由荷兰科学家 Ugelstad 等报道的。

磁性高分子微球因具有磁性,在磁场作用下可定向运动到特定部位,或迅速从周围介质中分离出来,这些性能使其具有极广阔的应用前景,因而在磁性塑料、固定化酶、靶向药物、细胞分离、蛋白质提纯、化工分离等方面都得到了广泛的应用。例如,固定化酶体系中,磁性高分子微球可用作结合酶的载体。优点在于固定化酶体系中磁性高分子微球可分离和回收,操作简单、易行;对于双酶反应体系,当一种酶失活较快时,就可以用磁性材料来固载另一种酶,回收后可反复使用,降低成本;利用外部磁场可以控制磁性材料固定化酶的运动方式和方向,替代传统的机械搅拌方式,提高固定化酶的催化效率;可改善酶的生物相容性、免疫活性、亲疏水性,提高酶的稳定性。

磁性高分子微球作为不溶性载体,在其表面接上具有生物活性的吸附剂或其他配体(如抗体、荧光物质、外源凝集素)活性物质,利用它们与指定细胞的特异性结合,在外加磁场的作用下可将细胞分离、分类以及对其他种类、数量分布进行研究。目前,已有磁性高分子微球用于动物细胞分离和人体细胞分离,应用于白血病的治疗。比起常见的细胞分离方法,磁性高分子微球分离法简便、快速、高效,在这一领域显示出了广阔的应用前景。此外,利用药物载体的 pH 敏、热敏、磁性等特点,可在外部环境的作用下对病变组织实行定向给药,实现靶向药物。

5.2.3.3 磁性离子交换树脂

磁性离子交换树脂是一种新型的离子交换树脂,也是一种新型的树脂基复合材料,它是用聚合物黏稠溶液与极细的磁性材料混合，在选定的介质中经过机械分散，悬浮交联形成的微小球状磁体。其优点是便于大面积动态交换与吸附、处理含有固态物质的液体，富集废水中的微量贵金属，分离净化生活和工业污水。

5.3 热和磁功能高分子研究展望

在航天航空、电子电气及化工材料等领域中，导热型高分子发挥着越来越重要的作用，新型导热高分子材料的开发不但能够弥补传统材料导热性能不足的缺陷，而且能够节约能源，促进新兴电子电气领域的进一步发展。值得注意的是，目前对导热型高分子的研究主要集中于填充型高分子材料的开发，但对其导热机理、材料化学性质在导热过程中的变化还需深入讨论，因此导热模型的优化、导热通路的构建将会是导热高分子的重要研究方向。同时，本征型导热高分子的设计与性能优化也一直是研究的关注点。另外，热电高分子的性能突破，也将为柔性热电材料在能源综合利用以及智能穿戴设备中的应用提供可能。而磁性高分子复合材料具有高分子材料的易成型加工和磁性材料的磁特性，将继续在电子电气、智能材料、吸波材料和生物医学中得以广泛应用。例如，利用磁性高分子复合材料良好的缩波特性，可设计出各种微带天线、微波网络、微带电路和微带元器件，对现代雷达技术、卫星通信和移动通信具有重大影响。以生物可降解高分子材料为基体的磁性微球在药物载体、磁性分离、免疫测试、磁疗和临床医学领域也将会得到更多发展。

思考题

1. 常见的导热高分子材料有几种形态？分别是什么？
2. 制备导热高分子材料的主要方法分为哪两种？
3. 举例说明有机热电高分子中代表性材料及其热电性能。
4. 高分子磁性材料有哪些种类？

参考文献

[1] 周文英, 王蕴, 曹国政, 等. 本征导热高分子材料研究进展[J]. 复合材料学报, 2021, 38(7): 2038-2055.

[2] Zhang C, He Y, Zhan Y, et al. Poly (dopamine) assisted epoxy functionalization of hexagonal boron nitride for enhancement of epoxy resin anticorrosion performance[J]. Polymers for Advanced Technologies, 2017, 28(2): 214-221.

[3] 周文英, 张亚婷. 本征型导热高分子材料[J]. 合成树脂及塑料, 2010, 27(02): 69-73, 84.

[4] Nesser H, Debeda H, Yuan J, et al. All-organic microelectromechanical systems integrating electrostrictive nanocomposite for mechanical energy harvesting[J]. Nano Energy, 2018, 44: 1-6.

[5] Yu W, Xu S, Zhang L, et al. Morphology and mechanical properties of immiscible polyethylene/polyamide12 blends prepared by high shear processing[J]. Chinese Journal of Polymer Science, 2017, 35(9): 1132-1142.

[6] Zhang R C, Huang Z, Sun D, et al. New insights into thermal conductivity of uniaxially stretched high density polyethylene films[J]. Polymer, 2018, 154: 42-47.

[7] 阎敬灵, 孟祥胜, 王震, 等. 热固性聚酰亚胺树脂研究进展[J]. 应用化学, 2015, 32(5): 489-497.

[8] 张志勇. 高阻燃热固性树脂基复合材料的研究[D]. 苏州: 苏州大学, 2016.

[9] Ge S J, Zhao T P, Wang M, et al. A homeotropic main-chain tolane-type liquid crystal elastomer film exhibiting high anisotropic thermal conductivity[J]. Soft Matter, 2017, 13(32): 5463-5468.
[10] Islam A M, Lim H, You N H, et al. Enhanced thermal conductivity of liquid crystalline epoxy resin using controlled linear polymerization[J]. ACS Macro Letters, 2018, 7(10): 1180-1185.
[11] Liu Y, Chen J, Qi Y, et al. Cross-linked liquid crystalline polybenzoxazines bearing cholesterol-based mesogen side groups[J]. Polymer, 2018, 145: 252-260.
[12] Mehra N, Kashfipour M A, Zhu J. Filler free technology for enhanced thermally conductive optically transparent polymeric materials using low thermally conductive organic linkers[J]. Applied Materials Today, 2018, 13: 207-216.
[13] Zhou Y, Wang H, Wang L, et al. Fabrication and characterization of aluminum nitride polymer matrix composites with high thermal conductivity and low dielectric constant for electronic packaging[J]. Materials Science and Engineering: B, 2012, 177(11): 892-896.
[14] Yan C, Yu T, Ji C, et al. 3D interconnected high aspect ratio tellurium nanowires in epoxy nanocomposites: Serving as thermal conductive expressway[J]. Journal of Applied Polymer Science, 2019, 136(6): 47054.
[15] Ren L, Li Q, Lu J, et al. Enhanced thermal conductivity for Ag-deposited alumina sphere/epoxy resin composites through manipulating interfacial thermal resistance[J]. Composites Part A: Applied Science and Manufacturing, 2018, 107: 561-569.
[16] 葛雷, 杨建, 丘泰. 六方氮化硼的制备方法研究进展[J]. 电子元件与材料, 2008, 27(6): 22-25.
[17] Zeng X L, Yao Y M, Hu Y G, et al. 2017 IEEE 67th Electronic Components and Technology Conference (ECTC)[C]. 2017, 97: 2377-5726.
[18] Ghariniyat P, Leung S N. Development of thermally conductive thermoplastic polyurethane composite foams via CO_2 foaming-assisted filler networking[J]. Composites Part B: Engineering, 2018, 143: 9-18.
[19] Yang X, Guo Y, Luo X, et al. Self-healing, recoverable epoxy elastomers and their composites with desirable thermal con- ductivities by incorporating BN fillers via in-situ polymerization[J]. Composites Science and Technology, 2018, 164: 59-64.
[20] Hussein S I, Abd-Elnaiem A M, Asafa T B, et al. Effect of incorporation of conductive fillers on mechanical properties and thermal conductivity of epoxy resin composite[J]. Applied Physics A, 2018, 124: 1-9.
[21] Qin M, Xu Y, Cao R, et al. Efficiently controlling the 3D thermal conductivity of a polymer nanocomposite via a hype- relastic double-continuous network of graphene and sponge[J]. Advanced Functional Materials, 2018, 28(45): 1805053.
[22] Zhang Y, Shen Y, Shi K, et al. Constructing a filler network for thermal conductivity enhancement in epoxy composites via reaction-induced phase separation[J]. Composites Part A: Applied Science and Manufacturing, 2018, 110: 62-69.
[23] Zhang L, Li X, Deng H, et al. Enhanced thermal conductivity and electrical insulation properties of polymer composites via constructing Pglass/CNTs confined hybrid fillers[J]. Composites Part A: Applied Science and Manufacturing, 2018, 115: 1-7.
[24] Wang P, Liao B, An Z, et al. Research on thermal conductivity of HGMs at vacuum in room temperature[J]. AIP Advances, 2018, 8(5): 055322.
[25] Sebastian M T, Krupka J, Arun S, et al. Polypropylene-high resistivity silicon composite for high frequency applications[J]. Materials Letters, 2018, 232: 92-94.
[26] Jiang F, Cui S, Song N, et al. Hydrogen bond-regulated boron nitride network structures for improved thermal conductive property of polyamide-imide composites[J]. ACS Applied Materials & Interfaces, 2018, 10(19): 16812-16821.
[27] Permal A, Devarajan M, Hung H L, et al. Controlled high filler loading of functionalized Al_2O_3-filled epoxy composites for LED thermal management[J]. Journal of Materials Engineering and Performance, 2018, 27: 1296-1307.

[28] Xue Y, Zhou X, Zhan T, et al. Densely interconnected porous BN frameworks for multifunctional and isotropically thermoconductive polymer composites[J]. Advanced Functional Materials, 2018, 28(29): 1801205.

[29] Wu B, Ge L, Wu H, et al. Layer-by-layer assembled g-C_3N_4 nanosheets/cellulose nanofibers oriented membrane-filler leading to enhanced thermal conductivity[J]. Advanced Materials Interfaces, 2019, 6(4): 1801406.

[30] Kim K, Ju H, Kim J. Surface modification of BN/Fe_3O_4 hybrid particle to enhance interfacial affinity for high thermal conductive material[J]. Polymer, 2016, 91: 74-80.

[31] Huang X, Iizuka T, Jiang P, et al. Role of interface on the thermal conductivity of highly filled dielectric epoxy/AlN composites[J]. The Journal of Physical Chemistry C, 2012, 116(25): 13629-13639.

[32] 张国栋, 李振明, 丘明, 等. 耐低温绝缘导热环氧树脂基复合材料研究进展[J]. 热固性树脂, 2018, 33:43-48.

[33] Kim G H, Shao L, Zhang K, et al. Engineered doping of organic semiconductors for enhanced thermoelectric efficiency[J]. Nature Materials, 2013, 12: 719-723.

[34] Fan Z, Du D, Guan X, et al. Polymer films with ultrahigh thermoelectric properties arising from significant seebeck coefficient enhancement by ion accumulation on surface[J]. Nano Energy, 2018, 51: 481-488.

[35] Untilova V, Biskup T, Biniek L, et al. Control of chain alignment and crystallization helps enhance charge conductivities and thermoelectric power factors in sequentially doped P3HT: F_4TCNQ films[J]. Macromolecules, 2020, 53(7): 2441-2453.

[36] Wu F Y, Zhu Q, Wang J, et al. Conformationally locked polythiophene processed by room-temperature blade coating enables a breakthrough of the power factor[J]. Journal of Materials Chemistry A, 2023, 11(48): 26774-26783.

[37] Vijayakumar V, Zhong Y, Untilova V, et al. Bringing conducting polymers to high order: Toward conductivities beyond 105 S·cm^{-1} and thermoelectric power factors of 2mW·m^{-1}·K^{-2}[J]. Advanced Energy Materials, 2019, 9(24): 1900266.

[38] Ding J, Liu Z, Zhao W, et al. Selenium-substituted diketopyrrolopyrrole polymer for high-performance p-type organic thermoelectric materials[J]. Angewandte Chemie International Edition, 2019, 58(52): 18994-18999.

[39] Lu Y, Yu Z D, Zhang R Z, et al. Rigid coplanar polymers for stable n-type polymer thermoelectrics[J]. Angewandte Chemie, 2019, 131(33): 11512-11516.

[40] Yan X, Xiong M, Li J T, et al. Pyrazine-flanked diketopyrrolopyrrole (DPP): A new polymer building block for high-performance n-type organic thermoelectrics[J]. Journal of the American Chemical Society, 2019, 141(51): 20215-20221.

[41] Feng K, Yang W, Jeong S Y, et al. Cyano-functionalized fused bithiophene imide dimer-based n-type polymers for high-performance organic thermoelectrics[J]. Advanced Materials, 2023, 35(31): 2210847.

[42] Riande E, Diaz-Calleja R. Electrical properties of polymers[M]//Kutz M. Handbook of measurement in science and engineering. New York: Wiley, 2013.

[43] 文耀锋, 刘廷华. 磁性高分子材料的研究进展[J]. 现代塑料加工应用, 2005(05): 56-60.

[44] 陶长元, 吴玲, 杜军, 等. 磁性高分子材料的研究及应用进展[J]. 材料导报, 2003(04): 50-53.

第 6 章
高分子催化剂和高分子试剂

6.1 概述

众所周知，化学反应试剂和催化剂是有机合成反应中最重要的两种物质。从某种程度上讲，在合成反应中化学反应试剂和催化剂对反应的成功与否常起着决定性的作用；在化学工业中化学反应试剂和催化剂的功能常常决定着产品的产量和质量。随着化学工业的发展和合成反应研究的深入，对新的化学反应试剂和催化剂提出了越来越高的要求，不仅要求有高的收率和反应活性，而且要求具有高选择性，甚至专一性；同时绿色化学概念的普及，要求简化反应过程，提高材料的使用效率，减少废物排放甚至零排放也对化学反应试剂和催化剂提出了新的要求。与小分子试剂相同，高分子试剂和高分子催化剂的结构上也都含有反应性官能团，能够参与或促进化学反应的进行；同时由于高分子化后产生的高分子效应，还具有小分子同类物质所不具备的特殊性质，能够解决许多小分子试剂难以解决的合成问题。通常，这两类高分子也被称为反应型高分子。开发具有特殊功能和性质的高分子试剂和高分子催化剂并大量投入使用，大大推动了合成反应的研究和化学工业的绿色化进程[1-2]。

6.1.1 高分子催化剂和高分子试剂的结构特点与类型

在分子结构层面，高分子试剂和高分子催化剂一般都具有化学反应官能团或者能促进化学反应的官能团；在宏观结构层面，由于它们多不溶于反应介质，进行的是发生在界面的固相反应，需要有较大的比表面积，因此多为颗粒状多孔结构。此外，作为化学敏感器件制备材料时还有特定的结构要求。

化学反应试剂是一类自身化学反应性很强，能和特定的化学物质发生特定化学反应的化学物质。它直接参与合成反应，并在反应中消耗掉自身。比如，常见的能形成碳碳键的烷基化试剂[3]和格氏试剂[4]、能与化合物中羟基和氨基反应形成酯和酰胺的酰基化试剂[5]等都属于化学试剂。小分子试剂经过高分子化或者在聚合物骨架上引入反应活性基团，得到的具有化学试剂功能的高分子化合物被称为高分子化学反应试剂，简称为高分子试剂。利用高分子试剂在反应体系中的不溶性、立体选择性和良好的稳定性等所谓的高分子效应，可以在多种化学反应中获得特殊应用。其中部分高分子试剂也可以作为化学反应载体，用于固相合成反应，称为固相合成试剂。常见的高分子试剂根据所具有的化学活性分为高分子氧化还原试剂[6]、高分子磷试剂[7]、高分子卤代试剂[8]、高分子烷基化试剂[9]、高分子酰基化试剂[10]等。除此之外，用于多肽和多糖等合成的固相合成试剂也是一类重要的高分子试剂。

催化剂是一类特殊物质，它虽然参与化学反应，但是其自身在反应前后并没有发生变化(虽然在反应过程中有变化发生)。它的功能在于能几十倍、几百倍地提高化学反应速率，在化学反应中起促进反应进行的作用。催化剂的作用机理多为通过提供低能态反应通道、形成低能态过渡态来降低化学反应的活化能从而加快化学反应的进行。常用催化剂多为酸或碱性物质（用于酸碱催化），或者为金属或金属配合物。通过聚合、接枝、共混等方法将小分子催化剂高分子化，使具有催化活性的化学结构与高分子骨架相结合，得到的具有催化活性的高分子材料称为高分子化学反应催化剂，简称为高分子催化剂。同高分子试剂一样，高分子催化剂可以用于多相催化反应，同时具有同类型小分子催化剂所不具备的性质。常见高分子催化剂包括酸碱催化用的离子交换树脂、聚合物氢化和脱羰基催化剂[11]、聚合物相转移催化剂[12]、聚合物过渡金属配合物催化剂[13]等。作为一种特殊催化剂，酶通过固化过程可以得到固化酶[14]，成为一类专一性多相催化剂。另外，高分子试剂和高分子催化剂也可以利用其高分子材料的固有属性，将其固化在电极表面构成化学传感器，用于检测和分析用途。

6.1.2 发展高分子催化剂和高分子试剂的目的和意义

在化学反应中如果原料、试剂、催化剂相互间互溶，它们在反应体系中处在同一相态中（相互混溶或溶解），就称此反应为均相反应，故催化剂与反应体系成一相的催化反应称为均相催化反应。小分子化学反应试剂和催化剂大多数溶解度较好，所进行的反应多为均相反应。在均相反应中，物料充分接触，反应速率较快，反应装置简单，但是反应后的均相体系给产物的分离纯化等造成一定困难。有些小分子试剂和催化剂在选择性和环境保护等方面也无法满足科研和生产对试剂的特殊要求。

最初，在小分子化学反应试剂和催化剂的基础上，通过高分子化过程，利用高分子材料的不溶性将某些均相反应转化成多相反应，或者借此提高试剂的稳定性和易处理性。在反应中，若存在一种不溶解或不混溶的成分，使反应体系不能处在同一相态中，这种类型的化学反应称为多相反应。多相反应中，反应过后的产物分离、纯化及催化剂回收等过程比较简单、快速，但是化学反应只能在两相的界面进行，因而反应速率受物料的扩散速率控制，一般反应速率较慢。随着人们对多相反应和高分子反应机理认识的深入，目前高分子试剂和高分子催化剂的研制已经不仅仅满足于追求上述目的，它将能实现改进化学反应工艺过程、提高生产效率和经济效益、发展高选择性合成方法、消除或减少对环境的污染和探索新的合成路线等。具体优点如下所述。

① 简化操作过程。一般来说，经高分子化后得到的高分子试剂和高分子催化剂在反应体系中仅能溶胀，而不能溶解，这样在化学反应完成之后，可以借助简单的过滤方法使之与小分子原料和产物相互分离，从而简化操作过程，提高产品纯度。同时使用高分子催化剂可以使均相反应转变成多相反应，可以将间断合成工艺转变成连续合成工艺，这样都会简化工艺流程。

② 利于贵重试剂和催化剂的回收和再生。利用高分子试剂和高分子催化剂的可回收性和可再生性，可以将其在多相反应中反复使用，达到降低成本和减少环境污染的目的。这对广泛使用的贵金属配合物催化剂和催化专一性极强的酶催化剂（固化酶），以及消除化学试剂对环境产生的污染具有特别重大的意义。

③ 提高试剂的稳定性和安全性。由于高分子骨架的引入可以减小试剂挥发性和安定性，能够增加某些不易处理和储存试剂的安全性和储存期。如小分子过氧酸经高分子化后稳定性大大增加，使用更加安全。高分子试剂的分子量增加后，其挥发性减小，也在一定程度上提高了易燃易爆试剂的安全性。挥发性减小还可以消除某些试剂的不良气味，净化工作环境。

④ 提高化学反应的机械化和自动化程度。采用不溶性高分子试剂作为反应载体连接多官能团反应试剂的一端，可以使反应只在试剂的另一端进行，这样可以实现定向连续合成。反应产物连接在固体载体上不仅使之易于分离和纯化，而且反应的可操控性大大提高，利于实现化学反应的机械化和自动化。

⑤ 实现在均相反应条件下难以达到的特殊性能。将某些反应活性结构有一定间隔地连接在刚性高分子骨架上，使其相互之间难以接触，可以实现常规有机反应中难以达到的所谓"无限稀释"条件。这种利用高分子试剂中官能团相互间的难接近性和反应活性中心之间的隔离性，可以避免在化学反应中的试剂"自反应"现象，从而避免或减少副反应的发生。利用高分子载体的空间立体效应，可以实现所谓的"模板反应"，这种具有独特空间结构的高分子试剂，利用了它的高分子效应和微环境效应，可以实现立体选择性合成。同时，将反应活性中心置于高分子骨架上特定官能团附近，可以利用其产生的邻位协同效应加快反应速率，提高产物收率和反应的选择性。此外，还可以拓展化学试剂和催化剂的应用范围。比如，利用化学试剂和催化剂的化学活性，可以制作各类化学敏感器件用于化学分析。高分子化后的高分子试剂和高分子催化剂稳定性提升，力学性能增强，非常适用于这类化学敏感器件的制作。化学敏感器件的大量使用为分析化学向微型化、原位化和即时化分析方向发展提供了有利条件。

当然，多数化学试剂和催化剂在引入高分子骨架以后，在带来上述优点的同时，可能会出现增加试剂生产成本、降低化学反应速率等问题，在使用时也应当注意。

6.2 高分子催化剂

一个化学反应在实际生产中能否被应用主要取决于两个因素，即热力学因素和动力学因素。前者主要考虑热焓、自由能和熵变等热力学参数；后者考虑的是活化自由能、分子碰撞概率等影响反应速率的动力学因素。在现实中某些热力学允许的化学反应，考虑动力学因素后可能无法应用，其最主要的原因是反应的活化能太高，而导致反应速率太低，在有限的反应时间内反应无法进行到底。催化剂的出现可以大大加快某些化学反应的速率，而自身在反应前后却并不发生变化。在化学反应中催化剂不能改变反应的趋势，而是通过降低反应的活化能来提供一条快速反应通道。有催化剂参与的化学反应称为催化反应，催化反应可以按照反应体系的外观特征划分为两大类。

（1）均相催化反应

催化剂完全溶解在反应介质中，反应体系成为均匀的单相。在均相催化反应中反应物分子可以相互充分接触，有利于反应的快速进行。但是反应完成之后一般需要较复杂的分离纯化等后处理步骤，以便将产品与催化剂等物质分开，而在处理过程中常常会造成催化剂损失或失活[15]。

（2）多相催化反应

与均相催化反应相反，在多相催化反应中催化剂不与反应介质混溶而是自成一相，反应过后通过简单过滤即可将催化剂与其他物质分离回收，但是反应速率受到固体表面积和介质扩散系数的影响较大。这种催化剂最初大多由在溶剂中不溶解的过渡金属和它们的氧化物组成。

由于多相催化反应的后处理过程简单，催化剂与反应体系分离容易（简单过滤），回收的催化剂可以反复多次使用，因此近年来受到普遍关注和欢迎。特别是对于那些制造困难，价格昂贵，又没有理想替代物的催化剂，如稀有金属配合物等，实现多相催化工艺是非常有吸引力的，对工业化生产更是如此。为此人们开始研究如何将均相催化反应转变成多相催化反应，其主要手段之一就是将可溶性催化剂高分子化，使其在反应体系中的溶解度降低，而催化活性又得到保持。在这方面取得成功的例证有用于酸碱催化反应的离子交换树脂催化剂、聚合物相转移催化剂和用于加氢和氧化等催化反应的高分子过渡金属配合物催化剂等，生物催化剂——固化酶从理论上讲也属于这一类。

6.2.1 高分子酸碱催化剂

有很大一部分有机反应可以被酸或碱所催化，如常见的水解反应、酯化反应等都可以由酸或碱作为催化剂促进其反应[16]。这一类小分子酸碱催化剂多数可以由阳离子或阴离子交换树脂所替代：阳离子交换树脂可以提供质子，其作用与酸性催化剂相同；阴离子交换树脂可以提供氢氧根离子，其作用与碱性催化剂相同。同时，离子交换树脂的不溶性可使原来的均相反应转变成多相反应。目前已经有多种商品化的具有不同酸碱强度的离子交换树脂作为酸碱催化剂使用，其中最常用的是强酸和强碱型离子交换树脂。代表性酸树脂[17]、碱树脂[18]的分子结构如图 6-1 所示。

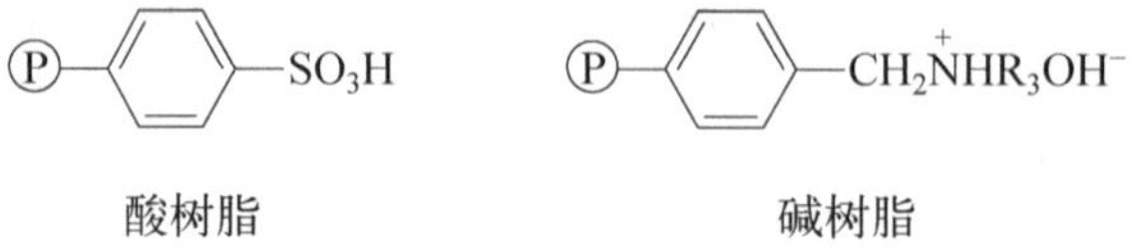

$$\text{P}-\text{C}_6\text{H}_4-\text{SO}_3\text{H} \qquad \text{P}-\text{C}_6\text{H}_4-\text{CH}_2\text{NHR}_3^+\text{OH}^-$$

酸树脂　　　　　　　碱树脂

图 6-1　酸树脂、碱树脂

酸性或碱性离子交换树脂作为酸、碱催化剂适用的常见反应类型包括以下几种：酯化反应、羟醛缩合反应、烷基化反应、脱水反应、环氧化反应、水解反应、环化反应、加成反应、分子重排反应以及某些聚合反应等。采用高分子催化剂进行的酸碱催化反应由于其多相反应的特点，有多种反应工艺方式可供选择，既可以像普通反应一样将催化剂与其他反应试剂混在一起加以搅拌在反应釜内进行反应，反应后得到的反应混合物经过过滤等简单纯化分离过程与催化剂分离；也可以将催化剂固定在反应床上进行反应，反应物作为流体通过反应床，产物随流出物与催化剂分离。在中小规模合成反应中也可以采用第三种合成工艺方法，即将反应器制成空心柱状（实验室中常用色谱分离柱代替），催化剂作为填料填入反应柱中，反应时如同柱色谱分离过程一样将反应物和反应试剂从柱顶端加入，在一定溶剂冲洗下通过填有催化剂的反应柱,当产品与溶剂混合物从柱中流出后反应即已完成。这种反应装置可以连续进行反应,在工业上可以提高产量,降低成本,简化工艺。

高分子酸、碱催化剂的制备多数是以苯乙烯为主要原料,二乙烯苯作为交联剂,通过乳液聚合等方法形成多孔性交联聚苯乙烯颗粒。通过控制交联剂的使用量和反应条件达到控制孔径和比表面积的目的。得到的交联树脂在溶剂中一般只能溶胀,不能溶解,然后再通过不同高分子反应,在苯环上引入强酸性基团——磺酸基,或者强碱性基团——季铵基,分别构成高分子酸催化剂和高分子碱催化剂。商品化离子交换树脂也可以作为高分子酸碱催化剂直接使用,但需要注意,由于多数商品中阳离子交换树脂为钠离子型,阴离子交换树脂为盐酸型,在作为高分子酸碱催化剂使用前需要使用浓盐酸或浓氢氧化钠进行处理转变成质子型和氢氧根型。

6.2.1.1 强酸性阳离子交换树脂及其在固相有机合成中的应用

目前绝大部分强酸性阳离子交换树脂是由二乙烯苯交联的聚苯乙烯微球通过浓硫酸磺化反应制备的,广泛用于锅炉软化水制备、纯水制备等。它也可以代替强酸如硫酸催化各种有机反应,如酯化反应、烯烃与醇的加成反应等,在这种情况下,如使用大孔树脂则催化效果更佳。该催化剂的优点是:反应条件温和,副产物少,产品纯度高,产率高;反应比较安全,容易控制,对设备腐蚀小,对设备的要求不是很苛刻,降低投资成本;树脂可循环使用,一般使用上百周期不必再生,降低生产成本;通过控制大孔树脂的交联度,可把大分子物质排斥在外。目前该催化剂的缺点是不耐高温,一般情况下带磺酸基的强酸性阳离子交换树脂最高使用温度在 120℃以下,如超过该温度磺酸基会脱落而使树脂失活。有学者对提高磺酸树脂使用温度的各种方法进行了比较详细的综述[19-20],概括如下。

① 不均匀磺化。使磺化反应仅仅发生在大孔树脂的内表面及外表面,这种在温和条件下对大孔树脂实行控制磺化的做法,称为不均匀磺化。用这种方法制备的大孔磺酸树脂使用温度可以提高到 160℃。有人曾使用该产品作催化剂,催化甲基叔丁基醚的裂解反应,制备高纯度的异丁烯。

② 磺酸基间位取代。间位取代的磺酸基其热稳定性高于对位取代的磺酸基,在一定条件下,对位磺酸基可以发生异构化转位成间位磺酸基。稳定性实验表明磺酸树脂受热时,对位磺酸基首先脱落,而间位磺酸基在 200℃时仍没有脱落。

③ 发烟硫酸作磺化试剂。当使用发烟硫酸作磺化试剂时,可以在苯环之间形成—SO_2—桥,这一结构也可以增加磺酸树脂的热稳定性。

④ 在聚苯乙烯树脂的苯环上进行傅克酰基化反应,然后再进行磺化反应,磺酸基团将被引入酰基的邻位。该磺酸基团可以长时间耐 200℃高温,而且有很好的催化活性。

⑤ 在烷基苯乙烯与二乙烯苯共聚物微球的烷基上引入磺酸基。该方法制备的磺酸树脂的 Hammett 酸度比一般磺酸树脂要低,用途有局限。但是该类磺酸树脂的热稳定性比较好,可以耐 200℃高温,因此也有使用价值。

⑥ 将大孔磺化聚苯乙烯树脂与 F_2 直接反应进行氟化,在室温下该反应进行得很快。该树脂同时具有很好的热稳定性和催化活性,尤其适合催化非极性介质中的有机反应,如苯的烷基化反应。

⑦ 全氟磺酸树脂。20 世纪 80 年代 DuPont 公司研究开发了带磺酸基的聚合物催化剂,

商品名为 Nafion，具有很高的热稳定性和抗腐蚀性，其最高使用温度可以达到 200℃。除用于催化外，离子膜法电解食盐水制烧碱工艺中的膜也是使用该树脂制备的，该膜可以经受电解过程中生成的氯原子的强腐蚀。

由于该树脂价格较贵，应用受到很大限制，为了降低成本，现在又把树脂涂在惰性材料的表面进行使用。涂载 Nafion 树脂可以在水中进行，先以磺酰氟的形式涂到载体上，然后再水解形成磺酸基。这种涂载型 Nafion 树脂同样具有高的催化活性，并且使用时间比较长。如催化苯酚与壬烯的烷基化反应，使用 Amberlyst 15 大孔磺酸型强酸树脂作催化剂，在连续反应 37 天后转化率降至 50%；而使用涂有 Nafion 树脂的惰性材料作催化剂，连续反应 100 天转化率只由最初的 98%降至 80%。当然载体的粒径、孔径等对反应也有很大影响，在苯酚与 1-十二烯的烷基化反应中，使用粒径 20 目涂有 Nafion 树脂的惰性载体作催化剂，其反应速率是粒径为 30 目的同类催化剂的 7 倍。该催化剂也用于催化烯烃低聚烯烃水合、醇的酯化及酯的水解等反应。

表 6-1 列出了各种酸催化剂的 Hammett 酸度。Amberlyst 15 大孔磺酸型强酸树脂的酸度与浓度 40%的硫酸相当，Nafion 树脂的酸度则相当于 100%的浓硫酸。

表 6-1　各种酸催化剂的 Hammett 酸度

酸	H_0	酸	H_0
天然蒙脱土	+1.5～−3.0	交换 La 和 Ce 的 HY 沸石	−14.5
交换阳离子的天然蒙脱土	−5.6～−8.0	磷钨酸	−13.16
Amberlyst 15 大孔磺酸型强酸树脂	−2.2	氟磺酸	−15.07
硫酸（40%）	−2.4	磺化氯化锆	−16
硫酸（100%）	−12.3	五氯化锑氟磺酸	−20
Nafion 树脂（全氟磺酸树脂）	−11～−13		

高分子酸催化剂在有机合成中的应用极为广泛，一般来说，几乎所有使用无机酸作催化剂的有机反应都可以用高分子酸催化剂代替，如水解反应、水合反应、醚化反应、脱水和缩醛化反应、酯化反应、烷基化和异构化反应、缩合和环化反应等。总的来说，根据反应物和溶剂的性质可以把树脂催化的反应分为两大类：有水反应 A 类和无水反应 B 类。对于 A 类反应又分成 A1 和 A2。A1 指树脂催化剂完全被水溶胀，反应在水溶液中进行，在这种情况下起催化作用的是水合化质子，树脂的催化性能比均相酸催化剂要好。A2 指催化反应在水/有机溶剂中进行，例如同样是酯的水解反应，但反应在水/有机溶剂介质中进行，其结果与 A1 时的情况则有所不同。如在丙酮/水（质量比为 7∶1）混合溶剂介质中进行酯的水解反应，发现用盐酸作催化剂的效果要好于用树脂作催化剂。这是由于丙酮的存在改变了反应物酯在水相和树脂相之间的分配系数。对于 B 类反应，也可以分为 B1 和 B2。B1 指催化反应在非水体系中进行，反应中不生成水，同时要求树脂催化剂中不能有水，如苯酚与烯烃的烷基化反应，水的存在会严重影响该类反应。研究表明，水会与反应物竞争树脂催化剂上的活性点，并与催化剂上的磺酸基紧密结合，一个水分子可以同时结合 4 个磺酸基分子，其结果会导致催化剂活性分子减少，换言之，即降低催化剂的活性。B2 指催化反应在非水体系中进行，反应中会产生副产物水。如醇的脱水反应生成烯或醚、与酸的酯化反应均属于这类反应。在该

类反应中，水的形成会降低催化剂的活性，因此为保持催化剂的活性应该把反应中形成的水随时除去。

下面就一些比较重要的有机反应作简单介绍。

(1) 甲基叔丁基醚类化合物的制备

甲基叔丁基醚（MTBE）或甲基叔戊基醚（TAME）是为防止四乙基铅作为汽油抗爆剂和高辛烷值添加剂对环境的污染而推出的代用品。由于该产品特定的分子结构，它作为汽油添加剂具有辛烷值高、与汽油的互溶性好、毒性低等优点从而得到广泛应用。工业上该产品以甲醇及异丁烯为原料，以大孔强酸性离子交换树脂 Amberlyst 15 或 Amberlyst 35 为催化剂进行制备。进入 21 世纪以来，人们对 MTBE 有了进一步的认识，由于 MTBE 的化学稳定性高，不易被代谢，大量使用会对大气尤其是对地下水造成污染，因此逐渐被新一代汽油添加剂如变性燃料乙醇、碳酸二甲酯（DMC）等替代。

(2) 双酚 A 的制备

双酚 A 学名为 2,2-二(4-羟基苯基)丙烷，又称为二酚基丙烷，是重要的有机化工原料，由苯酚与丙酮缩合而成，主要用于生产环氧树脂及聚碳酸酯。传统的生产双酚 A 的方法有硫酸法、氯化氢法以及离子交换树脂法。由于离子交换树脂法具有许多优点，如副产物少、产品纯度高、对设备的腐蚀小，同时产物和反应物比较容易分离，可以加入大量苯酚既作为反应试剂又作为反应的催化剂，因此目前工业生产都采用离子交换树脂法。采用的大孔强酸树脂催化剂有美国 Rohm & Haas 公司生产的 Amberlyst 15、CT-151 巯基化树脂及 A36 超强酸树脂等。

(3) 异戊烯的二聚物及异戊烯与 α-甲基苯乙烯的共二聚物的合成

异戊烯的二聚物广泛用于制备香料和调味品，异戊烯与 α-甲基苯乙烯的共二聚物是合成人造麝香的中间体。近年来，这种人造麝香广泛用作洗涤剂中的香料添加剂。有学者使用离子交换树脂和酸性陶土为催化剂，在 70~100℃合成异戊烯二聚物，收率可以达到 90%以上。在催化异戊烯与 α-甲基苯乙烯的共二聚时，反应温度为 80℃，两种单体比例为 1:(1.2~2)，共二聚反应的选择性为 60%，其余为两种单体环加成反应的副产物。

6.2.1.2 强碱性阴离子交换树脂及其在固相有机合成中的应用

强碱性阴离子交换树脂主要通过氯甲基化交联聚苯乙烯微球的季铵化反应进行制备。由于强碱性阴离子交换树脂可以视为固体的碱，因此可以代替无机碱作为催化剂使用，催化羟醛缩合、烯烃水合、消除、重排等反应。此外强碱性阴离子交换树脂还可以交换各种性质不同的阴离子，制备成各种聚合物负载的氧化剂、还原剂及其他有机合成试剂。一些代表性反应如下所述。

(1) 缩合反应

假紫罗兰酮（6,10-二甲基-3,5,9-十一三烯-2-酮）是制备花香型、木香型 $\alpha(\beta)$-紫罗兰酮的重要原料，也是合成维生素 A 的中间体。通常用柠檬醛与丙酮在强碱（KOH-C_2H_5OH；NaOH-C_2H_5OH）催化下经 Claisen-Schmidt 缩合反应制备，产率可以达到 80%~86%，反应时间长达 48h。采用强碱性阴离子交换树脂（Amberlite IRA-400，IRA-401；Zerolite FF-P 等）作催化剂，在连续分离水条件下反应 25h，产率为 73%~84.6%，纯度为 95%~97%。由于反应速率仍比较缓慢，不宜工业化生产。有研究又做了进一步改进，使用 20%~40%甲醇与

80%~60%丙酮和柠檬醛缩合，由于介质的极性增加，反应速率大大加快。使用同样的强碱性阴离子交换树脂催化剂反应 5h，产率可达 62.3%~69.0%，在采用连续反应装置后，产率最高可达 85.7%。反应式如图 6-2 所示[21]。

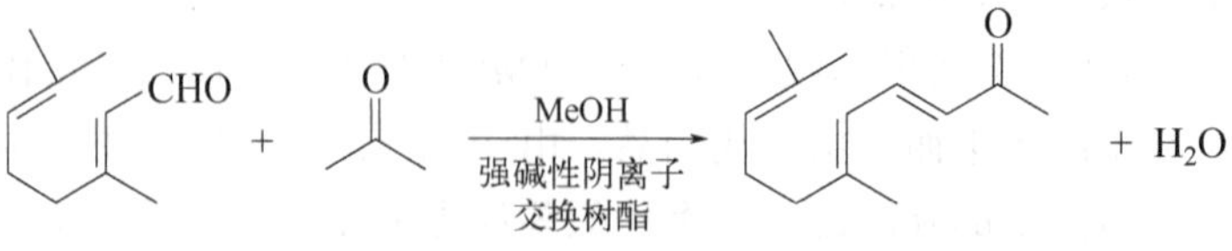

图 6-2　丙酮/甲醇混合液与柠檬醛缩合反应

二丙酮醇是丙酮双分子缩合反应的产物，广泛用作静电喷漆的溶剂，是制备甲基异丁基酮和甲基异丁基醇的中间体，也可用于制备金属清洁剂、木材防腐剂、药物防腐剂、抗冻剂、液压油、溶剂萃取剂和纤维整理剂等，用途非常广泛。该双分子缩合反应是碱催化下的可逆反应，即一方面，两分子的丙酮在碱的催化下可以缩合形成二丙酮醇；另一方面，生成的二丙酮醇分子在碱的催化下又可以分解成两个丙酮分子。因此，在制备该化合物的过程中，当二丙酮醇分子形成以后，应该立即使产物与催化剂系统脱离，避免产物重新分解。最初使用的碱催化剂有 NaOH、$Ba(OH)_2$、$Ca(OH)_2$，而使用强碱性阴离子交换树脂在反应产物与催化剂系统分离方面有独特的优越性，目前使用强碱性阴离子交换树脂制备二丙酮醇已经实现工业化。

（2）聚碳酸亚丙酯的合成

以二氧化碳、环氧丙烷为原料合成生物可降解材料聚碳酸亚丙酯，该项目是综合利用二氧化碳，变废为宝，减少地球温室效应的有效措施。该聚合物的合成可以使用碘化钾及聚乙二醇为催化剂，但是在反应结束后，催化剂与体系难以分离。我国研究人员把 201×7 阴离子交换树脂（Cl^-型）转换成 I^-型，实现了对该反应的异相催化，反应在 N,N-二甲基甲酰胺（DMF）中进行，产率可以达到 92%。

6.2.2　高分子金属配合物催化剂

许多金属、金属氧化物、金属配合物[22]在有机合成和化学工业中均可作为催化剂。金属和金属氧化物在多数溶剂中不溶解，一般为天然多相催化剂，而金属配合物催化剂由于其易溶性常常与反应体系成为均相，多数只能作为均相反应的催化剂。金属配合物催化剂经过高分子化后溶解度会大大下降，可以改造成多相催化剂。

由于其众所周知的优越性，目前使用高分子金属配合物催化剂越来越普遍。制备高分子金属配合物催化剂的两个关键步骤是在高分子骨架上引入配位基团和与中心金属离子进行配位反应。最常见的引入方法是通过共价键使金属配合物中的配位体与高分子骨架相连接，构成的高分子配位体再与金属离子进行配位反应形成高分子金属配合物。根据分子轨道理论和配位化学规则，作为金属配合物的配位体，主要有以下两类结构：一类是分子结构中含有 P、S、O、N 等可以提供未成键电子的所谓配位原子，含有这类结构的有机官能团种类繁多，比较常见的如羟基、羰基、硫醇、胺类、醚类及杂环类等；另一类是分子结构中具有离域性强的 π 电子体系，如芳香族化合物和环戊二烯等均是常见配位体。配位体的作用是提供电子与中心金属离子提供的空轨道形成配位化学键。

6.2.2.1 高分子金属配合物催化剂的制备

高分子配位体的合成方法主要分成以下两类：①利用聚合物的接枝反应，将配位体直接键合到聚合物载体上，得到高分子配位体；②首先合成含配位体单体（功能性单体），然后通过均聚或共聚反应得到高分子配位体。上述合成的高分子配位体再与目标金属离子进行配位反应，即可得到具有催化活性的高分子配合物催化剂。当然，合成的配位体单体也可以先与金属离子配位，生成配合物型单体后再进行聚合反应，完成高分子化过程。一般这种方法较少使用，因为形成的配合物型单体常会影响聚合反应，甚至发生严重副反应，使聚合过程失败。此外，某些无机材料如硅胶[23]，也可以作为固化催化剂的载体。

作为多相催化剂，高分子金属配合物催化剂可用于烯烃的加氢、氧化、环氧化、不对称加成、异构化、羰基化、烷基化、聚合等反应中。下面列举几种主要高分子催化剂的制备过程和实际应用。

① 聚苯乙烯型三苯基膦铑配合物催化剂的制备。烯烃、芳香烃、硝基化合物、醛酮等含有不饱和键的化合物都可以在某些金属配合物催化剂存在下进行加氢反应，其中铑的高分子配合物是经常采用的催化剂之一。这一催化剂可以由下述方法制备[24]：以聚对氯甲基苯乙烯为高分子骨架原料，先与二苯基膦锂反应得到有配位能力的二苯基膦型高分子配合物；再与 $RhCl(PPh_3)_3$ 反应，磷与铑离子配位即得到有催化活性的铑离子高分子配合物（图 6-3）。

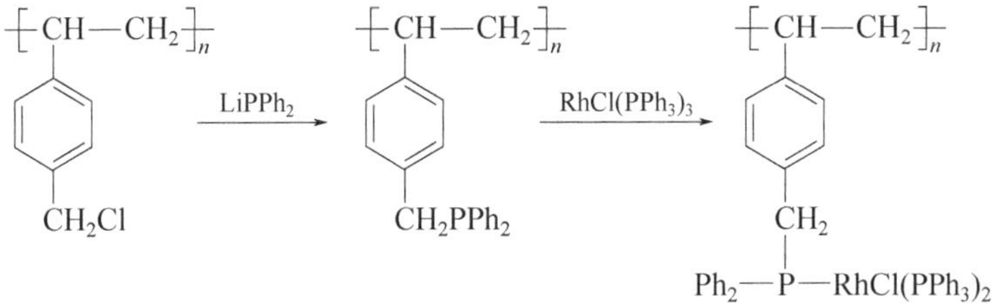

图 6-3 磷与铑离子配位反应

烯烃在室温下经此催化剂催化，氢气压力只有 1MPa 的温和条件下即可进行加氢反应。与相应的低分子催化剂相比降低了氧敏感性和腐蚀性，反应物可以在空气中储存和处理。由于有高分子效应的存在，加氢反应有明显的选择性。此外，用类似方法制备的钯高分子配合物也是一种性能优良的加氢催化剂。

② 聚苯乙烯型高分子二茂钛催化剂制备。加氢催化剂高分子二茂钛配合物的制备过程如图 6-4 所示[25]。

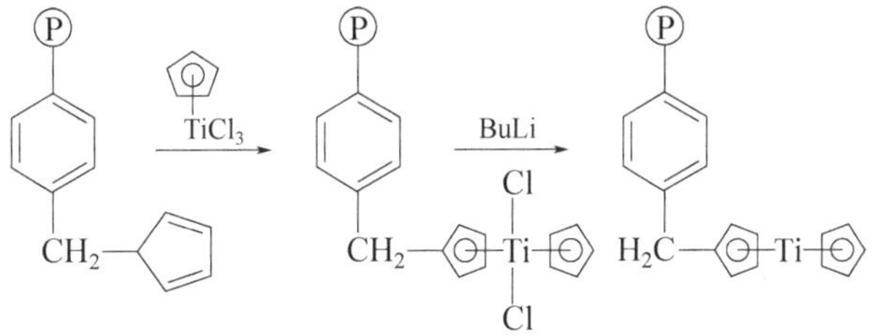

图 6-4 加氢催化剂高分子二茂钛配合物制备反应

高分子化后的二茂钛配合物从可溶性均相加氢催化剂转变成不溶性多相加氢催化剂，性能有较大改进；不仅使催化剂的回收和产品的纯化变得容易，而且由于聚合物刚性骨架的分隔作用，克服了均相催化剂易生成二聚物而失效的弊病。

③ 2,6-二甲基苯酚在铜-吡啶配合物催化作用下可发生氧化性聚合反应，生成一种耐高温高分子材料——聚芳醚（图6-5）。

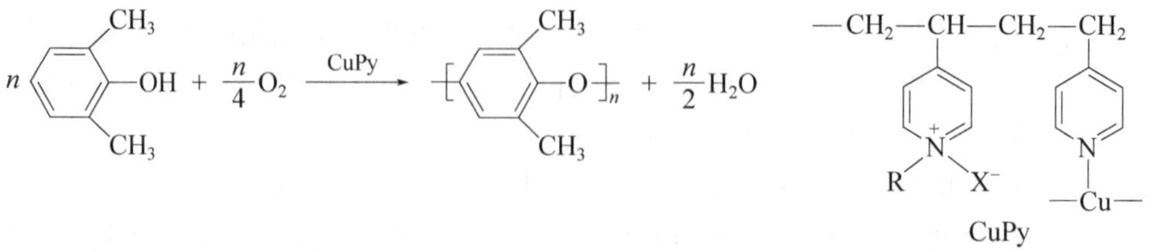

图6-5　2,6-二甲基苯酚在铜-吡啶配合物催化作用下的氧化性聚合反应

利用高分子铜-吡啶配合物为催化剂可使聚合反应速率提高8倍，部分季铵化的高分子铜-吡啶配合物催化剂 QPVP-Cu(Ⅱ)可使聚合反应速率提高13倍。高分子铜-吡啶配合物催化剂活性高的原因是：①高分子配位体的富集效应，使得在高分子链上产生了高浓度的催化活性中心，从而有利于催化反应的进行；②高分子铜-吡啶配合物的稳定性高于小分子铜-吡啶配合物；③QPVP-Cu(Ⅱ)配合物因吡啶鎓的存在催化剂具有协同效应，吡啶鎓能吸引酚氧负离子使其接近催化活性中心。

6.2.2.2　高分子金属配合物催化剂在太阳能利用领域的应用

高分子金属配合物催化剂能够使某些小分子发生异构化反应，以热能的方式释放在光化学反应中获得的化学能[26-27]，具有在太阳能利用方面的应用性。例如降冰片二烯（norbornadiene）在阳光照射下吸收光能发生光异构化反应生成高能态的四环烷（quadricyclane）（图6-6），能够将太阳能以化学能的方式储存下来。在室温下四环烷是稳定的，但是在一些过渡金属配合物催化剂作用下，四环烷重新异构化为低能态的降冰片二烯，同时放出大量热能（$1.15 \times 10^3 kJ/L$）。再生后的降冰片二烯受到太阳光照后仍可异构化为四环烷，因此可以反复使用。如果将这种具有异构化催化作用的催化剂高分子化后，其多相催化性质将使能量转换过程更加容易控制，使用更方便。

光能转换反应：

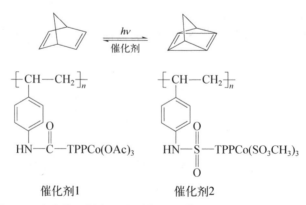

图6-6　降冰片二烯在阳光照射下吸收光能发生光异构化反应

高分子金属配合物催化剂在太阳能转换成电能研究方面也有报道。例如利用带有吡咯基的联吡啶作为配位体单体与金属离子配位，再用电化学聚合法在电极表面形成光敏感催化层。当电极表面由不同氧化还原电位的聚合物形成多层修饰时，如果结构安排得当，可以在电极之间得到光电流构成有机光电池。

6.2.3 高分子相转移催化剂

有些化学反应反应物之间的溶解度差别很大，无法在单一溶剂中溶解。如通常离子型化合物只在水中溶解，而非极性分子则只在有机溶剂中溶解，两者发生化学反应时需要用到两相反应体系，即包含不互溶的水相和有机相。由于两种反应物分别处于两个相态中，反应过程中反应物需要从一相向另外一相转移才能与另一反应物质发生化学反应，因此反应速率通常很慢。能够加速反应物从一相向另一相转移过程，进而提升反应速率的化学物质被称为相转移催化剂，这类化学反应称为相转移催化反应。相转移催化剂一般是指在反应中能与阴离子形成离子对或者与阳离子形成配合物，从而增加这些离子型化合物向有机相的迁移并提升在有机相中溶解度的物质。这类物质主要包括亲脂性有机离子化合物（季铵盐和磷鎓盐）和非离子型的冠醚类化合物，在催化反应过程中承担在两相之间传递反应物作用。

与小分子相转移催化剂相比，高分子相转移催化剂不污染反应物和产物，且回收比较容易，因此可以采用比较昂贵的相转移催化剂，同时还可以降低毒性，减少对环境的污染。总体而言，磷鎓离子相转移催化剂的稳定性和催化活性都比相应季铵盐型相转移催化剂要好，而高分子冠醚相转移催化剂的催化活性最高。比较有代表性的高分子相转移催化剂结构和主要用途列于表 6-2 中。

表 6-2　各种高分子相转移催化剂的结构和主要用途

高分子相转移催化剂	主要应用 RX+Y ⟶ RZ
ⓟ—⌬—$N^+R_3X^-$　　$X^-=Cl^-, Br^-, F^-, I^-$	$Y=Cl^-, Br^-, F^-, I^-$
ⓟ—⌬—$CH_2OCO(CH_2)_n$—$N^+R_3X^-$　　X=卤素负离子	$Y=CN^-, I^-$
ⓟ—⌬—N^+—RCl^-　　R=H, n-Bu, PhCH$_2$, CH$_2$CHMeEt	$Y=PhO^-$
ⓒ—O—$Si(OMe)_2$—$(CH_2)_3$—$N^+Bu_3Cl^-$　　ⓒ=纤维素	$Y=CN^-, I^-$，还原
ⓟ—⌬—$(CH_2)_n$—$PN_3^+Bu_3X^-$	$Y=CN^-, ArO^-, Cl^-, I^-, AcO^-, ArS^-, ArCHCOMe^-, N_3^-, SCN^-$
ⓟ—⌬—CH_2—C(CH$_2$R, P$^+$Ph$_3$)(MeCH$_2$, P$^+$Ph$_3$)　2Br$^-$	$Y=PhS^-, PhO^-$

（1）季铵盐型及季鏻盐型高分子相转移催化剂

在有机合成中季铵盐或季鏻盐是比较常用的相转移催化剂，如果把具有季铵盐或季鏻盐结构的小分子化合物负载到聚合物微球上就形成了高分子相转移催化剂。强碱性离子交换树脂是最常见的高分子相转移催化剂，树脂上的季铵盐基可以起到相转移催化剂的作用。与小分子季铵盐基相转移催化剂有所不同的是，强碱性季铵盐基高分子相转移催化反应是在液(有机相)-固(树脂相)-液(水相)三相之间进行质量转移，而以小分子季铵盐为相转移催化剂的催化反应只需要在液(有机相)-液(水相)两相之间进行质量转移。因此从理论上讲强碱性季铵盐基高分子相转移催化反应比相应的小分子反应要复杂些。Ford 和 Tomoi 比较详细地研究了以季铵盐基及季鏻盐基强碱树脂为相转移催化剂的溴代烷与氰化钠的亲核取代反应[28]（图 6-7）。

$$RBr + NaCN(aq) \xrightarrow{\text{催化剂}} RCN + NaBr(aq)$$

$$R = n\text{-}C_8H_{17},\ PhCH_2,\ Ph(CH_2)_3$$

图 6-7　溴代烷与氰化钠在聚苯乙烯季铵(鏻)盐树脂催化剂下的亲核取代反应

在三相转移反应中，反应的总活性取决于：反应物从液相到树脂相催化剂表面的质量转移；反应物从树脂相表面到活性中心的扩散速率；活性基团的活性度。具体地讲，反应会受到搅拌速度、树脂催化剂粒径、树脂交联度、树脂官能团活性、交换量、间隔臂长度、反应底物结构、盐浓度及溶剂等因素的影响，如图 6-8 所示。

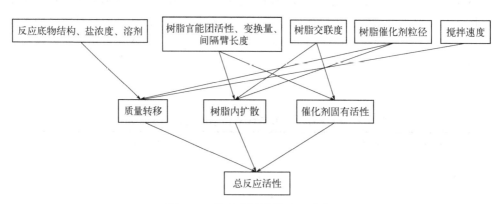

图 6-8　总反应活性影响示意图

（2）冠醚型高分子相转移催化剂

冠醚是另一类常见的相转移催化剂，如果把冠醚负载到聚合物上就成为冠醚型高分子相转移催化剂。制备该类型高分子相转移催化剂的常用方法，是使用氯甲基化交联聚苯乙烯树脂与相应的单体进行反应，或者先制备出含冠醚的功能基单体，然后进行聚合反应。通过比较两种具有相同长度间隔臂的冠醚型和季鏻盐型高分子相转移催化剂（结构见图 6-9），发现

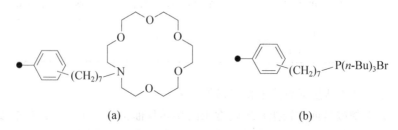

图 6-9　(a) 冠醚型和 (b) 季鏻盐型高分子相转移催化剂

冠醚型高分子相转移催化剂在催化溴代烷与碘化钾反应制备碘代烷的过程中能够展现优异的催化效果，但对溴代烷与氰化钠反应体系的催化效果有限，而季鏻盐型高分子相转移催化剂对于这两个反应都有良好的催化能力。

6.2.4 其他类型的高分子催化剂

除了上述三类高分子催化剂之外，下面再介绍几种常见高分子催化剂。

（1）高分子路易斯酸和过酸催化剂

能够接受电子的化合物称为路易斯酸，是一种常见类型的催化剂[29]。将小分子路易斯酸接入高分子骨架中即构成高分子路易斯酸。与小分子同类物相比，高分子路易斯酸作为催化剂稳定性较好，不易被水解破坏；采用高分子路易斯酸催化剂还可以降低竞争性副反应。高分子化三氯化铝是代表性的高分子路易斯酸催化剂，可以有效地催化成醚、成酯和成醛的合成反应。当在含有强酸性基团的阳离子交换树脂中再引入路易斯酸时，树脂的给质子能力将大大增强，成为高分子过酸。例如，三氯化铝与磺酸基离子交换树脂反应，即可得到酸性很强的高分子过酸，这种过酸甚至可以使中性液状石蜡质子化，但其稳定性较差。全氟化的磺酸基树脂与三氯化铝反应可以制得一种更稳定、酸性更强的高分子过酸，其结构如图 6-10 所示。

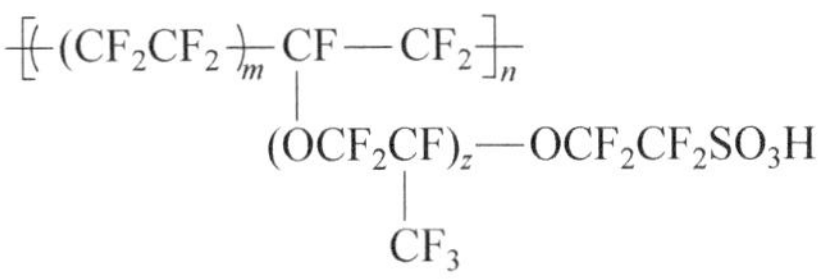

$$\{(CF_2CF_2)_m\text{—}CF\text{—}CF_2\}_n$$
$$\quad\quad\quad\quad(OCF_2CF)_z\text{—}OCF_2CF_2SO_3H$$
$$\quad\quad\quad\quad\quad\quad CF_3$$

$m=5\sim13, n=1000,$
$z=1, 2, 3\cdots$

图 6-10 全氟化的磺酸基树脂与三氯化铝反应产物

（2）聚合物脱氢和脱羧基催化剂

组氨酸的嘧啶基是多种脱氢酶的活性点，因此含有类似结构的聚合物也可以作为脱氢高分子，模拟酶催化剂用于催化酯和酰胺的氢化反应。有些高分子表面活性剂（聚皂）能够催化脱羧基反应，例如季铵化的聚乙胺、聚合型冠醚、聚乙二醇和聚乙烯基吡咯酮等。

（3）聚合物型 pH 指示剂和聚合型引发剂

将偶氮类结构连接到高分子骨架上，当遇到酸性或碱性物质时会发生反应而产生颜色变化，因此可以制成聚合物型 pH 指示剂。这种指示剂具有稳定性好、寿命长、不怕微生物攻击和不污染被测溶液的特点。典型结构如图 6-11 所示。

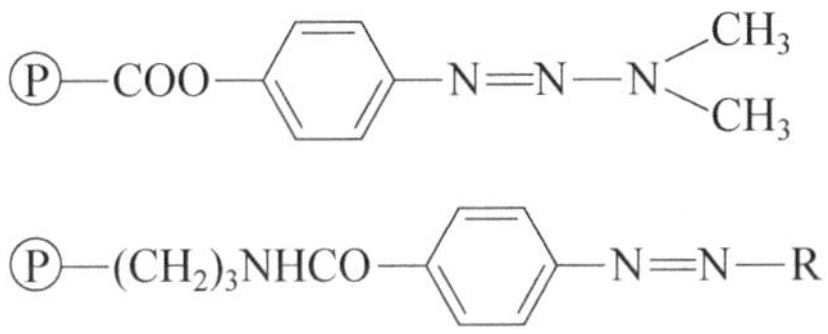

$$\text{P}\text{—}COO\text{—}\text{C}_6\text{H}_4\text{—}N=N\text{—}N(CH_3)_2$$

$$\text{P}\text{—}(CH_2)_3NHCO\text{—}\text{C}_6\text{H}_4\text{—}N=N\text{—}R$$

图 6-11 聚合物型 pH 指示剂

同样，将过氧或者偶氮等具有引发聚合反应功能的分子结构高分子化，可以得到聚合型引发剂，这类引发剂可用来催化聚合物的接枝反应。过渡金属卤化物高分子化后得到的聚合型引发剂可以引发含有端双键的单体聚合，生成接枝或者嵌段聚合物。

6.3 高分子试剂

将小分子试剂高分子化就可以得到高分子试剂，主要通过官能团化的方法把合成反应中的试剂、反应底物键合到聚合物上，再用这种聚合物承载的试剂或反应底物进行合成反应。高分子试剂可以简化反应过程，减少废物排放，提高材料的使用效率，因而更加符合绿色化学的要求。它已广泛地用于生物化学、有机合成、有机金属化学、特效分离、湿法冶金学和分析化学等领域。

从化学反应的角度看，高分子试剂可以分为两大类：高分子承载的反应底物（图 6-12）与高分子承载的小分子试剂（图 6-13）。第一类是将小分子反应物通过适当的化学反应负载到高分子载体上，首先得到高分子承载反应底物，再与小分子试剂反应得到高分子承载产物后，通过一定化学反应方法将产物从高分子载体上解脱并经纯化后，得到所需的产物。第二类是用高分子承载的小分子试剂进行合成反应，这类高分子试剂是将小分子试剂通过适当化学反应负载到高分子载体上，再用这种高分子承载的试剂与小分子进行计量或过量反应以获得所需产物。

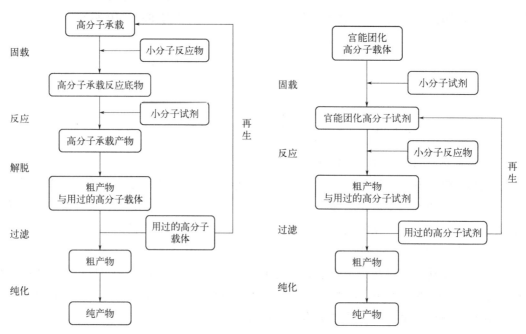

图 6-12 高分子承载反应底物的反应　　图 6-13 高分子承载小分子试剂的反应

6.3.1 高分子试剂的分类

高分子试剂种类繁多，而且随着应用领域的不断拓展与合成方法的不断创新，高分子试剂的种类和分类方法也在持续变化着。一般可以按照图 6-14 进行分类，下面将按此分类依次介绍。

6.3.2 高分子氧化还原试剂

应用于氧化还原反应的高分子试剂可以分为：氧化还原型高分子试剂、氧化型高分子试剂以及还原型高分子试剂。

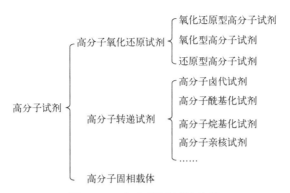

图 6-14 高分子试剂的分类

6.3.2.1 氧化还原型高分子试剂

氧化还原型高分子试剂是一类既有氧化作用又有还原作用，自身具有可逆氧化还原特性的高分子化学反应试剂，其特点是能够在不同情况下表现出不同反应活性。经过氧化或还原反应后，试剂易于根据其氧化还原反应的可逆性再生使用。氧化还原型高分子试剂的分子结构中，活性中心一般含有以下五种结构类型：

① 氢醌或酮式结构　HO—⟨⟩—OH ⇌ O=⟨⟩=O + 2H$^+$ + 2e$^-$

② 硫醇或硫醚结构　2R—SH ⇌ R—S—S—R + 2H$^+$ + 2e$^-$

③ 吡啶结构　⟨吡啶⟩—N—R + HA ⇌ [⟨吡啶⟩—N—R]$^+$ A$^-$ + 2H$^+$ + 2e$^-$

④ 二茂铁结构　Fe(Cp)$_2$ + HA ⇌ [Fe(Cp)$_2$]$^+$ A$^-$ + H$^+$ + e$^-$

⑤ 多核杂环芳烃结构　R$_2$N—⟨⟩—S—⟨⟩—NR$_2$ ⇌ R$_2$N—⟨⟩—S—⟨⟩—NR$_2^+$ + H$^+$ + e$^-$

这些结构的可逆氧化还原活性中心可以通过与高分子骨架相连，形成比较温和的高分子氧化还原试剂。在化学反应中，氧化还原活性中心作为试剂的活性部分与反应物进行作用，而高分子骨架在试剂中一般只起到对活性中心进行负载的作用。

典型氢醌型氧化还原型高分子试剂通过首先合成含被保护酚羟基的单体，再在苯环上引入双键，最后进行自由基聚合制备，具体反应如图 6-15 所示。

硫醇型氧化还原型高分子试剂既可以通过合成的单体聚合后氨解制备，又可以用交联的聚苯乙烯经氯甲基化后在适当溶剂中与 NaHS 反应制备，具体如图 6-16 所示。由于苯甲硫醇比酚硫醇更容易氧化，高分子苯甲硫醇比相应的小分子活泼，所以高分子苯甲硫醇是活性较高的氧化还原试剂。

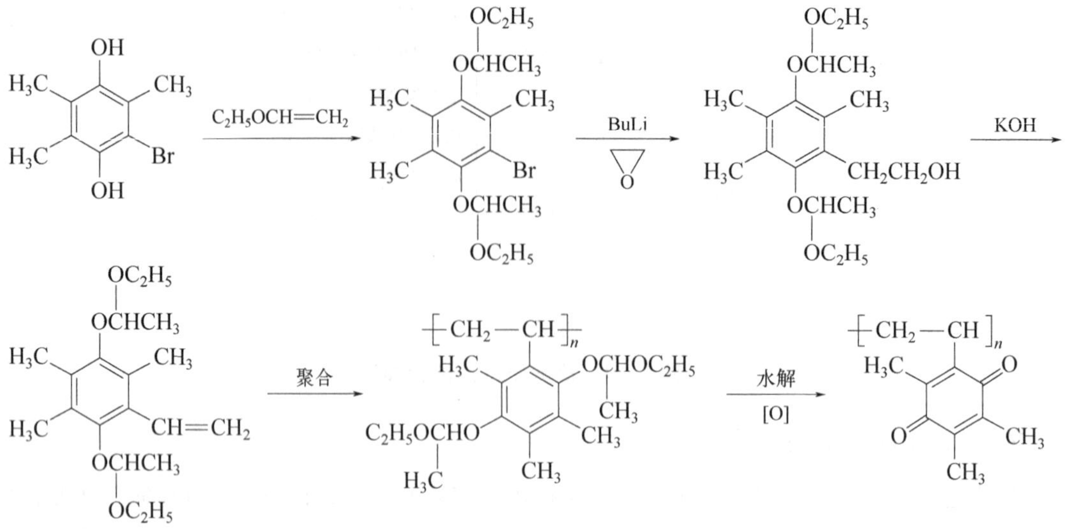

图 6-15 氢醌型氧化还原型高分子试剂的制备

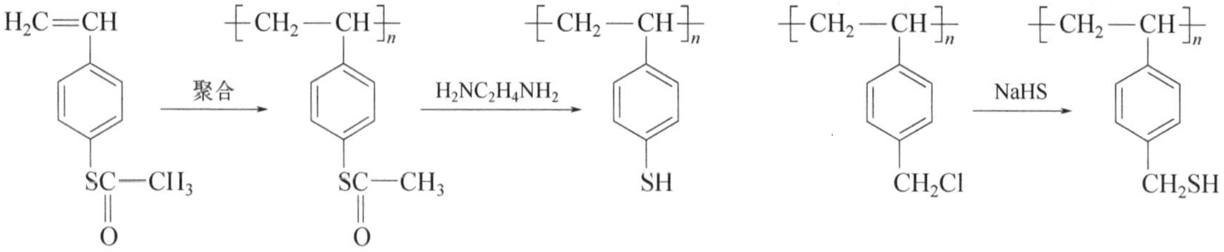

图 6-16 硫醇型氧化还原型高分子试剂的制备

含吡啶的氧化还原型高分子试剂可通过交联的聚苯乙烯经氯甲基化后与烟酰胺反应获得，或者用对氯甲基苯乙烯与烟酰胺反应生成带有吡啶氧化还原活性中心的单体再聚合制备，如图 6-17 所示。

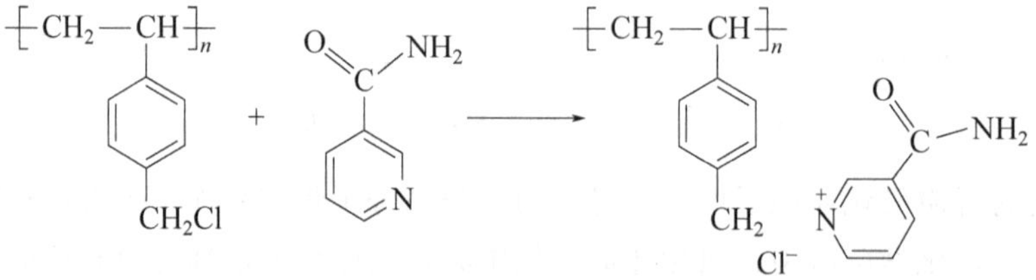

图 6-17 含吡啶的氧化还原型高分子试剂的制备

另外，在合成氧化还原型高分子试剂时，还应注意其他一些问题。例如，在含苯环的树脂中，在苯环上引入取代基可增加树脂稳定性，避免树脂发生交联引起氧化还原性下降；适当降低氧化还原基团含量并使其均匀分布在树脂基体中，可避免树脂与氧化还原基团之间的相互作用；使用低交联度或高孔穴度树脂有利于反应过程进行；使用具有可湿性和溶胀性的树脂有利于反应过程进行。

6.3.2.2 氧化型高分子试剂

氧化型高分子试剂指具有氧化功能的高分子化学反应试剂。由于自身的性质与特点，大多数小分子氧化剂的化学性质不稳定，存在易爆、易燃、易分解失效、毒性大，及贮存、运输、使用困难等问题，并且部分沸点较低的小分子氧化剂在常温下有比较难闻的气味。而将小分子氧化剂进行高分子化，即得到氧化型高分子试剂，可以减弱甚至消除这些缺点。氧化型高分子试剂主要包括高分子过氧酸、高分子硒试剂及高分子高价碘试剂等。

典型高分子过氧酸的制备过程如图 6-18 所示，制得的高分子过氧酸克服了小分子过氧酸不稳定、在使用和储存过程中容易发生爆炸与燃烧的缺点，其稳定性好，在 20℃下能够保存 70 天，−20℃时可以保持 7 个月无显著变化。

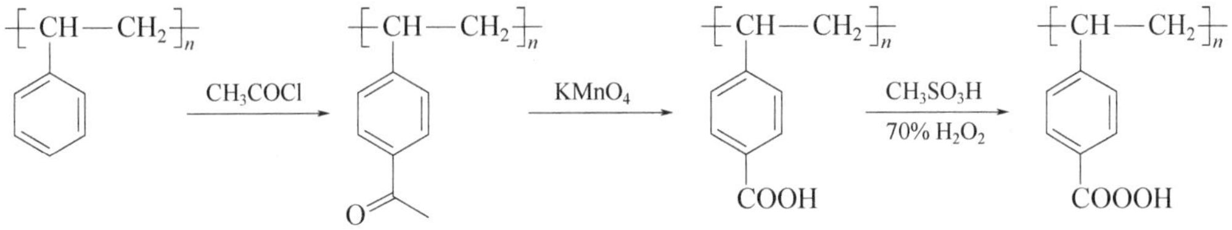

图 6-18 制备高分子过氧酸的路线

使用高分子过氧酸与烯烃进行反应，芳香型高分子过氧酸可使烯烃氧化成环氧化合物，而脂肪族高分子过氧酸可使烯烃氧化成邻二羟基化合物（图 6-19），这在有机合成、精细化工和石油化工生产中是非常重要的合成方法。而且，高分子过氧酸在反应后生成对应羧酸树脂，用过氧化氢氧化可再生成高分子过氧酸，可以反复使用。

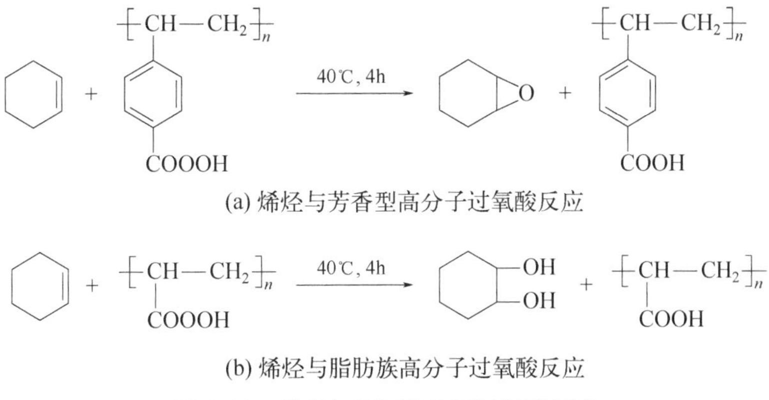

(a) 烯烃与芳香型高分子过氧酸反应

(b) 烯烃与脂肪族高分子过氧酸反应

图 6-19 烯烃与不同高分子过氧酸反应

高分子硒试剂不仅可以消除小分子有机硒化合物的毒性和难闻气味，并且还具有良好的选择氧化性，可以选择性地将烯烃氧化成邻二羟基化合物，或者将芳甲基氧化成相应醛。高分子硒试剂主要通过两条途径合成，如图 6-20 所示：第一种是使用卤代单体生成含硒单体后聚合，得到还原型的高分子硒试剂，再通过氧化制备；第二种是利用卤代单体聚合得到交联溴代聚苯乙烯，然后与苯基硒化钠反应，再通过氧化制备。

与小分子高价碘试剂类似，高分子高价碘试剂也具有非常好的氧化活性与选择性。例如，聚苯乙烯负载的高分子化高价碘试剂能够在温和的条件下将醇氧化成醛，苯乙酮氧化成醇，苯酚氧化成醌，并且能发生氧化-脱水反应。

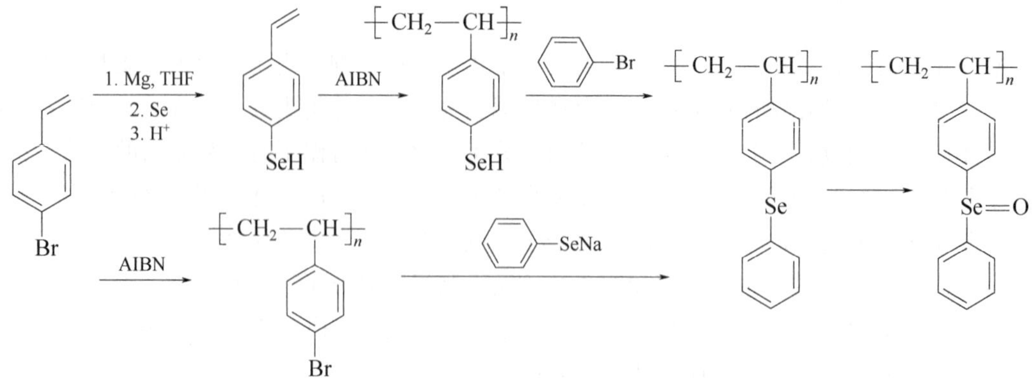

图 6-20　制备高分子硒试剂的路线

阴离子交换树脂负载的高分子氧化剂也是经常使用的高分子氧化剂之一。例如，小分子氧化剂 H_2CrO_4 吸附到聚苯乙烯季铵基树脂上，可形成含铬的高分子氧化剂。H_2CrO_4 氧化性强，反应不容易控制，吸附到高分子上后，由于微环境的改变，提高了 $HCrO_4^-$ 的亲核性，从而增加了氧化反应速率和产率。这种氧化剂能够将卤代烃氧化成酮和醛，将苯基苄基溴氧化成二苯甲酮。

6.3.2.3　还原型高分子试剂

还原型高分子试剂是具有还原能力的高分子化学试剂的统称，其能促使并参与还原反应发生，在反应中自身被氧化。无论是无机还是有机的小分子还原剂，都具有不稳定、易分解失效的缺点，但是将小分子还原剂进行高分子化得到还原型高分子试剂，能很好地改善这些问题。还原型高分子试剂还具有稳定性好、选择性高、可再生等诸多优点。还原型高分子试剂主要包括高分子锡还原试剂、高分子磺酰肼试剂、高分子硼氢化合物等。

如图 6-21 所示，高分子锡还原试剂可以通过交联的聚苯乙烯来制备。

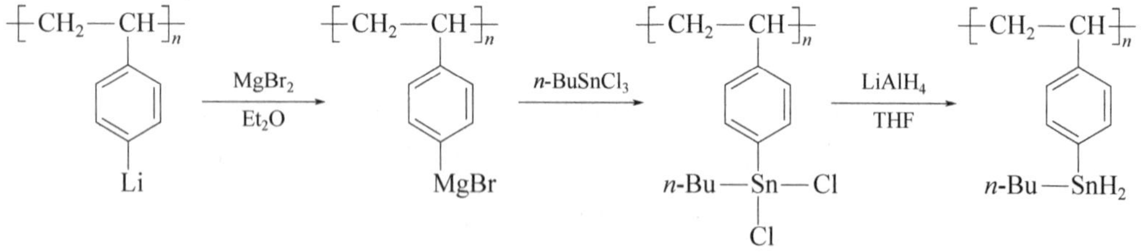

图 6-21　高分子锡还原试剂的制备路线

高分子锡还原试剂能够将苯甲醛、苯甲酮、叔丁基甲酮等邻位具有能稳定碳正离子基团的含羰基化合物还原成相应的醇类化合物，特别是对于二元醛具有良好的单官能还原选择性。与小分子锡还原剂不同，高分子锡还原试剂还原醛、酮的时候首先发生 Sn—H 与 C=O 的加成反应，然后水解 CH—O—Sn 键获得还原产物。因为反应过程中高分子骨架限制了基团的活动性，这一特性赋予该试剂较大的选择性，可以只选择性还原二元醛中的一个醛基。如对苯二甲醛与高分子锡还原试剂反应后，单醛基产物产率能达到 86%（见图 6-22）。这类还原剂还能还原脂肪族或芳香族的卤代烃类化合物，形成相应的烷烃和芳烃。

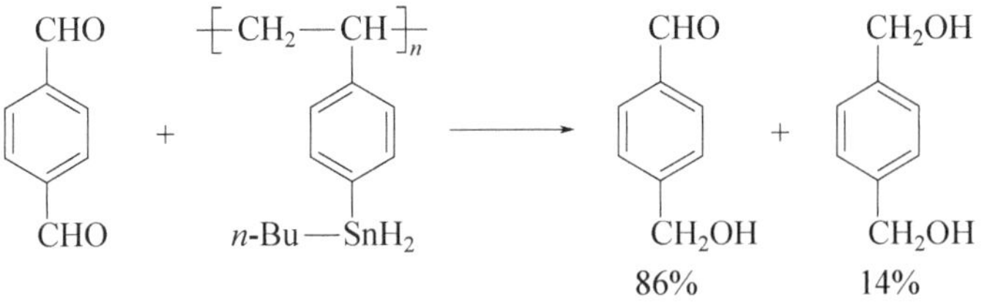

图 6-22　高分子锡还原试剂与对苯二甲醛的反应

高分子磺酰肼试剂是一种选择性还原剂，主要用于对碳-碳双键的加氢反应，同时对存在的羰基不发生作用。高分子硼氢化合物是通过将小分子硼氢化合物负载到高分子上形成的。如图 6-23 所示，使用聚乙烯吡啶吸附硼氢化钠，生成含 BH_3 的高分子还原剂，具有可以还原醛、酮的能力。还原时，首先形成硼酸酯，再用酸分解生成产物醇。

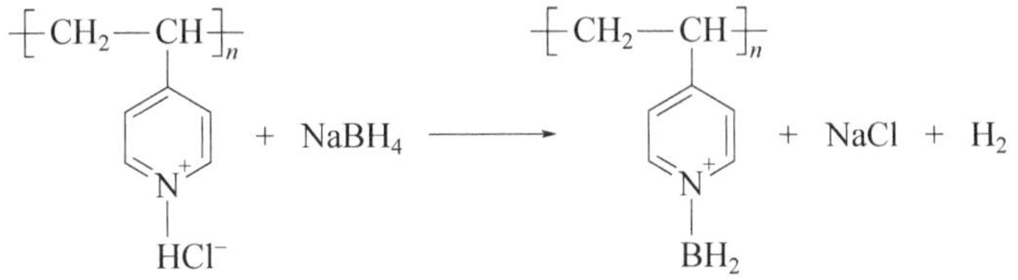

图 6-23　高分子硼氢化合物的制备路线

此外，强碱性阴离子交换树脂与硼氢化钠作用，可以制备具有硼氢化季铵盐结构的高分子还原剂。弱碱性阴离子交换树脂与 $H_3PO_2^-$、SO_2^{2-}、$S_2O_3^{2-}$、$S_2O_4^{2-}$ 等还原性阴离子作用，可形成具有不同还原能力的高分子还原剂。这一类高分子还原剂在稳定性方面稍差一些，但制备方法相对简单，容易回收和再生。

6.3.3　高分子转递试剂

将分子中的某一化学基团转递给另一化合物的高分子试剂就是高分子转递试剂，包括高分子卤代试剂、高分子酰基化试剂、高分子烷基化试剂、高分子亲核试剂、高分子 Witting 试剂等。

6.3.3.1　高分子卤代试剂

在卤化反应中，卤代试剂能够将卤素原子按照一定要求，有选择性地传递到反应物的特定部位。小分子卤代试剂挥发性和腐蚀性较强，容易恶化工作环境并腐蚀设备。高分子卤代试剂除克服了上述缺点之外，还可以简化反应过程和分离步骤。利用高分子骨架的空间效应和立体效应，高分子卤代试剂具有更好的反应选择性，因而在有机合成反应中获得了广泛的应用。目前高分子卤代试剂主要包括：二卤化磷型、N-卤代酰亚胺型及多卤化物型，如图 6-24 所示。

其中研究最多的是 N-溴代丁二酰亚胺型高分子和聚乙烯基吡啶与溴的配合物。高分子卤代试剂与小分子卤代试剂一样，主要是用于卤化取代反应和不饱和烃的加成反应。但小分子卤代试剂在进行卤化反应时，选择性较差。例如在无溶剂和自由基存在下，甲苯与 N-氯代丁二酰亚胺进行氯化反应，得到的产物是苄基氯和甲基氯代苯的混合物。但如果使用 N-氯代丁二酰亚胺聚合物作为氯代试剂，反应产物仅为单一的苯环氯化产物。N-溴代丁二酰亚胺聚合物作为溴代试剂时得到的产物较为复杂，主要取决于反应物的种类、反应物与高分子溴代试剂的比例。其他的高分子卤代试剂及其对应的用途如表 6-3 所示。

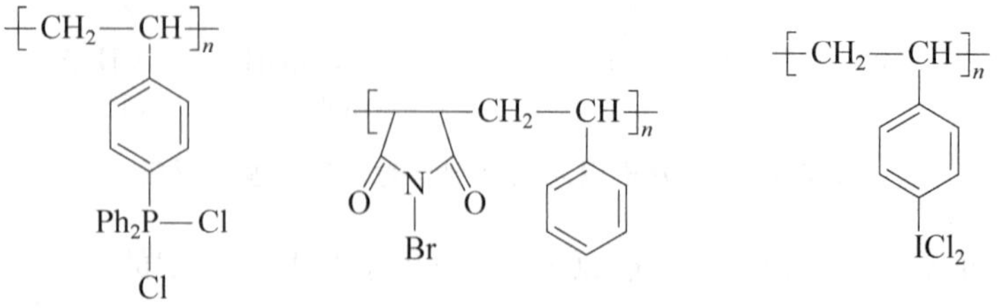

二卤化磷型　　　　　　　N-卤代酰亚胺型　　　　　　多卤化物型

图 6-24　主要的高分子卤代试剂

表 6-3　其他高分子卤代试剂及其用途

高分子卤代试剂的结构	对应用途
ⓟ—(吡啶)—N⁺—RX⁻　R = H, Me; X=Br₃⁻	酮和烯烃溴化
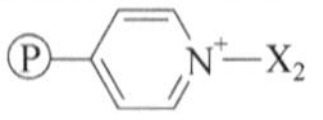 ⓟ—(吡啶)—N⁺—X₂　X = Br, Cl, I	烷基苯卤代和烯烃加成
ⓟ—CH₂—N⁺Me₃ X₃⁻　X = Br	羰基化合物的 α-溴代和不饱和烃加成
ⓟ—C(=N—Br)—Ph	烯丙基溴化
ⓟ—CH₂—NR₂(PCl₅, PBr₃)	将酸转化成酰卤，将醇转化成卤代烃
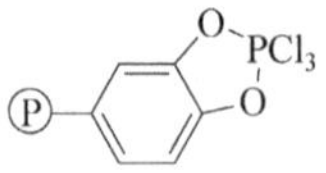 ⓟ—(苯并二氧杂环)—PCl₃	将酸转化成酰氯，将苯乙酮转化成 α-氯代苯乙烯
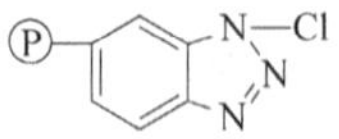 ⓟ—(苯并三唑)—N—Cl	用于芳香化合物的氯化反应
ⓟ—CONRCl	氯化试剂

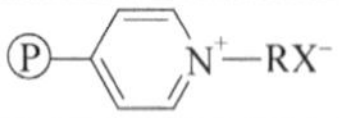

6.3.3.2　高分子酰基化试剂

酰基化反应是将有机化合物中的氨基、羧基和羟基分别转化成酰胺、酸酐和酯类化合物的酰化反应。酰基化反应广泛用于有机合成中活泼官能团的保护、肽的合成等。这类反应可改变化合物的极性，增加脂溶性和挥发性，但由于反应常常是可逆的，为了使反应更加完全地进行，往往会加入过量的试剂，但在反应结束后，过量的试剂与反应产物的分离是合成反应中较为耗时的步骤。而使用高分子酰基化试剂可以大大简化分离过程，并且试剂可以再生。

高分子酰基化试剂主要有高分子活性酯和高分子酸酐。常见高分子活性酯酰基化试剂是由对甲氧基苯乙烯与二乙烯苯合成的（图 6-25）。

高分子活性酯酰基化试剂可以用于多肽的合成，它将溶液合成转变为固相合成，提高了合成效率。高分子活性酯酰基化试剂用于有机合成中活性官能团的保护，分别可使胺和醇酰化，生成酰胺和酯。这类反应在肽的合成、药物合成方面都是极为重要的反应。

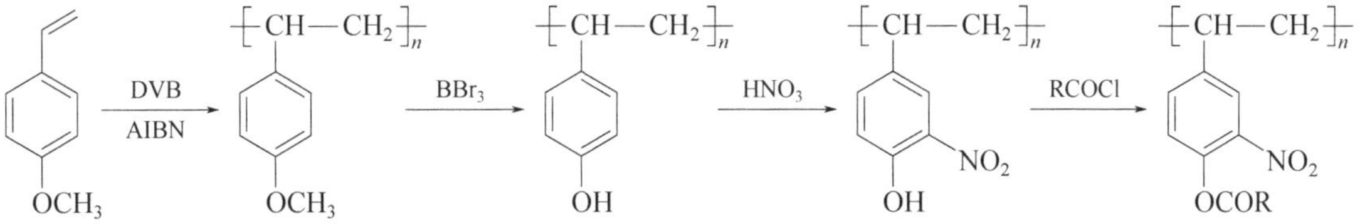

图6-25 高分子活性酯酰基化试剂的制备路线

高分子酸酐酰基化试剂也是一种很强的酰基化试剂。采用聚对羟甲基苯乙烯为原料与光气反应生成反应性很强的碳酰氯，再与适当的羧酸反应即可得到预期的高分子酸酐酰基化试剂，如图6-26所示。

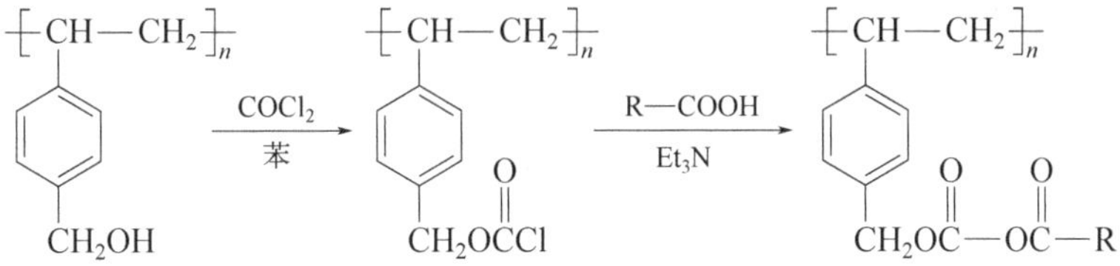

图6-26 高分子酸酐酰基化试剂的制备路线

高分子酸酐酰基化试剂能够使含有硫和氮原子杂环化合物上的氨基酰基化，而对化合物结构中的其他部分没有影响，如图6-27所示。这种试剂已经在药物合成中得到应用，如经酰基化后对头孢菌素中的氨基进行保护，制备得到长效抗菌药物。

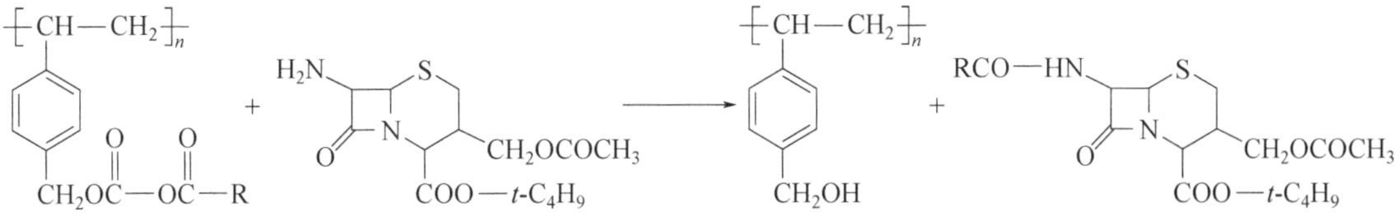

图6-27 高分子酸酐酰基化试剂与含硫和氮原子杂环化合物反应过程

6.3.3.3 高分子烷基化试剂

烷基化反应是在有机合成中提供含单碳原子的基团，用于碳-碳键的形成，用以增长碳骨架。高分子烷基化试剂包括高分子金属有机试剂、高分子金属配合物和高分子有机叠氮化合物。它们的制备可以参照前面制备高分子试剂的方法。

硫甲基锂型高分子烷基化试剂可用于碘化烷和二碘化烷的同系列化反应，用以增长碘化物中的碳链长度，具有较好的收率，具体反应如图6-28所示。而且，反应后回收的烷基化试剂与丁基锂反应再生后可以重复利用。

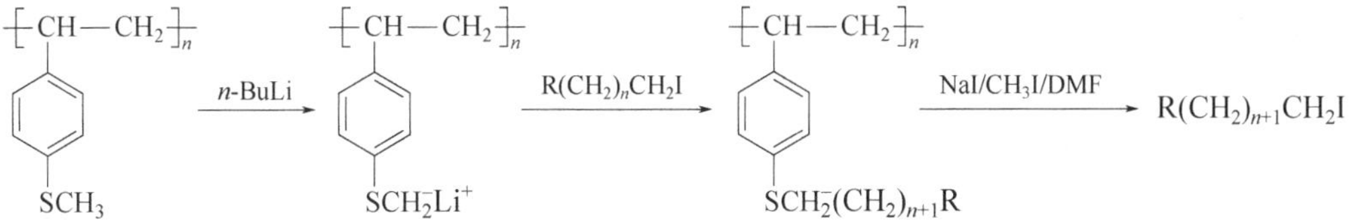

图6-28 硫甲基锂型高分子烷基化试剂的反应与回收反应过程

在含有叠氮结构（—N=N—NHCH₃）的高分子烷基化试剂参与的反应中，其与羧酸反应可以制备相应的酯，副产物氮气在反应中可以自动除去，使反应很容易进行到底，如图6-29所示。

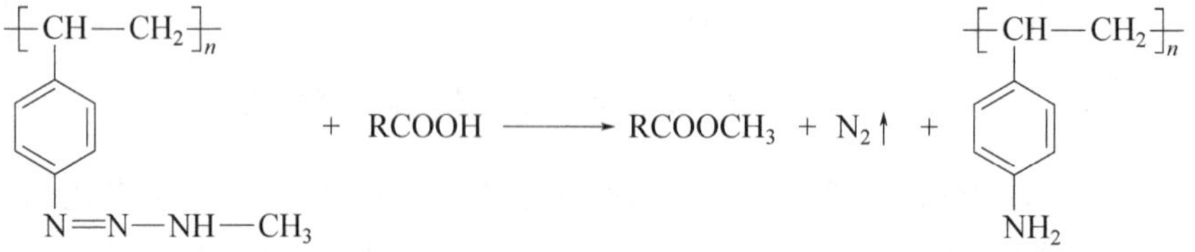

图 6-29　叠氮型高分子烷基化试剂与含羧基单体反应过程

6.3.3.4　高分子亲核试剂

亲核反应是负电性的或者电子云密度较大的亲核基团向反应底物中带正电的或者电子云密度较低的部分进攻而发生的反应。亲核试剂多为阴离子或带有孤对电子和多电基团的化合物。高分子亲核试剂多数是用离子交换树脂作为载体，通过阴离子亲核剂与载体之间的离子键合作用而形成的。例如，用强碱性阴离子交换树脂浸入10%~20% KCN 水溶液中，洗涤干燥后就得到含氰基的高分子亲核试剂。当浸入的是 KOCN 水溶液，则得到含异氰酸根的高分子亲核试剂。

高分子亲核试剂通常与含有电负性基团的化合物反应，如卤代烃。由于卤素原子的电负性，相邻碳原子上的电子云一部分转移至卤素一侧，该碳原子呈现缺电了状态，易受亲核试剂的攻击。含氰基的高分子亲核试剂在有机溶剂中和卤代烃一起搅拌加热，氰基被转移到卤代烃的碳链上，可得到多一个碳的氰化物，完成亲核反应，如图6-30所示。

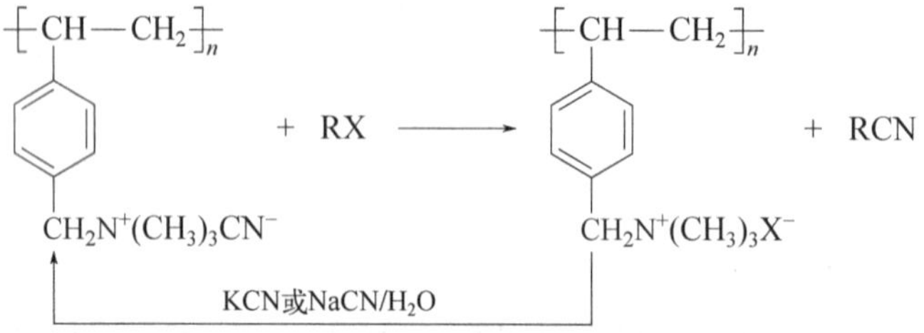

图 6-30　含氰基高分子亲核试剂与卤代烃反应过程

通常上述反应中，卤代烃的分子体积越小，收率越高；对于不同的卤代烃，碘代烃的收率高于溴代烃和氯代烃，氟代烃不反应。反应后回收的强碱性阴离子交换树脂与 KCN 或 NaCN 水溶液反应再生后可以重复使用。

6.3.3.5　其他高分子转递试剂

其他的高分子转递试剂还包含高分子 Witting 试剂、高分子 Ylid 试剂和高分子偶氮转递试剂等。高分子 Witting 试剂与小分子 Witting 试剂相同，能使卤代烃和醛或酮反应生成烯烃，不同的是高分子 Witting 试剂克服了产物难以从副产物 Ph₃PO 中分离提取的问题，副产物残留在高分子载体上，通过过滤就能得到产率和纯度都相对更高的烯烃，反应过程如图6-31所示。

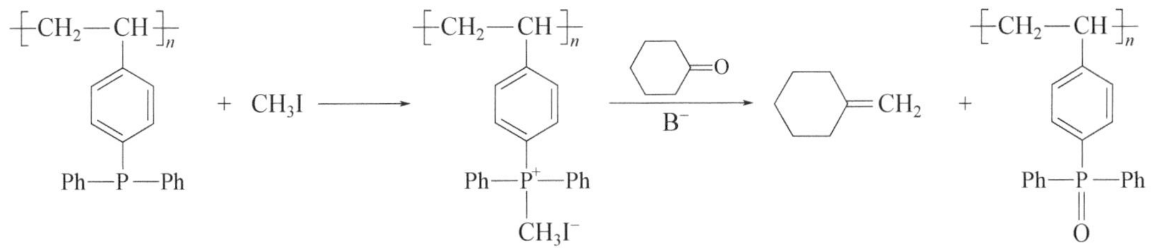

图 6-31 高分子 Witting 试剂合成烯烃反应过程

如图 6-32 所示，反应后的高分子 Witting 试剂用还原剂如三氯硅烷可以再生。

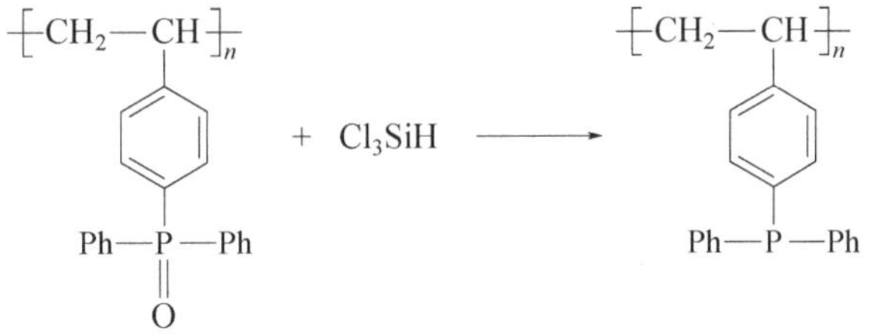

图 6-32 反应后的高分子 Witting 试剂的再生

高分子偶氮转递试剂含有叠氮官能团，能够使 β-二酮、β-酮酸酯等转变为偶氮衍生物。相比于小分子叠氮化合物，高分子偶氮转递试剂由于高分子骨架的作用，稳定性、安全性得到显著提高，在受到撞击时不会发生爆炸。

6.3.4 高分子固相载体

固相合成是在固体表面发生的合成反应，可能所有反应物都是固体，也可能反应物之一是固体。固相合成选用在合成体系中不会溶解的高分子材料作为反应试剂的载体，中间产物始终与高分子载体相连接，整个反应过程自始至终在高分子骨架上进行。高分子载体上的活性基团只参与初始反应或最后一步反应，反应过程如图 6-33 所示。

Ⓟ—X + A ⟶ Ⓟ—X—A + B ⟶ Ⓟ—X—A—B ⟶ Ⓟ—X + A—B

图 6-33 固相合成反应过程

首先，含有双官能团或者多官能团的小分子化合物 A 以共价键的形式与带有活性基团 X 的高分子载体相结合。然后，这种一端与高分子骨架相连，另一端的官能团处在游离状态的中间产物，能够与其他小分子试剂或溶液进行单步或者多步反应，过量使用的小分子试剂或载体可以过滤除去后进行下一步反应，直至在高分子载体上形成预定的化合物 A—B。最后，将合成的有机化合物通过水解从高分子载体上释放出来。反应过程中过量使用的小分子试剂和低分子副产物用简单的过滤法除去，再进行下一步反应，直到预定的产物在高分子载体上完全形成。因此，固相合成使用的高分子固相载体必须满足这些要求：在反应介质中不溶解，不参与化学反应，是化学惰性的；在反应介质中能很好地溶胀；载体上的活性基团与反应物的反应活性高；载体与反应物形成的键在反应过程中、温和条件下稳定，但反应完成后容易解离。

1963 年，梅里菲尔德报道了在高分子固相载体上合成多肽，不仅使复杂的有机合成简单化，而且也为合成的自动化奠定了有效基础。固相有机合成法以其特有的快速、简便、收率高的优点引起了人们极大的兴趣和关注。目前，这种方法已经广泛应用于多肽、寡核苷酸、寡糖等生物活性大分子的合成研究。某些难以用普通方法合成的对称二元醇单酯、单醚等定向合成，也通过这种合成方法得到了改善或解决。因此，固相合成法在有机合成化学研究领域具有重要意义。

6.3.4.1 多肽的固相合成

多肽的固相合成是把氨基酸固定到交联的高分子载体上，按照一定的顺序连接不同的氨基酸，最后产物从高分子载体上解脱下来。最早由 Merrifield 用这种方法合成了多肽，故又称为 Merrifield 固相多肽合成法。多肽的固相合成过程如图 6-34 所示。

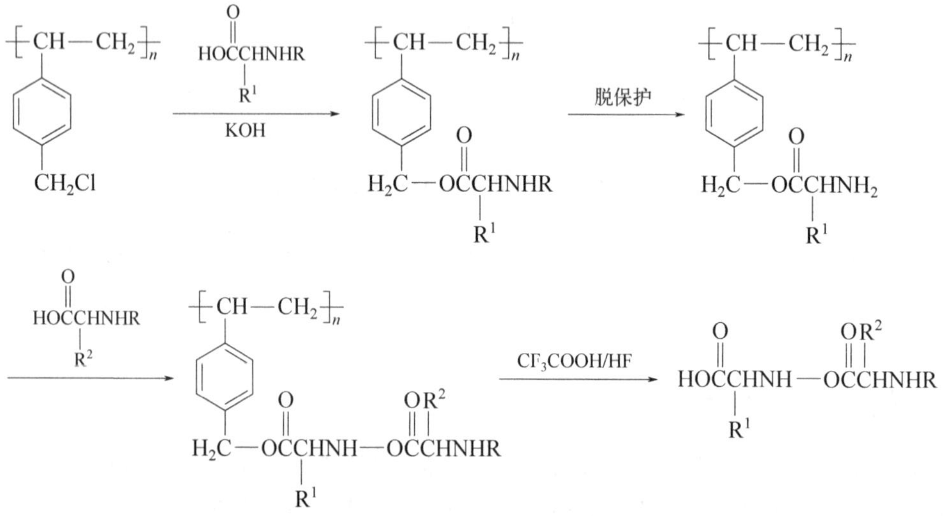

图 6-34 多肽的固相合成路线

显然，固相合成多肽解决了在溶液中氨基酸之间不能按照预定的方向进行酰胺化反应、生成的产物复杂而使分离十分困难的问题，极大地简化了常规肽化学的操作过程，完全省去了常规肽合成过程中对每个反应中间体都必须进行分离、纯化、重结晶、分析、鉴定等费时且繁杂的操作，取而代之的只是脱保护基、去质子化、肽键生成、洗涤和过滤等几个步骤。

（1）高分子载体选择及其与第一个氨基酸的键合

固相合成多肽首先必须选择合适的载体，固相载体可以是苯交联的聚苯乙烯和硅球等。用 1%二乙烯苯交联的聚苯乙烯树脂经氯甲基化后非常适合用作多肽固相合成的载体。当不受研磨作用时，它有一定的机械稳定性。在二氯甲烷、氯仿和 N,N-二甲基甲酰胺这些常用的溶剂中它能高度溶胀，并且悬挂的肽链在化学反应中是高度溶剂化的，试剂可以自由扩散进入树脂相中。研究表明，反应不但发生在树脂的表面，而且也发生在交联高分子载体的内部。除了高分子载体本身的骨架结构外，载体的官能团关系到第一个氨基酸与载体结合的难易程度和效率，以及最终的多肽从树脂上解脱的效率。高分子载体上的氯甲基、羟甲基是最常用的将第一个氨基酸键合到载体的官能团。

（2）氨基酸的保护与去保护和质子化

氨基酸的保护与去保护，包括 α-氨基、α-羧基以及氨基酸侧链的酚羟基、羧基、氨基的保护和去保护。一般来说，羧基的保护是通过形成酯实现的，而氨基的保护是通过形成酰胺实现的。氨基的保护在多肽合成中尤为重要，常用的氨基保护基团如图6-35所示。

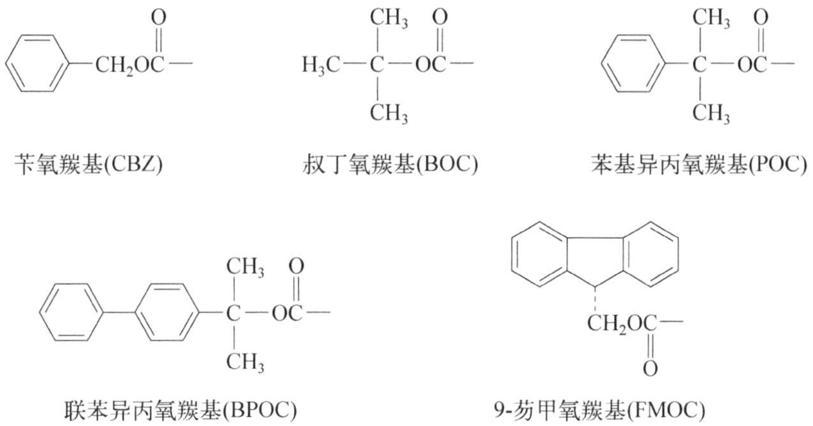

图 6-35 常用的氨基保护基团

去除氨基的叔丁氧碳基（BOC）保护基可用中等强度的酸，如三氟乙酸（TFA）或盐酸与乙酸混合物。去除氨基的 9-芴甲氧羰基保护基可用碱试剂，如吡啶，脱除反应十分迅速。断开环己基侧链保护基、对甲基二苯甲胺（MBHA）键以及与载体连接的苄酯键则可同时用 HF 或其他强酸裂解并保留肽链中的酰胺键。

去保护后的氨基酸在酸性介质中氨基仍被酸质子化，在偶联下一个氨基被保护的氨基酸之前必须先去质子化。一般使用三乙胺进行去质子化，虽然在溶液中进行反应时可能会发生消旋化，但在固相合成中则不会。也可以使用位阻大的叔胺，如二异丙基乙胺或 N-甲基吗啉，反应结束后用溶剂充分洗涤。

（3）肽键的生成

与载体连接的氨基酸氨基端在去保护和去质子化后，即可与下一个氨基被保护的氨基酸相连接形成肽键。形成肽键最常用的缩合剂是碳二亚胺类试剂，如二环己基碳二亚胺或二异丙基碳二亚胺，后者能够生成比较容易溶解的副产物。

当酰胺化反应没有空间位阻时，偶联反应在几分钟之内就可完成。当氨基酸是门冬氨酸和谷氨酸时，在反应中需要加入羟基苯并三氮唑来抑制脱水时副产物腈的生成。碳二亚胺也可以使氨基酸形成对称酸酐，并且进一步形成肽键。形成肽键还可以使用活性酯法，使用的氨基酸为氨基被保护的氨基酸的邻、对硝基苯酯，偶联反应在 N,N-二甲基甲酰胺中进行。这种反应一般较慢，但是可以避免门冬氨酸和谷氨酸脱水。

（4）肽链从载体上解脱

使用氟化氢水溶液，置于 0℃ 处理 30min 后就能够将预定结构的多肽链从高分子载体上解脱下来。

6.3.4.2 有机小分子化合物的固相合成

高分子固相载体可以用作有机小分子化合物的保护基团或者载体，这样可以得到许多在溶液反应中难以得到的产物。以下几类反应都是高分子固相载体在有机小分子化合物合成方面应用的例子。

（1）对称二醇单醚和单酯的合成

在溶液中合成对称二醇的单醚和单酯时，往往很难通过纯化得到纯的产物，但通过固相合成可以较为容易地实现。高分子固相载体通常带有酰氯、三苯甲基氯、三苯基氯硅烷等基团，通过在反应中调整二元醇反应物与高分子固相载体的比例，可以避免二元醇的两个端羟基同时发生反应，即可以保护一个端羟基，另一个端羟基能够进一步反应，从而得到醚或酯产物。

（2）对称二醛的单保护及其应用

用含有二元醇的高分子固相载体可以对对称二醛进行单保护，二醇与醛基反应生成五元环或六元环的缩醛，由此能够得到一系列含芳香醛的化合物。

（3）二元酸的单保护

二元酸的单保护首先需要将二元酸转化为二酰氯，然后一端酰氯与高分子固相载体的官能团反应，另一端游离的酰氯可以用硼氢化钠还原或与醇、胺反应。二元酸单保护的高分子固相载体包括氯甲基化的聚苯乙烯、聚苯乙烯基二苯甲基溴、聚苯乙烯基苄醇或苯乙醇、聚苯乙烯磺酰基乙醇等。

（4）二元氨的单保护

二元氨的单保护是通过与高分子固相载体的酰氯或活性酯形成酰胺实现的。其中，含有苄氧羰基（苄氧甲酰氯）的聚合物在保护氨基中应用比较广泛，因为将生成的产物酸解（如三氟乙酸）就可直接得到胺。

此外，除上述多肽固相合成和有机小分子化合物固相合成两大类主要应用外，高分子固相载体在合成其他的生物大分子（如低聚核苷酸、低聚糖）方面同样也获得了一定的应用。在寡核苷酸的固相合成中，核苷酸单体由碱基、核糖和磷酸三个部分组成，碱基上的氨基、糖环上的羟基和磷酸中的磷氧键都是亲核进攻的目标。反应中，常用的固相载体为可控孔径的玻璃珠，利用多孔玻璃珠表面的硅羟基与连接体相连，有机械强度好且形状规则的优势。此外，聚苯乙烯也是良好的固相载体。含手性官能团的高分子固相载体，可在某一特定的方向形成立体位阻，使反应物在进行有机反应时产生立体选择性。

6.4 分子印迹高分子

分子印迹技术是当前发展高选择性材料的主要方法之一，其原理是模仿自然界抗原-抗体反应机理，在高分子中引入分子识别位点，制备在空间和结合位点上与特定目标分子相匹配的、具有特定预定选择性的高分子化合物——分子印迹高分子，最早由 Wulff 与 Sahan 提出[30]。分子印迹高分子凭借其显著优势，例如高亲和性、高选择性、稳定性好、再生识别能力强以及对极端温度、压力、pH 值改变的抵抗能力，已经被广泛应用于手性固定相分离、固相萃取、膜分离、仿生传感器、模拟酶催化以及药物控释等领域。分子印迹高分子虽然不属于高分子催化剂或高分子试剂范畴，但它的高选择性、稳定性等特殊优势却与本章所述的反应性高分子有着相似之处，因此在这里对它进行简要介绍。

6.4.1 分子印迹基本原理

分子印迹技术通常需先选择合理的功能单体与模板分子形成配合物，然后加入适当的交联剂、致孔剂、引发剂，在一定的条件下引发聚合反应，最后再用如萃取或经酸水解的方法将分子模板去除。这样便得到了在三维空间上与模板分子完全匹配并对其有很好选择性的空穴，从而可以在一定的基质中将模板分子富集。根据功能单体与目标分子官能团之间的作用力不同，可以将分子印迹技术分为共价法与非共价法（图6-36）。

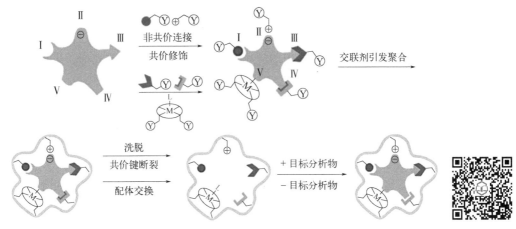

图6-36　制备分子印迹高分子的一般过程　　　　本图彩图

共价法又称预组织法，模板分子与功能单体之间依靠共价键的作用形成复合物，在一定的化学条件下可除去模板分子。此方法形成的共聚物中模板分子较难除净，对分离和富集有一定影响，其结合与解离的速度较慢，但却可以形成较高的专一识别性[31]。

非共价法又称自组织法，模板分子与功能单体通过非共价键作用，如氢键、静电引力、电荷转移、离子对作用、金属配位作用、疏水作用、范德瓦耳斯力等形成配合物[32]。这种作用更接近于天然的分子识别过程，对印迹分子的类型没有太多的限制，但其特异性选择能力较共价法弱，饱和吸附量较低。鉴于这两种方法的优缺点，模板与功能单体形成聚合物时采用共价键作用，进行分子识别时采用非共价键作用的设想应运而生。因此分子印迹高分子选择专一性较高，识别过程近似于天然分子识别过程。如果模板分子移除不净，残留的模板分子会对分子识别过程产生不容忽视的影响。

6.4.2 分子印迹高分子的制备方法

在选择好适当的功能单体与相互作用方式后，针对目标分析物的分子印迹高分子的制备主要分为三个连续的步骤，包括：预聚合配合物的形成、配合物的聚合，以及从获得的分子印迹高分子中去除模板分子[31]。

（1）预聚合配合物的形成

模板分子（离子、分子、大分子组装体和微生物等）与功能单体通过范德瓦耳斯力、氢键、π-π相互作用、离子相互作用和配位键等多种作用力经过自组装过程形成预聚合配合物。

（2）配合物的聚合

形成的预聚合配合物通过交联剂结合到高分子中，将模板分子固定在高分子中，从而固定各官能团的位置，具体包含以下聚合方式：

① 本体聚合　这种方法是制备分子印迹高分子的传统方法。一般是将模板、功能单体、交联剂、引发剂按照一定比例溶解在适当的溶剂中，密闭后反应，得到块状高分子，经研磨、筛选、沉降，得到一定粒径范围的颗粒。该方法实验条件易于满足，装置简单，容易普及。但其后处理较为烦琐，研磨会损坏印迹空穴，模板包埋过深不易洗出，是一种费时、费力、产率较低的方法。

② 原位聚合　这种制备方法具体做法是将模板分子、功能单体、引发剂、交联剂等溶解后装入空的液相色谱柱或毛细管柱中直接反应。原位聚合制备方法的优点是不需要研磨、过筛等繁杂过程，制备直接、简单，实用性较强。这种方法有时会存在柱压高、流速慢、选择性差等缺点，限制了其在实际分离中的应用，但利用适当比例的致孔剂，采用梯度洗脱等方法，可避免上述缺陷。

③ 沉淀聚合　这是一种非均相溶液聚合。通常反应所用的功能单体、交联剂、引发剂可溶于溶剂，而形成的高分子因不溶于溶剂而以微球形态沉淀。这种方法通常使用的溶剂量较大，功能单体的浓度较低，通过溶剂选择与使用量来控制微球的粒径。这种方法制备出的微球形状统一，大小容易控制。

④ 悬浮聚合　这是制备微球高分子最简便、常用的方法。通常是将模板分子、功能单体、交联剂、引发剂等溶于有机溶剂中，然后转移到含分散稳定剂的水相中，搅拌并引发反应。

⑤ 表面印迹　这种方法典型的代表就是基于硅胶表面修饰的表面印迹。通常是对硅胶表面进行修饰使其带有活性基团如双键、氨基等，从而能与高分子键合到一起。这种方法使得结合位点位于表面，利于模板分子的洗脱与目标分子的识别，并且能通过调节硅胶颗粒自身的性质适应需求。通常有两种不同的修饰思路：一种是对硅胶一步步修饰，最后使硅胶表面带有可以和功能单体、交联剂反应的双键而参与聚合；另一种则是将硅胶颗粒直接与模板分子和功能单体反应形成复合物，在硅胶表面生成印迹层。

⑥ 电聚合　这是一种比较新的聚合技术，多用于传感器膜的制备。该方法主要有 3 种措施：恒电流法、恒电位法和循环伏安法。恒电流法一般成膜速度较快，但沉积颗粒较为粗大；循环伏安法及恒电位法的成膜速度相对较慢，但循环伏安法也会因过度氧化对膜结构产生一定的损坏；恒电位法对膜的影响较小，制备过程中膜的生长也较为均匀。

（3）分子印迹高分子中模板分子的去除

关于分子印迹高分子制备后洗脱模板分子的主要方法有：多种溶剂依次洗脱、在线冲洗、加热回流或索氏提取。

在脱除模板分子后，最终形成的高分子基底能够保留与模板分子在尺寸、形状与功能方面都可以互补地识别的空腔结构。空腔不仅保留了与模板分子化学结构都互补的官能团有序排列，也维持了其整个空间构象，因此在材料再次遇到模板分子时，可以发生特异性结合。这些相互作用不仅决定了被分析物分子周围功能单体分子的空间排列，使分子印迹高分子能够对所选被分析物进行记忆和识别，而且分子印迹高分子与特定模板分子的结合强度导致分子印迹高分子具有不同的吸附动力学和选择性[33]。

分子印迹高分子制备的模板分子去除步骤强烈影响其对目标分析物的灵敏度。当模板分子准确去除后，将形成与识别位点的尺寸、形状、位置和空间方向都精准吻合的分子印迹高分子空腔。目前最常使用的模板分子移除提取方法主要为溶剂萃取和超临界流体萃取。其中，溶剂萃取方法简单，但耗时、浪费溶剂，因此这种方法通常需要升温回流以加速模板分子的溶解度；使用酸或碱，通过识别分子印迹高分子空腔位点来使模板分子质子化或去质子化以减弱模板的配合；或利用酶来分解生物分子模板等。

6.4.3 分子印迹高分子的应用

分子印迹高分子对模板分子的高度选择性及其对高温、高压、有机溶剂等恶劣环境极好的承受力，使其在多种分离领域展示出惊人的魅力[34-35]。分子印迹高分子以其优良的性能在生物[36]、化学[37]、医学[38]等领域得到很多应用。典型应用如下。

（1）固相萃取

固相萃取是一种吸附萃取，样品通过填充有吸附剂的一次性萃取柱，分析底物和杂质被保留在柱上，分别用选择性溶剂去除杂质洗脱出底物，从而达到分离目的。固相萃取是目前从复杂体系中选择性地萃取所需成分的最有效的方法。分子印迹高分子用于固相萃取的研究已有很多报道[39-40]。分子印迹高分子作为固相萃取的吸附相，可以吸附待测物或与其结构相似的一组化合物，由于待测底物与分子印迹高分子识别位点特异性结合，利用分子印迹高分子对待测物保留时间或容量因子的不同，通过洗脱，待测物被分离。另外，分子印迹高分子作为固相萃取剂还能克服生物或环境样品体系复杂、预处理手续繁杂等不利因素，为样品的采集、富集和分析提供极大的方便，因此可用于医药、食品和环境分析样品的制备。

（2）高分子印迹膜

采用高分子印迹技术制备的分离膜为分子印迹走向规模化开辟了道路[41]。这种分离膜不仅具有处理量大、易放大的特点，而且对目标分子的特异吸附具有高选择性、高收率的优点。分子识别功能高分子膜以其结构和性能上的特殊性，在很多领域得到应用，比如在药物分析领域中用于手性药物的分离。在环境保护领域，分子印迹技术也具有广阔的应用前景。二苯并呋喃等二噁烷类物质是激素类有毒化合物，会对环境造成极大危害。目前多采用活性炭吸附的方法对其进行处理，而采用对二噁烷有高选择性的吸附材料对其进行处理将更具优势。

（3）环境有害物检测

重金属、多环芳烃、有机磷化合物与放射性物质等是常见的环境污染物质，分子印迹高分子可以用于这些有害物质的检测。例如，金属的配位会导致分子印迹高分子光谱行为（荧光、比色或光电化学等）改变，因而可以用于测定水体中的重金属含量，具有高离子选择性和低检测基线（皮摩尔范围内）的优点。此外，铬、铜、汞、镉等重金属元素是人体所必需的微量元素，也可以用离子印迹高分子检测[42]。

思考题

1. 反应型功能高分子的主要性质有哪些？这些性质都可以在哪些领域获得应用？
2. 与相应的小分子化学反应试剂和催化剂相比，反应型功能高分子具有哪些特点？产生的原因是什么？

3. 什么是均相反应？什么是多相反应？与均相反应相比，多相反应有哪些优势？
4. 常见的催化剂有哪些种类？其中哪些种类的催化剂适合进行高分子化？与小分子同种催化剂相比，高分子催化剂的特点有哪些？
5. 高分子酸碱催化剂包括哪些种类？其与小分子酸碱催化剂相比有哪些优势？
6. 什么是相转移催化剂？简述其作用机理。
7. 高分子试剂有哪些优点？高分子还原型试剂有哪几类结构？
8. 多肽固相合成的方法步骤有哪些？
9. 什么是分子印迹技术？

参考文献

[1] Gutierrez T J. Surface and nutraceutical properties of edible films made from starchy sources with and without added blackberry pulp[J]. Carbohydr Polym, 2017, 165: 169-179.

[2] Vidal F, Mcquade J, Lalancette R, et al. ROMP-boranes as moisture-tolerant and recyclable lewis acid organocatalysts[J]. Journal of the American Chemical Society, 2020, 142(34): 14427-14431.

[3] Xia Y, Wang J. Transition-metal-catalyzed cross-coupling with ketones or aldehydes via *N*-tosylhydrazones[J]. Journal of the American Chemical Society, 2020, 142(24): 10592-10605.

[4] Shinokubo H, Oshima K. Transition metal-catalyzed carbon-carbon bond formation with grignard reagents-novel reactions with a classic reagent[J]. European Journal of Organic Chemistry, 2004, 2004(10): 2081-2091.

[5] Wang Y F, Lalonde J J, Momongan M, et al. Lipase-catalyzed irreversible transesterifications using enol esters as acylating reagents: Preparative enantio- and regioselective syntheses of alcohols, glycerol derivatives, sugars and organometallics[J]. Journal of the American Chemical Society, 2002, 110(21): 7200-7205.

[6] Haushalter R C, Krause L J. Electroless metallization of organic polymers using the polymer as a redox reagent-reaction of polyimide with zintl anions[J]. Thin Solid Films, 1983, 102(2): 161-171.

[7] Guino M, Hii K K. Applications of phosphine-functionalised polymers in organic synthesis[J]. Chemical Society Reviews, 2007, 36(4): 608-617.

[8] Chretien J M, Zammattio F, Le Grognec E, et al. Polymer-supported organotin reagents for regioselective halogenation of aromatic amines[J]. Journal of Organometallic Chemistry, 2005, 70(7): 2870-2873.

[9] Erb B, Kucma J P, Mourey S, et al. Polymer-supported triazenes as smart reagents for the alkylation of carboxylic acids[J]. Chemistry, 2003, 9(11): 2582-2588.

[10] Tripp J A, Svec F, Frechet J M. Solid-phase acylating reagents in new format: Macroporous polymer disks[J]. Journal of Combinatorial Chemistry, 2001, 3(6): 604-611.

[11] Gelbard G. Organic synthesis by catalysis with ion-exchange resins[J]. Industrial & Engineering Chemistry Research, 2005, 44(23): 8468-8498.

[12] Idoux J P, Wysocki R, Young S, et al. Polymer-supported "multi-site" phase transfer catalysts[J]. Synthetic Communications, 2006, 13(2): 139-144.

[13] Madhavan N, Jones C W, Weck M. Rational approach to polymer-supported catalysts: Synergy between catalytic reaction mechanism and polymer design[J]. Accounts of Chemical Research, 2008, 41(9): 1153-1165.

[14] Rittschof D, Orihuela B, Harder T, et al. Compounds from silicones alter enzyme activity in curing barnacle glue and model enzymes[J]. PLoS One, 2011, 6(2): e16487.

[15] Cole-Hamilton D J. Homogeneous catalysis-new approaches to catalyst separation, recovery, and recycling[J]. Science, 2003, 299(5613): 1702-1706.

[16] Wang K W, Jia Z F, Yang X K, et al. Acid and base coexisted heterogeneous catalysts supported on

[17] Widdecke H. Polystyrene-supported acid catalysis[J]. British Polymer Journal, 1984, 16(4): 188-192.

[18] Ray D, Sarkar B K, Rana A K, et al. The mechanical properties of vinylester resin matrix composites reinforced with alkali-treated jute fibres[J]. Composites Part a-Applied Science and Manufacturing, 2001, 32(1): 119-127.

[19] Fridkin M, Patchornik A, Katchalski E. Use of polymers as chemical reagents. Ⅱ. Synthesis of bradykinin[J]. Journal of the American Chemical Society, 1968, 90(11): 2953-2957.

[20] Grubbs R H, Kroll L C, Sweet E M. The preparation and selectivity of a polymer-attached rhodium(Ⅰ) olefin hydro genation catalyst[J]. Journal of Macromolecular Science: Part A - Chemistry, 1973, 7(5): 1047-1063.

[21] 张能芳, 梁桂芸. 强碱阴离子交换树脂催化合成假紫罗兰酮[J]. 离子交换与吸附, 1991, 02: 142-146.

[22] Tada M, Iwasawa Y. Design of molecular-imprinting metal-complex catalysts[J]. Journal of molecular Catalysis a-Chemical, 2003, 199(1-2): 115-137.

[23] Shit S C, Shah P. A review on silicone rubber[J]. National Academy Science Letters-India, 2013, 36(4): 355-365.

[24] Grubbs R H, Kroll L C. Catalytic reduction of olefins with a polymer-supported rhodium(Ⅰ) catalyst[J]. Journal of the American Chemical Society, 2002, 93(12): 3062-3063.

[25] Sondheimer S J, Bunce N J, Lemke M E, et al. Acidity and catalytic activity of Nafion-H[J]. Macromolecules, 2002, 19(2): 339-343.

[26] Chen Z, Hu Y, Wang J, et al. Boosting photocatalytic CO_2 reduction on $CsPbBr_3$ perovskite nanocrystals by immobilizing metal complexes[J]. Chemistry of Materials, 2020, 32(4): 1517-1525.

[27] Hong D, Tsukakoshi Y, Kotani H, et al. Visible-light-driven photocatalytic CO_2 reduction by a Ni(Ⅱ) complex bearing a bioinspired tetradentate ligand for selective CO production[J]. Journal of the American Chemical Society, 2017, 139(19): 6538-6541.

[28] Tomoi M, Ford W T. Mechanisms of polymer-supported catalysis. 1. Reaction of 1-bromooctane with aqueous sodium cyanide catalyzed by polystyrene-bound benzyltri-N-butylphosphonium ion[J]. Journal of the American Chemical Society, 2002, 103(13): 3821-3828.

[29] Meng Q, Huang Y, Deng D, et al. Porous aromatic framework nanosheets anchored with lewis pairs for efficient and recyclable heterogeneous catalysis[J]. Adv Sci (Weinh), 2020, 7(22): 2000067.

[30] Wulff G, Schonfeld R. Polymerizable amidines-adhesion mediators and binding sites for molecular imprinting[J]. Advanced Materials, 1998, 10(12): 957.

[31] Batra D, Shea K J. Combinatorial methods in molecular imprinting[J]. Current Opinion in Chemical Biology, 2003, 7(3): 434-442.

[32] Andersson L I, Mosbach K. Enantiomeric resolution on molecularly imprinted polymers prepared with only non-covalent and non-ionic interactions[J]. Journal of Chromatography, 1990, 516(2): 313-322.

[33] Haginaka J. Monodispersed, molecularly imprinted polymers as affinity-based chromatography media[J]. J Chromatogr B Analyt Technol Biomed Life Sci, 2008, 866(1-2): 3-13.

[34] Joseph J BelBruno. molecularly imprinted polymers[J]. Chemical Reviews, 2019, 119(1):94-119.

[35] Schirhagl R. Bioapplications for molecularly imprinted polymers[J]. Analytical Chemistry, 2014, 86(1): 250-261.

[36] Spivak D A, Shea K J. Investigation into the scope and limitations of molecular imprinting with DNA molecules[J]. Analytica Chimica Acta, 2001, 435(1): 65-74.

[37] An F, Gao B, Feng X. Adsorption and recognizing ability of molecular imprinted polymer MIP-PEI/SiO_2 towards phenol[J]. Journal of Hazardous materials, 2008, 157(2-3): 286-292.

[38] Liang R N, Zhang R M, Qin W. Potentiometric sensor based on molecularly imprinted polymer for determination of melamine in milk[J]. Sensors and Actuators B-Chemical, 2009, 141(2): 544-550.

[39] Song X, Li J, Wang J, et al. Quercetin molecularly imprinted polymers: Preparation, recognition characteristics and properties as sorbent for solid-phase extraction[J]. Talanta, 2009, 80(2): 694-702.

[40] He C, Long Y, Pan J, et al. Application of molecularly imprinted polymers to solid-phase extraction of

analytes from real samples[J]. J Biochem Biophys Methods, 2007, 70(2): 133-150.

[41] Roche P J R, Ng S M, Narayanaswamy R, et al. Multiple surface plasmon resonance quantification of dextromethorphan using amolecularly imprinted β-cyclodextrin polymer: A potential probe for drug-drug interactions[J]. Sensors and Actuators B: Chemical, 2009, 139(1): 22-29.

[42] Xu Z X, Fang G Z, Wang S. Molecularly imprinted solid phase extraction coupled to high-performance liquid chromatography for determination of trace dichlorvos residues in vegetables[J]. Food Chemistry, 2010, 119(2): 845-850.

第 7 章 液晶高分子

7.1 概述

7.1.1 液晶的定义

在自然界中，物质通常以固态、液态及气态三种相态存在。当外界条件发生变化时，物质可在相态之间发生相转变，由一种相态转变成另一种相态。但某些物质被溶剂溶解或受热熔融后，虽然失去了固态物质的刚性，获得了液态物质的流动性，却仍然部分保留着晶态物质的有序排列，从而在物理性质上呈现各向异性，形成一种兼有液体和晶体性质的过渡状态，这种中间状态称为液晶态，而处于这种状态的物质称为液晶（liquid crystal，LC）。

晶体是具有完美的长程有序结构但不可流动的固体，液体则呈现分子杂乱无序但具有高流动性。液晶将有序性和流动性两个自然界中的基本要素有机结合在一起，既具有晶体的有序性和双折射等特征，同时又具有液体的可流动性，是介于各向同性液体和完全有序晶体之间的一种取向有序的流体。通常处于液晶态的分子都倾向于沿同一方向排列，但在较大范围内分子的排列取向可以是不同的。液晶是处于液体状态的物质，因此，构成液晶分子的质量中心可作长程移动，使物质保留一般流体的一些特征。以长棒状分子为例，图 7-1 给出了晶态、液晶态、液态分子的微观结构[1]。

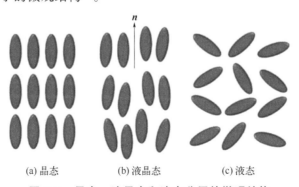

(a) 晶态　　(b) 液晶态　　(c) 液态

图 7-1　晶态、液晶态和液态分子的微观结构

晶体的分子排列是三维远程有序的，许多性质有明显的空间方向依赖性，即各向异性的性质。液晶的分子排列三维远程有序消失，但其保留取向有序，在物理性质上呈现各向异性，在较大范围内分子的取向有序形式和程度可以不同，因此存在不同的液晶态。液体的分子排列没有三维远程有序，只有近程有序，各个方向上的物理参数不再有变化，即各向同性。

液晶分子排列的有序度可以用有序参数 S 来表示[2]，计算公式如下：

$$S = \frac{1}{2}(3\cos\theta^2 - 1) \tag{7-1}$$

式中，θ 是指向矢 n 和分子长轴的夹角。当分子完全有序时（如晶体），$\theta=0°$，则 $S=1$；对于完全各向同性的液体而言，$S=0$；液晶的有序参数 S 通常在 $0\sim1$ 之间。有序参数是一个非常重要的物理量，它表征了液晶物理性质各向异性的程度，直接影响液晶的物理性质诸如弹性常数、黏滞系数、介电各向异性、双折射值等。

7.1.2 液晶的分类

液晶可按照不同的方法进行分类，目前常用的分类方法有以下几种：

（1）按照出现液晶相的物理条件和成分

主要可以分为热致液晶和溶致液晶两大类。另外，有些材料在外力场作用下也可以形成液晶，例如压致液晶和流致液晶等。把某些有机物加热，由于加热破坏了结晶的晶格而形成的液晶称为热致液晶；把某些有机物放在一定的溶剂中，由于溶剂破坏了结晶的晶格而形成的液晶称为溶致液晶。目前用于显示材料的液晶材料大都是热致液晶，而生物系统中则存在大量的溶致液晶。

（2）按照液晶化合物的分子几何形状

可分为棒状液晶、盘状液晶、碗状液晶、燕尾形液晶和香蕉形液晶等。目前发现的构成液晶物质的分子，大体上呈现细长棒状或扁平状，并且在每种液晶相中形成特殊排列。

（3）按照分子排列的有序性

可分为近晶相（sematic）、向列相（nematic）和胆甾相（cholesteric）三大类[3]。

① 近晶相液晶　近晶相液晶是由棒状或条状分子组成的，分子排列成层，层内分子的长轴相互平行，其方向可垂直于层面，或与层面呈倾斜排列。因其分子排列整齐，规整性接近晶体，故近晶相液晶具有二维有序性。近晶相液晶的分子质心位置在层内无序，可以自由平移，从而有流动性，但黏滞系数很大，分子可以前后左右滑动，但不能在上下层之间移动，正是由于它的这种高度有序性，近晶相经常出现在较低的温度范围内。根据晶相的细微差别，近晶相液晶还可以再分成不同的小类，一般按发现年代的先后依次计为 S_A、S_B、S_C、S_D、S_E、S_F、S_G 等。

② 向列相液晶　向列相液晶的棒状分子仍然保持着与分子轴方向平行的排列状态，但没有近晶相液晶中那种层状结构。向列相中分子的质心混乱无序，但分子的指向矢量大体一致。向列相中分子的指向矢量有序排列，使其光学和电学性质随着有序排列方向的不同而不同。此外，与近晶相液晶相比，向列相液晶的黏度小，并且由于向列相液晶容易沿着长轴方向自由移动，其流动性较好，甚至不少向列相液晶的黏滞系数只是水的数倍。向列相液晶分子的排列和运动比较自由，对外界作用相当敏感，因而应用更广泛。

③ 胆甾相液晶 胆甾相液晶的分子呈现扁平形状，排列成层，层内分子相互平行，不同层分子长轴的方向稍有变化，沿层的法线方向排列成螺旋结构。胆甾相实际上是向列相的一种畸变状态。不同类型液晶相态结构的分子排列如图 7-2 所示。

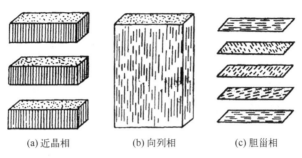

(a) 近晶相　　(b) 向列相　　(c) 胆甾相

图 7-2　不同类型的液晶相态结构分子排列

7.2 液晶高分子的发展与分类

7.2.1 液晶高分子的发展史

顾名思义，液晶高分子是指在一定条件下能以液晶相态存在的高分子，将小分子液晶连接成高分子，或者通过官能团的化学反应将小分子液晶连接到高分子骨架上即可得到液晶高分子。液晶高分子将聚合物的高分子量和液晶的有序性有机地结合，使其具有一些独特的性质。

虽然液晶分子的发现可追溯到 19 世纪，但直到 1923 年，德国化学家 D. Vorlander 才首次提出了液晶高分子的科学设想。1950 年，Ellioh 和 Ambrase 在聚氨基酸酯的氯仿溶液制膜过程中发现了该溶液的胆甾相液晶，人们开始了对液晶高分子的研究。液晶高分子的研究虽然起步较晚，但目前已发展成为液晶研究领域中令人瞩目的一个重要分支。20 世纪 70 年代，Kevlar 纤维的商品化开创了液晶高分子研究的新纪元，随后又有自增强塑料 Xydar（美国 Dartco 公司，1984 年）、Vectra（美国 Eastman 公司，1985 年）和 Ekonol（日本住友公司，1986 年）等聚酯类液晶高分子的生产。从此，液晶高分子走上一条迅速发展的道路。随着对聚酯类液晶高分子等主链液晶高分子研究的不断深入，侧链液晶高分子的研究也异军突起。1978 年，Finkelmeman 和 Ringsdolf 提出了侧链液晶高分子中柔性间隔基去耦作用的概念和设想，是液晶高分子史上一件具有里程碑意义的事件。1989 年，Percel 等提出了关于柔性棒状液晶基元的概念和设想，进一步促进了侧链液晶高分子的发展。

另外，将小分子液晶直接交联或先聚合得到线型液晶高分子再交联，还可以得到三维网络化的液晶高分子材料，如液晶弹性体等。1981 年，德国科学家 H. Finkelmann 制备了第一个液晶弹性体，1991 年又制备了第一个单畴液晶弹性体。随后的几十年间，液晶弹性体一直被世界各地的科学家作为研究课题，得到了长足的发展。尤其是近些年来，利用液晶弹性体制备驱动器和传感器得到了很多关注，是新型智能材料研究的热门方向之一。液晶弹性体（LCE）可以应用到人工肌肉、可调控激光器、光驱动马达、增强虚拟现实等对造福人类和革新科技的器件上，具有很好的发展前景。

7.2.2 液晶高分子的分类

为了使高分子具有灵活的链结构,从而使液晶基元在高分子中仍然可以进行自组装形成有序结构,通常需要在聚合时加入柔性间隔基,如烷烃链、烷氧链、硅氧链等。所以,液晶高分子通常由刚性部分和柔性部分两部分组成,刚性部分主要由芳香族和脂肪族环状结构构成,柔性部分多由可以自由旋转的键连接起来的饱和链构成。根据液晶基元在高分子链中的相对位置和连接次序可将液晶高分子分为主链型、侧链型和复合型。

完全刚性的主链型液晶高分子只能表现为溶致型液晶相,而在主链上引入取代基团和柔性链段等,则可使其表现出热致型液晶相的性质。侧链型液晶高分子的液晶相热稳定性和生成能力由主链、液晶基元及两者间的连接方式和结构决定。通常,侧链型液晶高分子一般以聚硅氧烷、聚丙烯酸酯、聚甲基丙烯酸酯等较柔性的分子链作为主链,而液晶基元则采用刚棒状的基元。采用柔性大的主链和刚性大的液晶基元有利于生成液晶相,液晶基元呈棒状,易形成向列相或近晶相液晶;而液晶基元呈片状时,则利于胆甾相或盘状液晶的形成。表7-1中列出了几种典型的液晶高分子结构类型。

表 7-1 液晶高分子结构类型

结构形式	名称	结构形式	名称
	纵向型(longitudinal)		反梳型(inverse comb)
	垂直型(orthogonal)		平行型(parallel)
	星型(star)		双平行型(biparallel)
	软盘型(soft disc)		混合型(mixed)
	硬盘型(rigid disc)		混合型(mixed)
	多盘型(multiple disc)		混合型(mixed)
	单梳型(one comb)		结合型(double)
	栅状梳型(palisade comb)		结合型(double)
	多重梳型(multiple comb)		网型(network)
	盘梳型(disc comb)		二次曲线型(conic)

7.3 液晶高分子的结构及表征

7.3.1 液晶高分子的结构特征

自从 1923 年德国科学家 Vorlander 提出产生液晶相的前提条件是其分子的外形应尽可能长并尽可能呈直线状以来,这一法则成了当时设计和合成液晶化合物的依据。经过多年的研究,人们总结了如下规律:

① 液晶分子的几何形状应是各向相异的,分子的长径比必须大于 4。

② 液晶分子长轴应不易弯曲,有一定的刚性。因而常在分子的中央部分引入双键或三键,形成共轭体系,以得到刚性的线型结构或者使分子保持反式结构,以获得线状结构。硬核由芳环、脂环、杂环组成,桥键为—CH=CH—、—N=N—、—COO—等。

③ 分子末端含有极性或可极化的基团。通过分子间作用力等,分子保持取向有序,例如酯基、氰基、硝基、氨基、卤素等。

当然也有特例,除棒状分子外,液晶基元还可以以其他形式出现,如盘状、X 形、T 形等,同时,分子之间也可通过氢键诱导产生液晶相。

液晶高分子的形成与其分子结构存在着内在联系,液晶高分子态的形成是物质的外在表现形式,而这种物质的分子结构则是液晶形成的内在因素。毫无疑问,这类物质的分子结构在液晶的形成过程中起着主要作用,同时液晶的分子结构也决定着液晶的相结构和物理化学性质。研究表明,液晶高分子中的刚性部分通常呈现近似棒状,即"液晶基元",这是液晶高分子在液态下维持有序排列所必需的结构因素,这些液晶基元被柔性链以各种方式连接在一起。在常见的液晶高分子中,刚性部分以下式所示的长棒状分子结构为主。

$$R^1-\!\!\!\!-\!\!\bigcirc\!\!-\!\!X\!\!-\!\!\bigcirc\!\!-\!\!R^2$$

这种刚性部分通常由两个环状结构(苯环、脂肪环或者芳香杂环)通过一个刚性连接部件(X)连接而成。构成刚性连接部件 X 的常见化学结构包括亚胺基(—CH=N—)、反式偶氮基(—N=N—)、氧化偶氮基(—NO=N—)、酯基(—COO—)和反式乙烯基(—CH=CH—)等。这个刚性结构能够阻止两个环的旋转,提升分子的规整性。刚性体的端基 R^1 和 R^2 可以是各种极性和非极性基团,其对形成的液晶相态具有一定稳定作用。液晶分子中刚性连接部件的化学结构如表 7-2 所示。

表 7-2 液晶分子中棒状刚性部分的刚性连接部件与取代基

环	X	R^1	R^2
![苯环、邻苯二甲酸酯、对苯二甲酸酯、环己烷]	—N=N— —CH=N— —CH=CH— —C≡C— —C(=O)O—	C_nH_{2n-1}— $C_nH_{2n-1}O$— $C_nH_{2n-1}OCO$—	—R —F —Cl —Br —CN —NO —N(CH$_3$)$_2$

7.3.2　影响液晶高分子形态和性能的因素

影响液晶高分子形态与性能的因素主要包括内在因素和外在因素两部分，内在因素主要为分子结构、分子组成和分子间作用力等，而外在因素主要是环境温度和环境组成等。

（1）内在因素

液晶高分子中刚性的液晶基元不仅有利于在固相中形成结晶，而且在转变成液相时也有利于保持晶体的有序性。分子中液晶基元的规整性越好，排列越整齐，分子间作用力越大，生成的液晶相越稳定。在热致液晶中，对液晶相形态和性质影响最大的是分子构型和分子间作用力，分子间作用力大和分子规整度高虽然有利于液晶相的形成，但相转变温度也会随之提高，而液晶相出现的温度提高，则不利于液晶的加工和使用。溶致液晶由于是在溶液中形成的，不存在上述问题。

一般而言，棒状液晶基元易形成向列相或近晶相液晶，而片状液晶基元则有利于胆甾相或盘状液晶的形成。同时高分子主链、柔性间隔基的长度和体积对液晶基元的旋转和平移都会产生影响，因此也会对液晶的形成和液晶相结构产生作用。在高分子链或液晶基元上连有不同极性、不同电负性或具有其他功能的基团，会对液晶的偶极距、电、光、磁等性质产生影响。

（2）外在因素

对于热致液晶，温度是最主要的影响因素，足够高的温度是使相转变过程发生的必要条件，同时施加一定电场或磁场力有时对液晶的形成也是必要的。而对于溶致液晶，除了上述因素外，溶剂与液晶基元之间的作用、溶剂的结构和极性决定了液晶基元间的亲和力，影响液晶基元在溶液中的构象，进而影响液晶的形态和稳定性。

7.3.3　液晶高分子的结构表征

液晶相是一种有序的结构，凡是可用于分析有序结构的方法，都能用来表征液晶性质。液晶材料的表征主要包含分子结构的表征、热性能的表征和液晶织构的表征等。偏光显微分析（POM）、差示扫描量热分析（DSC）和 X 射线衍射分析（XRD）等技术都是最基本的表征液晶高分子的手段。通常，POM 能给出有关液晶态的织构、相变、分子的取向及液晶体的光性，如光性的正负、光轴的个数、双折射值的大小等信息。DSC 能准确地描述样品在变温环境中的相行为，如玻璃化转变温度以及各种相转变温度与对应的热力学参数等。X 射线对于确定液晶态的种类，特别是对于各种近晶相液晶态的鉴定以及对于分子取向和有序程度的研究最为有效。此外，核磁共振、红外光谱、小角中子散射等方法在液晶高分子研究中也有重要作用。

（1）差示扫描量热分析（DSC）

DSC 是确定相转变的一种简便可靠的方法，当物质从一种相态转变成另一种相态时，总是伴随有能量的变化，表现为吸热或放热效应。DSC 在高分子研究方面的应用特别广泛，如研究聚合物的相转变、熔点、玻璃化转变温度，以及研究聚合、交联、氧化、分解等反应，并测定反应温度、反应热、反应动力学参数等。在液晶高分子的研究中，它能测定液晶高分子的玻璃化转变温度、熔点、液晶相间的转变温度、清亮点、分解温度及相应的热焓值等。

液晶高分子在温度或浓度变化时通常都会有相态的转变，但其相行为是相当复杂的。液晶分子结构中端基的极性、极化度、中心桥键性质、分子宽度、空间构型以及分子间相互作用力都会显著影响液晶的相变温度。通过 DSC 可以对这些性质进行测试和表征。

（2）偏光显微分析（POM）

POM 通常被用作表征材料液晶态的首选手段。利用 POM 可以研究溶致液晶态的产生和相分离的过程，热致液晶的熔点、相转变温度、清亮点以及液晶态织构和取向缺陷等形态学问题[4-5]。表 7-3 中列出了不同液晶相的各种可能织构形态。

表 7-3 不同液晶相的织构形态

液晶类型		光学织构			
向列相		丝状	球粒	纹影	大理石纹状
胆甾相		指纹	平面	焦锥	油丝
近晶相	A	短棒	简单扇形	简单多边形	
	B	镶嵌	扇形		
	C	扇形	层线	大理石纹状	纹影
	D	镶嵌			
	E	镶嵌	树枝状	条纹状	
	F	条纹	同质异晶	纹影	
	G	镶嵌	星形	同质晶	

根据特征织构，可判断是否有液晶态出现，还可推测其液晶态类型。液晶织构是液晶结构的光学表现，不同的液晶态类型有着不同的液晶织构，而且，同一液晶态类型可呈现一种以上的织构，而同一种织构也可出现在不同的液晶态类型中。

① 向列相液晶织构 常见的向列相液晶织构有：球粒（droplet）织构、丝状（threaded）织构和纹影（schlieren）织构。丝状织构是向列相液晶态向错的一个重要表现形式，它是向列相液晶所特有的一种织构形式。它的特点是在液晶的熔体中出现一些细丝，且这些细丝可以在熔体中游动，随着温度的变化，常伴有旧丝的消失和新丝的产生。球粒织构一般出现在降温过程中，当向列相的样品从各向同性相降温至液晶化温度时，视野中会有很小的球状粒子出现，并且许多球状粒子中包含着交叉的黑十字，正好与上下偏振方向相对应。纹影织构常出现在较薄的样品中，一般在降温过程中生成的纹影织构更清晰。它的特点是在一个消光黑点的周围有几条黑刷子。消光黑点可以是点畸变的反映，也可以是垂直于样品平面的"线向错"的结果。

② 近晶相液晶织构 近晶相种类很多，其有序性各异，形成的织构也各异，但常见的液晶高分子则只有近晶 A（S_A）相、近晶 C（S_C）相（包括手性近晶 C 相）和近晶 B（S_B）相。近晶相液晶常见的织构有：焦锥（focal-conic）织构、纹影（schlieren）织构、扇形（fan-shaped）织构和层线（lined）织构。

焦锥织构常出现在 S_A 相和 S_C 相液晶中。较完善的焦锥通常以扇形出现，称为扇形（fan-shaped）织构；不是很完善的焦锥织构常被称为破碎焦锥（broken focal-conic）或破碎扇形（broken fan-shaped）织构。

在 S_C 相液晶中，纹影织构是比较典型的织构。因纹影织构中的黑刷子数目与向错的强度有关，根据 Nehring-Saupe 理论，近晶相的纹影织构只有强度为整数值的向错点，即向错

强度 m 只能取整数,黑刷子数只能是 4 的整数倍。

层线织构一般出现在手性液晶高分子中,如手性近晶 C 相。手性碳原子使整个分子呈现出螺旋结构,而层线织构则是手性分子指向矢沿螺旋轴作规律性扭转排列的结果。层线织构的层线间距相当于螺旋结构中的半螺距,所以若手性分子的螺距过小,则层线之间的间距势必会很小。由于光学显微镜分辨率的限制,通常观察不到层线织构,看到的都是焦锥织构。

③ 胆甾相液晶织构　胆甾相织构与手性近晶相织构有许多相似之处。常见的胆甾相织构有:平面(planar)织构、焦锥(focal conic)织构、油丝(oily streak)织构、Grand-jean 织构和指纹(finger print)织构。胆甾相的层线织构与手性近晶相的层线织构相同,都是分子指向矢沿螺旋轴作规律性扭转排列的结果。

指纹织构是胆甾相液晶特有的织构,它是层线织构发育受阻时的表现。胆甾相液晶的指纹织构在小分子中或是在有外力场的作用时都能够观察到,而在液晶高分子中的报道则较少。油丝织构常出现在一些天然生物液晶大分子的溶液中,但在热致液晶中也有油丝织构。从微观角度分析,油丝织构是由许多细小焦锥织构组成的链状双折射区。要想得到油丝织构,液晶薄膜要略薄一些,并且要均匀。蓝相是胆甾相液晶特有的一种织构,它是各种胆甾相液晶在刚低于清亮点时存在的一个热力学稳定相,处于胆甾相和各向同性相之间的一个狭窄的范围内,是由胆甾相液晶选择反射圆偏振光或伴随的异常旋光弥散引起的,因通常为蓝色,所以称为蓝相。图 7-3 给出了部分类型的液晶织构照片。

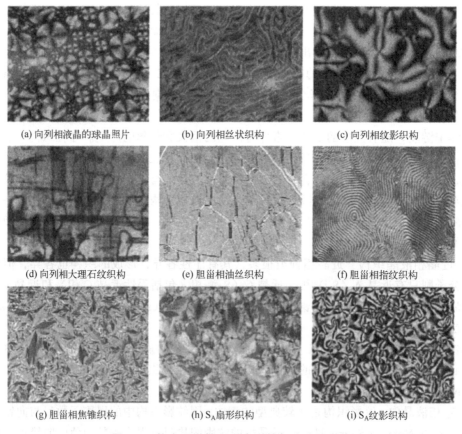

图 7-3　偏光显微镜下观察到的部分液晶织构

液晶织构千变万化，随着人们对液晶研究的深入和更多液晶类型的发现，更多的液晶织构形态也将出现。值得注意的是，液晶高分子因为黏度高且存在分子量分布等特点，有时很难形成小分子液晶那样"标准"的特定织构，所以，液晶类型的确定有时需借助两种乃至多种方法的综合应用。

（3）X射线衍射分析（XRD）

液晶分子排列的宏观表现可以用偏光显微镜观察到的织构来表征，若要更仔细地研究液晶材料在分子水平上的结构，尤其是在液晶中分子的堆砌和介晶相中分子序的类型，则需采用X射线衍射技术。

当用X射线衍射对液晶样品进行分析时，若在小角衍射区间有强的衍射峰（$1°<2\theta<3°$），则表示该液晶化合物远程有序或液晶分子是层状排列的；而在广角区间有衍射峰（$16°<2\theta<21°$），则表示液晶分子短程有序或横向堆砌的有序性。此外，由衍射峰的尖锐和强弱，可定性地看出其有序度的高低。衍射峰越窄越尖锐，则分子的堆积越规整。采用广角X射线衍射（WAXD）和小角X射线散射（SAXS）两种方法综合分析，可以确定液晶相的类型及有序程度。代表性分析见图7-4。

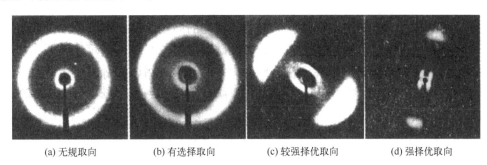

(a) 无规取向　　(b) 有选择取向　　(c) 较强择优取向　　(d) 强择优取向

图7-4　不同取向材料的X射线衍射图

液晶的结构、缺陷和织构是相互关联、密不可分的。液晶结构不同，在取向过程中，结构对称性遭到破坏而产生的缺陷就不同，直接导致其液晶织构的千姿百态。也是由于不同类型液晶的结构及其有序程度不同，取向时缺陷的方式不同，使得每种类型的液晶所呈现的织构特征也各不相同。因此液晶材料的织构特征是液晶类型的一个重要判据，结合X射线衍射分析，可以完全判定样品的液晶类型及其取向程度。

7.4　液晶高分子基本理论

为了对液晶高分子态提出理论解释以及为设计和制备新型液晶高分子提供理论依据，液晶高分子理论的研究一直受到人们的重视。但由于液晶高分子研究起步较晚，且兼有液晶和高分子两类物质的特性，液晶高分子理论研究相对比较困难。迄今为止，较为有影响的液晶高分子理论主要有以下几种：以"体积排斥效应"为出发点的用于说明刚性棒状液晶高分子溶液的Onsager理论和Flory理论；以"范德瓦耳斯力"为出发点的用于说明液晶高分子自由连接链和弹性连接链的Maier-Saupe理论；侧链液晶高分子的Wang-Warner理论[6]。

Onsager理论比较适合长棒状液晶高分子的稀溶液，假设棒状高分子之间没有其他任何相互作用力，只是由于空间阻碍作用彼此不能互相贯穿。该理论指出，棒状高分子溶液从各向同性液晶 I 相进入向列液晶相 N 的临界体积分数（φ）可以通过式（7-2）计算得到：

$$\varphi = \frac{3.3}{x} \qquad x = \frac{l}{d} \tag{7-2}$$

式中，d 和 l 分别为棒状高分子的直径和长度。他同时指出，该 N-I 转变是一级相变，相变时的临界有序参数 S=0.84。

Flory 理论的基本思路与 Onsager 理论一样，强调分子形状的不对称性在液晶形成中的作用，采用了立方点阵模型。该理论的某些假设只在棒状高分子完全取向时才严格成立，因此更适合于高有序和高浓度的棒状液晶高分子溶液。它指出了体系开始出现亚稳有序态时棒状高分子的临界体积分数，而生成稳定液晶相的浓度应高于临界体积分数 σ^* 值，这样才能够生成稳定液晶相的刚性棒状粒子，其长径比的最小值为 x=6.7（略大于生成亚稳态液晶相所需要的最小长径比 6.4）。

Maier-Saupe 理论因其物理原理十分清晰而成为液晶分子理论中最流行的一种。该理论与 Onsager 理论和 Flory 理论不同，它不再以分子的空间体积排斥效应为出发点，而是假定分子间只有范德瓦耳斯力，四周分子对选定分子的作用近似地用一个平均分子场来描述。对于小分子液晶，Maier-Saupe 理论指出，若以 α 代表相互作用强度，则当 $\frac{kT}{\alpha}$ = 0.22019（k 为玻尔兹曼常数，T 为开氏温度）时，发生 N-I 相变，且分子间相互作用越强则相变温度越高。Maier-Saupe 理论还指出了有序参数 S 与温度的关系，S 既是温度的函数，也与 α 有关；发生相变时有序参数突变，临界有序参数值 S_c=0.4289。N-I 为一级相变，相变熵为 3.47J/(mol·K)。将 Maier-Saupe 理论用于液晶高分子自由连接链模型，仍能得到上述相变温度时临界有序参数 S_c=0.4289 的结果。将 Maier-Saupe 理论用于液晶高分子连续弹性连接链或蠕虫状链模型，同样能够得到系统有序参数随温度升高而下降，以及当温度达到某一温度时将发生 N-I 相变，相变为一级，相变时临界有序参数 S_c 从定值突降至零的结论。

上述几个理论的研究对象是主链型液晶高分子，而 Wang-Warner 理论则适用于侧链型液晶高分子。通常，侧链型液晶高分子是在柔性的主链上等间距地悬挂着一系列具有液晶性的侧基，这些侧基具有足够大的长径比。在侧链型液晶高分子中，柔性主链倾向于无序排列，以达到最大熵，而由液晶基元构成的侧基则倾向于彼此平行排列，这两部分之间还存在着一定程度的相互作用，它们之间的竞争和相互作用的平衡决定了侧链型液晶高分子的性质。根据竞争的结果，对于向列相侧链型液晶高分子而言，可以呈现 NI、NII 和 NIII 相。在 NI 相中，主链呈铁饼状构象，而侧基与该铁饼大致垂直，侧基的有序参数 S_A>0，即彼此大致平行并沿指向矢 n 方向排列；但是主链的有序参数 S_B<0，即主链链节大致与 n 方向垂直，而且在铁饼面上的投影与方位角无关，在极端的情况下，主链被压扁在一个圆平板内，其构象成为二维平面的随机行走构象，此时 S_A=1 和 S_B=-1/2。NII 相的主链呈纺锤形构象，整个液晶高分子的形状像奶瓶刷，主链大致平行，这与主链型液晶高分子一样，侧基则像奶瓶刷的棕毛似的，大致与指向矢垂直排列。NIII 相的 S_A<0、S_B>0，如果侧基彼此倾向于平行排列，NII 相就从单轴发展成为双轴。NIII 相的主链和侧基都彼此倾向于平行排列，并且沿指向矢方向，荷重情况下的有序参数都为正，即 S_A>0、S_B>0。

7.5 主链型液晶高分子

主链型液晶高分子的结构特征是致晶单元位于高分子骨架的主链上,根据液晶的形成条件,可以分为溶致型主链液晶高分子和热致型主链液晶高分子。

7.5.1 溶致型主链液晶高分子

溶致型主链液晶高分子一般并不具有两亲结构,在溶液中也不形成胶束结构,这类液晶在溶液中形成液晶态,是由于刚性高分子主链相互作用,进行紧密有序堆积。溶致型主链液晶高分子主要应用在高强度、高模量纤维和薄膜的制备方面。形成溶致型主链液晶高分子的结构必须符合两个条件:①分子应具有足够的刚性;②分子必须有相当的溶解性。然而,这两个条件往往是对立的,刚性越好的分子,溶解性往往越差,这是溶致型液晶高分子研究和开发的困难所在。目前,这类液晶高分子主要有芳香族聚酰胺、芳香族聚酰胺酰肼、聚苯并噻唑类、聚苯并噁唑类、纤维素类等品种。

(1) 芳香族聚酰胺

这类液晶高分子是最早开发成功并付诸应用的一类液晶高分子,有较多品种,其中最重要的是聚对苯酰胺(PBA)和聚对苯二甲酰对苯二胺(PPTA)。

PBA 属于向列相液晶,用它纺成的纤维称为 B 纤维,具有很高的强度,可用作轮胎帘子线等。PBA 的合成有两条路线:一条路线是从对氨基苯甲酸出发,经过酰氯化和成盐反应,然后缩聚形成 PBA,聚合以甲酰胺为溶剂;另一条路线是对氨基苯甲酸在磷酸三苯酯和吡啶催化下的直接缩聚。具体见图 7-5。

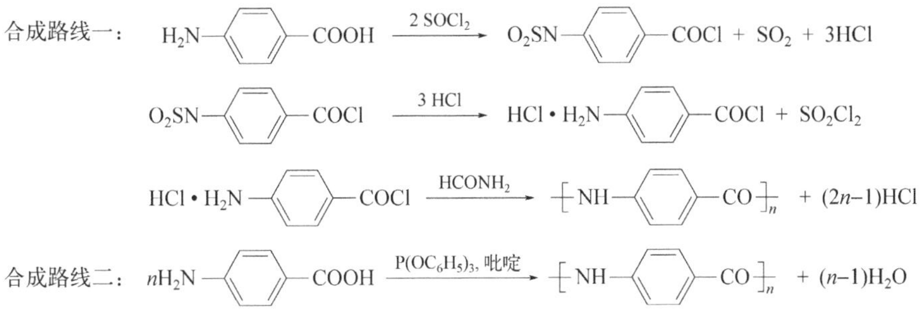

图 7-5 PBA 合成路线

PPTA 具有刚性很强的直链结构,分子间又有很强的氢键,因此只能溶于浓硫酸中。用它纺成的纤维称为 Kevlar 纤维,比强度优于玻璃纤维。在我国,PBA 纤维和 PPTA 纤维分别称为芳纶 14 和芳纶 1414。PPTA 合成路线如图 7-6 所示。

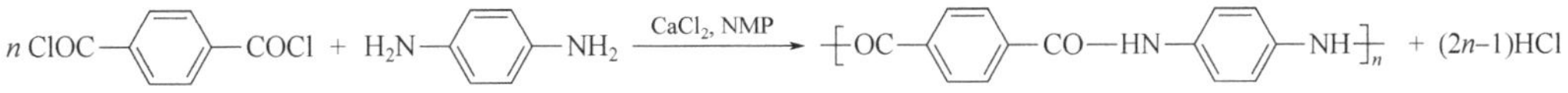

图 7-6 PPTA 合成路线

(2) 芳香族聚酰胺酰肼

芳香族聚酰胺酰肼最早由美国孟山（Monsanto）公司开发，典型代表如对氨基苯甲酰肼与对苯二甲酰氯的缩聚物（PABH），可用于制备高强度、高模量的纤维。PABH 分子链中的 N—N 键易于内旋转，因此，分子链的柔性大于 PPTA。它在溶液中并不呈现液晶性，但在高剪切速率下（如高速纺丝）则转变为液晶态，属于流致液晶高分子。其合成路线如图 7-7 所示。

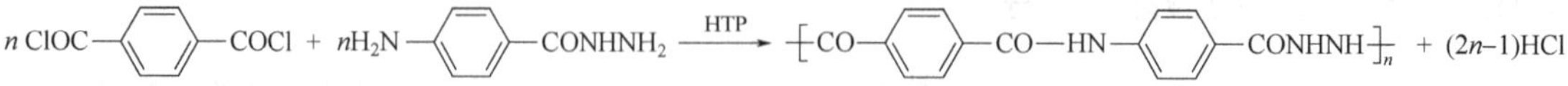

$$n\,ClOC-\!\!\!\bigcirc\!\!\!-COCl + nH_2N-\!\!\!\bigcirc\!\!\!-CONHNH_2 \xrightarrow{HTP} [CO-\!\!\!\bigcirc\!\!\!-CO-HN-\!\!\!\bigcirc\!\!\!-CONHNH]_n + (2n-1)HCl$$

图 7-7 PABH 合成路线

(3) 聚苯并噻唑类和聚苯并噁唑类

这是一类杂环液晶高分子，分子结构为杂环连接的刚性链，具有特别高的模量。代表物如聚双苯并噻唑苯（PBT）和聚苯并噁唑苯（PBO），用它们制成的纤维，模量高达 760~2650MPa。顺式或反式的 PBT 以及 PBO 可通过图 7-8 和图 7-9 所示方法合成。

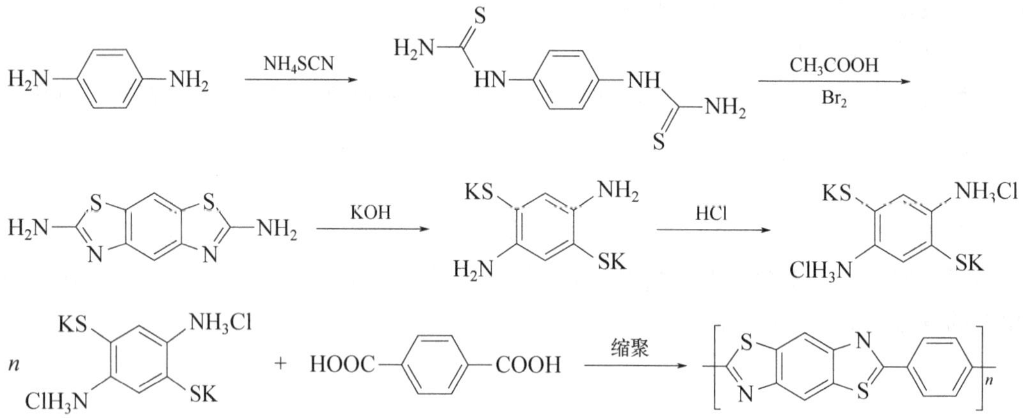

图 7-8 PBT 合成方法

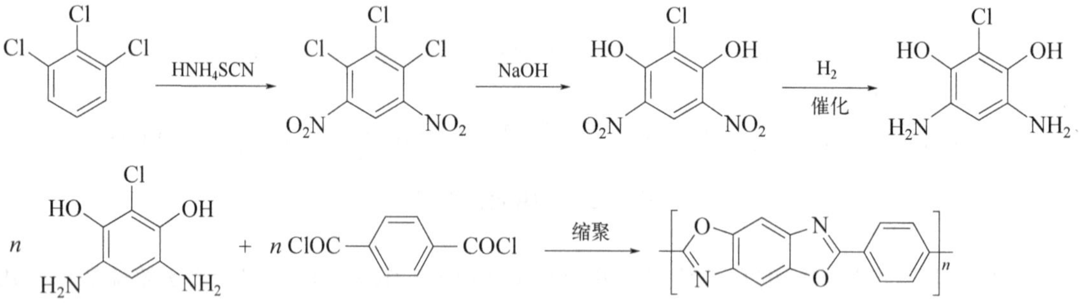

图 7-9 PBO 的合成方法

(4) 纤维素类

纤维素类液晶均属胆甾相液晶。纤维素中葡萄糖单元上的羟基被羟丙基取代后呈现出很大的刚性，当羟丙基纤维素溶液达到一定浓度时即显示出液晶性。羟丙基纤维素用环氧丙烷以碱作催化剂对纤维素醚化而制成，结构见图 7-10。

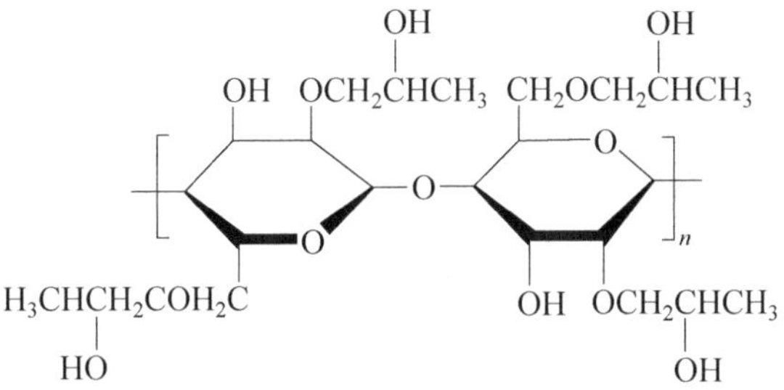

图 7-10 羟丙基纤维素液晶结构

7.5.2 热致型主链液晶高分子

热致型主链液晶高分子中，最典型最重要的代表是聚酯液晶。1963 年，卡布伦敦公司（Carborundum Co）首先成功地制备了对羟基甲酸的均聚物（PHB）。但由于 PHB 的熔融温度很高（>600℃），在熔融之前，分子链已开始降解，所以并没有什么实用价值。20 世纪 70 年代中期，美国柯达公司的杰克逊（Jackson）等将对羟基苯甲酸与聚对苯二甲酸乙二醇酯（PET）共聚，成功获得了热致型液晶高分子。从结构上看，PET/PHB 共聚酯相当于在刚性的线型分子链中，嵌段地或无规地接入柔性间隔基团。改变共聚组成或间隔基团的嵌入方式，可形成一系列的聚酯液晶。PET/PHB 共聚酯的制备包含了以下步骤：①对乙酰氧基苯甲酸（PABA）的制备；②在 275℃和惰性气氛下，PET 在 PABA 作用下酸解，然后与 PABA 缩合成共聚酯；③PABA 的自缩聚，详见图 7-11。

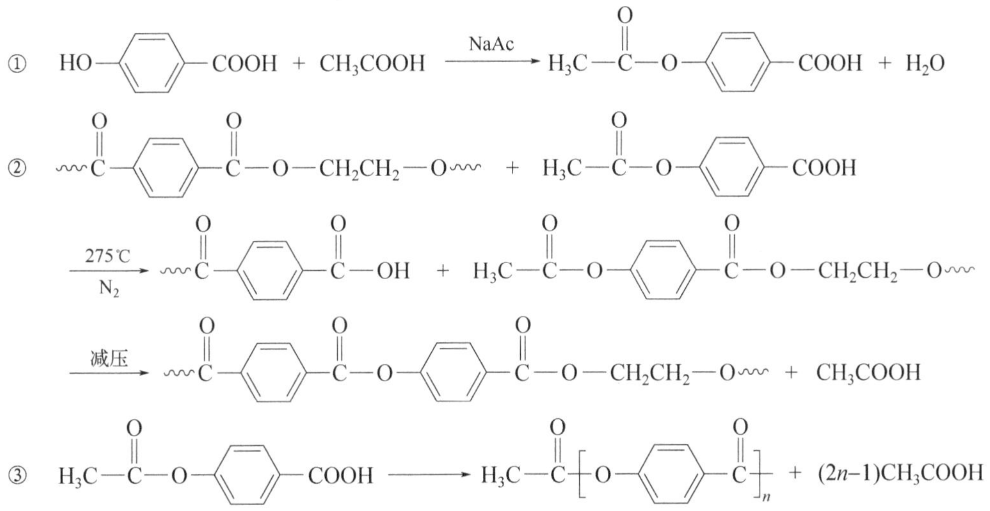

图 7-11 PET/PHB 共聚酯的制备

7.5.3 主链型液晶高分子的相行为

液晶高分子的相行为是影响其性能与功能的关键。通过对共聚酯的化学结构与液晶相行为的大量研究，发现分子链中柔性链段的含量与分布、分子量、间隔基团的含量和分布、取代基的性质等因素均影响液晶的相行为。

(1) 共聚酯中柔性链段含量与分布的影响

研究表明，完全由刚性基团连接的分子链由于熔融温度太高而无实用价值，必须引入柔性链段才能很好地呈现液晶性。以 PET/PHB 共聚酯为例，当 PET 和 PHB 的比例为 40/60、50/50、60/40、70/30、80/20 时，均呈现液晶性，而以 40/60 的相区间温度最宽。柔性链段越长，液晶转化温度越低，相区间温度范围也越窄。柔性链段太长则会失去液晶性。研究还表明，柔性链段的分布显著影响共聚酯的液晶性。交替共聚酯无液晶性，而嵌段和无规分布的共聚酯均呈现液晶性。

(2) 分子量的影响

研究表明，共聚酯液晶的清亮点（T_{cl}）随其分子量的增加而上升。当分子量增大至一定数值后，清亮点趋于恒定，经验公式如下（C_1 和 C_2 为常数）：

$$\frac{1}{T_{cl}} = C_1 + \frac{C_2}{M_n} \tag{7-3}$$

(3) 连接单元的影响

主链型液晶高分子中致晶基团间连接单元的结构明显影响其液晶相的形成。间隔基团的柔性越大，液晶清亮点就越低。例如将连接单元—CH_2—与—O—相比，后者的柔性较大，其清亮点较低。又比如具有$+CH_2+_n$连接单元的液晶高分子，随 n 增大，柔性增加，则清亮点降低。

(4) 取代基的影响

非极性取代基的引入影响了分子链的长径比和减弱了分子间的作用力，往往使液晶高分子的清亮点降低。极性取代基使分子链间作用力增加。因此取代基极性越大，液晶高分子的清亮点越高；取代基的对称程度越高，清亮点也越高。

(5) 结构单元连接方式的影响

分子链中结构单元可有头-头连接、头-尾连接、顺式连接、反式连接等连接方式。研究表明，头-头连接和顺式连接使分子链刚性增加，清亮点较高；头-尾连接和反式连接使分子链柔性增加，则清亮点较低。

7.6 侧链型液晶高分子

致晶单元通过化学反应接枝到高分子主链上形成的液晶高分子为侧链型液晶高分子，根据致晶单元与高分子主链的连接形式不同，可得到各种结构的侧链型液晶高分子。

7.6.1 侧链型液晶高分子的合成

侧链型液晶高分子通常通过含有致晶单元的单体聚合而成，因此主要有以下三种合成方法。

(1) 加聚反应

这类合成方法可用通式表示，见图 7-12。例如，将致晶单元通过合成反应连接在甲基丙烯酸甲酯或丙烯酸酯类单体上，然后通过自由基反应将丙烯酸酯基团聚合，得到致晶单元连接在碳-碳主链上的侧链型液晶高分子，见图 7-12 中示例。

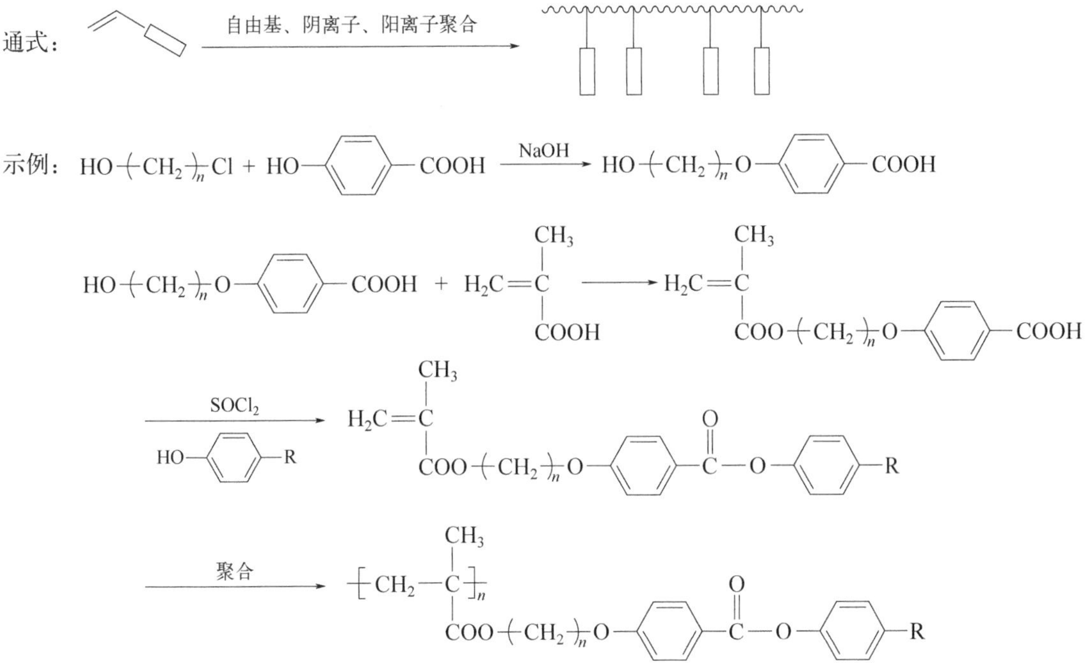

图 7-12 加聚反应制备侧链型液晶高分子通式及示例

（2）接枝共聚反应

这类合成方法的通式见图 7-13。例如，将含致晶单元的乙烯基单体与主链硅原子上含氢的有机硅聚合物进行接枝反应，可得到主链为有机硅聚合物的侧链型液晶高分子，见图 7-13 中示例。

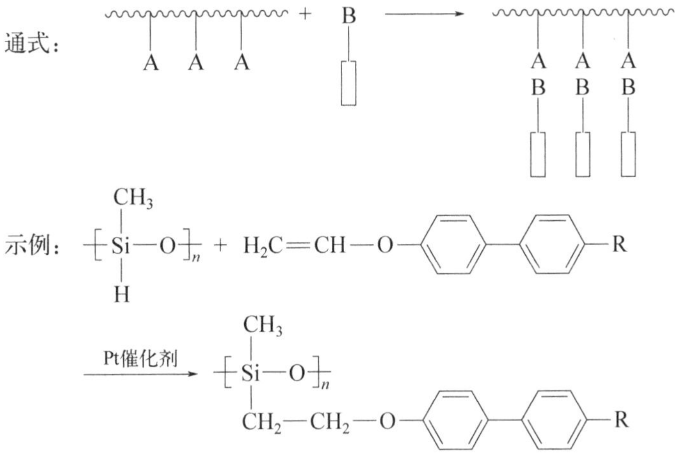

图 7-13 接枝共聚反应制备侧链型液晶高分子通式及示例

（3）缩聚反应

这类合成方法的通式见图 7-14。例如，连接有致晶单元的氨基酸通过自缩合反应即可得到侧链型液晶高分子，见图 7-14 中示例。

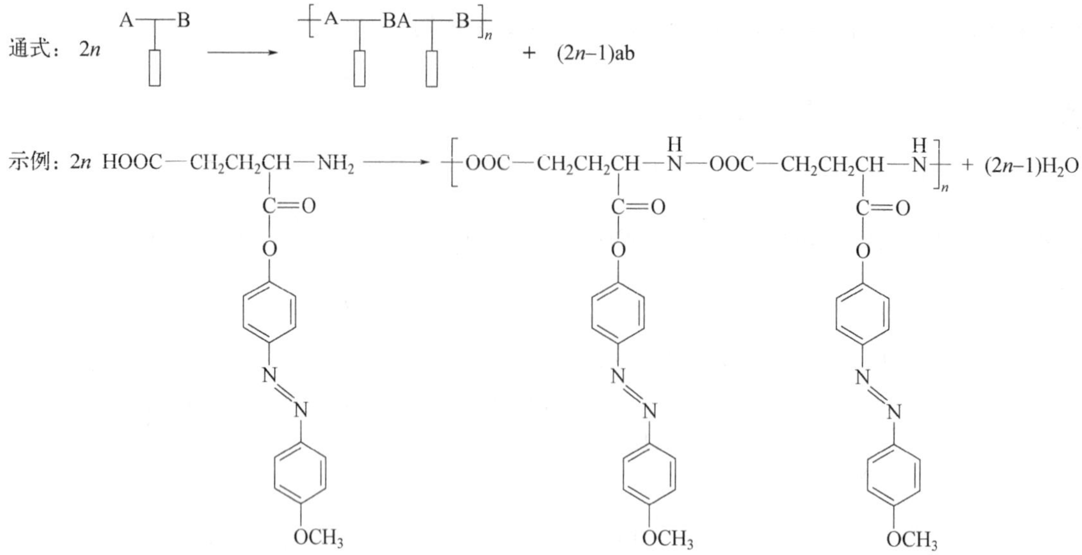

通式：$2n$ A—B ⟶ [A—BA—B]$_n$ + $(2n-1)$ab

示例：$2n$ HOOC—CH$_2$CH$_2$CH—NH$_2$ ⟶ [OOC—CH$_2$CH$_2$CH—N—OOC—CH$_2$CH$_2$CH—N]$_n$ + $(2n-1)$H$_2$O

图 7-14 缩聚反应制备侧链型液晶高分子通式及示例

ab 表示缩合反应产生的小分子副产物（如水、醇等）

7.6.2 侧链型液晶高分子的相行为

影响侧链型液晶高分子相行为的因素包括聚合物主链结构、侧链的柔性间隔基、刚性液晶基元结构和取代基，以及化学交联和共混等。

（1）聚合物主链结构的影响

主链的柔性增大，对液晶的形成有利。一般来说，其清亮点（T_{cl}）与玻璃化转变温度（T_g）之间的温度区间变宽，这意味着液晶的成相温度增宽，液晶相稳定性加大。聚合物主链分子量和分子量分布对液晶的性能也有较大影响。随着平均分子量的提高，相转变温度也相应提高，但存在一个临界值，在该值以上相转变温度将不随分子量的升高而提高。分子量对形成的液晶相结构也有一定的影响，分子量小时，不能形成近晶相；在平均分子量相同时，某些相态在分子量分布较窄时可以观察到，而分子量分布宽时则不能形成。代表性主链结构影响见表 7-4。

表 7-4 聚合物主链对相转变温度和液晶稳定性的影响　　单位：K

刚性体+间隔体	聚合物主链结构			
	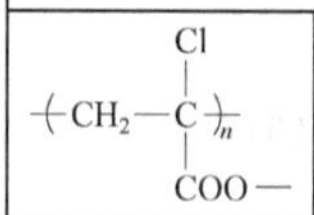 -[CH$_2$-CCl(COO-)]$_n$-	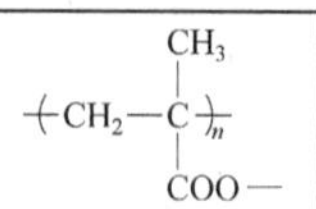 -[CH$_2$-C(CH$_3$)(COO-)]$_n$-	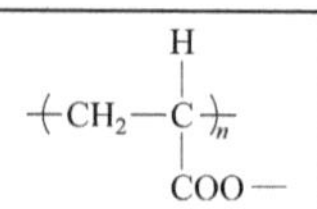 -[CH$_2$-CH(COO-)]$_n$-	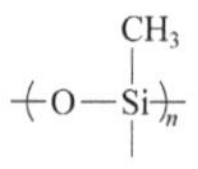 -[O-Si(CH$_3$)]$_n$-
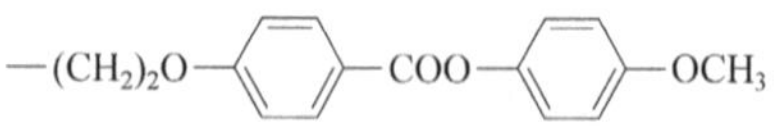 —(CH$_2$)$_2$O—⟨ ⟩—COO—⟨ ⟩—OCH$_3$		T_g=369 T_{cl}=394 ΔT=25	T_g=320 T_{cl}=350 ΔT=30	T_g=288 T_{cl}=334 ΔT=46
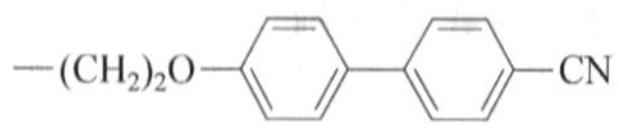 —(CH$_2$)$_2$O—⟨ ⟩—⟨ ⟩—CN		T_g=333 T_{cl}=393 ΔT=60	T_g=308 T_{cl}=393 ΔT=89	T_g=287 T_{cl}=443 ΔT=156
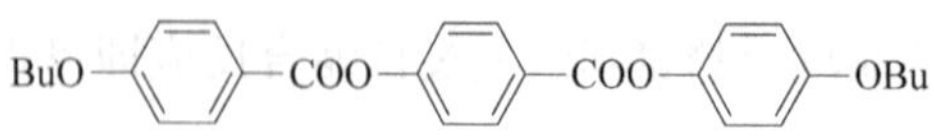 BuO—⟨ ⟩—COO—⟨ ⟩—COO—⟨ ⟩—OBu	T_g=293 T_{cl}=339 ΔT=46	T_g=292 T_{cl}=340 ΔT=48	T_g=277 T_{cl}=340 ΔT=63	T_g=290 T_{cl}=361 ΔT=71

（2）侧链结构的影响

侧链刚性液晶基元一般由环状结构、环状结构间的连接部分和环上的取代基组成。液晶的双折射现象主要取决于刚性体的共轭程度，介电系数的各向异性取决于环上取代基的位置和性质，而形成的晶相结构则取决于刚性体的结构、形状、尺寸和性质。

侧链间隔基一般为柔性结构，侧链长度增加，液晶的相转变温度通常有降低的趋势。侧链取代基的不同，对相转变温度也有较大影响。以下面聚硅氧烷主链的侧链液晶高分子为例，侧链取代基和间隔基对液晶相转变温度的影响如表7-5所示。

表 7-5　侧链柔性间隔基和取代基对液晶相转变温度的影响

X	n	相转变温度		
		T_g/K	T_s/K	T_i/K
CN	3	309	373	449
	4	313	351	447
	5	297	377	457
	6	300	355	463
	8	298		463
	10	291	381	468
	11	290	355, 392	474
OMe	3	288		396
	4	280	347	377
	5	277	344	395
	6	269		383
	8	268	318	400
	10	268	315	406
	11	239	297, 333	407
Me	4	277	332	
NO_2	4	293	438	

注：T_g—玻璃化转变温度；T_s—近晶相-向列相转变温度；T_i—各向同性相-向列相转变温度。

增加刚性体的长度，如果增加的是柔性结构，其作用于增加间隔基的长度相同，趋向于降低相转变温度；当增加刚性部分的长度时，结果则正好相反，相转变温度升高。

（3）化学交联的影响

化学交联使大分子运动受到限制。但当交联程度不高时，链段的微布朗运动基本上不受限制，因此对液晶行为基本无影响；当交联程度较高时，致晶单元难以整齐地定向排列，则将抑制液晶的形成。

（4）共混的影响

液晶物质共混的研究工作近年来十分活跃，包括液晶物质之间的共混；液晶物质与非液晶物质的共混；非液晶物质之间共混后，获得液晶性质的共混等。这些共混研究工作不只限于侧链型液晶高分子，其实也包括了主链型液晶高分子。一些研究表明，共混体系的临界相分离温度 T_c，随末端基的增长而显著上升；与端基性质有关；与致晶单元的刚性有关，刚性增大，T_c 下降。

7.7 液晶高分子的应用与发展前景

7.7.1 铁电性液晶高分子

与小分子液晶显示材料相比，液晶高分子的性能基本能满足使用要求，唯独响应速度未能达到要求。1975 年，Meyer 等从理论和实践上证明了手性近晶相液晶（SC*型）具有铁电性，并且在 1984 年 Shibaev 等首先合成了铁电性液晶高分子。这一发现的现实意义是将液晶高分子的响应速度一下子由毫秒级提高到微秒级，基本上解决了液晶高分子作为图像显示材料的显示速度问题，液晶显示用高分子的发展有了一个突破性的进展。

所谓铁电性液晶高分子，实际上是在普通液晶高分子中引入一个具有不对称碳原子的基团，从而保证其具有扭曲 C 型近晶相液晶的性质，例如手性异戊醇就是常用含有不对称碳原子的原料。目前，已经合成出席夫碱型、偶氮苯及氧化偶氮苯型、酯型、联苯型、杂环型及环己烷型等各类铁电性液晶高分子。一般来说，形成铁电性液晶高分子需要满足以下几个条件：分子中必须有不对称碳原子，而且不是外消旋体；必须是近晶相液晶，分子倾斜排列成周期性螺旋体，分子的倾斜角不等于零；分子必须存在偶极矩，特别是垂直于分子长轴的偶极矩分量不等于零；自发极化率值要大。

目前已发现有 9 种近晶相液晶具有铁电性，即 SC*、SI*、SF*、SJ*、SG*、SK*、SH*、SM*、SO*，其中以 SC*型的响应速度最快，所以一般所说的铁电性液晶高分子主要是指 SC*型液晶。目前已经开发成功侧链型、主链型及主侧链混合型等多种类型的铁电性液晶高分子。

7.7.2 树枝状液晶高分子

在一般概念中，液晶高分子的分子结构都是刚性棒状的线型分子，而树枝状高分子由于外观呈球形而与此概念不符，但事实上目前已有很多关于液晶树形物的报道。目前所合成的一、二、三代树枝状液晶高分子分别含有 12 个、36 个和 108 个致晶单元。如致晶单元为 4-己氧基-4′-氧己氧基偶氮苯时，对应的一、二、三代树枝状液晶高分子的分子量分别为 5027、15251 和 45923。树枝状高分子液晶具有无链缠结、低黏度、高反应活性、高混合性、高溶解性、含有大量的末端基和较大的比表面等特点，据此可开发很多功能性新产品。与其他高支化聚合物相比，树枝状高分子的特点是从分子结构到宏观材料，其化学组成、分子尺寸、拓扑形状、分子量及分子量分布、生长代数、柔顺性及表面化学性能等均可进行分子水平的设计和控制，可得到分子量和分子结构接近单一的最终产品。

目前树枝状液晶高分子已达到纳米尺寸，故有望进行功能性液晶高分子的"纳米级构筑"和"分子工程"。主链型液晶高分子可用作高模高强材料，缺点是非取向方向上强度差；而树枝状液晶高分子的分子结构对称性强，有望改善主链型高分子液晶的这一缺点。

侧链型液晶高分子因致晶单元的存在而可用于显示、记录、存储及调制等光电器件，但由于大分子的无规行走，存在链缠结，导致光电响应慢，功能性差。而树枝状液晶高分子既无缠结，又因活性点位于分子表面，呈发散状，无遮蔽，连接的致晶单元数目多，功能性强，可解决困扰液晶高分子应用的上述难题。

7.7.3 液晶高分子LB膜

LB技术是分子组装的一种重要手段，其原理是利用两亲性分子的亲水基团和疏水基团的亲水能力不同，在一定表面压力下，两亲性分子可以在水亚相上规整排列。利用不同的转移方式，将水亚相上的膜转移到固相基质上所制得的单层或多层LB膜，在非线性光学、集成光学以及电子学等领域均有重要的应用[7]。

将LB技术引入液晶高分子体系中，得到的液晶高分子LB膜具有不同于普通LB膜和普通液晶的特殊性能。对两亲性侧链液晶高分子LB膜内的分子排列特征进行研究，结果表明如果某一两亲性高分子在58～84℃可呈现近晶相液晶相，则经LB技术组装的该高分子可在60～150℃呈现各向异性分子取向，这表明其液晶态的分子排列稳定性大大提高，它的清亮点温度提高66℃。

液晶高分子LB膜的另一特性是取向记忆功能。对上述液晶高分子LB膜的小角X射线散射研究表明，熔融冷却后的LB膜仍然能呈现出熔融前分子规整排布的特征，表明经过LB技术处理的液晶高分子对于分子间的相互作用有记忆功能。

7.7.4 分子间氢键作用液晶高分子

传统的观点认为，液晶高分子中都必须含有几何形状各向异性的致晶单元，但后来发现糖类分子及某些不含致晶单元的柔性聚合物也可形成液晶态，它们的液晶性是由于体系在熔融态时存在着由分子间氢键作用而形成的有序分子聚集体。氢键是一种重要的分子间相互作用形式，具有非对称性。日本科学家T. Kato有意识地将分子间氢键作用引入侧链型液晶高分子中，得到有较高热稳定性的液晶高分子。

作为氢键给体的高分子与氢键受体通过分子间氢键作用，可形成具有液晶自组装特性的液晶高分子复合体系。图7-15是这一结构模型的实例。高分子链上羧基的氢原子与小分子的氮原子形成了分子间氢键，因此这一复合体系的致晶单元是含有分子间氢键作用的扩展致晶单元。

7.7.5 交联型液晶高分子

交联型液晶高分子包括热固性液晶高分子和液晶弹性体两种，区别是前者深度交联，后者轻度交联，二者都有液晶性和有序性。热固性液晶高分子的代表为液晶环氧树脂，它与普通环氧树脂相比，耐热性、耐水性和抗冲击性都大幅改善，在取向方向上线膨胀系数小、介电强度高、介电消耗小，因此，可用于高性能复合材料和电子封装材料。

液晶弹性体兼有弹性、有序性和流动性，是一种新型的超分子体系。它可通过官能团间的化学反应或利用γ射线辐照和光辐照的方法来制备。例如，在非交联型液晶高分子A中引入交联剂B，通过A与B之间的化学反应得到交联型液晶弹性体。液晶弹性体具有取向记忆功能，该功能是通过控制分子链的空间分布进而控制致晶单元的取向来实现的。在机械力场下，只需要20%的应变就足以得到取向均一的液晶弹性体。

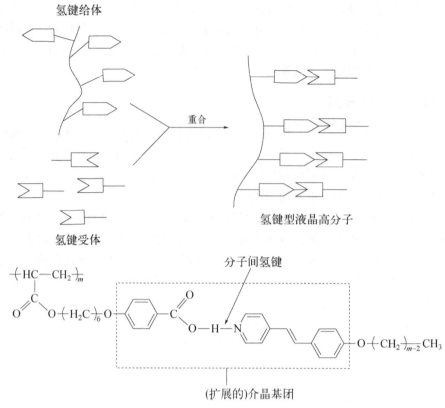

图 7-15 分子间氢键作用的侧链型液晶弹性体

液晶弹性体无论在理论上还是在实际上都具有重要意义,具有 SC*型结构的液晶弹性体的铁电性、压电性和取向稳定性在光学开关和波导等领域有很大的应用价值。此外,将具有非线性光学特性的生色基团引入液晶高分子弹性体中,利用液晶高分子弹性体在应力场、电场、磁场等的作用下的取向特性,有望制得具有非中心对称结构的取向液晶弹性体,在非线性光学、微流体控制[8]、软体机器人、智能材料[9]及增强虚拟现实[10]等领域都具有重要的应用。

7.7.6 液晶高分子的其他发展方向

人工合成的液晶高分子从问世至今,一直处于不断开发之中,除了上述几种代表性液晶高分子及应用外,下面几个也是液晶高分子的重要发展方向。

(1) 制造具有高强度、高模量的纤维材料

液晶高分子在其相区间温度时的黏度较低,而且高度取向,利用这一特性进行纺丝,不仅可节省能耗,而且可获得高强度、高模量的纤维。例如著名的 Kevlar 纤维即是这类纤维的典型代表。表 7-6 列出了几种液晶高分子纤维的主要力学性能。

表中 Kevlar49 纤维具有低密度、高强度、高模量和低蠕变性的特点,在静负荷及高温条件下仍有优良的尺寸稳定性,特别适合用作复合材料的增强纤维,目前已在宇航和航空工业、体育用品等方面得到应用。Kevlar29 的断裂伸长率高,耐冲击性优于 Kevlar49,已用于制造防弹衣和各种规格的高强缆绳。

表 7-6 液晶高分子纤维的主要力学性能

性能	商品名				
	Kevlar29[①]	Kevlar49[①]	Nomex[①]（阻燃纤维）	Carbon[②]	
				Ⅰ型	Ⅱ型
密度/(g/m^3)	1440	1450	1400	1950	1750
抗拉强度/MPa	26.4	26.4	7	20	26
模量/MPa	589	1274	173	4000	2600
断裂伸长率/%	4.0	2.4	22.0	0.5	1.0

① 杜邦（Dupont）公司产品；
② 卡布伦敦（Carborundum）公司产品。

（2）分子复合材料

所谓分子复合材料，是指材料在分子级水平上的复合从而获得不受界面性能影响的高强材料。将具有刚性棒状结构的主链型液晶高分子分散在无规线团结构的柔性高分子中，即可获得增强的分子复合材料。例如将 PBA、PPTA 与尼龙 6、尼龙 66 等材料共混，研究表明液晶在共混物中形成"微纤"，对基体起到显著的增强作用。侧链型液晶高分子在本质上也是分子级的复合。这种在分子级水平上复合的材料，又称为"自增强材料"。由于消除了材料界面，分子复合材料具有更全面的综合性能，无疑是一种极具发展前途的材料。

（3）液晶高分子显示材料

相比小分子液晶显示材料，液晶高分子的本体黏度比小分子液晶大得多，所以工作温度、响应时间、阈电压等使用性能都不及小分子液晶。为此，人们对其进行改性工作。例如，选择柔性较好的聚硅氧烷作主链形成侧链型液晶高分子，同时降低膜的厚度，则可使液晶高分子的响应时间大大缩短。因为液晶高分子的加工性能和使用条件较小分子液晶优越得多，所以，经过相应改性后的液晶高分子将会具有很好的应用价值。

（4）精密温度指示材料和痕量化学药品指示剂

胆甾相液晶的层片具有扭转结构，对入射光具有很强的偏振作用，因此显示出漂亮的色彩。这种颜色会因温度的微小变化和某些痕量元素的存在而变化。利用这种特性，小分子胆甾相液晶已成功地用于测定精密温度和对痕量药品的检测，而高分子胆甾相液晶在这方面也具有相应的发展前景。

（5）信息贮存介质

首先将贮存介质制成透光的向列相晶体，所测试的入射光将完全透过，证实没有信息记录。用另一束激光照射贮存介质时，局部温度升高，高分子聚合物熔融成各向同性的液体，聚合物失去有序度，当激光消失后，聚合物凝结为不透光的固体，信号被记录。此时，测试光照射时，将只有部分光透过，记录的信息在室温下将永久被保存。在加热至熔融态后，分子重新排列，消除记录信息，等待新的信息录入，因此可反复读写。以热致型侧链液晶高分子为基材制作的信息存贮介质同光盘相比，由于其记录的信息是材料内部特征的变化，因此可靠性高，且不怕灰尘和表面划伤，适合于重要数据的长期保存，图 7-16 是液晶高分子信息贮存原理示意图。

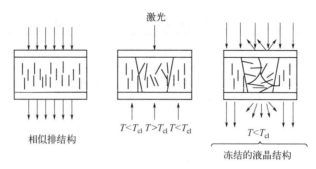

图 7-16 液晶高分子信息贮存示意图

思考题

1. 什么是液晶？其与固体和液体有什么相同之处？又有什么本质区别？
2. 液晶与液晶高分子的分类有何相同和不同之处？简要说明分类的依据和方法。
3. 适用于侧链型液晶高分子的理论是什么？简要阐述该理论的基本内容。
4. 影响主链型液晶高分子的因素有哪些？简要阐述并说明各因素是如何影响液晶结构和液晶相的。
5. 影响侧链型液晶高分子的因素有哪些？简要阐述并说明各因素是如何影响液晶结构和液晶相的。
6. 液晶高分子目前主要应用在哪些领域和行业？举一到两例说明该应用用到了液晶的哪些特殊性能。

参考文献

[1] 包炜炜. 具有可控序列结构的液晶高分子材料的制备及性能研究[D]. 南京：东南大学, 2019.
[2] 谢毓章. 液晶物理学[M]. 北京：科学出版社, 1988.
[3] 张莉娇. 侧链型聚硅氧烷类偶氮液晶聚合物的合成与表征[D]. 沈阳：东北大学, 2007.
[4] 陈寿羲, 宋文辉, 钱人元. 液晶高分子向列相的向错结构[J]. 高分子通报, 1994, 15(4): 193-199.
[5] 王新久. 液晶的结构、缺陷与织构[J]. 液晶与显示, 1996, 11(1): 1-15.
[6] 周其凤, 王新久. 液晶高分子[M]. 北京：科学出版社, 1994.
[7] 马建标. 功能高分子材料[M]. 北京：化学工业出版社, 2010.
[8] 卿鑫, 吕久安, 俞燕蕾. 光致形变液晶高分子[J]. 高分子学报, 2017(11): 1679-1705.
[9] Bisoyi H K, Li Q. Liquid crystals: Versatile self-organized smart soft materials[J]. Chemical Reviews, 2022, 122 (5): 4887-4926.
[10] Zhu C, Yao L, Jiang L, et al. Liquid crystal soft actuators and robots toward mixed reality[J]. Advanced Functional Materials, 2021, 31 (39): 2170293.

第 8 章

智能高分子

8.1 概述

1989年,日本高木俊宜将信息科学与材料结构和功能相结合,首先提出智能材料(intelligent materials)的概念,即具有感知、响应和发现功能的新材料。美国 Neunham 提出灵巧(smart)材料概念,也称为"机敏材料"。他将机敏材料分为 3 类:仅能响应外界变化的材料称为"被动灵巧材料",即所说的各种单一功能材料或静态功能材料;能识别变化,经执行路线,能诱发反馈回路而且响应环境变化的材料称为"主动灵巧材料",即所说的机敏材料、双功能材料或动态功能材料;有感知、执行功能并且能响应环境变化,从而改变特性参数的材料称为"很灵巧材料",即称为"智能材料"。

智能材料通常不是一种单一的材料,而是一个材料系统;或者确切地说,是一个由多种材料组元通过有机的紧密复合或严格的科学组装而构成的材料系统。可以说,智能材料是机敏材料与控制系统相结合的产物;或者说是敏感材料、驱动材料和控制材料(系统)的有机合成。就本质而言,智能材料就是一种智能机构,它是由传感器、执行器和控制器三部分组成的,如图 8-1 所示[1]。

图 8-1 智能材料与机构

随着对高分子材料特性认识的深化和全面应用,人类从最初利用材料热膨胀系数的差异制作温湿度计,到全方位利用材料晶体结构、相变等各种特性制成自适应材料和器件,使之在众多领域中作为传感、执行、控制功能的智能器件或系统而得到广泛的应用,智能高分子材料已经进入一个全新的概念。目前，智能高分子分为智能高分子凝胶、形状记忆高分子、智能纤维与织物和智能高分子膜与复合材料等，见表 8-1。

表 8-1　智能高分子的分类及应用

类别	性质	应用
智能高分子凝胶	由三维高分子网络与溶剂组成的体系，可以发生体积相转变	智能药物释放体系、记忆元件开关、人造肌肉等
智能纤维与织物	具有热适应性、可逆收缩性等	保温系统、服装等
形状记忆高分子	对应力、形状、体积等有记忆效应	医用材料、包装材料、工程材料等
智能高分子膜与复合材料	选择性吸收、释放	人工皮肤、传感器等

8.2　智能高分子凝胶

凝胶可以定义为在溶剂中溶胀并保持大量溶剂而又不溶解的聚合物。简单地说，凝胶就是由溶剂和高分子网络所组成的复合体系。凝胶可以按各种方式分类，按其来源可分为天然凝胶和合成凝胶；按其网络中的不同液体可分为水凝胶和有机凝胶；按其交联方式可分为化学凝胶和物理凝胶；按其响应刺激信号可分为温敏性凝胶、光敏性凝胶、pH 值敏感性凝胶和电响应凝胶等。其中水凝胶最常见，绝大多数生物体内存在的天然凝胶以及许多合成凝胶均属于水凝胶。

高分子凝胶是介于液体和固体之间，由具有三维交联网络结构的高分子与低分子介质共同组成的多元体系，其高分子主链或侧链上含有离子解离性、极性或疏水性基团，对溶剂组分、温度、pH 值、光、电场、磁场等变化能产生可逆的、不连续(或连续)的体积变化。所以可以通过调控高分子凝胶网络的微观结构与形态来调节其溶胀或伸缩性能，从而使高分子凝胶对外界刺激作出灵敏的响应，表现出智能，也常被称为刺激响应性凝胶或敏感性凝胶。目前，这类材料在化学机械系统、记忆元件开关、传感器、人造肌肉、化学存储器、分子分离体系、调光材料、组织培养以及药物可控释放等高新技术领域都有广泛研究与应用。

8.2.1　凝胶的溶胀及体积相转变

早在 1980 年，Tanaka 等人[2]发现化学交联的部分水解聚丙烯酰胺在水-丙酮混合溶液中，其溶胀体积随丙酮浓度的增加而减小，当丙酮达到某一浓度时，这种体积变化表现为不连续的跃迁式，即具有体积相转变现象，这种体积变化是由交联网络中高分子链发生的构象变化所引起的。

高分子凝胶的平衡溶胀比 Q（溶胀凝胶体积与未溶胀干凝胶体积的比值）与交联密度及高分子与溶剂之间的相互作用参数 χ_1 有关。交联密度一定的情况下，平衡溶胀比随着溶剂与高分子相互作用的减弱（χ_1 增加）而降低。在某些基团间存在较强相互作用的凝胶体系中，即使溶剂与高分子的相互作用减弱到 θ 条件(溶剂与高分子链的相互作用处于一个特定的平衡点，使得高分子链既不会因溶剂的优选作用而过度伸展，也不会因排斥作用而过度收缩)以下，仍有相当高的平衡溶胀比，至 χ_1 增加到某一临界值，平衡溶胀比骤然下降，凝胶体积发生不连续收缩；平衡溶胀比较低的凝胶，当 χ_1 减小到某一临界值时，体积发生不连续膨胀，这种现象称为体积相转变。正是因为高分子凝胶可以发生体积相转变，所以其才具有某些智能行为。

Tanaka 等利用 Flory-Huggins 理论描述了凝胶的体积相转变,当凝胶溶胀平衡时,其溶胀率可由式(8-1)表示。

$$\tau = 1 - \frac{\Delta F}{kT} = \frac{\upsilon V}{N_A \phi^2}\left[(2f+1)\left(\frac{\phi}{\phi_0}\right) - 2\left(\frac{\phi}{\phi_0}\right)^{1/3}\right] + 1 + \frac{2}{\phi} + \frac{2\ln(1-\phi)}{\phi^2} \quad (8\text{-}1)$$

式中,τ 为换算温度;N_A 为阿伏伽德罗常数;k 为玻尔兹曼常数;T 为绝对温度;V 为溶剂的摩尔体积;ϕ 为高分子网络的体积分数;ϕ_0 为参考状态的体积分数;ΔF 为高分子间相互作用的自由能;υ 为单位体积中高分子链的数量;f 为每条高分子链上带有的电荷数。由式(8-1)可得,在不同的电荷密度下,凝胶的溶胀率 ϕ/ϕ_0 与 τ 的关系可表示为图 8-2。

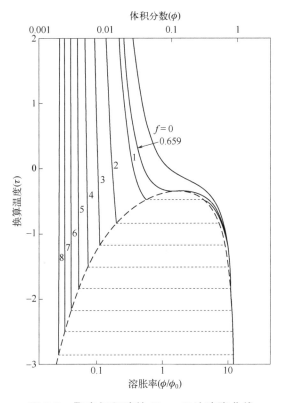

图 8-2 聚电解凝胶的 Flory 理论溶胀曲线

对于部分水解聚丙烯酰胺来说,水是良性溶剂而丙酮是不良溶剂,τ 增大相当于丙酮浓度下降。在 $\tau>0$ 的区域,无论电荷数 f 取何值,凝胶溶胀($\phi/\phi_0<1$),体积随 τ 连续变化(实线)。当 $\tau<0$ 时,f 以 0.659 为临界值,$f<0.659$ 时体积连续变化;$f>0.659$ 时则会在某个 τ 处(虚线)出现体积相变。

8.2.2 智能高分子凝胶的刺激响应

8.2.2.1 单一响应智能高分子凝胶

(1)温敏性凝胶

温敏性凝胶是指体积能随温度变化的高分子凝胶,这种凝胶具有一定比例的疏水和亲水基团,温度的变化可影响这些基团的疏水作用以及大分子链间的氢键作用,从而使凝胶结构改变,发生体积相转变。将该温度称为相变温度,体积发生变化的临界转化温度称为低温临界溶解温度(lower critical solution temperature,LCST)。通常,温敏性凝胶分为两种:一种是温度高于 LCST 时处于膨胀状态,温度低于 LCST 时处于收缩状态,这种温敏性凝胶称为热胀温敏性凝胶;另一种则相反,称为热缩温敏性凝胶。

聚(N,N-二甲基丙烯酰胺-co-丙烯酰胺-co-甲基丙烯酸丁酯)与聚丙烯酸的互连网络凝胶[3]是典型的热胀温敏性凝胶。此种凝胶具有高温溶胀,低温收缩的温度响应行为。当温度在 20~40℃之间交替变化时,凝胶会相应发生收缩与溶胀的变化。实验证明温度响应性与凝胶网络中氢键的形成和解离有关,聚 N,N-二甲基丙烯酰胺(PDMAAm)链段与聚酰胺胺(PAAm)链段上的酰胺基都能与聚丙烯酸的羟基形成氢键,同 PAAm 链段上的酰胺基之间也能形成氢键。当溶液温度升高时,这些氢键断裂,使凝胶网络疏松,凝胶溶胀;温度下降时,氢键再次形成,凝胶收缩。

聚 N-异丙基丙烯酰胺(PNIPAM 或 PNIPAAm)水凝胶是代表性的热缩温敏性凝胶[4],其 LCST 为 32℃,在温度低于 32℃时高分子链因与水的亲和性而伸展,分子链呈伸展构象,此时凝胶吸水溶胀;在温度高于 32℃时,由于疏水性基团的相互吸引作用链构象收缩,凝胶失水收缩。发生上述现象是由于水分子和 PNIPAM 亲水基团间氢键的形成和解离。在温度低于 LCST 时,水分子与相邻的 PNIPAM 上的氨基形成氢键,导致大量的水分子进入高分子链间,使凝胶溶胀;而在温度高于 LCST 时,氢键破坏,由于疏水基团间相互作用水分子被排除在高分子链外,高分子链收缩导致凝胶收缩。

(2)pH 值敏感性凝胶

pH 值敏感性凝胶是指其体积随着 pH 值变化而变化的高分子凝胶。pH 值敏感性凝胶网络中一般含有可离子化的酸性或碱性基团,随着介质 pH 值改变,这些基团会发生电离,导致网络内高分子链段间氢键的解离,产生不连续的溶胀体积变化。这类水凝胶根据敏感性基团的不同可分为阴离子型、阳离子型和两性离子型三种类型,其中阴离子型基团有—COO^-、—OPO_3^-等,阳离子型基团有—NH_3^+、—NRH_2^+、—NR_2H^+、—NR_3^+等。

阴离子型 pH 值敏感性水凝胶代表性的可离子化基团为—COOH。对聚丙烯酸类水凝胶而言,一般在 pH 值较低的介质中处于收缩状态,在 pH 值处于弱酸至弱碱之间时,溶胀率急剧增大,当介质的碱性增大时,凝胶又处于收缩态。这主要是因为在介质的 pH 值较低时,此类水凝胶可离子化基团的解离度低,静电斥力对凝胶的溶胀几乎没有贡献。此外在 pH 值较低时,阴离子基团之间存在较强的氢键使得凝胶缠绕在一起呈收缩态,水分子难以进入凝胶;随着 pH 值升高,中和作用增强,解离度迅速增大,静电斥力使网络形变加大,溶胀率逐渐增大;当 pH 值继续升高时,此时解离趋于完全,而且随着凝胶内、外离子浓度基本相等,凝胶外的渗透压趋于零,凝胶逐渐收缩。

阳离子型 pH 值敏感性水凝胶的可离子化基团一般为氨基,如 N,N-二甲基/乙基氨乙基甲基丙烯酸甲酯、乙烯基吡啶和丙烯酰胺,其 pH 值敏感性主要来自氨基的质子化,氨基越多,水凝胶水化作用越强,平衡溶胀比越大,其溶胀机理与阴离子型相似。

两性离子型 pH 值敏感性水凝胶同时含有酸碱基团,其 pH 值敏感性来源于高分子网络上的 2 种基团离子化,酸性基团在高 pH 值时离子化,碱性基团在低 pH 值时离子化,故两性水凝胶在高低 pH 值处均有较大的溶胀比,而在中间 pH 值处其溶胀比较小。与前面两种不同,它在所有 pH 值范围内均存在溶胀，同时对离子强度的变化更敏感。

（3）光敏性凝胶

光敏性凝胶是指由于光辐照（光刺激）而发生体积变化的凝胶。光敏材料的响应性机理有三类。

一类是通过特殊感光分子，将光能转化为热量，使材料局部温度升高，当凝胶内部温度达到温敏材料相转变温度时，则凝胶产生响应。Suzuki 和 Tanaka 等[5]在 PNIPAAm 凝胶中引入叶绿素，光照时叶绿素吸收光使其微环境温度升高，凝胶收缩；反之，凝胶溶胀。

另一类是利用光敏分子遇光分解产生的离子化作用来实现响应性，这种凝胶见光后会在内部产生大量离子，使凝胶内外离子浓度差改变，造成凝胶渗透压突变，促使凝胶发生溶胀作出光响应。例如，Mamada 等[6]将光敏性分子无色三苯基氰基甲烷与 N-异丙基丙烯酰胺共聚制得光敏感性水凝胶。无紫外光照射时，随温度的增加凝胶体积在 30℃处发生突跃的连续性变化；当用紫外光照射时，凝胶在温度升高到 32.6℃处发生突跃的非连续性体积相转变，凝胶的溶胀度突然降低至 1/10，随着温度的继续升高凝胶平衡溶胀度没有明显的变化。温度固定 32℃时该凝胶在紫外光照射下溶胀，无紫外光照射下收缩，且该溶胀-收缩过程是非连续性的。

还有一类是在高分子主链或侧链引入感光基团，感光基团吸收一定能量的光子之后会发生异构化作用，引起分子构型的变化，同时改变分子链间的距离及体系内亲疏水平衡导致相变发生。例如，Jabbari 等[7]用十二烷基修饰的聚丙烯酸［P(AA/C12)］、α-环糊精（α-CD）、4,4′-偶氮二苯甲酸（ADA）三组分共混得到凝胶-溶胶互相转化的光敏性凝胶。ADA 在紫外光照射下发生反式结构到顺式结构的转变，在可见光照射下发生顺式结构到反式结构的转变。α-CD 与反式 ADA 易形成包结作用，而与顺式 ADA 没有或仅有很弱的包结作用。在紫外光下，ADA 以顺式结构存在，α-CD 与聚丙烯酸上修饰的十二烷基形成包结，体系呈溶胶状态；在可见光照射下，由于与聚丙烯酸上修饰的十二烷基相比，α-CD 更容易与反式结构的 ADA 形成包结作用，十二烷基的疏水缔合作用使体系呈现凝胶状态。由此可以通过调节紫外/可见光的变化来控制溶胶/凝胶的转变。

（4）电场敏感性凝胶

电场敏感性凝胶在电场作用下可发生体积和形状的变化，其响应性与溶液中自由离子在电场作用下的定向移动有关。自由离子的定向移动会造成凝胶内各个部分离子浓度不均匀，产生渗透压的变化从而引起凝胶形变；另外自由离子定向移动会造成凝胶内不同部位 pH 值的不同，从而影响凝胶中聚电解质的电离状态，使凝胶结构发生变化从而改变凝胶的形变。例如，Kim 等[8]制备了壳聚糖/聚甲基丙烯酸羟乙酯半互穿网络水凝胶和聚乙烯醇/壳聚糖互穿网络水凝胶。在这些凝胶体系中随着电解质溶液电压的增大凝胶形变随之增大，随电解质溶液浓度增大凝胶的形变增大，并且凝胶的形变随着电场的开关呈现可逆的变化。

（5）磁场敏感性水凝胶

磁场敏感性水凝胶一般都将铁磁性的纳米粒子（如 Fe_3O_4、γ-Fe_2O_3）包埋于水凝胶内部，在外加交变磁场作用下，铁磁性材料被加热而使凝胶的局部温度上升，导致凝胶体积的变化；撤掉磁场后水凝胶冷却恢复至原来大小。例如，Tang 等[9]采用原位沉积法使 Fe_3O_4 微粒均匀地分布在以黏土和 N-异丙基丙烯酰胺共聚而成的水凝胶中，制备了具有磁场响应功能且强韧机械性质的磁场敏感性水凝胶。此外，他们将所得的水凝胶粘连在弹性亚克力上形成双层结构，由于磁敏感性水凝胶在磁场作用下会收缩，这种具有双层结构的材料则会发生弯曲。这项研究向人们展示了一种可以通过磁场远程控制形态变化的水凝胶材料。

8.2.2.2 双响应智能高分子凝胶

（1）温度、pH 值敏感性凝胶

由于环境的复杂性，具有多重敏感性的水凝胶也被关注，这方面的研究主要集中在对温度和 pH 值双重敏感性水凝胶。例如，Hoffman[10]将酸性的 AAc 引入具有温敏性的 PNIPAAm 凝胶中，辐射合成了 P（NIPAAm-co-AAc），兼具 pH 值和温敏性响应。将对胃有刺激作用的吲哚美辛药包埋在此凝胶中，在胃液的 pH 值为 1.4 时，只有少量药物释放，但在肠液的 pH 值为 7.4 时药物很快释放，因而可减少药物的副作用，达到定向释放的目的。

（2）磁性、热敏感性凝胶

丁小斌等[11]采用分散聚合法，在醇/水体系中，在 Fe_2O_3 磁流体存在下，通过苯乙烯（St）与 N-异丙基丙烯酰胺（NIPA）共聚，合成出 Fe_2O_3/P(St-NIPA)凝胶微球，该微球除具有一般磁性微球快速、简便的磁分离特性外，同时，还具有热敏特性。Fe_2O_3/P(St-NIPA)微球在水溶液中具有明显的热敏特性，当温度高于 LCST 时，微球发生收缩，其表面由亲水性转变为疏水性。利用其表面这种可逆的亲-疏水性变化特征，用微球吸附大量蛋白质，通过磁分离将吸附的蛋白质在低于 LCST 的温度下解吸，如此反复可迅速、方便地分离蛋白质，可用于生物医学、生物化学等领域，如蛋白质、酶的分离、浓缩。

（3）pH 值/热、光敏性凝胶

光是一种易精确控制的刺激源，将光响应基团引入 pH 值、温度、氧化还原等响应性水凝胶中可制成基于光响应的双重响应性水凝胶。由于光源的易操作性，基于光响应的双重响应性水凝胶为疾病的治疗提供了更为灵活的方式。如 Gangrade 等[12]制作了一种 pH 值/光响应的纳米混合丝水凝胶系统，用于局部、靶向和按需递送抗癌药物。该水凝胶包含两种丝素蛋白 B. mori、A. assama 以及负载阿霉素（DOX）的叶酸功能化单壁碳纳米管（SWCNT-FA/DOX）。其中碳纳米管（CNT）通过吸收近红外光的辐射产生热量，在酸性 pH 值下，DOX 的 NH_2 基团被质子化增加了 DOX 的亲水性，降低了 DOX 与 SWCNT-FA 之间的 π-π 相互作用，促进药物释放，表现出 pH 值响应性。又例如，Suzuki 和 Tanaka[5]用 N-异丙基丙烯酰胺（NIPA）和叶绿酸网络组成的凝胶，它可响应可见光而发生相转变，此时因光照引起高分子温度上升，呈现凝胶体积收缩的相转变，而未光照时凝胶体积随温度连续变化。

8.2.3 智能高分子凝胶的应用

智能高分子凝胶这种对外界环境变化能自动感知并能作出响应变化的特点，使其具有一系列传统材料所没有的突出性能，这类材料在化学膜和化学阀、智能药物释放体系、生物技术、人造肌肉、调光材料等方面都有潜在的应用。现举例如下。

（1）化学膜和化学阀

对环境敏感性大分子而言，其构象会因外部某种条件的微小变化而发生突变，而且这种变化可因外部条件变化的消失而消失。基于敏感性大分子水凝胶的可控溶胀和收缩，Yoshida 等[13]设计制作了一种温控化学阀，将丙烯酰脯氨酸甲酯与双烯丙基碳酸二甘醇酯共聚，得到聚合物膜，然后将此膜用离子束技术蚀刻得到多孔膜，通过显微观察发现膜孔道在 0℃时完全关闭，30℃时完全开放。Osada 等[14]将丙烯酸与丙烯酸正硬脂酰醇酯共聚得到了一种具有形状记忆功能的温敏水凝胶。这种材料的形状记忆本质在于长链硬脂酰侧链的有序、无序可逆变化，基于这种材料他们设计制作了另一种温控化学阀。Ito 等[15]将末端带二硫键的聚（L-谷氨酸）接枝到聚碳酸酯膜的孔道结构中，利用这种大分子在低 pH 值时构象收缩、高 pH 值时构象伸展调控膜的孔道。

（2）智能药物释放体系

刘莹莹等[16]用氧化石墨烯（GO）包裹的多孔聚多巴胺（MPDA）纳米颗粒在碳纳米纤维（CNF）水凝胶中进行物理交联，以获得一种新型的 MPDA@GO/CNF 复合水凝胶，用于可控的药物释放。研究人员首先制备了多孔 MPDA 纳米颗粒，用其对药物进行负载，然后用 GO 对其进行包裹，再将 GO 包裹的 MPDA 封装于由物理交联作用形成的 CNF 水凝胶中，制得 MPDA@GO/CNF 复合水凝胶材料。在该封装结构设计中，GO 用于包裹 MPDA，既可起到降低药物突释、延长药物缓释和增强复合水凝胶的作用，又可协同 MPDA 赋予复合水凝胶近红外光响应性。此外，CNF 提供的 3D 网络结构作为第二层的封装，既有利于进一步降低药物突释和延长药物缓释，也可起到屏蔽 GO 本身毒性的作用，使最终的复合水凝胶具有非常好的细胞相容性。

（3）生物技术

化疗是最常用的恶性肿瘤治疗方法之一，但传统的药物释放载体缺乏靶向性，如何针对不同患者和肿瘤状态的变化实现按需治疗成为关键。例如，Yuan 等[17]以聚 N-丙烯酰甘氨酸、Fe_3O_4 纳米颗粒、氧化石墨烯（GO）以及药物分子为原料制备了光、磁响应的多功能智能水凝胶材料（MSRH）药物释放载体。其中 Fe_3O_4-GO 纳米材料可分别将磁能和光能转化为热能，使水凝胶局部温度升高，诱导水凝胶快速地发生凝胶-溶胶转变，使药物得到可控释放。采用类似策略，Liu 等开发了温度和光双重响应的可注射水凝胶，局部注射使其在肿瘤部位原位凝胶化，消除肿瘤组织并有效地抑制肿瘤复发。

（4）人造肌肉

日本理化学研究所的研究人员开发了一种新型水凝胶，能够像人造肌肉一样随着温度的变化不断地收缩或伸展。他们还将这种聚合物材料设计成 L 形，使之能够随着温度的反复升高而慢慢前行。这种水凝胶聚合物的网格结构能够保存大量水分，这也使它们能随着环境条件(例如电压、热和酸度)的变化膨胀和收缩。这种特性其实也类似于植物的细胞，它们也能根据外界环境的变化来改变其中的水量，以此来改变形状。

（5）调光材料

利用智能型高分子和高分子水凝胶的环境敏感行为可以设计制作调光材料。它是一种温度敏感材料，当阳光照射到凝胶时，一部分转变为热能。水凝胶系统的调光性赋予了其"开关"温度 T_s，温度在 T_s 以下凝胶网络透明，而当温度升至 T_s 以上则形成散光的微粒。麻省理工学院（MIT）的 Suzuki 和 Tanaka[5]设计了一种对光敏感的 PNIPAM 凝胶，他们在凝胶中引入光敏成分叶绿素，光照时，叶绿素吸收光能使其微环境温度升高，凝胶收缩；反之，凝胶溶胀。

8.3 智能纤维与智能纺织品

智能纤维是指能够感知外界环境（机械、热、化学、光、湿度、电磁等）或内部状态所发生的变化，并能作出响应的纤维。而智能纺织品是指模拟生命系统，同时具有感知和反应双重功能，并保留纺织品固有风格和技术特征的一类新型纺织品。智能纤维及智能纺织品具有或部分具有如下智能功能或生命特征：传感功能、反馈功能、信息识别与积累功能、响应功能、自诊断能力、自修复能力和自适应能力。根据感知状态的不同，智能纺织品分为三类：被动智能型纺织品，仅能感知外界刺激，却不能自动控制，这类纺织品只能起传感作用；主动智能型纺织品，不仅能感知外界环境刺激，还能作出响应，如形状记忆、防水透湿、变色、调温蓄热等纺织品，用此类纺织品做成的衣服，具有造型记忆、防水排汗、光(热)致变色、调节温度的功能；非常智能型纺织品，又称适应型智能纺织品，除能对外界环境刺激感知和响应外，还能适应环境条件，用这类纺织品制成的衣服可发出动听的音乐，可随时监测人体的心率、血糖、体温等生理指标，以便及时就医等。近些年来，随着纳米技术、微胶囊技术、电子信息技术等一些前沿技术的发展及运用，智能纤维的开发得到了迅速发展，并且催生了一系列新型智能纺织品的出现，从而满足了人们的某些特定需求。

另外，虽然智能纤维功能多样，在不同领域具有不同的用途，不过它们的制备基本都是通过在纤维纺织过程中或者纺织之后，将具有目标功能的某种有机高分子功能材料、无机金属或者非金属功能材料掺混或复合到纤维之中或者涂覆在纤维表面，合成路线与前面各章讲述的功能高分子合成方法大同小异。因此，本节主要介绍各种智能纤维的结构与功能特征。

8.3.1 智能纤维与智能纺织品的分类

按照功能不同，智能纤维主要可以分为智能光导纤维、形状记忆纤维、变色纤维、智能电子纤维、智能感声和感光纤维、智能相变温控纤维、人工肌肉等多种类型。这里主要介绍前面四种代表性智能纤维。

（1）智能光导纤维

智能光导纤维是一种可将光能封闭在纤维中并使其以波导方式进行传输的光学复合纤维，亦称为智能光纤，由纤芯和包层两部分组成。它具有优异的传输性能，可随时提供描述系统状态的准确信息。智能光导纤维直径小、柔韧性好、易加工，同时兼具信息感知和传输的双重功能，被人们公认为是首选的传感材料，近些年来被广泛用于制作各类传感器，在智能服装、安全性服装等新型服装中屡有应用，以实现对外界环境如温度、压力、位移等状况以及人体的体温、心跳、血压、呼吸等生理指标的监控。

（2）形状记忆纤维

形状记忆纤维是指在一定条件下（应力、温度等）发生塑性形变后，在特定条件刺激下能恢复初始形状的一类纤维，其原始形状可设计成直线、波浪、螺旋或其他形状。主要有形状记忆合金纤维、形状记忆聚合物纤维和经整理剂加工的形状记忆功能纤维三大类。目前较为常见的形状记忆合金有 TiNi 系合金、Cu 基合金和 Fe 基合金。形状记忆合金纤维具有手感硬、恢复力大的特点，可用作纱芯与其他各种纤维纺出具有形状记忆效果的花式纱，并织成动感织物。形状记忆聚合物纤维具有众多优点，如手感较形状记忆合金纤维柔软、易成形且具有较好的形状稳定性、机械性质可调节范围较大、应变可达300%甚至更大等，因此其在纺织品上具有较为广阔的应用前景。

（3）变色纤维

变色纤维是一种具有特殊组成或结构的、在受到光、热、水分或辐射等外界条件刺激后可以自动改变颜色的纤维。变色纤维主要品种有光致变色纤维和温致变色纤维两种。

① 光致变色纤维 光致变色是指某种物质在一定波长的光线照射下可以产生变色现象，而在另一种波长的光线照射下又会发生可逆变化回到原来的颜色的现象。光致变色纤维分为有机类和无机类两种。有机类有螺吡喃衍生物、偶氮苯类衍生物等，该类变色纤维的优点是发色和消色快，已在前面光功能高分子章节中有所提及。无机类如掺杂单晶的 $SrTiO_3$，它能克服有机类光致变色纤维热稳定性抗氧化性差，耐疲劳性低的缺点，但发色和消色较慢、粒径较大。光致变色纤维已经有很多研究，如松井色素化学工业公司制成的光致变色纤维，在无阳光的条件下不变色，在阳光或 UV 照射下显深绿色。日本 Kanebo 公司将吸收 350~400nm 波长紫外光后由无色变为浅蓝色或深蓝色的螺吡喃类光敏物质包覆在微胶囊中，用于印花工艺制成光敏变色织物。微胶囊化可以提高光敏剂的抗氧化能力，从而延长使用寿命。

② 温致变色纤维 温致变色纤维是指随温度的变化颜色发生变化的纤维。温致变色纤维的加工主要是将温致变色染料通过共聚、共混、交联及涂层等方法引入纤维中或纤维表面。例如，日本东丽公司开发的 Sway 织物，将温致变色染料密封在微胶囊内，然后涂层整理在织物表面。胶囊内包含三种成分：温致变色性色素、显色剂、消色剂。调整三者比例就能得到可逆的温致变色纤维。该织物在温差超 5℃时就会发生颜色变化，温度变化范围是 -40~85℃，针对不同用途可有 64 种不同的变化。英国默克化学公司将温致变色化合物掺到染料中去，再印染到织物上。染料由黏合剂树脂的微小胶囊组成，每个胶囊都有液晶，液晶能随温度的变化而呈现不同的折射率，使服装变幻出多种色彩。通常在温度较低时服装呈黑色，在 28℃时呈红色，到 33℃时则会变成蓝色，介于 28~33℃时会产生出其他各种色彩，这种面料能在常温范围内显示出缤纷色彩。

（4）智能电子纤维

智能电子纤维是基于电子技术，融合传感、通信和人工智能等高科技手段而开发出的一类新型纤维。随着人们生活需求的日益增长，对智能电子纤维也提出了更高的要求，目前市场上主要有抗静电纤维、导电纤维等，其中以导电纤维最具代表性。例如，在标准状态（20℃、相对湿度 65%）下，电阻率低于 $10^7 \Omega \cdot cm$ 的纤维具有优良的导电性能，并能通过电子传导和电晕放电消除静电，可用于消除静电、吸收电磁波以及探测和传输电信号。

8.3.2 智能纤维与智能纺织品的应用

智能纤维与智能纺织品的应用范围非常广，下面列举四个主要应用。

（1）应用于物理传感

物理传感器是指能够检测物理信号的传感器，如应变、温度、湿度和压力。当受到环境刺激或机械变形时，物理传感器的结构或导电性将发生变化，从而产生可处理的信号，如电容/导电性的变化或电压的产生。近年来，用于物理传感的智能纤维和智能纺织品已被报道并用于监测人体健康相关信号（如身体运动、生理信号和体温）和检测环境特性（如环境湿度、气流和光线）。赋予纤维和纺织品传感能力的典型策略是通过共纺、涂层、印花、蒸发或染色来构建含有功能材料的复合纤维。

（2）应用于化学传感

化学传感器是指能够对某些化学品或化学参数（如 pH、H_2O_2 或 NO_2 等）作出响应的传感器。化学传感器可以将从特定成分到总成分的化学信息转换为可分析的信号。典型的化学传感器由受体和化学传感器组成。受体为目标分析物提供高选择性，而传感器将化学信息转换为可读信号。在个人保健领域，用于实时监测人体生物化学信号和环境中潜在危险的化学传感器也越来越多。有许多生物标记物（例如葡萄糖、钠、钾、乳酸和尿酸）可以反映体液的健康状况，包括血液、汗液、间质液、眼泪、唾液、尿液，甚至呼出的气体。由于其优异的耐磨性和设计的多功能性，基于智能纤维纺织品的化学传感器吸引了大量关注。例如，Wang 等[18]通过将具有不同传感功能的纤维编织到纺织品中，制备了一种集成的电化学纺织品，可以用作健康监测平台。

（3）应用于能源管理

为了确保可穿戴电子设备的持续运行，开发可靠的可穿戴电源系统和能源管理设备非常重要。作为可穿戴电子设备不可或缺的一部分，可穿戴能源设备分为两类：储能设备和能量收集设备。储能设备，如超级电容器、金属离子电池、金属空气电池，能储存电能并可为电子设备供电。能量收集设备，如太阳能电池、摩擦电纳米发电机和热电发电机，能将其他形式的能量，如光、身体运动能量和热能转换为电能。基于智能纤维/纺织品的能源设备因其出色的灵活性、透气性以及一定的延展性而变得越来越有吸引力。

为了满足可穿戴电子设备的电力需求，基于智能纤维/纺织品的储能装置在过去十多年中得到了广泛的研究。例如，基于智能纤维/纺织品的超级电容器是特别有前途的柔性储能装置，它们可以在几秒钟内充电/放电，具有较长的寿命周期，并且具有较高的功率密度。Yang 等[19]通过在弹性纤维上缠绕碳纳米管片作为电极，使用 PVA/H_2SO_4 电解质，制备了一种可拉伸纤维状超级电容器。

（4）应用于个人热管理

个人热舒适对人类的身心健康具有重要意义。传统上，纺织品主要用于保暖和身体保护。近年来，降低能耗、提高人体热舒适性的要求引起了人们的极大兴趣。个人热管理，包括冷却、加热、绝缘和温度调节，旨在为个人提供最佳热舒适的加热或冷却。可穿戴热管理技术的发展有利于降低能耗和改善个人健康管理。人体产生的热量及其与环境的热交换共同作用，以实现稳定的体温。一般来说，人体和环境之间有四种不同的热交换途径：传导、辐射、对流和蒸发[20]。因此，可以设计热管理纤维和纺织品来影响上述热交换路径。目前，用于个人热管理的智能纤维和纺织品主要有四种，包括被动辐射控制纺织品、被动传导控制纺织品、响应性纺织品和主动制冷/取暖纺织品。

8.4 形状记忆高分子

自 20 世纪 60 年代以来，形状记忆材料以其独特的性能引起了人们极大的兴趣。在热、化学、机械、光、磁或电等外加刺激作用下，可触发形状记忆材料作出响应，从而改变材料的技术参数，诸如形状、位置、应变、硬度、频率、摩擦和动态或静态特征等。其中，形状记忆高分子（shape memory polymers，SMPs）凭借诸多优势，成为继形状记忆合金后被大力发展的一种新型形状记忆材料。这些优势包括：①形变量大，如形状记忆聚氨酯的形变量通常在 400%以上；②原材料充足，品种多，形状记忆恢复温度范围宽；③质量轻，易包装和运输；④加工容易，易制成结构复杂的异形品，能耗低；⑤价格便宜，仅是形状记忆合金的 1%；⑥耐腐蚀，电绝缘性和保温效果好等。

8.4.1 高分子的形状记忆原理

形状记忆高分子根据其形状恢复原理可分为热致感应型、电致感应型、化学感应型和光致感应型四类[21]，其中热致感应型研究最为广泛。

（1）热致感应型

热致 SMPs 是所有 SMPs 中最常见的一类，而且很多非热致 SMPs 也是间接通过热作用实现形状记忆行为的，因此以热致 SMPs 为例解释 SMPs 的形状记忆机理。形状记忆高分子之所以具有形状记忆效应（shape memory effect，SME）是因为其具有可逆相与固定相，可逆相在外场刺激下可以发生"软—硬"转变，从而可以发生变形和固定形变。可逆相这种"软—硬"转变是通过聚合物的相变实现的，比如由结晶到熔融的转变，或由玻璃态到高弹态等的转变，其转变温度（transition temperature，T_{trans}）分别为 T_m（结晶熔融温度）或 T_g（玻璃化转变温度）。固定相则由高分子链的化学交联或物理交联构成，固定相可以防止分子滑移和应力松弛，从而帮助形变和应力的冻结和记忆。

由于温度便于控制，方法简单，故很大一部分 SMPs 为热致感应型，即在一定温度下 SMPs 受应力变形，并能在室温（或较低温度）固定形变并长期保存，当升温至某一特定响应温度时，SMPs 又能恢复至初始形状。热致感应型 SMPs 的形状记忆过程可用图 8-3 所示的拉伸变形、固定和恢复模型来描述[22]。形状 B 为 SMPs 的初始形状，当温度高于 T_{trans} 时，SMPs 在外力作用下可被拉伸至临时形状 A。在保持外力条件下逐渐冷却至室温，就可以得到变形、固定后的临时形状 A。当温度再次高于 T_{trans} 时，临时形状 A 可自动恢复至初始形状 B，表现出记忆初始形状 B 的性质。

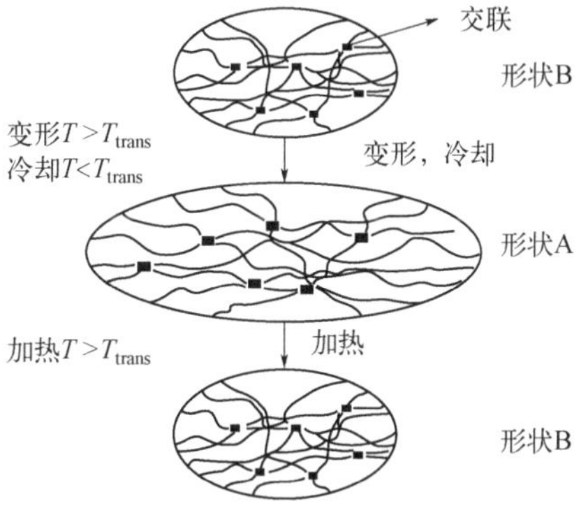

（2）电致感应型

电致 SMPs 是在 SMPs 基材上添加导电填料（如石墨烯、碳纳米管和金属颗粒等），导电填料会在基材中形成导电通路，当有电流经过导电通路时，会产生热量使材料温度升高，进而实现形状恢复过程，其形状记忆机理与热致感应型高分子相同。

图 8-3 热致感应型 SMPs 形状记忆的机理
（T_{trans} 代表可逆相的热转变温度）

（3）化学感应型

某些高分子在化学物质的影响作用下，也能够出现形状记忆现象。化学反应方式一般有 pH 值的变化、螯合反应、平衡离子置换和氧化还原反应等。具有代表性的物质有：用聚乙烯醇交联的聚丙烯酸纤维、经过磷酸酰化处理的聚乙烯醇薄膜、聚丙烯酸纤维和明胶纤维等。

（4）光致感应型

光致 SMPs 是指在光的驱动下能够实现形状记忆过程的高分子，根据形状记忆机理可分为光热效应型和光化学反应型。光热效应型 SMPs 是通过在 SMPs 基材上引入具有光热效应的填料（如多巴胺、碳纳米管和石墨烯等），利用其光热转换能力，将吸收的光能转变为热能，进而实现形状记忆行为。这类材料本质上属于热致型形状记忆高分子。光化学反应型 SMPs 是通过在 SMPs 基材上引入光敏感基团（如肉桂酸、偶氮苯、三苯甲烷等，如图 8-4 所示）作为"分子开关"，这些"分子开关"在外界光源的刺激下会发生交联与解交联作用，从而实

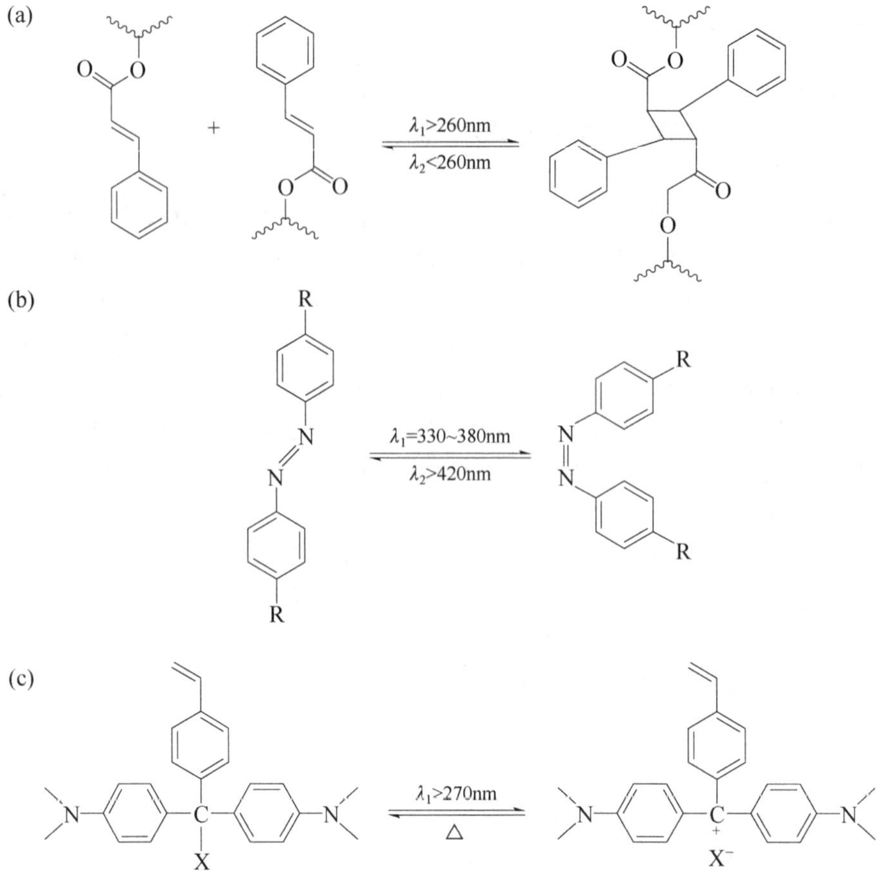

图 8-4 光化学反应的几种构型

现形状记忆过程。光热效应型 SMPs 本质上就是热致 SMPs，但与热致 SMPs 相比，其能够实现远程控制、精准控制和局部控制，在生物医疗领域具有广阔的应用前景。

8.4.2 形状记忆高分子的分类

能实现形状记忆功能的高分子有很多，这里主要介绍以下几种。

① 聚氨酯 对形状记忆聚氨酯的研究最早可追溯到 20 世纪 80 年代末。后来 Hayashi 于 20 世纪 90 年代初开发了响应温度为 25～55℃的形状记忆聚氨酯品种[23]，在此基础上，日本三菱重工公司成功地开发出一类有形状记忆功能的聚氨酯类聚合物（Diaplex），广泛地应用于服装、医疗、航空航天、化学、工业材料、信息技术以及食品和化妆品等行业[24]。聚氨酯全称为聚氨基甲酸酯，是一种含部分结晶的线型聚合物，其制备是先由二异氰酸酯与低聚物多元醇反应生成聚氨酯预聚体，再用多元醇、氨基酸、羧酸等进行扩链反应或交联反应生成具备连接嵌段结构的聚氨酯聚合物。聚氨酯聚合物以其柔性链段（多元醇部分）作为可逆相，刚性链段（二异氰酸酯和扩链剂）是物理交联点，作为其固定相。通过合成时选择的原料及原料的比例来调节 T_g，即可得到响应温度不同的具有形状记忆功能的聚氨酯。

② 聚酯 聚酯是大分子主链上含有羰基酯键的一类聚合物，通过过氧化物交联或辐射交联，也可获得形状记忆功能。调整聚合物羧酸和多元醇组分的比例，可制得具有不同响

应温度的形状记忆聚酯。它们具有较好的耐气候性、耐热性、耐油性和耐化学药品性，但耐热水性能不太好。目前研究较为广泛的聚酯有聚对苯二甲酸乙二醇酯、聚己内酯和聚乳酸等[25-26]。

③ 交联聚乙烯　交联聚乙烯（XLPE）是第一个热致形状记忆高分子。通过物理交联或化学交联方法，控制适当的结晶度和交联度，使大分子链交联成网状结构作为固定相，而以结晶的形成和熔融作为可逆相，得到具有形状记忆功能的交联聚乙烯，其响应温度在110～130℃。交联后的聚乙烯在耐热性、力学性能和物理性能等方面有了明显改善，并且由于交联分子间的键合力增大，阻碍了结晶，从而提高了聚乙烯的耐常温收缩性和透明性[27]。

④ 聚降冰片烯　聚降冰片烯是世界上第一种具有形状记忆功能的高聚物，其制品具有形状记忆功能，即使形状变化很大，加热后可立即恢复至原来的形状。聚降冰片烯通常先由乙烯与环戊二烯在 Diels-Alder 催化条件下反应合成降冰片烯，再通过开环聚合而得到含双键和五元环交替结合的无定形高分子化合物，其反应方程式如图 8-5 所示。

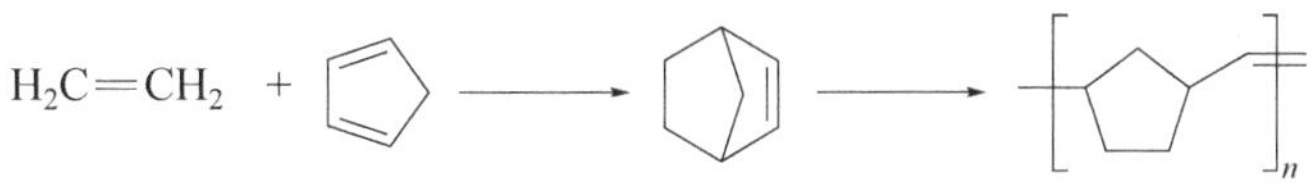

图 8-5　聚降冰片烯的合成反应方程式

该聚合物的分子量一般在 300 万以上，可逆相是玻璃态，固定相是分子链的交联点，具备超分子的结构，玻璃化转变温度约为 35℃，接近人体温度，室温下为硬质，适于作织物制品。该聚合物可以通过压延、挤出、注塑等工艺加工成型，强度高，有减振作用，具有良好的耐湿气性和滑动性，但变形速度较慢，形变效果不强。除聚降冰片烯外，降冰片烯与其烷基化、烷氧基化、羧酸衍生物等共聚得到的无定形或半结晶共聚物也具有形状记忆功能。

⑤ 反式-1,4-聚异戊二烯　反式-1,4-聚异戊二烯的立构规整紧密，容易结晶，结晶时会形成一种球形的超结晶结构，具有高度的链规整性。它以用硫黄或过氧化物交联得到的网络结构为固定相，以能进行熔化和结晶可逆变化的部分结晶相为可逆相。未经硫化的反式-1,4-聚异戊二烯是典型的硬性结晶高分子，而当交联度过高超过临界值时，硫化网络被固定在无规橡胶态，是一类橡胶制品，故两者都不具有形状记忆功能。在低交联度下，差热分析（DTA）曲线上残留 35℃ 的结晶熔融峰，在室温中保持约 40% 的结晶度，局部并存高次结构，成为形状记忆材料。

⑥ 苯乙烯-丁二烯共聚物　苯乙烯-丁二烯共聚物以高熔点（120℃）的聚苯乙烯（PS）结晶部分为固定相，可逆相为低熔点（60℃）的聚丁二烯（PB）结晶部分，当温度高于 PB 的熔点而低于 PS 的熔点时，PB 结晶熔化，PS 仍处于玻璃态起结点作用，PS 结点间的 PB 链段超过橡胶熵弹性链段长度因而具有形状记忆功能。该共聚物形状恢复速度快，常温时形状的自然恢复极小，具有良好的耐酸碱性和着色性，易溶于甲苯等溶剂形成无色透明的黏稠溶液，便于涂布和流延加工，且黏度可调。苯乙烯-丁二烯共聚物的化学结构式如图 8-6 所示。

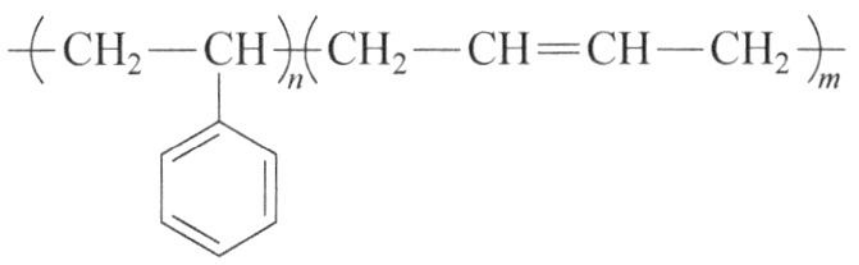

图 8-6　苯乙烯-丁二烯共聚物的化学结构式

8.4.3 形状记忆高分子的应用

尽管形状记忆高分子的开发时间不长,但由于其具有质轻价廉、形变量大、成型容易、赋形容易、形状恢复温度便于调整等优点,目前已在航空航天、医疗、包装、建筑、玩具、汽车、报警器材等领域得到应用,并有望在更广泛的领域开辟其潜在的用途。这里主要介绍以下几种应用。

① 航空航天 SMPs 作为智能高分子的一种,具有质轻价廉、形变量大和易加工的特点,越来越受到航空航天领域科研人员的关注[28]。SMPs 在航空航天领域的应用主要是围绕其形状恢复和形状展开进行的。机翼是航天器的重要组成部分,采用 SMPs 制作的机翼可在变形后自动恢复至初始状态,达到调控机翼形状的目的。此外,SMPs 可作为航天器内部的零部件,如铰链和太空线等,这些零部件在航天器发射前保持较小的体积,在使用时可通过外界刺激展开而进入工作状态。Lan 等[29]制备了一种碳纤维增强的苯乙烯基热固性形状记忆材料,该材料在 20V 的电压下仅 100s 即全部展开,可用作航天器中可展开的铰链。

② 生物医疗 SMPs 可作为外科手术的缝合线,利用其形状记忆功能自动缝合伤口。Lendlein 等[30]合成的具有相分离结构的多嵌段聚酯形状记忆共聚物可作为外科手术的缝合线,无需外界加热,在人体温度下即可实现 SMPs 自动收缩,以达到自动缝合的目的。冷劲松等人报道了一种生物可降解的形状记忆缝合线的制备和应用,该聚合物具有良好的形状记忆性和生物降解性,同时制备该聚合物的原料种类较多,并对多种外驱动(如光、热、磁、水等)均可响应。

③ 纺织品 在纺织品方面的应用,既可以纺丝以赋予纱线形状记忆功能(如日本开发的聚氨酯弹性纤维 Diaplex),也可以作为织物涂层剂进行功能性涂层,对织物进行形状记忆整理。日本三菱重工公司采用的形状记忆聚氨酯涂层织物"Azekura"不仅可以防水透气,而且其透气性可以通过体温加以控制,达到调节体温的作用。其作用机理在于聚氨酯的分子间隔会随体温的升高或降低而扩张或收缩,正如人体皮肤一样,能根据体温张开或闭合毛孔,起到调温保暖的作用,从而改善织物对穿着环境的适应性及舒适性[31]。

④ 包装材料 利用高分子的形状记忆功能制成的热收缩薄膜可用于包装材料等方面。形状记忆高分子可以很容易地制成筒状的包装薄膜,套到需要包装的产品外面后,经过一个加热工序,形状记忆高分子便可牢固地收缩在产品外面,可以很方便地实现连续自动化紧缩包装生产。

⑤ 紧固销钉 紧固销钉的应用原理如图 8-7 所示,图(a)中先将形状记忆材料加工成型为销钉的使用形状;图(b)中将销钉加热成易于装配的形状然后冷却定型;图(c)中将销钉插入欲铆合的两块板的孔洞中;图(d)中将销钉加热即可恢复为一次成型时的形状,即将两块板铆合。

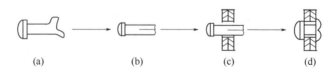

图 8-7 形状记忆紧固销钉的应用原理示意

⑥ 4D 打印　SMPs 可作为 3D 打印的墨水，通过 3D 打印技术打印的制品被赋予了时间维，在外界刺激下，其物理性能会随着时间的变化发生改变，从而实现 4D 打印。它的发展为生物医疗和建筑等领域的发展提供了便捷条件[32]。

⑦ 其他方面　除上述应用领域外，SMPs 还可应用于玩具、火灾报警器、自动开闭阀门，以及防伪领域等。

8.5 智能高分子膜与复合材料

智能膜也是一种智能高分子，即指以膜的形式对环境进行感知、响应且具有功能发现能力的膜用材料。目前，膜用材料主要是有机高分子，包括合成高分子和天然高分子。智能高分子膜与普通膜一样，根据膜的结构、形态和应用等的不同，可有多种分类方式。按膜材料的来源，可分为天然高分子膜和合成高分子膜；按膜的用途，可分为用于分离的分离膜和交换膜，用于识别的传感器膜和用于参与反应的催化剂膜等；按对环境的响应性，可分为热敏感膜、电敏感膜和光敏感膜等；按膜的形式，可分为荷电型超滤膜、接枝型智能膜、互穿网络膜、聚电解质配合物膜、导电聚合物膜、液晶膜和凝胶膜等。

8.5.1 智能高分子膜的制备

（1）物理方法

① 埋入法　该方法是通过将具有形状记忆功能的材料埋入高分子膜中制备智能高分子膜。例如，Yoshihito Osada[33]将形状记忆合金（SMA）埋入高分子膜中，制成了形状记忆高分子膜。埋入前金属丝是塑化变形的，并且被复合物限制在它的起始长度。当受热时，收缩沿着金属丝全长方向产生一个均一分散的剪切应力，这个剪切应力使膜以一种可控制的方式弯曲。

② 复凝聚法　该方法的典型例子为制备液晶热敏膜。在某一温度范围内，随着温度的升高，胆甾相液晶在整个可见光范围内进行可逆显色，即颜色由红↔绿↔紫。将数种液晶混合，可以在希望的温度范围内显示出所希望的颜色，且色泽鲜艳，反应灵敏。宋爱宝[34]将胆甾醇壬酸酯、胆甾醇正丁酯及对丙基苯甲酸-对戊基苯酯 3 种液晶化合物按比例充分混合，溶于低沸点的有机溶剂，用明胶和阿拉伯胶树脂的复凝聚法使混合液晶的微滴被包埋在囊壁内，过滤洗涤，就获得液晶微胶囊；然后加入聚乙烯醇水溶液，搅拌均匀，涂覆在黑色聚酯薄膜上，在红外灯下烘干，就得到色彩鲜艳的液晶热敏膜。

③ 共混法　该方法是将两种不同的聚合物进行共混得到智能高分子膜[35]。例如，交联的聚甲基丙烯酸（PMAA）膜在 65.2kPa 压力下，悬浮在 10℃的水中，获得恒定的长度后，将聚乙二醇（PEG）水溶液加入包埋流体中，在 PEG 溶液中的膜随着温度升高明显收缩，温度在 10℃之内变化时，尺寸的变化是可逆的。通过改变 PEG 溶液的浓度，可以获得满足特殊要求的收缩温度。

（2）化学方法

利用接枝共聚将敏感单体接枝到高分子上形成智能高分子膜，这是目前最常用的方法。例如，Ito 等[36]利用 10μm 厚的聚碳酸酯（PC）膜在 26.7Pa 的压力下，以 6mA 的电流辉光放电处理一定时间，在膜表面生成过氧化物，再将这种处理过的膜迅速转移到丙烯酸水溶液中进行接枝聚合，便得到聚丙烯酸接枝聚碳酸酯膜。也可以利用嵌段共聚将敏感单体与其他单体共聚，从而制成智能高分子膜。例如，将具有温度敏感特性的 N-异丙基丙烯酰胺单体与丙烯酸等单体进行自由基共聚，即可得到具有温度和 pH 值敏感特性的高分子膜材。

此外，利用辐射聚合法将 X 射线、紫外线或 γ 射线等作为引发能量应用于聚合反应，也可以制备智能高分子膜。例如，李斌等[37]以氧杂蒽酮或二苯甲酮为引发剂，用紫外线引发表面接枝聚合的方法在聚丙烯薄膜表面引入了具有温度敏感特性的聚 N-异丙基丙烯酰胺接枝聚合物层。

8.5.2 智能高分子膜的响应类型

（1）温度响应型

温度响应型智能高分子膜是指高分子膜的孔径大小、渗透速率等随所处的环境温度发生变化而发生敏锐的响应以及突跃性变化的分离膜，表现为膜的吸水量和吸溶剂量在某一温度有突发性变化，此时的温度称为低临界溶解温度（LCST）。聚 N-异丙基丙烯酰胺由于对温度的响应速度快，并且其低临界溶解温度与人体温度接近（约为 32℃），故可应用于生物智能材料。

（2）pH 响应型

pH 响应型智能高分子膜是在基材膜上面接枝具有 pH 响应性的聚电解质开关，聚电解质开关中起作用的是其上面可离子化的弱酸或弱碱性基团，环境体系的 pH 改变能影响基团的质子化程度，引起聚合物的收缩或溶胀，从而实现膜孔径的改变及通量的变化。pH 响应型智能高分子膜能运用于定点定位控制释放，以及 pH 响应型分离，在酶固定、物料分离、化学阀、药物释放等领域具有广阔的应用前景。

（3）电场响应型

电场响应型智能高分子膜是指膜的特性受电场影响而改变的高分子分离膜。可用于电场响应型膜的高分子主要有两类：一类是交联的聚电解质，即分子链上带有可离子化基团的凝胶，在此类膜中高分子链上的离子与其对离子在电场中受到相反方向的静电作用，使溶剂中的离子在电场的作用下发生迁移，致使凝胶脱水或溶胀，膜孔径也随之发生改变；另一类是导电高分子，如聚噻吩、聚吡咯、聚乙炔等，在进行电化学掺杂、去掺杂或化学掺杂时，聚合物的构象会发生变化从而导致其体积收缩或膨胀，进而影响膜的孔径大小。目前，这种电场响应型智能高分子膜主要用于对矿物离子和蛋白质的选择性分离、盐截留和药物控释等。

（4）光响应型

光响应型智能高分子膜是指由于光辐射（光刺激）膜发生体积相转变从而改变膜性能的高分子膜。在多孔膜上通过化学方法或物理方法引入光敏感型智能高分子，则可以制备光敏感型智能高分子膜。光响应型智能高分子通常为偶氮苯及其衍生物、三苯基甲烷衍生物、螺吡喃及其衍生物等。

8.5.3 智能高分子膜的应用

智能高分子膜在多个领域都有重要应用，如在化学化工领域用于分离和纯化化学物质，在医药领域用于药物释放和医疗器械等。此处主要介绍以下三种。

（1）分离功能

分离膜是指具有选择性透过能力的膜型材料，它是以压力差、浓度差等作为动力，使气体和液体的混合物或有机物、无机物的溶液等分离成各种组分的功能膜。Lin 等[38]报道了具有高度有序纳米通道的功能超薄二氧化硅膜，用于精确和快速的分子分离。他们制备了由纳米通道组成的独立功能超薄二氧化硅膜，纳米通道的平均尺寸为 2.3nm，可用于精确快速的分子分离。此外，这些膜显示出良好的稳定性，在洗涤或煅烧后可连续重复使用一个月，并且这种膜的制备也简单且廉价，这将在分离和微/纳米流体芯片技术中带来潜在的应用。

（2）药物释放

长期以来，医药界一直希望能找到一种方法，可以在需要的时候将需要的药物量投入需要的人体器官。利用智能型高分子可以实现对病灶周围温度、化学环境等异常变化的自动感知，自动释放所需量的药物；当身体正常时，药物控释系统恢复原来的状态，重新抑制释放。例如，Zhang 等[39]报道了磁性纳米颗粒在膜科学中的应用，他们将纳米颗粒集成到聚合物膜中，在智能多孔膜阀中创建磁性纳米颗粒加热器。通过在纳米通道基膜的内壁上接枝顺磁性 Fe_3O_4 纳米粒子，并进一步固定温度响应型 PNIPAAm，构建了智能膜基装置的阀门功能，在药物智能释放方面具有潜在的应用前景。

（3）酶固定化作用

早期的生物活性物质测量法，如酶分析法，是在水溶液状态下进行的。由于酶在水溶液中一般不太稳定，且酶只能和底物作用一次，因此使用起来很不方便，要使酶作为生物敏感膜使用，必须研究如何将酶固定在各种载体上，这称为酶的固定化技术。同常规方法相比，使用限制在电极表面的固定化酶具有很多优异的特征，如固定化酶可以快速分离、可重复使用、稳定性高、灵敏度高、响应快速、可防止溶液中其他物质的干扰和对电极表面的沾污等。例如，张介驰[40]分别用明胶、PVA 和石墨对双乙酰还原酶进行包埋固定，发现 PVA 和明胶都与酶中残留的硫酸铵有不同程度的反应，影响固定化。同时，包埋过程中的冷冻成型使硫酸铵部分结晶析出，造成固定化酶膜孔隙过大，引起酶泄漏。而石墨包埋则效果较好，固定化酶活力存留 66.2%。

8.6 智能材料与仿生

自然启发了人类发展科技，在过去的几十年中，许多有趣的生物材料和具有不可预见特性的结构已经出现。这些自然结构激发了材料科学家对"智能"生物结构的兴趣，这些生物结构有蜂巢的蜂窝结构、蜘蛛丝的强度、蝴蝶翅膀、软体动物壳、壁虎脚、荷叶、鲨鱼皮防水性等。这些生物拥有超越传统工程学的技能和属性，科学家们利用这些技能和属性，通过模仿生物材料来生产仿生材料。在仿生材料中融入信息通信、人工智能、创新制造等高新技术，逐渐使传统意义上的结构材料与功能材料的分界消失，实现材料的智能化、信息化、结构功能一体化。

仿生智能材料是受生物启发或者模仿生物的各种特性而开发出来的能感知环境（包括内环境和外环境）刺激，并能对其进行分析、处理、判断，采取一定的措施进行适度响应的类似生物智能特征的材料。新型仿生智能材料的研发是一个认识自然、模仿自然，进一步超越自然的过程，其基础是从分子水平上阐明生物体的材料特性和构效关系，进而模仿生物材料的特殊成分、结构和功能，将仿生理念与材料制备技术相结合，将基础研究与应用研究相结合，以实现成分、结构和功能的协调统一，设计并制备出结构、功能与原生物对象类似或更优的新型材料体系。它已成为一个涉及材料学、化学、物理学和生物学等多学科的交叉性研究领域，为推进科技创新、解决工程应用中的实际问题提供了新的理论和策略。

8.6.1 生物材料与仿生材料

生物材料通常有两个定义，一个是指由生命过程形成的材料，如结构蛋白（蚕丝等）和生物矿物（骨、牙、贝壳等）；另一个是指生物医用材料，其定义随医用材料的发展不断发展，指用于取代、修复活组织的天然或人造材料。生物材料的一个非常重要的特征是它是生物相容的，这意味着它在宿主中保持被动状态，或者不会与宿主材料发生反应。科学家们面临的任务是通过重新评估或重新设计人造结构中的生物材料来创造仿生先进材料，由此促进了仿生智能材料的发展，这些材料在结构和功能上都得到了发展，可以自我净化、建造和修复。天然生物材料是经过亿万年的自然选择与进化，在细胞调控下形成的，其基本组成单元很平常，但材料的微观结构很复杂，具有空间上的分级结构，通常是两相或多相的复合材料，表现出人工合成材料无法比拟的性能。

仿生材料是一种新型的功能材料，是建立在自然界原有材料、人工合成材料、有机高分子材料基础上的可设计智能材料。仿生材料的最大特点是可设计性，人们可提取出自然界的生物原型，探究其功能性原理，并通过该原理设计出能够有效感知到外界环境刺激并迅速作出反应的新型功能材料。目前，制造仿生材料的核心理念为：借鉴自然界生物体与生物材料的结构自适应、界面自清洁、界面自感知、能量自供给与转化的基本原理，发展仿生新型结构材料、新型智能界面材料、新型物质能量转化材料，为新质战斗力的形成和现役装备的改进改型提供材料保障与支撑。仿生材料对于推动材料科学的发展与人类社会文明的进步具有重大的意义。现如今仿生新材料在建筑行业、生物医疗、信息通信、节能减排等领域已经得到了较为广泛的应用。本节也将重点关注仿生智能材料的相关应用。

8.6.2 仿生智能材料的应用

（1）仿生智能运动材料

"道法自然"，自然界是人类各种技术思想、工程原理及重大发明的源泉。例如，自然界中大部分植物都会向光生长，这是由于向光生长有利于获得更大面积、更多的光照，有利于光合作用，维持植物更好的生长。作为向光性植物的典型代表，向日葵不仅可感知太阳光的方向并随之响应，而且可以自发地不断地紧紧追踪太阳光运动，表现出一种自我调节的生物智能。向光性这种独特的生物自调节机制为我们开发新型的仿生智能材料与技术提供了丰富的灵感，如何设计和开发仿生向日葵的向光性智能材料成为世界各国科学家的关注焦点。例如，王玲等[41]成功开发了一种基于 MXene 增强液晶弹性体的仿生向日葵管状液晶驱动器，实现了其三维空间内智能感知、信息自反馈和精准光源追踪，并探索了其在自适应光伏系统中的潜在应用（图 8-8）。该研究通过原位聚合将二维 MXene 纳米单体聚合到主链型交联液晶弹性体中，获得了 MXene 增强的液晶弹性体（MXene-LCE）管状软体驱动器。可光聚合 MXene 纳米单体与 LCE 基体具有良好的相容性，显著增强了液晶弹性体（LCE）的力学性能并赋予其优异的光驱动能力。由于径向形状对称性和向光不对称变形特性，MXene-LCE 管状驱动器能够像植物茎一样向光照射的方向弯曲。该研究有望为自适应光电子学、先进太阳能捕获系统以及智能感知软体机器人的发展提供新的思路和实验指导。

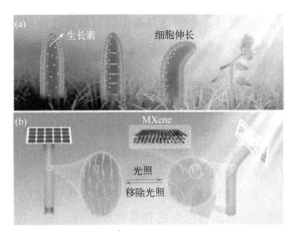

图 8-8　自然界向日葵向光性机理和液晶纳米管状驱动器的自适应光伏器件示意图[41]

本图彩图

（2）仿生智能修复材料

材料在使用过程中不可避免地会产生损伤和裂纹，由此引发的宏观裂缝会影响材料性能和设备运行，甚至造成材料失效和严重事故。如果能对材料的早期损伤或裂纹进行修复，对于消除安全隐患、延长材料使用寿命、提高材料利用率具有重要意义。自修复自愈合材料是近十几年来兴起的一种新型仿生智能材料，其技术核心源于对生物体损伤愈合机理的研究与模仿，通过物质和能量补给，实现材料内部或者外部损伤的自修复自愈合，可广泛用于表面涂层、人造肌肉、医疗器械、传感器、电子皮肤等前沿热点领域。

自修复自愈合材料通常是指将动态反应或物理过程引入高分子材料或无机-高分子复合材料中。动态化学反应通常包括：二硫键（disulfide bonds）、狄尔斯-阿尔德反应（Diels-Alder reaction）、席夫碱反应（Schiff base reaction）、酯交换反应（transesterification）等。将动态化学键引入高分子体系中，可使材料在损伤部位进行快速的化学键交换，形成新的化学键，从而达到自修复自愈合效果。例如，杨洪等[42]首次报道了一种通过二硫环戊基团的开环聚合来制备基于聚二硫化物骨架的光响应性可调共价键液晶网络的策略，如图 8-9 所示。基于二硫键的复分解反应，所制得的材料具有自愈性、可重塑性和可重新编程性。此外，聚合物主链与二硫环戊官能团之间的动态平衡使得该材料的催化解聚并被回收成单体成为可能。

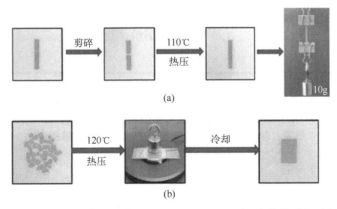

图 8-9　110℃下断裂薄膜的自愈过程（a）；120℃下切碎膜的重塑过程（b）[42]

该工作植根于分子化学结构的设计,为制造具有出色可编程性和可再生性的功能软机器人提供了一种经济和环境友好的策略。

(3) 仿生智能变色材料

数百万年的自然进化赋予了许多脆弱的生物不同的适应特征来躲避捕食者。它们主要的生存策略是伪装,包括变形伪装和颜色伪装。许多海洋生物,如海星、章鱼和乌贼等,特别是海星[图8-10(a)],作为一种缓慢爬行的棘皮类动物,在感知危险时,可以收缩触须,由星形变为岩石形,它也可以随着环境温度/光线/pH值/压力的变化而改变皮肤颜色。另外,海星具有惊人的自愈能力,在被切成小块后还能再生。受此启发,杨洪团队[43]制备了一种含有四芳基琥珀腈(TASN)发色团的聚硅氧烷类液晶弹性体(LCE)基软驱动器,它可以模拟海星的形变、爬行运动、三刺激响应变色和自修复功能[图8-10(b)]。杨洪等利用两个末端乙烯基功能化的TASN(TASN-diene)作为LCE基体的硫醇烯交联剂,并通过室温硫醇-烯光加成方法共价连接到LCE网络中,进而赋予相应的TASN-LCE软驱动器可逆形变和运动能力。在机械力、加热和pH值的刺激作用下,TASN单元会从无色的二聚体转变为带有粉红色自由基的单体状态,其可以作为热-机械-蒸汽变色伪装系统。同时,TASN基元中心C—C键的解离和重组可以被视为LCE基体的可交换交联过程,从而可以将自修复和可回收功能引入相应的软驱动器系统中。总而言之,单一的TASN发色团可以同时发挥交联、变色和自修复的作用,并将可逆形变、连续运动、颜色伪装和自修复功能引入海星状仿生软驱动器中。

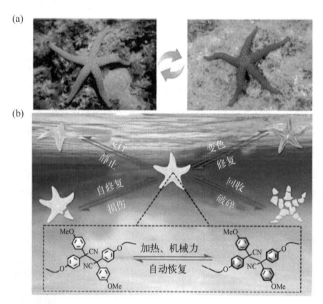

图8-10 (a) 自然界海星展现变形和颜色变化行为的照片;
(b) 嵌入四芳基琥珀酰腈发色团的海星状软驱动器集成了形变、颜色变化、自修复和可回收功能的示意图[43]

本图彩图

(4) 仿生智能医学材料

生物医学材料是将工程材料的设计理念运用在医学和生物学上的综合体现,目的是缩小工程材料和医学材料之间的实际应用差距。生物医学材料的设计结合了工程材料设计和医用材料设计的技巧，以改善医疗诊断、医疗监测的水平。生物医学中仿生材料是目前最受关注的医学材料。仿生生物医用材料要与生物体接触，因而此类材料至少需具备三个条件：①作为材料的功能性；②对生物体的安全性；③与生物相容性。生物医用材料要求具有良好的生物相容性、一定的机械强度和可控的生物降解性等，而这些恰恰是天然生物材料所特有的，合成材料无法比拟。因此，结合生物组织和器官的结构与性能，从材料学角度来研究天然生物材料的结构和性质，通过仿生设计研发仿生材料，为研究和开发高性能生物医用材料开辟出一条崭新的途径。仿生医用材料主要有：仿生骨材料、仿生皮肤、仿生血管等。例如，美国杜克大学医院的医生团队成功地将一段人造仿生血管通过手术植入一例肾病患者的体内，据悉，该项技术由杜克大学和 Humacyte 公司联合研发，他们先将捐献者的人体细胞在特定的设备中培养成人造血管形状，然后去除血管可能会引起免疫反应的特性，从而达到植入人体的要求。这段人造血管是利用生物工程技术培育出来的，而此次手术也是全美首例成功植入人造仿生血管的手术。

（5）其他新型仿生智能材料

仿生智能材料在其他新型先进功能材料研究领域也获得了广泛的关注。例如，沙漠甲虫表面具有局部亲水特性，在空气中能够有效地凝结水蒸气和捕捉小水滴；水稻叶和沙漠甲虫表面具有独特的定向微纳结构，可使水滴沿特定的方向流动；猪笼草表面具有超润滑特性，能使水滴迅速地滚动和滑落。模仿这些生物特性，Wong 团队[44]利用表面刻蚀等方法在硅片表面构建了具有纳米结构的定向微米级沟槽，硅烷化处理之后，旋涂上羟基封端的聚二甲基硅氧烷，制备了一种既能快速高效凝结空气中水分，又能使水分快速脱落便于收集的亲水型润滑液体浸渍粗糙表面，实现了亲水材料滴水不沾的突破，在冷凝换热和淡水收集等领域具有巨大的应用潜能。

很多长喙水鸟的喝水方式十分特别，它们的长喙像镊子一样不断地张开闭合，使水滴在毛细作用的推动下以逐步棘轮运动的方式从喙尖移动到嘴部。以这个原理为出发点，俞燕蕾团队[45]设计并制备了一种具有光响应特征的管状微流体驱动器，如图 8-11 所示。采用的材料是一种新型的线型光致变色高分子，长烷基主链中的碳碳双键使其具有很高的柔性，支链上的偶氮苯液晶基元使其具有光响应特性，偶氮苯基团与主链之间的间隔链段使其具有足够的自由体积，这种高分子能够自组装成具有纳米级层状结构的微管。不同强度的光刺激诱导微管管径不同程度地变化，从而产生轴向方向的毛细作用力梯度，驱使微管中的液体运动。该微管驱动器在生物医药和微流体反应器等领域具有可观的应用价值。

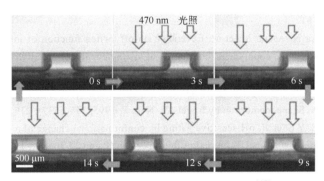

图 8-11　光诱导液体运动的横向照片[45]

思考题

1. 什么是智能高分子？
2. 智能高分子凝胶有哪几种响应类型，其各自的作用机理是什么？
3. 形状记忆高分子材料的形状记忆原理是什么？
4. 提高高聚物的交联度，对其形状记忆功能将产生什么样的影响？
5. 形状记忆高分子材料可应用于哪些方面？

参考文献

[1] 杨亲民. 智能材料的研究与开发[J]. 功能材料, 1999, 30(6): 575-581.

[2] Tanaka T, Fillmore D, Sun S-T, et al. Phase transitions in ionic gels[J]. Physical Review Letters, 1980, 45(20): 1636-1639.

[3] Aoki T, Kawashima M, Katono H, et al. Temperature-responsive interpenetrating polymer networks constructed with poly(acrylic acid) and poly(*N*,*N*-dimethylacrylamide)[J]. Macromolecules, 1994, 27(4): 947-952.

[4] Kuhn W, Hargitay B, Katchalsky A, et al. Reversible dilation and contraction by changing the state of ionization of high-polymer acid networks[J]. Nature, 1950, 165(4196): 514-516.

[5] Suzuki A, Tanaka T. Phase transition in polymer gels induced by visible light[J]. Nature, 1990, 346(6282): 345-347.

[6] Mamada A, Tanaka T, Kungwatchakun D, et al. Photoinduced phase transition of gels[J]. Macromolecules, 1990, 23(5): 1517-1519.

[7] Jabbari E, Tavakoli J, Sarvestani A S. Swelling characteristics of acrylic acid polyelectrolyte hydrogel in a dc electric field[J]. Smart Materials and Structures, 2007, 16(5): 1614-1620.

[8] Kim S J, Kim H I, Shin S R, et al. Electrical behavior of chitosan and poly(hydroxyethyl methacrylate) hydrogel in the contact system[J]. Journal of Applied Polymer Science, 2004, 92(2): 915-919.

[9] Tang J, Tong Z, Xia Y, et al. Super tough magnetic hydrogels for remotely triggered shape morphing[J]. Journal of Materials Chemistry B, 2018, 6(18): 2713-2722.

[10] Dong L-C, Hoffman A S. A novel approach for preparation of pH-sensitive hydrogels for enteric drug delivery[J]. Journal of Controlled Release, 1991, 15(2): 141-152.

[11] 丁小斌, 孙宗华, 万国祥, 等. 热敏性高分子包裹的磁性微球的合成[J]. 高分子学报, 1998(05): 117-120.

[12] Gangrade A, Mandal B B. Injectable carbon nanotube impregnated silk based multifunctional hydrogel for localized targeted and on-demand anticancer drug delivery[J]. ACS Biomaterials Science & Engineering, 2019, 5(5): 2365-2381.

[13] Yoshida M, Nagaoka N, Asano M, et al. Reversible on-off switch function of ion-track pores for thermo-responsive films based on copolymers consisting of diethyleneglycol-bis-allylcarbonate and acryloyl-L-proline methyl ester[J]. Nuclear Instruments and Methods in Physics Research Section B: Beam Interactions with Materials and Atoms, 1997, 122(1): 39-44.

[14] Osada Y, Matsuda A. Shape memory in hydrogels[J]. Nature, 1995, 376(6537): 219.

[15] Ito Y, Ochiai Y, Park Y S, et al. pH-sensitive gating by conformational change of a polypeptide brush grafted onto a porous polymer membrane[J]. Journal of the American Chemical Society, 1997, 119(7): 1619-1623.

[16] Liu Y, Fan Q, Huo Y, et al. Construction of a mesoporous polydopamine@GO/cellulose nanofibril composite hydrogel with an encapsulation structure for controllable drug release and toxicity shielding[J]. ACS Appl Mater Interfaces, 2020, 12(51): 57410-57420.

[17] Yuan P, Yang T, Liu T, et al. Nanocomposite hydrogel with NIR/magnet/enzyme multiple responsiveness to accurately manipulate local drugs for on-demand tumor therapy[J]. Biomaterials, 2020, 262: 120357.

[18] Wang L, Wang L, Zhang Y, et al. Weaving sensing fibers into electrochemical fabric for real-time health monitoring[J]. Advanced Functional Materials, 2018, 28(42): 1804456.

[19] Yang Z, Deng J, Chen X, et al. A highly stretchable, fiber-shaped supercapacitor[J]. Angewandte Chemie International Edition, 2013, 52(50): 13453-13457.

[20] Peng Y, Cui Y. Advanced textiles for personal thermal management and energy[J]. Joule, 2020, 4(4): 724.

[21] 华阳. 具形状记忆功能的高分子材料[J]. 中国橡胶, 2000(21): 35-36.

[22] Ratna D, Karger-Kocsis J. Recent advances in shape memory polymers and composites: A review[J]. Journal of Materials Science, 2008, 43(1): 254-269.

[23] Takahashi T, Hayashi N, Hayashi S. Structure and properties of shape-memory polyurethane block copolymers[J]. Journal of Applied Polymer Science, 1996, 60(7): 1061-1069.

[24] Tobushi H, Okumura K, Endo M, et al. Thermomechanical properties of polyurethane shape-memory polymer foam[J]. Journal of Intelligent Material Systems and Structures, 2001, 12(4): 283-287.

[25] Lee C H, Hwang J Y, Chae B S. Polyester prepolymer showing shape-memory effect: EP0705859A1[P]. 1996-04-10.

[26] 宋春雷, 姜炳政, 吉井文男. 聚琥珀酸丁二酯的辐射交联和它的热变形行为[J]. 高分子学报, 2001(05): 691-693.

[27] 刘振波, 凌维有. 辐射交联聚乙烯热收缩材料的性能和应用[J]. 塑料科技, 1987(1): 8-12.

[28] Liu Y, Du H, Liu L, et al. Shape memory polymers and their composites in aerospace applications: A review[J]. Smart Materials and Structures, 2014, 23(2): 023001.

[29] Lan X, Liu Y, Lv H, et al. Fiber reinforced shape-memory polymer composite and its application in a deployable hinge[J]. Smart Materials and Structures, 2009, 18(2): 024002.

[30] Lendlein A, Langer R. Biodegradable, elastic shape-memory polymers for potential biomedical applications[J]. Science, 2002, 296(5573): 1673-1676.

[31] Kazuyuki Kobayashi S H. Woven fabric made of shape memory polymer: US 5128197A[P]. 1992-07-07.

[32] 刘灏, 何慧, 贾云超, 等. 4D打印技术的研究进展[J]. 高分子材料科学与工程, 2019(07): 1-9.

[33] Osada Y. Conversion of chemical into mechanical energy by synthetic polymers (chemomechanical systems)[J]. Polymer Physics, 1987: 1-46.

[34] 宋爱宝. 液晶热敏膜的研究[J]. 化学世界, 1993(9): 398-400.

[35] Nonaka T, Toshihiro Y, Kurihara S. Swelling behavior of thermosensitive polyvinyl alcohol-graft-N-isopropylacrylamide copolymer membranes containing carboxyl groups and properties of their polymer solutions[J]. Journal of Polymer Science: Part A: Polymer Chemistry, 1998, 36(17): 3097-3106.

[36] Ito Y, Kotera S, Inaba M, et al. Control of pore size of polycarbonate membrane with straight pores by poly(acrylic acid) grafts[J]. Polymer, 1990, 31(11): 2157-2161.

[37] 周其庠, 李斌, 陈王. 聚丙烯表面接枝PNIPAA膜表面特性和温度响应性研究[J]. 高分子学报, 2002, 6: 780-785.

[38] Lin X, Yang Q, Ding L, et al. Ultrathin silica membranes with highly ordered and perpendicular nanochannels for precise and fast molecular separation[J]. ACS Nano, 2015, 9(11): 11266-11277.

[39] Zhang Q, Liu Z, Hou X, et al. Light-regulated ion transport through artificial ion channels based on TiO_2 nanotubular arrays[J]. Chemical Communications, 2012, 48(47): 5901-5903.

[40] 张介驰, 于德水, 沙长青, 等. 双乙酰生物传感器的研究[J]. 生物工程学报, 1999, 15(3): 327-331.

[41] Yang M, Xu Y, Zhang X, et al. Bioinspired phototropic mxene-reinforced soft tubular actuators for omnidirectional light-tracking and adaptive photovoltaics[J]. Advanced Functional Materials, 2022, 32(26): 2201884.

[42] Huang S, Shen Y, Bisoyi H K, et al. Covalent adaptable liquid crystal networks enabled by reversible ring-opening cascades of cyclic disulfides[J]. Journal of American Chemical Society, 2021, 143(32): 12543-

12551.

[43] Liu Z, Bisoyi H K, Huang Y, et al. Thermo- and mechanochromic camouflage and self-healing in biomimetic soft actuators based on liquid crystal elastomers[J]. Angew Chem Int Ed Engl, 2022, 61(8): e202115755.

[44] Dai X, Sun N, Nielsen S O. Hydrophilic directional slippery rough surfaces for water harvesting[J]. Science Advances, 2018, 4(3): eaaq0919.

[45] Lv J A, Liu Y, Wei J, et al. Photocontrol of fluid slugs in liquid crystal polymer microactuators[J]. Nature, 2016, 537(7619): 179-84.

第9章
分离功能高分子

分离功能高分子在20世纪后半叶得到蓬勃发展。截至目前，离子交换树脂、大孔吸附树脂以及高分子分离膜这三类分离功能高分子已经种类繁多，用途非常广泛。其中大部分种类已经用于化学化工常规单元操作，在诸多领域发挥着不可或缺的作用。虽然它的成熟发展已使其接近常规高分子化工产品，然而要进一步实现品种升级替代，促进更多更全面的应用，所涉及的专业知识和基本原理还是必须掌握的。本章拟从分离功能高分子背后的这些基本知识点展开介绍。

9.1 离子交换树脂

早在1935年，英国的Adams和Holmes就为离子交换树脂的发展拉开了序幕，这也是功能高分子（虽然当时还未提出功能高分子这个概念）发展的开端。1944年D'Alelio合成了具有优良物理和化学性能的磺化珠状苯乙烯——二乙烯苯离子交换树脂及交联聚丙烯酸树脂，奠定了现代离子交换树脂的基础。之后，各种离子交换树脂先后被开发出来，应用于水的精脱盐、药物提取纯化、稀土元素的分离纯化、蔗糖及葡萄糖溶液的脱盐脱色等[1-2]。离子交换树脂发展史上的另一个里程碑是大孔树脂的开发。与凝胶型相比，大孔型离子交换树脂具有机械强度高、交换速度快和抗有机污染等优点，因此得到广泛的应用[3-5]。

9.1.1 离子交换树脂的结构

离子交换树脂的外形一般为颗粒状，不溶于水和一般的酸、碱，也不溶于普通的有机溶剂，如乙醇、丙酮和烃类溶剂。图9-1是聚苯乙烯型阳离子交换树脂的示意图。从图9-1中可见，每个树脂是由三部分所组成的：交联的具有三维空间结构的网络骨架；在骨架上连接有许多官能团；官能团上吸附着可进行交换的离子。聚苯乙烯型阳离子交换树脂上的官能团是—$SO_3^-H^+$，它可解离出H^+，而H^+可以与周围的外来离子互相交换[6]。官能团是固定在网络骨架上的，不能自由移动，由它解离出的离子却能自由移动，在不同的外界条件下，能与周围的其他离子互相交换,这种能自由移动的离子称为可交换离子。人为地创造适宜条件,如改变浓度差、利用亲和力差别等,使可交换离子与其他同类型离子进行反复交换,从而可以达到浓缩、分离、提纯、净化等目的。

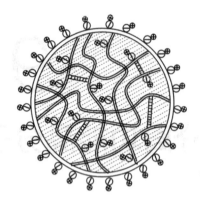

⊖ 固定负电荷交换点,例如:亚硫酸根离子
⊕ 游离的正电荷交换点,例如:钠离子
〜 聚苯乙烯链　▭▭▭ 二乙烯苯交联　//// 水合水

图 9-1　聚苯乙烯型阳离子交换树脂的示意图

通常,将能解离出阳离子并能与其他阳离子进行交换的树脂称作阳离子交换树脂;而将能解离出阴离子并能与其他阴离子进行交换的树脂称作阴离子交换树脂。

9.1.2　离子交换树脂的分类

离子交换树脂的分类方法有很多种,最常用的分类方法有以下两种[7]。

（1）按交换基团的性质分类

如前所述,按交换基团性质的不同,可将离子交换树脂分为阳离子交换树脂和阴离子交换树脂两大类。阳离子交换树脂可进一步分为强酸型、中酸型和弱酸型三种,如 R—SO_3H 为强酸型,R—PO(OH)$_2$ 为中酸型,R—COOH 为弱酸型。习惯上,一般将中酸型和弱酸型统称为弱酸型。阴离子交换树脂又可分为强碱型和弱碱型两种,如 R_3—NCl 为强碱型,R—NH_2、R—NR^1H 和 R—NR_2^1 为弱碱型。因此,根据离子交换树脂官能团的性质,可将其分为强酸、弱酸、强碱、弱碱、螯合、两性及氧化还原七类,见表 9-1。

表 9-1　离子交换树脂的种类

分类名称	官能团	分类名称	官能团
强酸	磺酸基（—SO_3H）	螯合	胺酸基（—CH_2—N(CH$_2$COOH)$_2$）等
弱酸	羧酸基（—COOH）,膦酸基（—PO_3H_3）等	两性	强碱-弱酸 [—$N^+(CH_3)_3$,—COOH] 等 弱碱-弱酸 [—NH_2,—COOH] 等
强碱	季铵基 [—$N^+(CH_3)_3$] 等	氧化还原	硫醇基（—CH_2SH）,对苯二酚基（HO—C$_6$H$_4$—OH）
强碱	伯、仲、叔氨基（—NH_2,—NHR,—NR_2）等		

（2）按树脂的物理结构分类

按其物理结构的不同,可将离子交换树脂分为凝胶型、大孔型和载体型三类,图 9-2 是这些树脂结构的示意图。

(a) 凝胶型　　　　(b) 大孔型　　　　(c) 载体型

图 9-2　不同物理结构离子交换树脂的模型

① 凝胶型离子交换树脂　凡外观透明、具有均相高分子凝胶结构的离子交换树脂统称为凝胶型离子交换树脂。这类树脂表面光滑，球粒内部没有大的毛细孔，在水中会溶胀成凝胶状。树脂内大分子之间的间隙为 2~4nm，而一般无机小分子的半径在 1nm 以下，因此可自由地通过离子交换树脂内大分子链的间隙。在无水状态下，凝胶型离子交换树脂的分子链紧缩，体积缩小，无机小分子无法通过。所以，这类离子交换树脂在干燥条件下或油类中将丧失离子交换功能。

② 大孔型离子交换树脂　针对凝胶型离子交换树脂的缺点，人们研制了大孔型离子交换树脂。大孔型离子交换树脂外观不透明，表面粗糙，为非均相凝胶结构。即使在干燥状态，内部也存在不同尺寸的毛细孔，因此在非水体系中也能实现离子交换和吸附功能。大孔型离子交换树脂具有很大的比表面积，因此其吸附功能十分显著，不容忽视。

③ 载体型离子交换树脂　载体型离子交换树脂主要用作液相色谱的固定相，一般是将离子交换树脂包覆在硅胶或玻璃珠等表面上制成。它可经受液相色谱中流动介质的高压，又具有离子交换功能。

9.1.3　离子交换树脂的命名

我国在 2008 年正式制定了国家标准《离子交换树脂命名系统和基本规范》（GB/T 1631—2008）[7]，确定了离子交换树脂的命名方式，由分类名称+骨架名称+基团名称+基本名称 4 个部分从左到右依次排列组成。具体编号中，第一位数字代表产品分类（表 9-2），第二位数字代表树脂的骨架组成（表 9-3），第三位数字是树脂基团名称，通常表示树脂中特殊官能团、交联剂、致孔剂等，基本名称则分为阳离子交换树脂和阴离子交换树脂。此外，对于大孔型树脂，则在型号前冠以字母 "D"，以及在三位数字后面用 "×" 号与一个阿拉伯数字相连表示树脂的交联度。例如，D113 是一种大孔型弱酸型丙烯酸系阳离子交换树脂；201×7 表示交联度为 7% 的凝胶型强碱性聚苯乙烯系季铵盐阴离子交换树脂。

表 9-2　离子交换树脂产品分类代号

代号	骨架分类编号	代号	骨架分类编号
0	强酸型	4	螯合型
1	弱酸型	5	两性型
2	强碱型	6	氧化还原型
3	弱碱型		

表 9-3 离子交换树脂骨架分类代号

代号	骨架类型	代号	骨架类型
0	聚苯乙烯系	4	聚乙烯吡啶系
1	聚丙烯酸系	5	脲醛树脂系
2	酚醛树脂系	6	聚氯乙烯系
3	环氧树脂系		

9.1.4 离子交换树脂的制备方法

离子交换树脂按照合成方法可分为缩聚型和加聚型。不管是缩聚型还是加聚型，离子交换树脂的合成反应大都是一些经典有机化学反应在高分子中的应用。实用的离子交换树脂必须具有：高机械强度、高交换容量、足够的亲水性、在水中具有足够大的凝胶孔或大孔结构、高的热稳定性和化学稳定性、高的机械及渗透稳定性、容易再生及合适的粒度分布。另外还要求合成工艺简单、成本低及环境污染小等。

（1）凝胶型离子交换树脂

凝胶型离子交换树脂的制备过程主要包括两大部分：首先合成一种三维网状结构的大分子，然后在大分子上连接离子交换基团。在具体制备时，可先合成网状结构大分子，然后使之溶胀，通过化学反应将交换基团连接到大分子上。也可采用先将交换基团连接到单体上，或直接采用带有交换基团的单体，然后聚合成网状结构大分子的方法。合成方法可视具体情况采用连锁聚合法或逐步聚合法。

离子交换树脂的发展是从缩聚产品开始的，之后又出现了加聚产品。但由于加聚产品的性能优良，其用量很快超过了缩聚产品。目前使用的离子交换树脂几乎都是加聚产品，只有少数一些特殊用途的仍在使用缩聚型离子交换树脂。加聚型离子交换树脂又可分为聚苯乙烯系、聚丙烯酸系和其他系列。在目前的实际生产中，大量采用的是聚苯乙烯系骨架的离子交换树脂[3]。

① 强酸型阳离子交换树脂的制备　强酸型阳离子交换树脂绝大多数为聚苯乙烯系骨架，通常先采用自由基悬浮聚合法合成树脂，然后磺化接上交换基团。代表性聚苯乙烯系骨架的合成反应式如下：

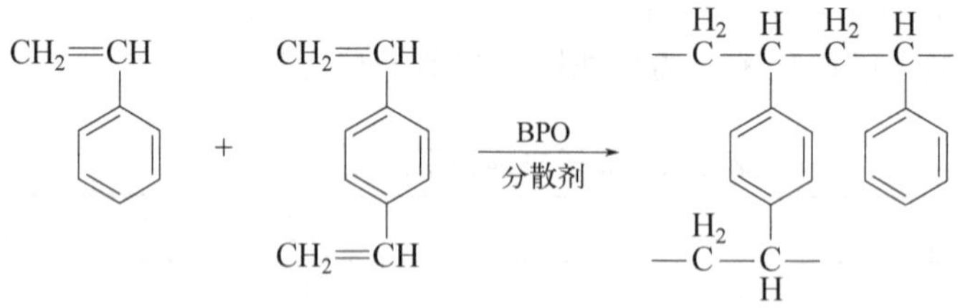

由上述反应获得的球状共聚物，通常称为"白球"。将白球洗净干燥后，即可进行连接交换基团的磺化反应。将干燥的白球用二氯乙烷或四氯乙烷、甲苯等有机溶剂溶胀，然后用浓硫酸或氯磺酸等磺化，通常称磺化后的球状聚合物为"黄球"，反应过程如下：

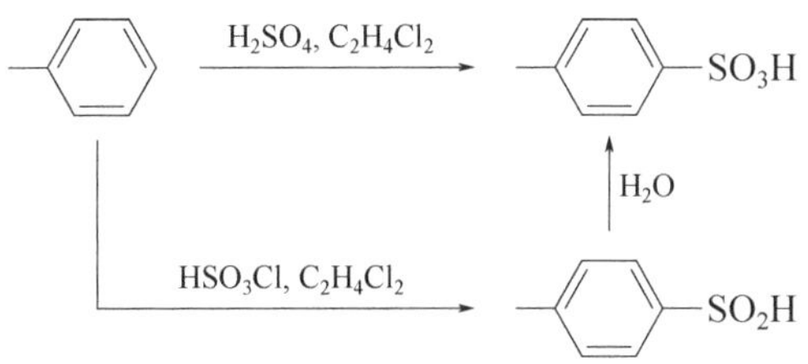

$$\underset{\text{（苯环）}}{\bigcirc} \xrightarrow{H_2SO_4, C_2H_4Cl_2} \underset{\text{}}{\bigcirc}-SO_3H$$

$$\downarrow \quad \quad \quad \uparrow H_2O$$

$$\xrightarrow{HSO_3Cl, C_2H_4Cl_2} \underset{\text{}}{\bigcirc}-SO_2H$$

含有—SO_3H 交换基团的离子交换树脂称为氢型阳离子交换树脂，其中 H^+ 为可自由活动的离子。由于它们的贮存稳定性不好，且有较强的腐蚀性，因此常将它们转化为 Na 型树脂。Na 型离子交换树脂有较好的贮存稳定性。转型反应过程如下：

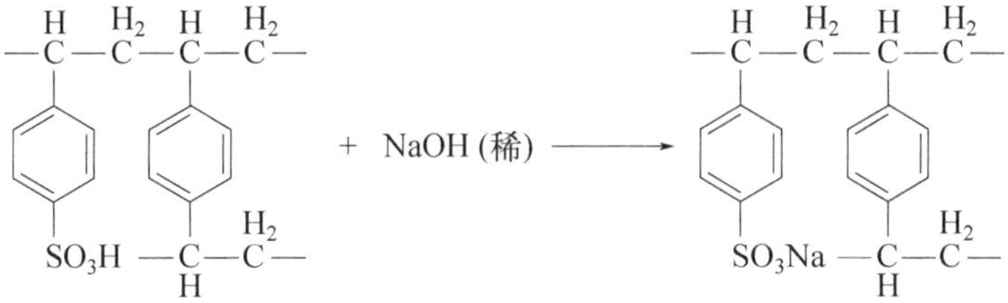

[反应式：磺酸型树脂 + NaOH(稀) → 钠型树脂]

② **弱酸型阳离子交换树脂的制备** 弱酸型阳离子交换树脂大多为聚丙烯酸系骨架，因此可用带有官能团的单体直接聚合而成。又由于丙烯酸或甲基丙烯酸的水溶性较大，聚合不易进行，故常采用其酯类单体进行聚合，后再进行水解的方法来制备，反应过程如下：

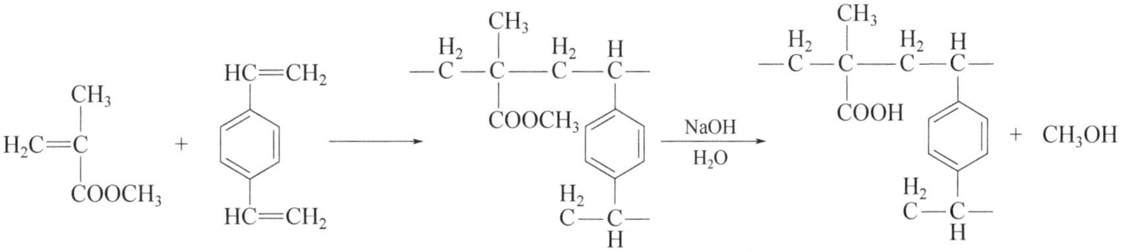

[反应式：甲基丙烯酸甲酯 + 二乙烯基苯 → 共聚物 → (NaOH, H_2O) → 含 COOH 共聚物 + CH_3OH]

用这种方法制备的树脂，酸性比用丙烯酸直接聚合所得的树脂弱，交换容量也较小。此外用顺丁烯二酸酐、丙烯腈等与二乙烯基苯共聚，也可制得类似的离子交换树脂。

③ **强碱型阴离子交换树脂的制备** 强碱型阴离子交换树脂主要以季铵基作为离子交换基团，以聚苯乙烯作为骨架。制备方法是：将聚苯乙烯系白球进行氯甲基化，然后利用苯环对位上氯甲基的活泼氯，定量地与各种胺进行氨基化反应。苯环可在 Lewis 酸如 $ZnCl_2$、$AlCl_3$、$SnCl_4$ 等催化下，与氯甲醚反应进行氯甲基化，反应过程如下：

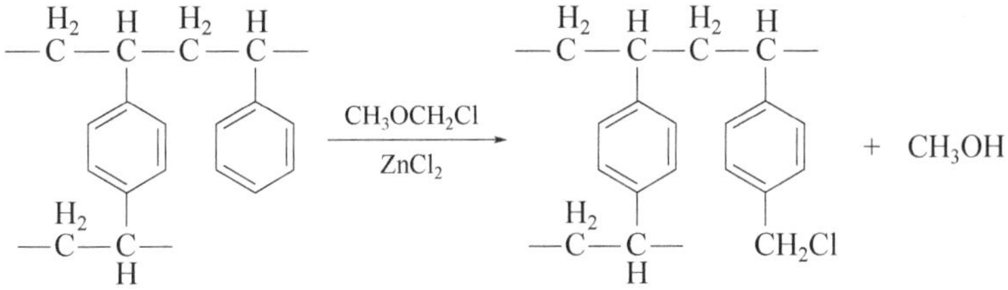

[反应式：聚苯乙烯 + CH_3OCH_2Cl ($ZnCl_2$) → 氯甲基化聚苯乙烯 + CH_3OH]

所得的中间产品通常称为"氯球"，用氯球可十分容易地进行氨基化反应，反应过程如下：

$$\text{CH}_2\text{Cl-C}_6\text{H}_4\text{-CH}_3 \xrightarrow{\text{N(CH}_3)_3} \text{I 型强碱型阴离子交换树脂 (CH}_2\text{N}^+(\text{CH}_3)_3\text{Cl}^-)$$

$$\xrightarrow{\text{N(CH}_3)_2\text{C}_2\text{H}_4\text{OH}} \text{II 型强碱型阴离子交换树脂 (CH}_2\text{N}^+(\text{CH}_3)_2(\text{C}_2\text{H}_4\text{OH})\text{Cl}^-)$$

I 型与 II 型季铵类强碱型树脂的性质略有不同。I 型的碱性很强，对 OH^- 的亲和力小。当用 NaOH 再生时，效率很低，但其耐氧化性和热稳定性较好。II 型引入了带羟基的烷基，利用羟基的吸电子特性，降低了氨基的碱性，再生效率提高，但其耐氧化性和热稳定性较差。需注意的是，氯甲基化过程的毒性很大。

④ 弱碱型阴离子交换树脂的制备　用氯球与伯胺、仲胺或叔胺类化合物进行胺化反应，可得弱碱性离子交换树脂，但由于制备氯球过程的毒性较大，已较少采用这种方法。利用羧酸类基团与胺类化合物进行酰胺化反应，可制得含酰胺基团的弱碱型阴离子交换树脂。例如将交联的聚丙烯酸甲酯在二乙烯基苯或苯乙酮中溶胀，然后在 130～150℃下与多乙烯多胺反应，形成多胺树脂；再用甲醛或甲酸进行甲基化反应，即可获得性能良好的叔胺树脂，具体反应过程如下：

$$\text{[聚丙烯酸甲酯交联结构, COOCH}_3\text{]} \xrightarrow[\text{二乙苯}]{\text{NH}_2(\text{C}_2\text{H}_4\text{NH})_n\text{H}} \text{[CONH(C}_2\text{H}_4\text{NH})_n\text{H]} \xrightarrow{\text{CH}_2\text{O}} \text{[CONH(C}_2\text{H}_4\text{N})_n\text{-CH}_3, \text{CH}_3\text{]}$$

以上反应式中 n 可以是 1、2、3。

(2) 大孔型离子交换树脂

基于凝胶型离子交换树脂，进一步发展形成了大孔型离子交换树脂，其具有在树脂内部存在大量毛细孔的特点。无论树脂处于干态还是湿态、收缩或溶胀时，这种毛细孔都不会消失。大孔型离子交换树脂的毛细孔直径可达几纳米至几千纳米，明显大于一般凝胶型离子交换树脂的分子间隙 2～4nm。分子间隙为 2nm 的离子交换树脂的比表面积约为 $1m^2/g$，而 20nm 孔径的大孔型离子交换树脂的比表面积每克高达几千平方米。若在大孔骨架上连接上交换基团，就成为大孔型离子交换树脂。另外，大孔型离子交换树脂不存在外疏内密的结构，不存在"中毒"的风险（所谓"中毒"是指其在使用一段时间后，会失去离子交换功能的现象）。

大孔型离子交换树脂与凝胶型离子交换树脂的制备方法基本相同。大孔型离子交换树脂仍以聚苯乙烯类为主，与凝胶型离子交换树脂相比，制备中有两个最大的不同：一是二乙烯基苯含量大大增加，一般达 85% 以上；二是在制备中需加入致孔剂。致孔剂通常可分为两大类：一类为聚合物的良溶剂，又称溶胀剂；另一类为聚合物的不良溶剂，即单体的溶剂，聚合物的沉淀剂。良溶剂如甲苯，共聚物的链段在甲苯中伸展。随交联程度提高，共聚物逐渐固化，聚合物和良溶剂开始出现相分离。聚合完成后，抽提去除溶剂，则在聚合物骨架上留下多孔结构。不良溶剂如脂肪醇，由于它们是单体的溶剂，聚合物的沉淀剂，共聚物分子随聚合的进行逐步卷缩，形成极小的分子圆球，圆球之间通过分子链相互缠结。因此，这种大孔型离子交换树脂仿佛是由一簇葡萄状小球所组成。一般来说，由不良溶剂制孔的大孔型离子交换树脂比良溶剂制孔的大孔型离子交换树脂有较大的孔径和较小的比表面积。通过对两种致孔剂的选择和配合，可以获得各种规格的大孔型离子交换树脂。

（3）其他类型的离子交换树脂

① 螯合树脂　为了适应和满足各行业的特殊需求，各种具有特殊功能的离子交换树脂被研究开发，螯合树脂就是为分离重金属、贵金属而发展的树脂。在分析化学中，常利用配合物既有离子键又有共价键的特点，来鉴定特定的金属离子。将这些配合物以基团的形式连接到高分子链上，就得到螯合树脂。

从结构上分类，螯合树脂有主链型和侧链型两类。从原料来分类，则可分为天然的（如纤维素、海藻酸盐、甲壳素等）和人工合成的两类。螯合树脂分离金属离子的反应过程如下所示：

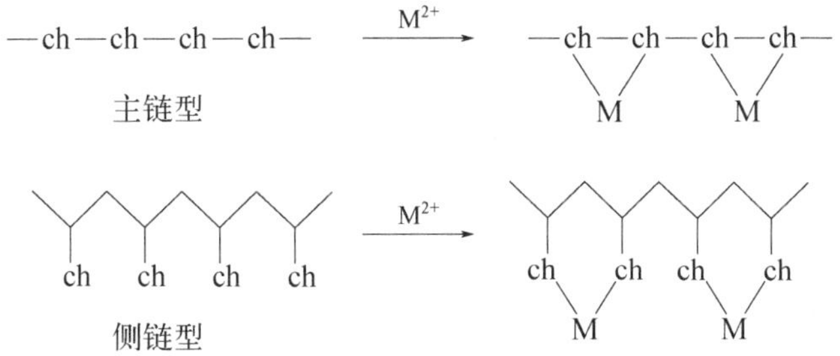

式中，ch 为官能团，对某些金属离子有特定的配合能力，因此能将这些金属离子与其他金属离子进行分离。

② 两性树脂　在离子交换树脂应用中，将阴、阳两种树脂配合，可以除去溶液中的阴、阳离子，达到去盐的目的。但在再生时，也需要将两种树脂分别用酸、碱处理，过程较烦琐。为了克服这些缺点，研制了将阴、阳离子交换基团连接在同一树脂骨架上的两性树脂。两性树脂中的两种官能团是以共价键连接在树脂骨架上的，互相靠得较近，呈中和状态。但遇到溶液中的离子时，却能起交换作用。树脂使用后，只需大量的水淋洗即可再生，恢复到树脂原来的形式，这是它最大的优点。两性树脂不仅可用于分离溶液中的盐类和有机物，还可作为缓冲剂调节溶液的酸碱性。

③ 热再生树脂　使用离子交换树脂的最大不足是需要用酸碱再生。为了克服这种缺点，发明了两性树脂，但普通的两性树脂再生时需要用大量的水淋洗，仍不够方便。为此，澳大利亚的科学家发明了能用热水简单再生的热再生树脂。

热再生树脂实际上也是一种两性树脂，在同一树脂骨架中带有弱酸性和弱碱性离子交换基团。这种树脂在室温下能够吸附 NaCl 等盐类，而在 70～80℃下可以把盐类重新脱附下来，从而达到脱盐和再生的目的。其工作过程可简单表示如下：

$$RCOOH + R'NR''_2 + NaCl \underset{70\sim80℃}{\overset{20\sim25℃}{\rightleftharpoons}} RCOONa + R'NR''_2 \cdot HCl$$

9.1.5 离子交换树脂的功能及主要应用

（1）离子交换树脂的功能

离子交换树脂的主要功能是离子交换，此外，它还具有吸附、催化、脱水等功能。吸附树脂凭借其巨大的表面积而具有优异的吸附性，其主要功能是吸附[8-16]。

① 离子交换功能　离子交换树脂相当于多元酸和多元碱，它们可发生下列三种类型的离子交换反应：

中性盐反应：$RSO_3^-H^+ + Na^+Cl^- \rightleftharpoons RSO_3^-Na^+ + H^+Cl^-$

$RN^+(CH_3)_3OH^- + Na^+Cl^- \rightleftharpoons RN^+(CH_3)_3Cl^- + Na^+OH^-$

中和反应：$RSO_3^-H^+ + Na^+OH^- \rightleftharpoons RSO_3^-Na^+ + H_2O$

$RCOOH + Na^+OH^- \rightleftharpoons RCOO^-Na^+ + H_2O$

复分解反应：$2RSO_3^-Na^+ + Ca^{2+} + 2Cl^- \rightleftharpoons (RSO_3^-)_2Ca^{2+} + 2Na^+Cl^-$

$2RCOO^-Na^+ + Ca^{2+} + 2Cl^- \rightleftharpoons (RCOO^-)_2Ca^{2+} + 2Na^+Cl^-$

从上面的反应可见，所有的阳离子交换树脂和阴离子交换树脂均可进行中和反应和复分解反应。仅由于交换功能基团的性质不同，交换能力有所不同。中性盐反应则仅在强酸型阳离子交换树脂和强碱型阴离子交换树脂中发生。所有上述反应均是平衡可逆反应，这正是离子交换树脂可以再生的本质。只要控制溶液中的离子浓度、pH值和温度等因素，就可使上述反应向逆向进行，达到再生的目的。

② 吸附及脱水功能　无论是凝胶型或大孔型离子交换树脂，均具有高的比表面积和强的吸附能力。本质上讲，任何物质均可被表面所吸附，随表面的性质、表面力场的不同，吸附具有一定的选择性。吸附功能不同于离子交换功能，吸附量的大小和吸附的选择性取决于诸多因素，其中最主要取决于表面的极性和被吸附物质的极性。吸附是范德瓦耳斯力的作用，因此是可逆的，可用适当的溶剂或适当的温度使之解吸。

离子交换树脂的吸附功能随树脂比表面积的增大而增大。因此，大孔型离子交换树脂的吸附能力远远大于凝胶型离子交换树脂。大孔型离子交换树脂不仅可以从极性溶剂中吸附弱极性或非极性的物质，而且可以从非极性溶剂中吸附弱极性的物质，也可对气体进行选择性吸附。

另外，一些强酸型阳离子交换树脂中的—SO_3H基团是强极性基团，相当于浓硫酸，有很强的吸水性。干燥的强酸型阳离子交换树脂可用作有机溶剂的脱水剂。

此外，离子交换树脂还具有催化功能，在前面的章节已作了相关阐述。除上述功能外，离子交换树脂还具有脱色、作载体等功能。

（2）离子交换树脂的应用

① 水处理　水处理领域离子交换树脂的需求量很大，约占离子交换树脂产量的90%，主要用于水中各种阴阳离子的去除。水处理包括水质的软化、水的脱盐和高纯水的制备。经过几十年，国产水处理用离子交换树脂的生产和应用都得到了很大的发展，基本上可满足我国工业、农业生产的需要，特别是电力工业的需要。水的软化，即将Ca^{2+}、Mg^{2+}等离子去除，最方便、最经济的方法就是使用钠型阳离子交换树脂。其反应如下：

$$2RSO_3Na + Ca^{2+} \rightleftharpoons (RSO_3)_2Ca + 2Na^+$$

$$2RSO_3Na + Mg^{2+} \rightleftharpoons (RSO_3)_2Mg + 2Na^+$$

水在软化过程中仅硬度降低，而总含盐量不变。当树脂交换饱和后，可加入NaOH使之再生，再生后的树脂可重复使用。反应过程如下：

$$(RSO_3)_2Ca + NaOH \rightleftharpoons 2RSO_3Na + 2Ca(OH)_2$$
$$(RSO_3)_2Mg + NaOH \rightleftharpoons 2RSO_3Na + 2Mg(OH)_2$$

② 冶金工业　离子交换是冶金工业的重要单元操作之一。在铀、钍等超铀元素、稀土元素、重金属、轻金属、贵金属和过渡金属的分离、提纯和回收方面，离子交换树脂均起着十分重要的作用。离子交换树脂还可用于选矿，在矿浆中加入离子交换树脂可改变矿浆中水的离子组成，更有利于浮选剂吸附所需要的金属，提高浮选剂的选择性和选矿效率。

③ 原子能工业　离子交换树脂在原子能工业上的应用包括核燃料的分离、提纯、精制、回收等。用离子交换树脂制备高纯水，是核动力用循环、冷却、补给水供应的关键手段。离子交换树脂还是原子能工业废水中去除放射性污染处理的主要方法。

④ 海洋资源利用　利用离子交换树脂，可从许多海洋生物（例如海带）中提取碘、溴、镁等重要化工原料。在海洋航行和海岛上，用离子交换树脂以海水制取淡水十分经济和方便。

⑤ 化学工业　离子交换树脂在化学实验、化工生产上已经和蒸馏、结晶、萃取和过滤一样，成为重要的单元操作，普遍用于多种无机、有机化合物的分离、提纯、浓缩和回收等。离子交换树脂用作化学反应催化剂，可大大提高催化效率，简化后处理操作，避免设备的腐蚀。离子交换树脂的官能团连上作为试剂的基团后，可以当作有机合成的试剂，成为高分子试剂，用于制备新化合物。

⑥ 食品工业　离子交换树脂在制糖、酿酒、烟草、乳品、饮料、调味品等食品加工中都有广泛的应用。水质是酿制美酒的基本条件，利用离子交换树脂可以很方便地改善水质。利用大孔型离子交换树脂可进行酒的脱色、去浑及去除酒中的酒石酸、水杨酸等杂质，提高酒的质量。酒类经过离子交换树脂去除铜、锰、铁等离子后，可以增加贮存稳定性。经处理后的酒，香味纯，透明度好，稳定性可靠，是各种酒类生产中不可缺少的一项工艺步骤。

⑦ 医药卫生　离子交换树脂在医药卫生领域中有着大量应用，如在药物生产中用于药剂的脱盐、吸附分离、提纯、脱色、中和及中草药有效成分的提取等。离子交换树脂本身可作为药剂内服，具有解毒、缓泻、去酸等功效，可用于治疗胃溃疡、促进食欲、去除肠道放射性物质等。离子交换树脂还是医疗诊断、药物分析检定的重要药剂，如血液成分分析、胃液检定、药物成分分析等。

⑧ 环境保护　离子交换树脂在环境保护领域中也有广阔的用武之地，在废水、废气的浓缩、处理、分离、回收及分析检测上都有重要应用（图9-3），已普遍用于电镀废水、造纸废水、矿业废水、生活污水、影片洗印废水、工业废气等治理。

图 9-3　废水处理

9.2 大孔吸附树脂

9.2.1 大孔吸附树脂的发展与分类

大孔吸附树脂是在离子交换树脂和大孔离子交换树脂的基础上发展起来的一类新型树脂，是一类多孔性的、高度交联的高分子共聚物，又称为高分子吸附剂。这类高分子具有较大的比表面积和适当的孔径，可以通过物理吸附从溶液中有选择性地吸附有机物，具有物理化学稳定性高、吸附选择性独特、不受无机物影响、再生简便、高效节能等诸多优点。从显微结构上看，一方面，大孔吸附树脂含有许多微观凝胶颗粒，这些凝胶颗粒之间的空隙形成了大孔吸附树脂的多孔形结构，并且颗粒的总表面积很大，加上合成时引入了一定的官能团，在疏水作用力、范德瓦耳斯力等弱相互作用的影响下，大孔树脂具有较大的吸附能力；另一方面，这些孔穴在合成树脂时具有一定的孔径，使得它们对通过孔的化合物根据其分子量的不同而具有一定的选择性。通过以上吸附性和筛选原理，有机化合物根据吸附力的不同及分子量的大小，在大孔吸附树脂上经一定的溶剂洗脱而达到分离的目的[17-20]。目前，大孔吸附树脂的应用已遍及许多领域，形成一种独特的吸附分离技术。由于结构上的多样性，大孔吸附树脂可以根据实际用途进行选择和设计，因此大孔吸附树脂的发展速度很快，新品种、新用途不断出现，大孔吸附树脂及其吸附分离技术在工农业、国防、科研和人们生活的各个领域中的重要性越来越突出[21]。

大孔吸附树脂有许多品种，吸附能力和所吸附的物质的种类也有区别，按其极性大小和所选用的单体分子结构不同，可分为非极性、中极性和极性三类。

非极性大孔吸附树脂一般由偶极矩很小的单体聚合制得，不带任何官能团，孔表面的疏水性较强，可通过与小分子中疏水部分的作用吸附溶液中的有机物，最适于从极性溶剂（如H_2O）中吸附非极性物质。例如，苯乙烯聚合物、二乙烯苯聚合物。

中等极性大孔吸附树脂一般是含酯基的吸附树脂，其表面兼有疏水和亲水两部分，既可从极性溶剂中吸附非极性物质，又可从非极性溶剂中吸附极性物质，也称为脂肪族吸附剂。例如，聚丙烯酸酯型聚合物。

极性大孔吸附树脂是指含酰胺基、氰基、酚羟基等含氮、氧、硫极性官能团的吸附树脂，可通过静电相互作用吸附极性物质。例如，丙烯酰胺型聚合物。

9.2.2 大孔吸附树脂的结构

吸附树脂具有多孔结构，其内部由无数个微球堆集、连接在一起，构成外观上也呈球形的树脂，正是这种多孔结构赋予了吸附树脂极其优良的吸附功能。大孔的形成是一个渐变的过程。聚合开始后，生成的高分子链溶解在单体与致孔剂组成的混合体系中。当高分子链逐渐长大后，便会从混合体系中析出，这就是"微相分离"。最初析出的高分子形成 5~20nm 的微胶核，微胶核又相互聚集成 50~60nm 的微球。随着聚合反应的继续进行，微胶核与微胶核及微球与微球都互相作用，而致孔剂（尤其是不良溶剂）则最终残留在核与核或微球与微球之间的孔隙中。当致孔剂被去除之后，留下的空间便是孔。

大孔吸附树脂的吸附性能取决于树脂的多孔性和孔表面的性质，其合成方法也是根据对多孔性和表面性质的要求来确定的。最常用的方法是悬浮聚合法，直接得到多孔性吸附树脂。

由共聚物再经化学反应引入官能团可以合成多种特种吸附树脂。对于悬浮聚合制得的大孔吸附树脂，其孔径分布很不均匀，通过后交联的方法可以制得孔径相对均匀的树脂，但此类树脂一般孔径较小，通常作为筛分树脂使用。随着吸附树脂的发展，新型合成方法也不断涌现，如反相悬浮聚合法、自由基互穿聚合法等。

大孔吸附树脂通常被制成 0.3~1.2mm 的小圆球，表面光滑，多为乳白色，有的呈浅黄色，甚至黑色。它的颜色对其性能没有影响，但颗粒大小会影响其性能。颗粒的直径越小、越均匀，树脂的吸附性能越好，但是粒径太小会使流体阻力变大，过滤困难，使用时容易流失。吸附树脂有较好的强度，密度略大于水，在有机溶剂中有一定程度的溶胀，体积稍有变大。但在晾干后又会收缩，有趣的是胀得越大时，晾干后收缩得越厉害，同时孔表面积也会变小，也就是"缩孔"。遇到这种情况就需要用溶剂使树脂溶胀，再用不会使吸附树脂溶胀的溶剂（如乙醇、甲醇）进行置换，再过渡到水，使树脂的比表面积得到恢复，并在含水的条件下进行保存。

9.2.3 大孔吸附树脂的吸附机理

9.2.3.1 吸附作用

吸附作用是一种分子较小的物质附着在另一种物质表面上的过程。按作用力差别，它可以分为物理吸附和化学吸附。物理吸附的作用力属于范德瓦耳斯力，吸附时放热少，只要有一点表面活性就可吸附；化学吸附属于库仑力，两者虽有基本区别，但有时也难严格区分，有的还兼有两种作用[21]。由于吸附是一种界面现象，通过吸附作用吸附界面上溶质的浓度高于溶剂内溶质的浓度，其结果引起体系内放热和自由能的下降（也有极少具有相反现象，即经过吸附作用后体系温度反而上升）。物理吸附放热少，为 2~15kcal/mol（1kcal=4.18kJ）；化学吸附放热量大，为 30~100kcal/mol（1kcal=4.18kJ）。两者的比较如表9-4所示。

表9-4 物理吸附与化学吸附的特点

项目	物理吸附	化学吸附
作用力	范德瓦耳斯力	库仑力
吸附热	较小，接近液化热	较大，接近反应热
选择性	近乎没有	有选择性
吸附速度	快，需要活化能较小	慢，需要一定的活化能
吸附分子层	单分子或多分子层	单分子层

物理吸附是一种普通的物理运动形式，几乎任何物体表面都能发生。大孔吸附树脂表面凹凸不平，比表面积巨大（每克树脂为数百平方米），活性尖端没有被同种分子吸引，引力得不到平衡，所以会吸引外面其他分子，产生表面张力。表面面积越大，表面张力也越大，活性也越高，吸附能力就越强。显然，吸附作用也与吸附剂与被吸附分子之间的氢键、偶极矩及范德瓦耳斯力有关。物理吸附可为多层吸附，化学吸附一般为单层吸附。

化学吸附的键可被认为是化学键，它的产生是由表面上的分子相互作用引起的，它与通常的化学反应不同之处在于固体（吸附剂）表面的反应原子保留了它或它们原来的格子不变。例如在极性大孔树脂骨架结构中的极性基团（氰基、酚羟基、酯基、酰胺基等含氮、氧、极性官能团），与溶质极性分子之间所发生的吸附作用。但它们之间的结合力比在离子交换过程中发生的交换反应弱得多，因此它的解吸过程也较为容易，只要改变其亲水-疏水平衡即可。利用该原理在树脂结构中引入键合特异性的基团，可提高树脂的选择性，更好地富集、纯化提取物的有效成分。

9.2.3.2 吸附平衡

吸附树脂既可以吸附气体，也可以从溶液中吸附溶质，但是两种吸附状况是有区别的。在吸附气体时，由于气态分子处于自由运动状态，吸附剂对气体物质的吸附量只与气体的压力 p 有关，并且吸附可以是多分子层的，即吸附一层分子后仍可继续吸附第 2 层，第 3 层……但是各个吸附位置的吸附层数不一定相同。在一定的压力下，经过足够长的时间之后，吸附量达到一个定值，不再增加，从微观上说此时是达到了动态吸附平衡，被吸附的分子还可以脱附，重新跑回气相中成为自由的分子，气相中的分子也可以再被吸附。当吸附和脱附的量大体相等时，就是达成了动态平衡。BET 公式就是在动态平衡的基础上推导出来的。当压力增大时，吸附会继续进行；而当压力降低时，部分被吸附的分子就会脱附出来。经过足够长的时间又会按照变化了的压力达成新的平衡。但是不管压力如何让变化，在达到吸附平衡时总是遵循 BET 公式：

$$\frac{p}{V(p_0-p)} = \frac{1}{V_m C} + \frac{C-1}{V_m C} \times \frac{p}{p_0} \tag{9-1}$$

式中，p 为达到吸附平衡时吸附质的压力；p_0 为吸附质的饱和蒸气压；V 为吸附量；V_m 为单分子层饱和吸附量；C 为 BET 方程系数，和温度、吸附热、冷凝热有关。

而在溶液中吸附某种物质时，情况就有所不同。因为溶液中的溶质不是自由的，是被溶剂化了的，这就是说存在着溶剂与溶质的相互作用，存在着吸附剂对溶质的吸附与溶剂使被吸附物质脱附之间的竞争。因而吸附剂对溶质的吸附量既与溶质的浓度有关，也会受到溶剂性质的影响。但不管在什么溶剂中，也同样存在着吸附平衡。只是溶剂不同，吸附平衡点也不同，即吸附剂对某一物质的吸附量不同。溶液吸附的另一特点是多为单分子层吸附，其吸附规律往往符合 Langmuir 公式：

$$V = \frac{V_m ap}{1+ap} \tag{9-2}$$

式中，V 为吸附量；p 为达到吸附平衡时吸附质的压力；V_m 为吸附剂表面被吸附物质盖满时的饱和吸附量；a 为 Langmuir 常数。溶液吸附平衡有时也可用弗里德里希公式来表示，即：

$$q = Kc^{1/n} \tag{9-3}$$

式中，q 为溶质在吸附剂上的吸附量；c 为达到吸附平衡时的溶质浓度；K 和 n 为常数。此式为半经验公式，比较简单。

吸附平衡是一个普遍规律，它表示在达到吸附平衡时，一部分物质被吸附，但总有一部分物质不被吸附，残留在气相或溶液中。如果在达到吸附平衡时，被吸附物质在吸附剂中的浓度以 c_i 表示，残留在溶液中的物质浓度以 c 表示，则：

$$\alpha = c_i / c \tag{9-4}$$

式中，α 为分配系数。

9.2.3.3 吸附选择性

吸附树脂的品种有很多，对不同物质的选择性也有差别，但下列原则是普遍存在的[2]：

① 有机化合物易被吸附，且在水中的溶解度越小越易被吸附。

② 无机化合物酸、碱、盐不能被吸附树脂吸附。

③ 在水中难溶的有机物一般易溶于有机溶剂，一般吸附树脂不能从有机溶剂中吸附这些有机物。如溶于水中的苯酚可被吸附，但将苯酚溶于乙醇或丙酮中就不能被吸附，只有当苯酚的浓度很大时才可能有少量苯酚被吸附。

④ 当吸附树脂与有机物能形成氢键时，可增加吸附量和吸附选择性，并且还可以从非极性溶剂中进行吸附。

吸附树脂的选择性不仅表现在对某些物质的吸附与不吸附这种极端情况，有时对许多有机物都能吸附，但吸附程度有一定的差别，这样也可以用于混合物的分离、纯化，同样属于吸附选择性。

9.2.4 极性吸附树脂的制备

非极性和中等极性吸附树脂的制备较为常规和简单，但极性吸附树脂因含有氰基、砜基、氨基和酰胺基等基团，需依据极性基团的区别采用不同的方法制备[19, 22]。这里介绍几种常见极性吸附树脂的制备方法。

（1）含氰基吸附树脂的制备

含氰基的吸附树脂可通过二乙烯基苯与丙烯腈的自由基悬浮聚合得到，致孔剂常采用甲苯与汽油的混合物。

（2）含砜基吸附树脂的制备

含砜基的吸附树脂的制备可采用以下方法：先合成低交联度聚苯乙烯（交联度<5%），然后以二氯亚砜为后交联剂，在无水三氯化铝催化下反应，即制得含砜基的吸附树脂。

（3）含酰氨基吸附树脂的制备

将含氰基的吸附树脂用乙二胺氨解，或将含仲氨基的交联大孔型聚苯乙烯用乙酸酐酰化，都可得到含酰氨基的吸附树脂。

（4）含氨基强极性吸附树脂的制备

含氨基的强极性吸附树脂的制备类似于强碱性阴离子交换树脂的制备，即先制备大孔型聚苯乙烯树脂，然后将其与氯甲醚反应，在树脂中引入氯甲基（—CH_2Cl），再用不同的胺进行胺化，即可得到含不同氨基的吸附树脂。这类树脂的氨基含量必须适当控制，否则会因氨基含量过高而使其比表面积大幅下降。

9.2.5 吸附树脂的应用

吸附树脂多应用于中药提取与分离、食品工业等中，典型应用如下。

（1）在中药提取分离中的应用

吸附树脂在中药有效成分的提取分离中表现出突出的优点，也得到了迅猛的发展。该技术目前已比较广泛地应用于中药新药的开发,用于分离和提纯苷类、生物碱、黄酮类成分。此外,在蒽醌、强心苷、皂苷、萜、多酚类、有机酸、氨基酸、氰苷类、多糖类、多肽和蛋白质等成分的分离纯化中也都有广泛的应用[23-27]。

① 黄酮类化合物的提取　黄酮类化合物存在于许多中草药中,品种结构繁多。例如,银杏叶的主要有效成分是黄酮苷和萜内酯,在标准提取物中黄酮苷和萜内酯的含量应分别≥24%和≥6%。树脂吸附法是最有效的提取方法,用中极性吸附树脂以氢键作用机理进行吸附,很容易得到超过上述标准的提取物。

② 皂苷类化合物的提取　皂苷类化合物系由亲油性的苷元部分与亲水性糖基构成,一般均溶于水,故可用水提取,而其亲油性又使其能被吸附树脂吸附。因而人参茎、叶和绞股蓝茎、叶一样,可通过水浸取和吸附树脂分离的方式提取皂类成分。

(2) 在有机物分离中的应用

由于吸附树脂具有巨大的比表面积,不同的吸附树脂有不同的极性,所以可用来分离有机物[28-31]。例如,含酚废水中酚的提取、有机溶液的脱色等。

(3) 在医疗卫生中的应用

吸附树脂可用作血液的清洗剂,这方面的应用研究正在进展,已有成功抢救因安眠药中毒病人的例子。

(4) 在食品工业中的应用

近年来我国白酒生产由高度化向低度化发展。由于酒中的高级脂肪酸酯易溶于乙醇而不溶于水,因此当高度酒加水稀释降度后,随着高级脂肪酸酯类的溶解度降低,容易析出而呈浑浊现象,且随温度的降低浑浊度增加,影响了酒的外观。低度白酒通过吸附树脂的内处理,可以选择性地吸附分子较大或分子极性较强的物质,分子较小或极性较弱的分子不被吸附而存留,达到分离、纯化的目的。

9.3　高分子分离膜

9.3.1　高分子分离膜简介

国际纯粹与应用化学联合会(IUPAC)将膜定义为"一种单位结构,三维中的一度(如厚度方向)尺寸要比其余两度小得多,并可通过多种推动力进行质量传递"。按照这个定义,膜可分为固态、液态和气态,其中固态膜最常见。膜的功能从大的方面来讲,又分为反应和分离功能。膜科学与技术是现代科学技术的新领域,在科学和工业界扮演着非常重要的角色[32]。

实际上,人们很早就认识到固态薄膜能选择性地使某些组分透过。1748年,奈克特(A. Nelkt)发现水能自动地扩散到装有酒精的猪膀胱内,开创了膜渗透的研究。19世纪,人们发现了天然橡胶对某些气体的不同渗透率,提出了利用多孔膜分离气体混合物的思路。1855年,Fick用陶瓷管浸入硝酸纤维素乙醚溶液中制备了囊袋型"超滤"半渗透膜,用以透析生物学流体溶液。1961年,米切利斯(A. S. Michealis)等用各种比例的酸性和碱性高分子电解质混合物水-丙酮-溴化钠为溶剂,制成了可截留不同分子量的膜,这是真正的超过滤膜,美国Amicon公司首先将这种膜商品化。20世纪50年代初,为从海水或苦咸水中获取淡水,开始了反渗透膜的研究，如开发了中空纤维反渗透膜组件和平板式反渗透组件。20世纪60年代中期以后，超过滤膜（UF膜）、微孔过滤膜（MF膜）和反渗透膜（RO膜），以及许多其他类型的分离膜陆续被开发[33]。

膜分离过程以选择性透过膜为分离介质，当膜两侧存在某种推动力（如压力差、浓度差、电位差等）时，原料侧组分选择性地透过膜，从而达到分离、提纯、浓缩等目的。物质透过分离膜的能力可以分为两类：一类是借助外界能量，物质由低位向高位流动，比如一般过滤、微滤、超滤就是通过筛分原理，在外界驱动力作用下，截留固-液、液-液、固-气和气-液混合物中大于一定粒径的颗粒，从而达到提纯、浓缩和分离的目的；另一类是以化学位差为推动力，物质由高位向低位流动，比如反渗透膜用于水溶液除盐过程，由于反渗透膜是亲水性的高聚物，水分子很容易进入膜内，在水中的无机盐（Na^+、K^+、Cl^-……）则较难进入，经过反渗透膜的盐溶液就被脱盐淡化了。

膜分离过程中没有相的变化（渗透蒸发膜除外），常温下即可操作。由于避免了高温操作，所浓缩和富集物质的性质不容易发生变化，因此膜分离在食品、医药等行业中使用具有独特的优点。而且，膜分离装置简单、操作容易，对无机物、有机物及生物制品均可适用，并且不产生二次污染。因此，近二三十年来，膜科学和膜技术发展极为迅速，目前已成为工农业生产、国防、科技和人民日常生活中不可缺少的分离方法，越来越广泛地应用于化工、环保、食品、医药、电子、电力、冶金、轻纺、海水淡化等领域[34-36]。

9.3.2 分离膜的分类

① 按膜的来源，分离膜可分为天然膜和合成膜，合成膜又分为无机材料（金属和玻璃）膜和高分子膜。目前，用于工业分离的膜主要是合成高分子制成的膜。

② 按膜体结构分类，可分为致密膜和多孔膜，多孔膜又分为微孔膜和大孔膜。

③ 从相态上分类，可分为固态膜和液态膜。

④ 按膜材料分类，可将高分子分离膜分为纤维素酯类和非纤维素酯类。

⑤ 按膜断面的物理形态分类，可分为对称膜、不对称膜、复合膜、平面膜、管式膜、中空纤维膜等。

⑥ 按膜的分离原理及适用范围分类，可分为微孔滤膜、超滤膜、反渗透膜、纳滤膜、渗析膜、电渗析膜、渗透蒸发膜等。

⑦ 按功能分类，可分为分离功能膜（包括气体分离膜、液体分离膜、离子交换膜、化学功能膜）、能量转化功能膜（包括浓差能量转化膜、光能转化膜、机械能转化膜、电能转化膜、导电膜）、生物功能膜（包括探感膜、生物反应膜、医用膜）等。

9.3.3 典型的膜分离技术及其应用领域

（1）微滤

微孔过滤简称微滤，微滤技术始于19世纪中叶，是以静压差为推动力，利用筛网状过滤介质膜的"筛分"作用进行分离的膜过程。实施微孔过滤的膜称为微孔滤膜[37]，微孔滤膜是均匀的多孔薄膜，厚度为90~150μm，过滤滤径为0.025~10μm，操作压为0.01~0.2MPa。目前，国内外商品化的微孔滤膜种类繁多，大多属于开放式网格结构，也有部分属于多层结构。常见微孔滤膜主要有三种结构：通孔型、海绵型和非对称型，如图9-4所示。

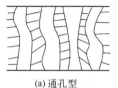  

(a) 通孔型　　　　　　(b) 海绵型　　　　　　(c) 非对称型

图 9-4　微孔滤膜的结构

微孔滤膜的主要优点为：孔径均匀，过滤精度高，能将液体中所有大于指定孔径的微粒全部截留；孔隙大，流速快，一般微孔滤膜的孔密度为 10^7 个孔/cm^2，微孔体积占膜总体积的 70%~80%；由于膜很薄，阻力小，其过滤速度较常规过滤快几十倍；无吸附或少吸附；无介质脱落，微孔滤膜为均一的高分子材料，过滤时没有纤维或碎屑脱落，因此能得到高纯度的滤液。当然，微孔滤膜也有一定的缺点，比如颗粒容量较小，易被堵塞；使用时必须有前道过滤的配合等。

微孔过滤技术目前主要在以下方面得到应用：

① 微粒和细菌的过滤。微孔过滤技术可用于水的高度净化、食品和饮料的除菌、药业的过滤、发酵工业的空气净化和除菌等。

② 微粒和除菌的检测。微孔滤膜可作为微粒和细菌的富集器，从而进行微粒和细菌含量的测定。

③ 气体、溶液和水的净化。大气中悬浮的尘埃、纤维、花粉、细菌、病毒以及溶液和水中存在的微小固体颗粒和微生物，都可借助微孔滤膜去除。

④ 食糖与酒类的精制。用微孔滤膜对食糖溶液和酒类进行过滤，可除去食糖中的杂质和酒类中的酵母、霉菌和其他微生物，提高食糖的纯度和酒类产品的清澈度，延长存放期。由于是常温操作，故不会使酒类产品变味。

（2）超滤

超过滤简称超滤（UF），是以压力差为推动力的膜分离过程。超滤所用的膜为不对称膜，它的特点是膜断面形态的不对称性，形式有平板式、卷式、管式和中空纤维状等。超滤膜结构一般由三层组成。即最上层的表面活性层，致密而光滑，厚度一般为 0.1~1.5μm，其中细孔孔径一般小于 10nm；中间的过渡层，具有大于 10nm 的细孔，厚度一般为 1~10μm；最下面的支撑层，厚度为 50~250μm，具有 50nm 以上的大孔。支撑层起支撑作用，可以提高膜的机械强度。膜的分离性能主要取决于表面活性层和过渡层。

制备超滤膜的材料主要有聚砜、聚酰胺、聚丙烯腈和醋酸纤维素等。超滤膜的工作条件取决于膜的材质，如醋酸纤维素超滤膜适用于 pH=3~8，三醋酸纤维素超滤膜适用于 pH=2~9，芳香聚酰胺超滤膜适用于 pH=5~9，温度 0~40℃，而聚醚砜超滤膜的使用温度则可超过 100℃。

超滤过程分离截留的机理为筛分，即小于孔径的微粒随溶剂一起透过膜上的微孔，大于孔径的微粒被截留，膜上微孔的尺寸和形状决定了膜的分离性质。但最新研究发现，膜表面化学性质也是影响超滤分离性能的重要因素。因此，超滤分离过程中其分离选择性由膜的孔径筛分和膜表面化学特性共同决定。

超滤膜的应用也十分广泛，在反渗透预处理、饮用水制备、制药、色素提取、阳极电泳漆和阴极电泳漆的生产、电子工业高纯水制备、工业废水处理等众多领域都发挥着重要作用。

主要可归纳为以下几方面：

① 纯水的制备。超滤技术广泛用于水中的细菌、病毒和其他异物的去除，用于制备高纯饮用水、电子工业高纯水和医用无菌水等。

② 汽车、家具等制品电泳涂装淋洗水的处理。汽车、家具等制品的电泳涂装淋洗水中常含有 1%~2% 的涂料（高分子物质），用超滤装置可分离出清水重复用于清洗，同时又可使涂料得到浓缩重新用于电泳涂装。

③ 食品工业中的废水处理。在牛奶加工厂中，用超滤技术可从乳清中分离出蛋白和低分子量的乳糖。

④ 果汁、酒等饮料的消毒与澄清。应用超滤技术可除去果汁中果胶和酒中的微生物等杂质，使果汁和酒在得到净化处理的同时保持原有的色、香、味，操作方便，成本较低。

⑤ 在医药和生化工业中用于处理热敏性物质、分离浓缩生物活性物质等。

（3）反渗透

渗透是自然界中常见的现象，人类很早以前就已经自觉或不自觉地使用渗透或反渗透分离物质。目前反渗透技术已在许多领域得到广泛的应用，反渗透对水的提纯与净化有十分重要的价值，对海水和苦咸水的脱盐淡化、锅炉水处理、超纯水制备、废水处理等，反渗透法有其他方法不可替代的优势[38]。

渗透与反渗透的原理如图 9-5 所示，如果将淡水和盐水（或两种不同浓度的溶液）用一种能透过水而不能透过溶质的半透膜隔开，淡水会自然地透过半透膜渗透至盐水（或从低浓度溶液渗透至高浓度溶液）一侧，这一现象称为渗透。这一过程的推动力是纯水的化学位与盐水中水的化学位之差，表现为水的渗透压。随着水的渗透，盐水侧水位升高，压力增大。当水位提高到 H 时，盐水侧的压力与纯水侧的压力差为渗透压，渗透过程达到平衡后，水不再有净渗透，渗透通量为零。如果在盐水侧加压，使盐水侧与纯水侧的压差大于渗透压，则盐水中的水将通过半透膜流向纯水侧，这一过程称为反渗透。

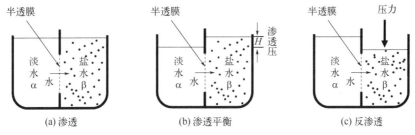

图 9-5 渗透、渗透平衡和反渗透

用于进行反渗透操作的膜为反渗透膜，反渗透膜大部分为不对称膜，孔径小于 5nm，操作压力大于 1MPa，可截留溶质分子。制备反渗透膜的材料主要有醋酸纤维素、芳香族聚酰胺、聚苯并咪唑、磺化聚苯醚、聚芳砜、聚醚酮、聚芳醚酮、聚四氟乙烯等。醋酸纤维素膜的透水量大、脱盐率高、价格便宜，因此应用普遍。芳香族聚酰胺膜具有良好的透水性、较高的脱盐率、优越的机械强度，且化学性能稳定、耐压实，能在 pH 4~10 的范围内使用。聚苯并咪唑膜适用于在较高温度下的反渗透作业，在常温下，聚苯并咪唑膜与纤维素膜的透水性能没有多大差别，但当温度升高到 90℃ 时，纤维素膜的透水性能下降为零，而聚苯并咪唑膜的透水性能非但不下降，反而随着温度的上升而提高。

反渗透过程是从溶液（主要是水溶液）中分离出溶剂（水），并且分离过程无相变化，不耗用化学药品，这些基本特征决定了它的应用范围，主要包括以下几个方面。

① 以渗透液为产品。制取各种品质的水，如海水和苦咸水淡化制取生活用水、硬水软化制备锅炉用水、制备高纯水。

反渗透海水淡化法是淡化海水的主要方法，已发展成为廉价和有效的海水淡化技术。海水淡化过程包括三部分：预处理，液氯灭菌、硫酸铝絮凝、砂滤，用硫酸调节 pH 值至 6，分解部分碳酸氢盐；反渗透，经二级反渗透得到适宜饮用水；后处理，活性炭脱氯。

高纯水的制备是采用反渗透和离子交换树脂结合的方法，比单独使用离子交换树脂有明显的优点，纯水质量高，水质稳定，节约离子交换树脂再生费用，减少酸性污染，改善微孔滤膜的堵塞现象，延长使用寿命。

② 以浓缩液为产品。在医药、食品工业中用以浓缩药液，如抗生素、维生素、激素等溶液的浓缩，果汁、咖啡浸液的浓缩。与常用的冷冻干燥和蒸发脱水浓缩比较，反渗透法脱水浓缩比较经济，而且产品的香味和营养不受影响。

③ 渗透液和浓缩液都作为产品。处理印染、食品、造纸等工业的废水，使渗透液返回系统、循环使用，浓缩液用于回收或利用其中的有用物质。

（4）纳滤

纳滤（NF）是介于反渗透和超滤之间的膜分离技术[38]。纳滤膜又称为超低压反渗透膜，是 20 世纪 80 年代后期研制开发的一种新型分离膜，其孔径范围介于反渗透膜和超滤膜之间，约 1nm。与其他分离过程相比，纳滤具有明显的特征：可分离物质的分子量为 200~2000；纳滤膜的表面分离层由聚电解质构成，对无机盐具有一定的截留率；操作压力低，分离膜的跨膜压差一般为 0.5~2.0MPa。

纳滤技术最早也是应用于海水和苦咸水的淡化方面。由于该技术对低价离子与高价离子的分离效果良好，因此在硬度高、有机物含量高、浊度低的原水处理及高纯水制备中备受瞩目。在食品行业中，纳滤膜可用于果汁生产，大大节省能源；在医药行业可用于氨基酸生产、抗生素回收等方面；在石化生产的催化剂分离回收、脱沥青原油中更有着不可比拟的作用。

（5）离子交换膜

从功能上说，离子交换膜与细胞膜的生物化学和电化学都有关系。它是以膜的形式作为离子交换的主体，具有离子交换树脂不具备的特殊的功能[39]。与离子交换树脂类似，离子交换膜按其可交换离子的性能可分为阳离子交换膜、阴离子交换膜和双极离子交换膜。另外，按膜结构和功能，又可分为普通离子交换膜、双极离子交换膜和镶嵌膜三种。普通离子交换膜一般是均相膜，主要是利用其对一价离子的选择性渗透进行海水浓缩脱盐；双极离子交换膜由阳离子交换层和阴离子交换层复合组成，主要用于酸或碱的制备；镶嵌膜由排列整齐的中间介入电中性区的阴、阳离子微曲组成，主要用于高压渗析进行盐的浓缩、有机物质的分离等。

离子交换膜的工作原理主要包括电渗析和膜电解。

① 电渗析　在盐的水溶液（如 NaCl 溶液）中置入阴、阳两个电极，并施加电场，则溶液中的阳离子将移向阴极，阴离子则移向阳极，这一过程称为电泳。如果在阴、阳两电极之

间插入一张离子交换膜（阴膜或阳膜），则阳离子或阴离子会选择性地通过膜，这一过程就称为电渗析。可见，电渗析的核心是离子交换膜。在直流电场的作用下，以电位差为推动力，利用离子交换膜的选择透过性，把电解质从溶液中分离出来，实现溶液的淡化、浓缩及纯化；也可通过电渗析实现盐的电解，制备氯气和氢氧化钠等。

② 膜电解 膜电解的基本原理可以通过 NaCl 水溶液的电解来说明。在两个电极之间加上一定电压，则阳极生成 Cl_2，阴极生成 H_2 和 NaOH。阳离子交换膜允许 Na^+ 渗透进入阴极室，同时阻拦了 OH^- 向阴极的运动。

在阴极室的反应是： $2Na^+ + 2H_2O + 2e^- == 2NaOH + H_2\uparrow$

在阳极室的反应是： $2Cl^- - 2e^- == Cl_2\uparrow$

用氟代烃膜和单极或双极膜制备的电渗析器已成为制备 NaOH 的主要方法，取代了其他制备 NaOH 的方法。如果在膜的一面涂一层阴极的催化剂，在另一面涂一层阳极的催化剂，在这两个电极上加上一定的电压，则可电解水，在阴极产生氢气，在阳极产生氧气。

（6）渗透蒸发膜

渗透蒸发（PV，也称渗透气化）是近来颇受人们关注的膜分离技术。渗透蒸发是指液体混合物在膜两侧组分蒸气分压差的推动力下，透过膜并部分蒸发，从而达到分离目的的一种膜分离方法[40]。渗透蒸发是少数几个在分离过程中含有相变的膜技术，同传统的蒸馏过程相比，渗透蒸发只是使混合物中含量较少的杂质组分汽化，而不需将全部混合物反复汽化冷却，因此其分离过程更加合理，能源消耗大大减少，操作也更为简单，具有一次分离度高、操作简单、低能耗等特点。

渗透蒸发的实质是利用高分子膜的透过选择性来分离液体混合物，其原理如图 9-6 所示。由高分子膜将装置分为两个室，上侧为存放待分离混合物的液相室，下侧是与真空系统相连接或用惰性气体吹扫的气相室。混合物通过高分子膜的选择渗透，其中某一组分渗透到膜的另一侧。由于在气相室中该组分的蒸气分压小于其饱和蒸气压，因而在膜表面汽化，蒸气随后进入冷凝系统，通过液氮将蒸气冷凝下来即得渗透产物。渗透蒸发过程的推动力是膜内渗透组分的浓度梯度。由于用惰性气体吹扫涉及大量气体的循环使用，而且不利于渗透产物的冷凝，所以目前一般都采用真空汽化的方式。

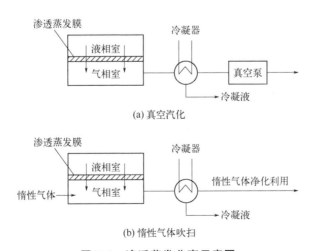

图 9-6 渗透蒸发分离示意图

描述渗透蒸发过程的两个基本参数是渗透通量 $J[\mathrm{g/(m^2 \cdot h)}]$ 和分离系数 α。α 的定义为：

$$\alpha = \frac{Y_A / Y_B}{X_A / X_B} \tag{9-5}$$

式中，Y 和 X 分别为渗透产物与原料的质量分数；下标 A 为优先渗透组分，B 为后渗透组分。由定义可知，α 代表了高分子膜的渗透选择性。

渗透蒸发的基本原理可用溶解扩散理论来解释，分为三个过程：原料液混合物中各组分溶解于上侧与混合物接触的膜表层中；溶解于膜表层的渗透组分以分子扩散方式通过膜，到达膜的下侧；在膜的下侧，膜中的渗透组分蒸发，离开膜后经冷凝回收。

渗透蒸发是整个 PV 过程的关键部分，所以大部分的相关研究都集中于 PV 膜的开发上。膜的物理化学结构决定了它的性能，化学结构指膜的高分子链种类与空间构型，而物理结构指膜的孔径、孔的分布、孔的形状以及结晶度、交联度、分子链的取向等。膜的性能指标主要包括：①膜的选择性；②膜的渗透通量；③膜的机械强度；④膜的稳定性（包括耐热性、热溶剂性及性能维持性等），在膜的开发中必须将这四个因素综合起来考虑。

目前渗透蒸发膜分离法已在无水乙醇的生产中实现了工业化。与传统恒沸精馏制备无水乙醇相比，可大大降低运行费用，且不受气-液平衡的限制。此外，渗透蒸发膜能有较好应用前景的领域还包括：工业废水处理中采用渗透蒸发膜去除少量有毒有机物（如苯、酚、含氯化合物等）；在气体分离、医疗、航空等领域用于富氧操作；从溶剂中脱除少量的水或从水中除去少量有机物；石油化工工业中用于烷烃和烯烃、脂肪烃和芳烃、近沸点物、同系物、同分异构体等的分离等。

（7）气体分离膜

气体膜分离是在一定压力驱动下，利用不同气体分子在膜内渗透速率上的差异，使渗透速率相对快的分子在渗透侧富集，而渗透速率相对慢的分子在渗余侧富集，从而实现不同气体在膜两侧富集分离的过程[41]。气体膜分离的效率可用产品纯度和回收率来讨论，它们是由膜自身特性（渗透系数和分离系数）和操作条件所确定的。操作条件包括原料气和渗透气的压力和各组分分压、原料气流速和其压力降，这些因素将确定所需膜面积和功率消耗，从而给出该过程的经济评估。

目前，聚砜、聚酰亚胺、聚二甲基硅氧烷、聚氟丙基甲基硅氧烷、固有微孔聚合物等高分子气体分离膜材料，在气体膜分离领域有较广泛的应用。

聚砜（PSF）是由二元酚类及二卤化合物制成的线型高分子，是一种热塑性聚合物膜，即使在高温下也保持优良的力学性能。例如，使用直流等离子体辉光放电法处理 PSF 膜表面，可以有效提高 PSF 膜的 CO_2 渗透通量，但同时会导致 CO_2/CH_4 的选择性略微降低。

聚酰亚胺（PI）是由二酐和二胺先缩聚后亚胺化得到的高分子，其热稳定性良好，耐高温达 400℃以上，是一种较常使用的聚合物膜材料。例如，PI 膜用于 O_2/CO_2、O_2/N_2 及 CO_2/N_2 的选择性分离。

聚二甲基硅氧烷（PDMS）兼具有机高分子和无机高分子的特性。由于主链上的 Si—O 键极易内旋转，分子链柔顺，结构疏松，对气体尤其是有机气体具有良好的渗透性能，但由于其分子之间的相互作用力较小，成膜性差，导致膜强度较低。有报道称，在聚丙烯腈（PAN）中空纤维膜上涂覆 PDMS，制备 PDMS/PAN 复合膜，可以改善相关性能，提升对 CO_2/N_2、

O_2/N_2 的分离选择性。

固有微孔聚合物（PIMs）是一类具有固有微孔的聚合物的统称，首先由 McKeown 等合成，具有直径小于 2nm 的连通孔结构。不同气体在 PIMs 聚合物膜中的渗透系数顺序为 $CO_2 > H_2 > He > O_2 > Ar > CH_4 > N_2 > Xe$。PIMs 膜对 CO_2 的气体渗透系数为 2300bar（230MPa），CO_2/CH_4 选择性为 18.4。

影响气体分离膜性能的主要因素包括以下几个方面。

① 化学结构因素　通过不同结构材料的气体透过率 P、扩散系数 D 和溶解系数 S 的数据可以总结出化学结构与透性的一些定性规律，大的侧基—CH_3、—$C(Me)_3$、—$Si(Me)_3$ 有利于增加自由体积而使 P 增加。例如，聚取代丙炔主链的每个碳原子上均有较大的取代侧基，使主链僵直而形成棍状分子，在形成薄膜后，分子间堆砌不可能紧密，因而具有较大的自由体积。

② 形态结构因素　一般情况下认为气体透过高分子膜主要经由无定形区，而晶区则是不透气的，这一结论的证据是淬火的结晶聚合物膜的透气率一般略大于经退火处理的，这可以通过自由体积的变化来解释。但也有例外，如 4-甲基戊烯（PMP）晶区的密度反而小于非晶区的密度，故其晶区可能对透气性能也有贡献。

③ 小分子添加剂的影响　在高分子膜中添加增塑剂一般会使透过率上升而选择性下降，由于增塑剂易流失，影响寿命，因而不利于实际应用。添加高沸点液体对某些气体有较大的溶解度，则可增加分离的选择性。当高分子膜用于气体混合物的分离时，往往伴随有水蒸气、二氧化碳等，它们对分离效率的影响不可忽视。加入固体超细粉末几乎不影响透气速度，因此添加各种有机无机超细粉末、变价金属或其离子，都可在不影响透气率的情况下，通过增加对某些气体的溶解度而提高其选择性。

气体分离膜的开发非常受重视，已有不少产品用于工业化生产。如用聚酯类中空纤维制成的 H_2 气体分离膜，富氧膜，及分离 N_2、CO_2、SO_2、H_2S 等气体的膜，都已有生产应用。又例如，从天然气中分离氮、从合成氨尾气中回收氢、从空气中分离 N_2 或 CO_2、从烟道气中分离 SO_2、从煤气中分离 H_2S 或 CO_2 等，均可采用气体分离膜实现。

（8）液膜

液膜是一层很薄的液体，这层液体可以是水溶液也可以是有机溶液，它能把两个互溶的、组成不同的溶液隔开，并通过这层液膜的选择性渗透作用实现分离。当被隔开的两个溶液是水溶液时，液膜应该是油型；当被隔开的两个溶液是有机溶液时，液膜则应该是水型。这里主要简单介绍其组成、分类与应用。

液膜主要组成包括：

① 膜溶剂。它是成膜的基本体质。选择膜溶剂主要考虑膜的稳定性和对溶剂的溶解性。为了保持膜的稳定性，就要求膜溶剂具有一定的黏度。膜溶剂对溶质的溶解性则首先希望它对欲提取的溶质能优先溶解，对其他欲除去的溶质则溶解度愈小愈好。其次，还要考虑对组成膜液中的其他组分的溶解性。当然膜溶剂不能溶于欲被液膜分隔的溶液，否则会造成膜的严重损失。还希望膜溶剂与被其分隔的溶液有一定的相对密度差（一般希望相差 0.025g/cm³），以利于膜液与料液的分离。

② 表面活性剂。表面活性剂又称界面活性剂，是分子中含有亲水基和疏水基两个组分的化合物，可以定向排列，能显著地改变液体表面张力或相间界面张力，是制造液膜固定油

水分界面的最重要的组分,它直接影响膜的稳定性、渗透速度和膜的复用。表面活性剂的选择是一个比较复杂的问题,需根据不同的应用对象进行选择。

③ 流动载体。它的作用是使指定的溶质或离子进行选择性迁移,因此其对分离指定的溶质或离子的选择性和通量起决定性的作用,是液膜分离的关键。实际上它常常是某种萃取剂。

根据形状不同,可将液膜分为支撑型液膜和球形液膜两类,后者又可分为单滴型液膜和乳液型液膜两种。

① 支撑型液膜。把微孔聚合物浸在有机溶剂中,有机溶剂即充满膜中的微孔而形成液膜(图9-7)。此类液膜目前主要用于物质的萃取。当支撑型液膜作为萃取剂将料液和反萃液分隔开时,被萃组分即从膜的料液侧传递到反萃液侧,然后被反萃液萃取,从而完成物质的分离。这种液膜的操作虽然较简便,但存在传质面积小、稳定性较差、支撑液体容易流失的缺点。

② 单滴型液膜。该类型液膜结构为单一的球面薄层,根据成膜材料可分为水膜和油膜。如图9-8所示,(a)为水膜,即O/W/O型,内、外相为有机物;(b)为油膜,即W/O/W型,内、外相为水溶液。这种单滴型液膜寿命较短,所以主要用于理论研究。

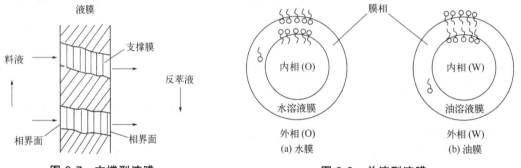

图9-7 支撑型液膜　　　　　图9-8 单滴型液膜

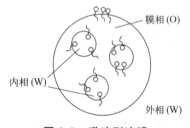

图9-9 乳液型液膜

③ 乳液型液膜。首先把两种互不相溶的液体制成乳状液,然后再将乳状液分散在第三相(连续相),即外相中。乳液型液膜内被包裹的相为内相,内、外相之间部分是膜相。一般情况下乳状液小球直径为0.1~1mm,液膜本身厚度为1~10μm。根据成膜材料也分为水膜和油膜两种,图9-9为一种W/O/W型乳液型液膜。它是由表面活性剂、流动载体和有机膜溶剂组成的,膜相溶液与水和水溶性试剂组成的内相水溶液在高速搅拌下形成油包水型与水不相溶的小珠粒,内部包裹着许多微细的含有水溶性反应试剂的小水滴,再把此珠粒分散在另一水相(料液)即外相中,就形成了一种油包水再水包油的薄层结构。料液中的渗透物就穿过两水相之间这一薄层的油膜进行选择性迁移。

上述三种液膜中,乳液型液膜传质比表面积最大、膜的厚度小,因此传质速度快、分离效率高、处理量大,具有实现工业化的前途。

液膜分离技术自 20 世纪 70 年代被提出后，现已遍及冶金、医药、环保、原子能、石油化工、仿生化学等各个研究领域，其应用前景非常广阔。液膜的典型应用如下[42-43]。

① 在生物化学中的应用。液膜用于生物化学无需破乳，而且用量小，应用简单方便。在生物化学中常常为了防止酶受去活性物质的干扰而需要将酶"固定化"，利用液膜封闭来固定酶相比传统的其他酶固定方法具有如下优点：容易制备；便于固定低分子量的和多酶的体系；在系统中加入辅助酶时，无需借助小分子载体吸附技术。

② 在医学中的应用。液膜在医学上用途也很广泛，不需要破乳等复杂的操作，作为药物口服用量也不大，具有广阔的应用前景，如液膜人工肺、液膜人工肝、液膜人工肾以及液膜解毒、液膜缓释药物等。

③ 在废水处理中的应用。液膜萃取可用于处理含铬、硝基、酚基的废水，以及用于矿物浸出液的加工和稀有元素的分离。

④ 在气体分离中的应用。例如用于 CO_2 的分离，也可用于烯烃/烷烃、NH_3、H_2S、SO_2 等气体的分离。

（9）其他膜分离过程

① 膜蒸馏　膜蒸馏是膜技术与蒸馏过程结合的膜分离过程，使用的是疏水微孔膜。其特点是分离过程在常压和低于沸点下进行，热侧溶液可以在较低的温度下操作，因而可以使用低温热源或废热。与反渗透比较，膜蒸馏在常压下操作，过程中溶液浓度变化的影响小；与常规蒸馏比较，它具有较高的蒸馏效率，蒸馏液更为纯净，无需复杂的蒸馏设备。膜蒸馏实际是一种充气膜过程，即依靠不被液体浸润的充满气体的微孔膜，膜一侧溶液中的挥发性物质汽化，扩散通过膜到达膜的另一侧，然后用冷凝、吸收、惰性气体携带等方法带走这些挥发性物质[44-46]。膜蒸馏主要应用在制取纯水与浓缩溶液两个方面。

② 膜萃取　膜萃取是膜技术与萃取过程相结合的膜分离技术，又称固定膜界面萃取。与通常的液-液萃取中一液相以细小液滴形式分散在另一液相中进行两相接触传质的情况不同，膜萃取过程中，萃取剂与液料分别在膜的两侧流动，传质过程是在分隔两液相的微孔膜表面进行的，没有相分散行为发生。其特点是：由于没有相的分散和聚结过程，可以减少萃取剂在料液相中的夹带损失；在过程中不形成直接的液液两相流动，因此在选择萃取剂时对其物性（如密度、黏度等）的要求可以大大放宽；一般萃取柱式设备中，由于连续相与分散相液滴呈逆流流动，返混现象严重，而在膜萃取过程中，两相在膜两侧分别流动，可减少返混影响；膜萃取过程可以较好地发挥化工单元操作中的某些优势，提高过程的传质效率。

③ 膜反应器　将膜分离技术与化学反应相结合发展了一种新型膜分离技术——膜反应器，按反应主体可分为膜催化反应器和膜生物反应器[47-50]。膜催化反应器具有催化和分离同时进行的优点，常用无机膜为基材。近年来发展了基于高分子分离膜的膜催化反应器，常用于催化加氢/脱氢、催化氧化、催化酯化等反应体系。膜生物反应器是由传统的活性淤泥体系与膜分离技术结合形成的生物化学反应系统。用于膜生物反应器的高分子有聚烯烃类和聚醚砜等，加工成超滤膜或微滤膜，以中空纤维或板框式置于生物反应器中。膜生物反应器作为一种新的废水生化处理技术，在工业废水处理与回收、城市生活污水处理等方面应用广泛。

④ 集成膜分离　在解决某一分离目标时，综合利用几种膜过程，或将膜分离过程与其他分离技术结合起来，以获得最佳的分离结果，这种过程称为集成膜分离过程。

此外，其他的膜分离应用还有膜反应、膜分相，以及控制释放、膜电极等。

思考题

1. 什么是离子交换树脂？
2. 按物理结构的不同，离子交换树脂通常分为哪几类？
3. 什么是大孔型离子交换树脂？它与凝胶型离子交换树脂有何区别？它们如何制备？
4. 制备凝胶型离子交换树脂的方法有哪些？请列举一下制备实例。
5. 什么是两性树脂和螯合树脂？发展它们有什么实际意义？
6. 离子交换树脂有什么实际应用？
7. 什么是吸附树脂？它与离子交换树脂有何不同？
8. 吸附树脂常用的制备方法有哪些？
9. 吸附树脂有哪些吸附形式？它们之间有何区别？
10. 简单介绍吸附树脂的应用。
11. 什么是分离膜？它与传统的分离技术有何不同？
12. 分离膜有哪些分类？
13. 制备分离膜的高分子材料应具备哪些基本特性？
14. 微孔膜有哪些特征？其分离物质的推动力是什么？
15. 微滤、超滤、纳滤有何区别？
16. 什么是反渗透？它的原理是什么？对反渗透膜有何要求？
17. 什么是渗透蒸发膜？它的分离机理是什么？主要可用于哪些物质的分离？
18. 目前分离膜主要应用于哪些领域？对于分离膜的实际应用还有哪些方面需要提高？

参考文献

[1] Zhang H, Li Y, Cheng B, et al. Synthesis of a starch-based sulfonic ion exchange resin and adsorption of dyestuffs to the resin[J]. International Journal of Biological Macromolecules, 2020, 161: 561-572.

[2] Yasemin Ö, Zafir E. Removal of sulfate ions from process water by ion exchange resins[J]. Minerals Engineering, 2020, 159: 106613.

[3] 钱庭宝. 离子交换剂应用技术[M]. 天津: 天津科学技术出版社, 1984.

[4] 何炳林, 黄文强. 离子交换树脂与吸附树脂[M]. 上海: 上海科技教育出版社, 1995.

[5] 马建标, 李晨曦. 功能高分子材料[M]. 北京: 化学工业出版社, 2000.

[6] 赵文元, 王亦军. 功能高分子材料化学[M]. 北京: 化学工业出版社, 2003.

[7] 中国国家标准化管理委员会. 离子交换树脂命名系统和基本规范: GB/T 1631—2008[S]. 2008.

[8] 王广珠, 汪德良, 崔焕芳, 等. 国产电厂水处理用离子交换树脂现状综述[J]. 中国电力, 2003, 36(1): 28-31.

[9] Kim J, Kim D, Gwon Y, et al. Removal of sodium dodecylbenzenesulfonate by macroporous adsorbent resins[J]. Materials, 2018, 11(8): 1324-1335.

[10] Emőke S, Viktória H, Gábor M, et al. Application of ion-exchange resin beads to produce magnetic adsorbents[J]. Chemical Papers, 2021, 75: 1187-1195.

[11] Meng Q, He Q, Liu J, et al. Polyethyleneimine-condensed polystyrene resin: A specific adsorbent for Cu^{2+} over Ni^{2+}[J]. Journal of Applied Polymer Science, 2022, 139(23): 52317.

[12] Dixit F, Barbeau B, Lompe M, et al. Performance of the HSDM to predict competitive uptake of PFAS, NOM

and inorganic anions by suspended ion exchange processes[J]. Environmental Science: Water Research & Technology, 2021, 7: 1417-1429.

[13] Gao Z, Tang R, Ma S, et al. Design and construction of a hydrophilic coating on macroporous adsorbent resins for enrichment of glycopeptides[J]. Analytical Methods, 2021, 13: 4515-4527.

[14] Liu X, Qiu Xa, Sun X, et al. Preparation and kinetic study of organic amine-loaded ion-exchange resin as CO_2 adsorbents[J]. Environmental Progress & Sustainable Energy, 2021, 40(1): e13476.

[15] Shahzad J, Paripurnanda L, Jaya K, et al. Removal of dissolved organic matter fractions from reverse osmosis concentrate: Comparing granular activated carbon and ion exchange resin adsorbents[J]. Journal of Environmental Chemical Engineering, 2019, 7(3): 103126.

[16] Osman K, Cemal K, Hüseyin D, et al. Removal of limonin bitterness by treatment of ion exchange and adsorbent resins[J]. Food Science and Biotechnology, 2010, 19: 411-416.

[17] Xue F, Xu Y, Lu S, et al. Adsorption of cefocelis hydrochloride on macroporous resin: Kinetics, equilibrium, and thermodynamic studies[J]. Journal of Chemical & Engineering Data, 2016, 61(6): 2179-2185.

[18] 陈义镰. 功能高分子[M]. 上海: 上海科学技术出版社, 1988.

[19] 王国建, 王公善. 功能高分子[M]. 上海: 同济大学出版社, 1996.

[20] 孙酣经. 功能高分子材料及应用[M]. 北京: 化学工业出版社, 1990.

[21] Zhu S, Bo T, Chen X, et al. Separation of succinic acid from aqueous solution by macroporous resin adsorption[J]. Journal of Chemical & Engineering Data, 2016, 61(2): 856-864.

[22] 许名成, 刘菊湘, 史作清, 等. 聚乙烯醇/明胶复合型吸附树脂的合成及其对鞣酸的吸附性能[J]. 离子交换与吸附, 1999, 15(6): 524-530.

[23] 张虹, 柳正良, 王洪泉. 大孔吸附树脂在药学领域的应用[J]. 中国医药工业杂志, 2001, 32(1): 41-47.

[24] Jiang H, Li J, Chen L, et al. Adsorption and desorption of chlorogenic acid by icroporous adsorbent resins during extraction of Eucommia ulmoides leaves[J]. Industrial Crops and Products, 2020, 149: 112336.

[25] Gao M, Wang D, Deng L, et al. High-crystallinity covalent organic framework synthesized in deep eutectic solvent: Potentially effective adsorbents alternative to macroporous resin for flavonoids[J]. Chemistry of Materials, 2021, 33(20): 8036-8051.

[26] Ma W, Row K. Hydrophilic deep eutectic solvents modified phenolic resin as tailored adsorbent for the extraction and determination of levofloxacin and ciprofloxacin from milk[J]. Analytical and Bioanalytical Chemistry, 2021, 413: 4329-4339.

[27] Chao Y, Zhu W, Yan B, et al. Macroporous polystyrene resins as adsorbents for the removal of tetracycline antibiotics from an aquatic environment[J]. Journal of Applied Polymer Science, 2014, 131(15): 40561.

[28] Pan B, Chen X, Pan B, et al. Preparation of an aminated macroreticular resin adsorbent and its adsorption of *p*-nitrophenol from water[J]. Journal of Hazardous Materials, 2006, 137(2):1236-1240.

[29] Johnson R, Chandler B. Ion exchange and adsorbent resins for removal of acids and bitter principles from citrus juices[J]. Journal of the Science of Food and Agriculture, 1985, 36(6): 480-484.

[30] Judith K, Dietmar R, Reinhold C. Impact of saccharides and amino acids on the interaction of apple polyphenols with ion exchange and adsorbent resins[J]. Journal of Food Engineering, 2010, 98(2): 230-239.

[31] Qiu N, Guo S, Chang Y. Study upon kinetic process of apple juice adsorption de-coloration by using adsorbent resin[J]. Journal of Food Engineering, 2007, 81(1): 243-249.

[32] 高以烜, 叶凌碧. 膜分离技术基础[M]. 北京: 科学出版社, 1989.

[33] 蒋维钧, 戴猷元. 新型分离方法[M]. 北京: 化学工业出版社, 1992.

[34] 清水刚夫. 新功能膜[M]. 李福绵, 译. 北京: 北京大学出版社, 1990.

[35] 李旭祥. 分离膜制备与应用[M]. 北京: 化学工业出版社, 2004.

[36] Liang T, Lu H, Ma J. Progress on membrane technology for separating bioactive peptides[J]. Journal of Food Engineering, 2023, 340: 111321.

[37] 乔迁. 虞浩. 膜技术的进展[J]. 工业技术经济. 1990, 20 (1): 111-113.

[38] 王晓琳. 反渗透和纳滤技术与应用[M]. 北京: 化学工业出版社, 2005.

[39] 马建标, 李晨曦. 功能高分子材料[M]. 北京: 化学工业出版社, 2000.

[40] 陈翠仙, 韩宾兵. 渗透蒸发和蒸汽渗透[M]. 北京: 化学工业出版社, 2004.

[41] 陈勇, 王从厚. 气体膜分离技术与应用[M]. 北京: 化学工业出版社, 2004.

[42] 黄加乐, 董声雄. 我国膜技术的应用现状与前景[J]. 福建化工, 2000 (3): 3-6.

[43] 任建新. 膜分离技术及其应用[M]. 北京: 化学工业出版社, 2003.

[44] Eykens L, De Sitter K, Dotremont C, et al. Membrane synthesis for membrane distillation: A review[J]. Separation and Purification Technology, 2017, 182(12): 36-51.

[45] Santoro S, Avci A, Politano A, et al. The advent of thermoplasmonic membrane distillation[J]. Chemical Society Reviews, 2022, 51: 6087-6125.

[46] Tan Y, Wang H, Han L, et al. Photothermal-enhanced and fouling-resistant membrane for solar-assisted membrane distillation[J]. Journal of Membrane Science, 2018, 565: 254-265.

[47] Kurimoto A, Nasseri S, Hunt C, et al. Bioelectrocatalysis with a palladium membrane reactor[J]. Nature Communications, 2023, 14: 1814.

[48] Giorgio P, Max H, Carmen M, et al. A membrane biofilm reactor for hydrogenotrophic methanation[J]. Bioresource Technology, 2021, 321: 124444.

[49] Helmi A, Voncken R, Raijmakers A, et al. On concentration polarization in fluidized bed membrane reactors[J]. Chemical Engineering Journal, 2018, 332: 464-478.

[50] Bawareth B, Marino D, Nijhuis T, et al. Electrochemical membrane reactor modeling for lignin depolymerization[J]. ACS Sustainable Chemistry & Engineering, 2019, 7(2): 2091-2099.

第10章
医用及生物降解功能高分子

10.1 医用高分子概述

10.1.1 医用高分子发展简史

回顾人类的发展历史，医用高分子在人类同疾病作斗争的过程中发挥了至关重要的作用。根据记载，早在公元前约3500年古埃及人就开始利用棉花纤维、马鬃作缝合线缝合伤口。公元前500年中国和埃及的墓葬中发现了假牙、假鼻、假耳等人工假体。进入20世纪，高分子科学发展迅速。1936年有机玻璃（PMMA）被发明，之后很快用于制作假牙和补牙，以及用于制作人的头盖骨、关节骨。20世纪50年代，有机硅聚合物被用于医学领域，一大批人造器官开始试用。到60年代为止，医用高分子的选用主要是根据特定需求，从已有的材料中筛选出合适的加以应用。而70年代后，随着功能高分子理论和实践的进步，人们已转变成根据功能目标主动设计医用高分子，产生了大量新型医用材料，用于制造人造器官、人造心脏瓣膜、人工肾脏等。20世纪80年代后，发达国家医用高分子产业化速度加快，基本形成了一个崭新的生物材料产业。20世纪90年代后，纳米粒子药物、纳米微囊药物被提出，3D打印医用材料出现，医用高分子进入一个新的发展阶段，涉及面越来越宽广，越来越精细化、智能化。纵观医用高分子的发展史，就是人类追寻生命延伸的一个缩影，生物医学的发展离不开医用高分子的发展。目前医用高分子已用于但不限于人工器官制造、外科修复、理疗康复、诊断检查、患病治疗等医疗领域[1]。

医用高分子作为一门交叉学科，融合了高分子化学、高分子物理、生物化学、合成材料工艺学、病理学、药理学、解剖学和临床医学等多方面的知识，还涉及了许多工程学问题，如各种医疗器械的设计与制造工程、人体结构仿生工程等。在多学科的相互交融、相互渗透下，对医用高分子的性能提出了越来越严格和复杂的要求。如何快速发展新型的多功能医用高分子，已成为医学、药物学和化学工作者共同关心的问题。

10.1.2 医用高分子的分类

在功能高分子领域，医用高分子可谓异军突起，已成为发展最快的一个重要分支。广义上的医用高分子，指所有在医疗活动中使用的高分子，其中包括药剂包装用高分子、医疗器械用高分子、医用一次性高分子等。另一种定义是指符合特殊医用要求，在医学领域应用到人体上，以医疗为目的，具有特殊要求的功能型高分子。医用高分子根据材料来源、应用目的、活体组织对材料的影响等可以分为多种类型。

日本医用高分子专家樱井靖久将医用高分子分为如下五大类。

① 与生物体组织不直接接触的材料 这类材料制造的医疗器械和用品是医疗卫生部门使用的，但不直接与生物体组织接触。如药剂容器、血浆袋、输血输液用具、注射器、化验室用品、手术室用品等。

② 与皮肤、黏膜接触的材料 这类材料制造的医疗器械和用品，需与人体肌肤和黏膜接触，但不与人体内部组织、血液、体液接触，因此要求无毒、无刺激，有一定的机械强度。用这类材料制造的物品如手术用手套、麻醉用品（吸氧管、口罩、气管插管等）、诊疗用品（洗眼用具、耳镜、压舌片、灌肠用具、肠、胃、食道窥镜导管和探头、肛门镜、导尿管等）、绷带、橡皮膏等。人体整容修复材料，例如假肢、假耳、假眼、假鼻等，也都可归入这一类材料中。

③ 与人体组织短期接触的材料 这类材料大多用来制造在手术中暂时使用或暂时替代病变器官的人工脏器，如人造血管、人工心脏、人工肺、人工肾脏渗析膜、人造皮肤等。这类材料在使用中需与肌体组织或血液接触，故一般要求有较好的生物体适应性和抗血栓性。

④ 长期植入体内的材料 用这类材料制造的人工脏器或医疗器具，一经植入人体内，将伴随人终生，不再取出。因此要求有非常优异的生物体适应性和抗血栓性，并有较高的机械强度和稳定的物理、化学性质。用这类材料制造的人工脏器包括：脑积水的髓液引流管、人造血管、人造心脏瓣膜、人工气管、人工尿道、人工骨骼、人工关节、手术缝合线、组织黏合剂等。

⑤ 药用高分子 这类高分子包括大分子化药物和药物高分子。前者是指将传统的小分子药物大分子化，如聚青霉素；后者则指本身就有药理功能的高分子，如阴离子聚合物型的干扰素诱发剂。

除此之外，按照材料的来源进行划分，可分为天然医用高分子、人工合成医用高分子和含高分子的复合医用材料、智能材料。天然医用高分子材料是指原料本身是天然产生的，如胶原、明胶、丝蛋白、角质蛋白、纤维素、多糖、甲壳素及其衍生物等来源于植物和动物。但是天然的高分子材料并不是都能满足医疗活动所需的功能，往往需要通过分子设计和修饰来满足医用材料的标准。人工合成医用高分子材料是根据医用材料要求进行合成制造的高分子材料，或者对常规合成高分子根据医用要求进行改造的高分子材料。复合医用高分子材料是指多来源材料，为了满足医用目的进行不同方式复合构成的，也包括常规高分子材料经过适当改造处理后直接作为医用材料使用。智能材料在前面章节已做介绍，这里不再赘述。

按照材料与活体组织的相互作用关系分类，又可以分为生物惰性医用高分子、生物活性医用高分子和生物降解医用高分子。采用这种分类方式，有助于研究不同类型高分子与生物体作用的共性。生物惰性医用高分子是指在生物环境下呈现化学和物理惰性的医用高分子材料，其在生理环境中能够长期保持稳定，不发生降解、交联和物理磨损等化学反应和物理反应，并具有良好的力学性能。生物活性医用高分子是指植入医用高分子材料能够与周围组织发生相互作用，一般指有益的作用。生物降解医用高分子是指在一定的条件下、在一定的时间内能被细菌、霉菌、藻类等微生物降解的医用高分子材料。医用可降解生物材料包括：胶原、脂肪族聚酯、甲壳素、纤维素、聚氨基酸、聚乙烯醇、聚乳酸（PLA）、聚己内酯、聚碳酸酯、聚原酸酯类、聚酸酐类、聚磷腈等。这些材料能在生理环境中发生结构性破坏，且降解产物能通过正常的新陈代谢被机体吸收或排出体外，主要用于药物释放载体及非永久性植入器械，如手术缝合线、骨外科手术过程中的骨骼固定的骨水泥、骨等。本章将重点介绍生物惰性医用高分子、生物降解医用高分子以及高分子药物。

10.1.3 对医用高分子的基本要求

医用高分子作为一类用途特殊的材料，有些需要长期接触或者植入活体内部，与人们的健康密切相关，因此，对进入临床使用阶段的医用高分子有非常高的要求。通常，作为医用材料需要满足以下几方面的性能要求。

① 化学惰性　不会因与体液接触而发生反应。由于人体的生理环境是一个十分复杂的环境，其中各部位的性质相差也很大。比如，胃酸是酸性的，肠液是碱性的，而血液在正常状态下是微碱性的。血液和体液中含有大量的 K^+、Na^+、Ca^{2+}、Mg^{2+}、Cl^-、HCO_3^-、PO_4^{3-}、SO_4^{2-}等离子，以及 O_2、CO_2、H_2O、类脂质、类固醇、蛋白质、各种生物酶等物质。在这样复杂的环境下，用来维持身体机能正常的医用高分子材料必须具有优良的化学稳定性。否则会造成材料的损坏，同时可能对人体产生危害。目前，人体环境对医用高分子主要有以下一些影响：体液引起聚合物的降解、交联和相变化；体内的自由基引起材料的氧化降解反应；生物酶引起聚合物的分解反应；在体液作用下材料中添加剂的溶出；血液、体液中的类脂质、类固醇及脂肪等物质渗入高分子，使材料增塑，强度下降。

② 对人体组织不会引起炎症或异物反应　医用高分子材料在植入人体后，由于有些医用高分子在合成、加工过程中不可避免地会残留一些单体或使用过的一些添加剂，随着时间的推移，有些单体和添加剂会慢慢从材料内部迁移至表面，从而和人体医用高分子材料周围的组织发生作用，引起炎症或组织畸变，严重的可能会导致全身性反应。比如，急性局部反应、慢性局部反应、急性全身性反应、慢性全身性反应。对医用高分子的制备要求极为严格，材料的配方组成和添加剂的品种，以及加工工艺、加工环境和包装材料的选用都需要严格控制，这样才能确保医用高分子材料万无一失。

③ 不会致癌　当医用高分子植入人体后，材料本身的性质，如化学组成、交联度、分子量及其分布、分子链的构象、聚集态结构及高分子材料中所含的杂质、残留单体、添加剂都可能引起癌变。

④ 具有良好的血液相容性　血液相容性是指医用高分子材料在人体内与血液接触后不发生凝血、溶血现象，不形成血栓。发生凝血现象会造成严重的生理破坏作用，是医用高分子，特别是植入式材料必须防止的现象。这主要是由于材料与血液接触时，血液流动性状态发生变化，蛋白质、脂质吸附在材料表面上，其中部分材料的化学结构会产生构象变化，释放出凝血因子，导致血液内部各成分相互作用，在材料表面凝血即产生血栓。

⑤ 长期植入体内，机械强度不会减小　由于许多人工脏器一旦植入体内，将长期残留，

有些甚至伴随一生。比如作为关节材料，既要承载负荷，更需要在人体机械运动中保证原有的机械强度。这就要求植入人体的医用高分子在人体环境中不会失去原有的机械强度。

⑥ 能经受必要的清洁消毒措施而不发生变性　医用高分子材料在植入体内之前，都要经过严格的灭菌消毒。目前灭菌处理一般有蒸汽灭菌、化学灭菌、γ射线灭菌三种方法。因此在选择材料时，要考虑能否耐受。

⑦ 易于加工成需要的复杂形状　人工脏器往往具有很复杂的形状，因此，用于人工脏器的医用高分子应具有优良的成型性能。否则，即使各项性能都满足医用高分子的要求，却无法加工成所需的形状，则仍然是无法应用的。

此外，还要防止在医用高分子生产、加工过程中引入对人体有害的物质。应严格控制原料的纯度，加工助剂必须符合医用标准，生产环境应当具有适宜的洁净级别，符合国家有关标准。

10.2　生物惰性医用高分子

生物惰性医用高分子是指在生物环境下呈现化学和物理惰性的高分子材料。其中，生物惰性包含两个方面的意义：首先是材料对生物机体呈现惰性，即不会对生物机体产生不良反应，保证机体的安全，这是首要的；其次，材料在生物环境下有足够的稳定性，不发生降解、交联或物理磨损等，并保持足够的力学性能，使材料能够长期保证正常地使用。

目前，生物惰性医用高分子主要应用于体内植入材料，如人工骨和骨关节材料、器官修复材料等。其次，用于药物释放、人体软硬组织修复和人工血管、器官制造。需要注意的是，生物医用陶瓷材料与生物医用复合材料也属于生物惰性材料。

10.2.1　医用高分子材料的生物相容性及改善

生物相容性是生物医用材料极其重要的性质，那么，生物相容性该如何提高？又与哪些因素有关？这是一个非常重要的研究课题。经过长期的研究表明，生物相容性主要与材料的界面性质有关，改善界面性质与生物相容性之间的关系，是开发医用高分子的理论基础。

（1）影响医用高分子材料生物相容性的结构因素

医用材料主要以改善血液相容性为主，血液与材料表面相互作用的强弱不一，会导致其在材料表面凝固并形成血栓。这些表面相互作用包括材料与血液之间的界面张力、材料对血液中蛋白质的吸附力、蛋白质在材料表面吸附后的形态和排列方式等。其中，对生物相容性影响比较大的因素是材料的界面张力，研究表明临界界面张力γ^c在20~30mN/m范围内的材料血液相容性比较好。

医用高分子材料主要由各种碳链化合物组成，研究表明，医用高分子材料的临界界面张力与元素组成有关，在碳链化合物中引入其他原子可以改变材料的临界界面张力，例如元素的界面张力顺序为F<H<Cl<Br<I<O<N。此外，医用高分子材料的界面张力与高分子的色散力、诱导力、取向力有关。例如，诱导力和取向力分量很大而色散力分量很小时，材料血液相容性较差，被吸附的蛋白质不稳定，容易形成血栓。另外，也有研究表明，界面能量与医用高分子材料的血液相容性有关。血液与医用高分子材料之间的界面能越小，医用高分子材料的血液相容性越好。

(2) 改善医用高分子材料生物相容性的方法

目前，改善医用高分子材料的血液相容性主要从调节材料组成和改变材料的界面性质方面入手，以此调整材料表面的界面张力和界面能[2]。主要有以下几种方法。

① 改变材料表面的亲疏水性质。研究表明，具有强疏水性和强亲水性表面的材料一般都具有较好的血液相容性。例如，聚四氟乙烯是典型的强疏水性材料，血液相容性较好，其原因在于表面强疏水性材料对血液成分的吸附能力较低。又例如，为了提高材料的疏水性，可以在聚氨酯树脂表面接入全氟代疏水性的短链。而表面强亲水性材料，由于其吸收水分后，含水量高达 20%～90%，表面能与血液相近，具有较低的表面能，从而导致对蛋白质等成分的吸附力也较小。此类材料一般为水凝胶，由丙烯酰胺、甲基丙烯酸-β-羟乙酯和带有聚乙二醇侧基的甲基丙烯酸酯与其他单体共聚或接枝共聚而成。也能通过将聚乙二醇接枝到硅橡胶、聚氯乙烯、聚乙烯醇等聚合物中，来提高材料的血液相容性。

② 在材料表面引入负电荷基团。例如，将芝加哥酸（1-氨基-8-萘酚-2,4-二磺酸萘）引入聚合物表面后，可减少血小板在聚合物表面的黏附量，抗黏血性最高。

③ 制备微相分离结构。根据覆盖控制模型理论，微相分离结构对血液相容性有十分重要的影响。因为微相分离医用高分子材料与血液接触时，亲水性和疏水性蛋白被吸附在不同的相区，具有这种特殊结构的吸附层不会激活血小板表面的糖蛋白，从而会妨碍血小板凝血功能的发挥。

④ 在材料表面引入生物相容性物质。在材料表面通过接枝反应或者表面涂覆引入生物相容性物质，常用连接方式包括共价键、离子键或者物理吸附等。常见生物相容性物质有肝素、尿激酶、前列腺素、白蛋白等。肝素是一种硫酸多糖类物质，是最早被认识的天然抗凝血产物之一，能催化和增强抗凝血酶Ⅲ对凝血酶的结合。

⑤ 材料表面伪内膜化。研究发现，大部分医用高分子材料表面容易沉渍血纤维蛋白，如果将医用高分子表面制成纤维林立状，当血液流过这种粗糙的表面时，迅速形成稳定的凝固血栓膜，但不扩展成血栓，还能诱导出血管内皮细胞。伪内膜化就是利用仿生学原理，在医用高分子材料表面沉积一层白蛋白，生成一层与血管内壁相似的修饰层，血管内壁被认为是最完美的血液相容性表面。

10.2.2 生物惰性医用高分子的种类

生物惰性医用高分子主要包括医用硅橡胶、聚氨酯弹性体、聚四氟乙烯等。

(1) 医用硅橡胶

它是由二甲基硅氧烷单体通过酸碱催化反应与其他有机硅单体聚合而成的，是一种具有生物惰性的无毒高分子，耐生物老化性能强，应用到人体组织中之后不会导致发炎、组织病变、异物反应等不良症状。在医疗领域应用的硅橡胶制品种类多达数百种，除了常见的医用手套之外，还包括医疗导管、心血管导管以及一些外科制品等。其中，医用硅橡胶在导管制品中应用非常广泛，涉及基本的医用泵管、器械连接管、输液管、插管等；而应用于消化系统的硅橡胶制品例如灌肠器、十二指肠管等均是一次性消耗物品。

(2) 聚氨酯弹性体

也被称作 PU 弹性体，其具备良好的拉伸性能，耐撕耐磨，具有较高的血液、生物相容性。聚氨酯弹性体在医疗器械研发中的应用多是医疗植入体、膜类制品、医疗导管等，例如人造心脏瓣膜、人造血管、介入栓塞材料、透析插管等，也包括一些在手术过程中使用的手套、防护服、绷带等。该类材料发展前景广阔，颇受医疗器械研发者的青睐。

（3）聚四氟乙烯

它是一种全氟代的聚烯烃，是四氟乙烯单体的均聚物，化学性质稳定，俗称塑料王。聚四氟乙烯是一种无臭、无味、无毒的白色结晶性线型聚合物，平均分子量在100万以上。在结构上，聚四氟乙烯中的碳-氟在空间上呈螺旋形排列，耐强酸、强碱、强氧化剂，不溶于烷烃、油脂、酮、醚、醇等多数有机溶剂和水，不吸水、不粘、不燃，耐老化性能好，静摩擦系数低；电绝缘性优异，热稳定性好，在-250~260℃之间可以长期使用。由于聚四氟乙烯具有优异的化学和生物惰性，以及表面能低、生物相容性好、不刺激机体组织和发生凝血现象，被广泛用作血管的修复材料以及人造心脏瓣膜的底环、人造肺气体交换膜、体外血液循环导管和静脉接头等部件的制作材料。

10.2.3　生物惰性医用高分子的应用

生物惰性医用高分子主要作为人造器官制造和修补用材料、其他外科植入性材料，以及与机体紧密接触的医疗器械材料等。根据使用目的不同，还可以分为软组织用医用高分子和硬组织用医用高分子。

（1）软组织用高分子

软组织是指人体内除了骨骼、关节、牙齿以外的其他组织和器官，由于医用高分子的物理性能与人体软组织类似，因此人们很早就试图使用医用高分子材料对人体损坏的软组织进行修补和替换。例如，聚酯、聚氨酯和聚四氟乙烯等，常用于制造人造血管、人造皮肤、人工肌腱、人工食管和人工气管等。

（2）硬组织用高分子

硬组织主要包括骨的替代品，如长骨、骨关节等；骨固定和修复材料，如骨体内夹板、骨铆钉和骨固定螺钉等硬组织黏合剂；牙科修复材料和义齿材料。硬组织材料首先需要具备良好的生物相容性，对人体无毒和无副作用；其次，还需具有良好的硬度、弯曲强度、拉伸强度等力学性能。除无机类的碳纤维、惰性金属、陶瓷外，芳香聚酰胺高分子也可用于人工骨和人工关节的制作。另外，牙齿修复也常用高分子材料，例如用甲基丙烯酸甲酯类单体和无机填充物混合制成，在牙齿修补过程中固化成型。

10.3　生物降解医用高分子

随着现代医学的发展，传统的医用材料已不能满足当下医学需求，许多医用高分子材料植入人体内后只是起到暂时替代作用。例如高分子手术缝合线用于缝合体内组织时，当肌体组织痊愈后，缝合线的作用即宣告结束，这时希望用作缝合线的高分子材料能尽快地分解并被人体吸收，以最大限度地减少高分子材料对肌体的长期影响。在这一背景下，新型生物降解医用高分子得到了开发与重视，它具有与生物体内的天然高分子高度类似的化学结构，可在完成相应功能后在生物体环境中降解和被吸收，并最终排出体外，对人体无害，可以大大地减少患者痛苦，简化医疗程序。

与生物惰性医用高分子相比，生物降解医用高分子除了需具有血液相容性和组织相容性外，还要求在生物环境下具有生物降解性，而且降解的产物不能有毒性和刺激性，能够被人体组织代谢和排泄。生物降解医用高分子按来源可分为天然类和人工合成类。天然医用高分子多指可以从生物体直接提取得到的天然有机聚合物，这类材料虽然来源于生物体，但因生理活性太强而易受到人体排斥且性质不易控制。合成类医用高分子包括化学合成和生物合成两类，相对于天然医用高分子具有很大的选择优越性。例如，可以根据应用需要选择合适的单体，通过控制反应条件合成目标材料，另外还可以进行简单、低成本的物理或化学改性以改善材料的性能。

10.3.1 医用高分子的生物降解机理

高分子的生物降解与化学降解过程类似，在生物环境作用下，高分子发生断链反应，造成力学性能下降，溶解度提高；降解的低聚物再进一步分解成单体小分子进入体液循环。差别在于反应的环境不同，而且生物降解通常是酶促反应，具有生物化学特征。高分子的降解速率与许多结构因素有关，如高分子的化学组成、化学结构、聚集态结构、结晶程度、表面形态和外观形状等。高分子的生物降解过程主要受到以下几个因素影响[2]。

（1）高分子的化学结构

一般来说，可生物降解的高分子多是一些水溶性小分子缩聚物，而缩聚反应的逆过程即为降解过程。最常见的这类缩聚物是由羧酸、醇类和胺类化合物作为缩聚单体得到的，一般通过水解反应降解。可水解结构的种类与水解难易的顺序为：酸酐最容易水解，然后是碳酸酯、酯，酰胺水解最慢。同时水解的快慢与高分子上所带的取代基有关，羰基邻位含有吸电子基团时水解会比较容易发生，水解速率加快；当相邻位置含有较大体积的取代基时，特别是疏水性取代基时，水解反应相对不易进行。

（2）高分子的性质

高分子的水解过程分为两种类型。第一种类型是逐步水解过程，属于非均相水解。所谓的非均相水解是先在高分子材料的表面进行，逐步向内推进，直至水解完毕。一般发生于材料不溶解于水，并且不能被水所完全充分溶胀的条件下。其水解的快慢除取决于水解速率本身之外，还取决于高分子材料的体积、厚度等因素。第二种类型是均相水解过程。均相水解是指在高分子材料内、外同时进行，完成水解的时间基本上只与材料的水解速率有关。一般均相水解速率高于非均相水解速率。

（3）高分子水解的外界条件

影响水解反应的外界条件主要包括温度、水分、酸碱度等。在生物体内，温度基本上是恒定的，因此温度对高分子生物降解过程的影响可以忽略不计。水分主要受高分子材料本身的水分含量影响，由于生物体内的含水量是固定的，一般高含水量的水凝胶比固态材料水解速率要快得多。环境的酸碱度对高分子水解的影响是不言而喻，由于水解反应是酸、碱催化活化的，提高或降低环境的pH值都会提高水解反应速率。

10.3.2 生物吸收性医用高分子的降解

用于人体组织治疗的生物吸收性医用高分子，其分解和吸收速率必须与组织愈合速率同步。人体中不同组织不同器官的愈合速率是不同的，例如表皮愈合一般需要3～10天，膜组织的痊愈需要15～30天，内脏器官的恢复需要1～2个月，而硬组织如骨骼的痊愈则需要2～

3个月等。因此，植入人体内的生物吸收性医用高分子在组织或器官完全愈合之前，必须保持适当的力学性能和功能；而在机体组织痊愈之后，植入的高分子应尽快降解并被吸收，以减少材料长期存在所产生的副作用。

影响生物吸收性医用高分子吸收速率的因素有高分子主链和侧链的化学结构、分子量、聚集态结构、疏水/亲水平衡、结晶度、表面积、物理形状等。其中主链化学结构和聚集态结构对降解吸收速率的影响较大。

酶催化降解和非酶催化降解的结构-降解速率关系不同。对非酶催化降解高分子而言，降解速率主要由主链化学结构（键型）决定，主链上含有易水解基团如酸酐、酯基、碳酸酯的高分子，通常有较快的降解速率。对于酶催化降解高分子，如聚酰胺、聚酯、糖苷等，降解速率主要与酶和待裂解键的亲和性有关。酶与待裂解键的亲和性越好，降解越容易发生，而与化学键类型关系不大。

此外，由于低分子量聚合物的溶解或溶胀性能优于高分子量聚合物，因此对于同种高分子材料，分子量越大，降解速率越慢。亲水性强的高分子能够吸收水、催化剂或酶，一般有较快的降解速率。含有羟基、羧基的生物吸收性高分子，不仅因为其具有较强的亲水性，而且由于其本身的自催化作用，所以比较容易降解。相反，在主链或侧链上含有疏水长链烷基或芳基的高分子，降解性能往往较差。

在固态下高分子链的聚集态可分为结晶态、玻璃态、橡胶态。如果高分子材料的化学结构相同，那么不同聚集态的降解速率有如下顺序：橡胶态 > 玻璃态 > 结晶态。显然，聚集态结构越有序，分子链之间排列越紧密，降解速率越慢。

10.3.3 生物吸收性天然医用高分子

天然高分子指可以从生物体直接得到的天然有机聚合物，是最早应用于医药方面的高分子材料[3]。最常用的主要有糖类和蛋白质类，包括甲壳素、透明质酸、胶原蛋白、纤维蛋白等。这些生物高分子主要在酶的作用下降解，生成的降解产物如氨基酸、糖等化合物可参与体内代谢，并作为营养物质被机体吸收。这里主要介绍常用的三种天然高分子。

（1）胶原

胶原即胶原蛋白，它是由三条肽链缠绕而成的螺旋形纤维状蛋白质，至今已经鉴别出13种胶原，其中Ⅰ~Ⅲ、Ⅴ和Ⅺ型胶原为成纤维胶原。Ⅰ型胶原是动物体内量最多、分布最广的一种蛋白质。在生物医用领域，胶原蛋白是最重要也是应用最为广泛的一种天然高分子。由各种物种和肌体组织制备的胶原差异很小，最基本的胶原结构为由三条分子量大约为1×10^5的肽链组成的三股螺旋绳状结构，直径为 1~1.5nm，长约 300nm，每条肽链都具有左手螺旋二级结构。胶原分子的两端存在两个小的短链肽，称为端肽，不参与三股螺旋绳状结构。端肽是免疫原性识别点，可通过酶解将其除去，除去端肽的胶原称为不全胶原，可用作生物医学材料。在临床上，胶原具有止血和创伤修复能力，经常用于制备人工敷料和人工皮肤，还可以用于制造止血海绵、创伤敷料、人工皮肤、手术缝合线、组织工程基质等。胶原在应用时必须交联，以控制其物理性质和生物可吸收性，戊二醛和环氧化合物是常用的交联剂。胶原交联以后，酶降解速率显著下降。

明胶是经高温加热变性后的胶原，通常由动物的骨骼或皮肤经过蒸煮、过滤、蒸发干燥后获得。明胶在冷水中溶胀而不溶解，但可溶于热水中形成黏稠溶液，冷却后冻成凝胶状态。

纯化的医用级明胶比胶原成本低，在机械强度要求较低时可以替代胶原用于生物医学领域。明胶可以制成多种医用制品，如膜、管等，为使制品具有适当的力学性能，可加入甘油或山梨糖醇作为增塑剂。

（2）纤维蛋白

纤维蛋白是纤维蛋白原的聚合产物。纤维蛋白原是一种血浆蛋白质，存在于动物体的血液中。纤维蛋白原由三条肽链构成，每条肽链的分子量在47000~63500之间，除了氨基酸之外，纤维蛋白原还含有糖基。纤维蛋白原在人体内的主要功能是参与凝血过程。纤维蛋白具有良好的生物相容性，具有止血、促进组织愈合等功能，在医学领域有着重要用途。纤维蛋白的降解包括酶降解和细胞吞噬两个过程，降解产物可以被机体完全吸收。降解速率随产品不同从几天到几个月不等，交联和改变其聚集状态是控制其降解速率的重要手段。纤维蛋白粉可用作止血粉、创伤敷料、骨填充剂等；纤维蛋白飞沫由于比表面大，适于用作止血材料和手术填充材料；纤维蛋白膜在外科手术中用作硬脑膜置换、神经套管等。

（3）甲壳素

甲壳素是由 β-1,4-2-乙酰胺基-2-脱氧-D-葡萄糖（N-乙酰-D-葡萄糖胺）组成的线型多糖，昆虫壳皮、虾蟹壳中均含有丰富的甲壳素。壳聚糖为甲壳素的脱乙酰衍生物。溶解的甲壳素或壳聚糖可以制备膜、纤维和凝胶等各种生物制品。甲壳素能为肌体组织中的溶菌酶所分解，用于制造吸收性手术缝合线，其抗拉强度优于其他类型的手术缝合线。在兔体内试验观察，甲壳素手术缝合线 4 个月可以完全吸收。甲壳素还具有促进伤口愈合的功能，可用作伤口包扎材料，当甲壳素膜用于覆盖外伤或新鲜烧伤的皮肤创伤面时，具有减轻疼痛和促进表皮形成的作用，因此是一种良好的人造皮肤材料。甲壳素、壳聚糖和纤维素的结构与性质比较见图 10-1。

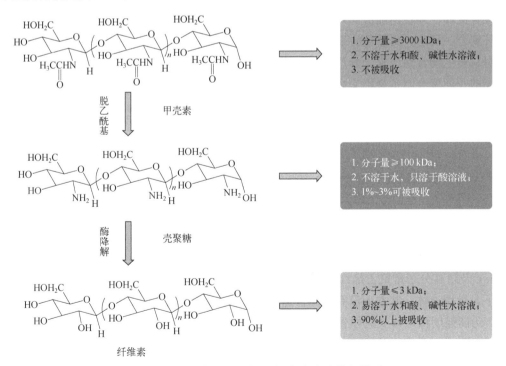

图 10-1　甲壳素、壳聚糖和纤维素的结构与性质

10.3.4 合成医用可降解高分子

合成医用可降解高分子种类很多，包括脂肪族聚酯、芳香族聚酯、聚碳酸酯、聚酸酐、聚酰胺等[4]。脂肪族聚酯具有优良的生物相容性、可生物降解性，主要由内酯如己内酯、乙交酯、丙交酯等通过开环聚合反应得到，已被应用于生物医学各领域和环境友好材料中，是目前研究及应用较多的材料之一。目前应用较多的脂肪族聚酯有聚己内酯（PCL）、聚乳酸（PLA）、聚乙醇酸（PGA）等，下面主要介绍其中的几种。

（1）聚乳酸类衍生物

PLA 是一种具有优良生物相容性和生物可降解性的聚合物，其在体内逐渐分解成乳酸，最终代谢产物为水和二氧化碳，中间产物乳酸也是体内正常代谢的产物，不会在重要器官聚集。乳酸和乙醇酸是典型的 α-羟基酸，其缩聚产物即为 PLA 和 PGA。乳酸中的 α-碳是不对称的，因此有 D-乳酸和 L-乳酸两种旋光异构体，由单纯 D-乳酸或 L-乳酸制备的聚乳酸具有旋光活性，分别称为聚 D-乳酸（PDLA）和聚 L-乳酸（PLLA）。由两种异构体混合物制备的聚乳酸则称为聚 DL-乳酸（PLA），无旋光活性。PDLA 和 PLLA 的物理化学性质基本上相同，而 PLA 的性质与两种旋光活性聚乳酸有很大差别。在自然界存在的乳酸都是 L-乳酸，故用其制备的 PLLA 的生物相容性最好。

聚 α-羟基酸酯可通过如下两种方法直接合成：①羟基酸在脱水剂（如氧化锌）的存在下热缩合；②卤代酸脱卤化氢而聚合。但是，用这两种方法合成的聚 α-羟基酸酯的分子量较低，而通常只有分子量大于 25000 的聚 α-羟基酸酯才具有较好的力学性能。因此，直接聚合得到的聚 α-羟基酸酯一般只用于药物释放体系，而不能用于制备手术缝合线、骨夹板等需要较高力学性能的产品。高分子量的聚 α-羟基酸酯目前多采用环状内酯开环反应的技术路线制备。根据聚合机理，环状内酯的开环聚合有三种类型，即阴离子开环聚合、阳离子开环聚合和配位开环聚合。目前，商品化的聚 α-羟基酸酯一般采用阳离子开环聚合制备，另外由于医用高分子材料对生物毒性要求十分严格，常用催化剂是二辛酸锡，安全可靠。例如，由乙交酯或丙交酯的开环聚合制备聚乙交酯或聚丙交酯，反应式见图 10-2。

$$n/2 \underset{O}{\overset{O}{\underset{R}{\bigcirc}}}\overset{R}{\underset{O}{\bigcirc}} \xrightarrow{\text{催化剂}} \text{─}[\text{OCHCHO}]_n\text{─} \atop R$$

乙交酯 (R=H)　　　　聚乙交酯 (R=H)
丙交酯 (R=CH$_3$)　　聚丙交酯 (R=CH$_3$)

图 10-2　乙交酯或丙交酯开环聚合

PGA 和 PLLA 结晶性很高，其纤维的强度和模量几乎可以和芳香族聚酰胺液晶纤维（如 Kevlar）及超高分子量聚乙烯纤维（如 Dynema）媲美。PLA 基本上不结晶，低聚合度时在室温下是黏稠液体，基本上没有应用价值，但目前已经能够合成出平均分子量接近 100 万的 PLA，为高强度植入体（例如骨夹板、体内手术缝合线等）的制备奠定了基础。

（2）聚醚酯类聚合物

上面所述的 PGA 和 PLLA 为高结晶性高分子，质地较脆而柔顺性不够，因此人们设计开发了一类具有较好柔顺性的生物吸收性高分子——聚醚酯，以弥补 PGA 和 PLLA 的不足。

聚醚酯可通过含醚键的内酯开环聚合得到，例如由二氧六环开环聚合制备的聚二氧六环可用作单纤维手术缝合线。将乙交酯或丙交酯与聚醚二醇共聚，可得到聚醚酯嵌段共聚物，例如由乙交酯或丙交酯与聚乙二醇或聚丙二醇共聚，可得到聚乙醇酸-聚醚嵌段共聚物和聚乳酸-聚醚嵌段共聚物。在这些嵌段共聚物中，硬段和软段是相分离的，因此力学性能和亲水性均得以改善。例如，由 PGA 和聚乙二醇组成的低聚物可用作骨形成基体。

（3）其他生物吸收性合成高分子

除了上述聚 α-羟基酸酯类、聚醚酯类高分子外，其他类型生物吸收高分子也被研究开发。例如，将吗啉-2,5-二酮衍生物进行开环聚合，可得到聚酰胺酯，酰胺键的存在使得聚合物具有一定的免疫原性，而且聚合物能够通过酶和非酶催化降解，因而可应用于医学领域。聚酸酐、聚磷酸酯和脂肪族聚碳酸酯等高分子也有大量的研究报道，主要用于药物释放体系的载体，因为这些聚合物难以得到高分子量产物，力学性能较差，故不适于在医学领域作为植入体使用。另外，聚 α-氰基丙烯酸酯也是一种生物可降解的高分子，该聚合物已作为医用黏合剂用于外科手术中，后文将详细介绍，此处从略。

10.4 医用高分子材料在医学领域的应用

医用高分子材料作为特殊的功能材料，在医学领域应用十分广泛，大到对损坏的器官进行人工替代，小到临时使用的创可贴。根据不同的应用场合和用途，可使用非生物降解性或生物降解性高分子材料及复合材料。本节将介绍医用高分子材料在外科整形、人造器官、一般性治疗、眼科治疗等领域中的应用。

10.4.1 外科整形材料与组织修复材料

早在公元前 500 年，中国和埃及的墓葬中发现了假牙、假鼻、假耳等人工假体，这是人类最早使用人工假体的历史。在现代社会，人们对美的追求以及疾病、发育不全引起的组织缺损或修整，会选择进行外科整形手术。外科整形材料包括装饰修补材料和体内填补材料，用于外伤、疾病及发育不全引起的组织缺损或修整，主要有人工乳房、人工鼻子、人工下颌骨、人工耳或人工假肢等。随着生命科学和高分子材料学的快速发展，医用高分子材料在这些方面的应用越来越广泛[5]。

（1）头面部整形修复材料

头面部整形修复材料主要是颅骨修复整形高分子材料，其大致分为两类：凹陷畸形的填充材料和颅骨修补材料。

凹陷畸形的填充材料主要是聚四氟乙烯等合成材料。虽然这些材料在许多其他部位也可以取得很好的效果，但是由于头颅骨有特殊的弧度、硬度和韧性，这些材料有的硬度不够易变形，有的韧性不足易碎，影响其对颅骨凹陷畸形的填充效果。

颅骨修补材料种类繁多。1890 年首次用硝酸纤维素塑料修补颅骨，其优点是易得到、可塑形，但这种材料有引起明显组织反应的倾向。随后在 20 世纪 40 年代用聚甲基丙烯酸甲酯（有机玻璃）假体材料替代硝酸纤维素用于颅骨修补，并得到不断改进，同时因其具有价格便宜、强度大、不导热、不具活性等优点，应用推广较快。另外，多孔高密度聚乙烯也是一种具有良好生物相容性的多孔种植材料,它具有多孔结构,孔径平均为 150μm,孔隙容积占整个材料的 50%以上,且相互贯通,周围组织可长入孔中。现在,新型聚醚醚酮(PEEK)材料因有着钛板的坚固,没有过敏性反应,没有排斥反应,相容性比较好,在国内外都被大力推行。

(2)眼部填充及修复材料

眼部疾病的治疗一直是医学领域的重要组成部分,眼部疾病治疗与保健离不开各种生物医用材料的使用。眼眶骨折是面中部常见外伤,可造成眶颧骨及邻近组织器官移位、塌陷、内外眦畸形等。眼眶骨折的治疗首先必须修复眶壁的骨折和缺损,预防复位的软组织再次疝出,矫正增加的眼眶容积,使眼球复位。植入体分为自体、异体和人工合成材料,其中自体材料常用颅骨、髂骨和肋骨;异体材料常用的有冻干的硬脑膜和经放射处理的肋软骨;人工合成材料常用的有聚四氟乙烯、硅橡胶、多孔高密度聚乙烯等。在临床上,眼科的生物材料应用最广的就是人工晶体材料、人工巩膜和人工角膜材料,用于帮助眼部器质性损伤患者恢复光明,现举例如下。

① 人工晶体材料 人工晶体材料问世应追溯到著名的英国眼科医生 Haroid Ridley,他首先找到了合适的人工晶体材料,植入了第 1 例硬性人工晶体。人工晶体是白内障手术时植入人眼内的精密光学部件,多用在白内障手术后,代替摘除的自身混浊晶体。人工晶体从材料上分,硬性材料有聚甲基丙烯酸甲酯(polymethyl methacrylate,PMMA),俗称有机玻璃;软性材料有硅凝胶、水凝胶等,以及由 PMMA 衍生出来的丙烯酸酯类人工晶体。

② 人工角膜材料 人工角膜(即光学性人工角膜)的结构主要包括光学镜柱和支架两部分,中央光学镜柱要求光学性能好,透光率>90%,屈光指数高;支架应具备支持固定光学部的功能,要求具有合理的形态和足够的强度以及良好的组织相容性。两部分材料都必须具备化学性质稳定、耐用性强、无生物降解以及无致炎性、无毒、无抗原性的特性。

PMMA 是第一种用于人工角膜的高分子材料。在随后的几十年里,人们设计了大量单层或双层的 PMMA 人工角膜,并将之应用到临床上。现人工角膜材料主要有钛/氧化铝材料、聚四氟乙烯、聚对苯二甲酸乙二酯、聚四氟乙烯/聚氨酯弹性体、碳纤维/硅胶、二甲基硅氧烷、聚乙烯醇、共聚水凝胶。活性人工角膜有包含角膜细胞或胶原的人工角膜的上皮化、合成人工角膜材料的上皮化、表面形貌设计与改性和组织工程化人工角膜。

10.4.2 人造器官功能高分子材料

疾病、衰老、事故和战争等常导致人体的器官缺损,解决这一问题常用的方法是对缺损器官进行人工替代。其途径之一是采用自体或异体器官移植,这种方法受器官来源和排斥反应的限制,而另一种方法是用人造器官替代。人造器官是指能植入人体或能与生物组织或生物流体相接触的材料;或者说是具有天然器官组织的功能或天然器官部件功能的材料。

人造器官可以分为人造脏器和人造组织两种。前者是指可以代替脏器工作的功能设备,包括人工心脏、人工肾脏、人工肺和人工肝脏等内脏器官;后者则指可以部分行使生理功能的人体组织,或修补损坏的人体器官的部件,包括人造骨骼、人造血管、人工喉、人造隔膜等体内器官。制造人造器官的关键之一是材料,没有适合人体要求的功能材料,任何人造器官都无从谈起。下面介绍其中三种。

(1)人工心脏

心脏病是人类死亡的重要原因,特别是老年人死于心脏病者,据统计已超过 84%。因此,多年来人们试图用人工方法制造的心脏治疗晚期的心脏病,美国是从事此研究最早的国家,并已成功应用于临床。人工心脏由血泵、驱动装置、监测系统和能源四部分组成,是输送血液的动力器官,分为植入式和体外式。人工心脏的作用机理相对简单,涉及高分子材料的部分主要是血液导管、瓣膜、泵体、叶轮等直接与血液接触的部分,见图10-3。解决材料的血液相容性是人造心脏重点之一,一般在制造泵体、叶轮时用生物惰性的钛合金,而外壳和血液导管为嵌段共聚的聚氨酯材料。

(2) 人工肾脏

肾脏是生物体进行新陈代谢的主要器官,主要功能是排出小分子代谢物,而保留血蛋白,并不使液体流失。人工肾脏主要由血液净化器、液体输送系统和自动监测装置组成,其主要为肾脏衰竭和严重尿毒症病人使用,多采取体外使用的方式,血液净化装置是其核心部件。它主要起净化血液的作用,利用膜透析、过滤、吸附等方式将体内代谢产物与血浆分离,之后再将血液输送回人体内,原理见图10-4。制备人工肾脏的主要材料有聚丙烯腈、乙酸纤维素、聚酰胺、聚乙烯醇、聚碳酸酯、聚砜等。

图 10-3 人工心脏

图 10-4 人工肾脏原理

(3) 人工胰脏

胰脏作为人体内分泌器官,分泌胰岛素和胰高血糖素来控制血液中的糖浓度和肝糖的代谢过程。通常糖尿病人由于胰腺功能异常,血糖过高,可以通过定期注射胰岛素来治疗。为了提供天然胰腺功能,可采用混合生物人工胰脏,其由中空纤维组件和内分泌腺体组织细胞构成。表10-1列出了用于人工脏器制备的高分子材料。

表 10-1 用于人工脏器制备的高分子材料

人工脏器	高分子原材料
心脏	硅橡胶、天然橡胶、尼龙、聚四氟乙烯、聚甲基丙烯酸甲酯
肾脏	聚丙烯酸、聚碳酸酯
肝脏	赛璐酚、聚甲基丙烯酸-β-羟乙酯
胰脏	AmiconXM-50 丙烯酸酯共聚物中空纤维
肺	硅橡胶、聚丙烯空心纤维、聚烷砜

10.5 药用高分子

在医药领域,高分子除作为特殊的功能材料外,另外一个重要的应用就是高分子药物。我国是医药文明古国,不仅在中草药使用上具有悠久的历史,而且在药用高分子使用方面也比西方国家早得多。东汉张仲景(公元 150—219 年)在《伤寒论》和《金匮要略》中记载的栓剂、洗剂、软膏剂、糖浆剂及脏器制剂等十余种制剂中,首次描述了动物胶汁、炼蜜和淀粉糊等天然高分子是丸剂的赋形剂,至今仍然沿用。合成高分子应用于生物医药领域最早是在 20 世纪 40 年代,主要用于药物辅料,而现在已逐渐由从属、辅助作用向主导地位转变,形成了具有特征的高分子药物。

广义的药用高分子包括高分子药物、高分子药物载体、靶向药物高分子导向材料、药用高分子辅料和高分子药用包装材料。药用高分子是具有生物相容性、经过安全评价且应用于药物制剂的一类高分子,同时也是药物递送系统研究、开发及生产的基础和平台。在实际应用中,主要涉及高分子药物、高分子载体药物和靶向药物高分子导向材料,这三种材料分别起直接治疗作用、控制释放作用和药物导向作用。下面将主要介绍这三种材料。

10.5.1 高分子药物

高分子药物是指在体内可以作为药物直接使用的高分子,其特点是高分子本身具有药物疗效,在治疗过程中起主要作用。目前,临床使用的高分子药物多种多样,根据其结构形态主要包括:高分子结构本身起治疗作用的高分子药物、小分子药物接入高分子骨架后形成的高分子药物和高分子配合物药物三种类型。通过将小分子药物与高分子材料混合实现高分子化的高分子药物,由于作用特殊,将其列入高分子控制释放类别讨论。第一种类型是高分子骨架本身具有药理活性,药理作用依靠高分子的特定结构。第二种类型是将有药理活性的小分子通过高分子化学反应引入高分子骨架而得到的高分子药物,由于高分子骨架的介入,其药理活性和给药方式都将发生很大变化。第三种类型是具有配位基团的高分子与特定金属离子反应生成的高分子药物。下面主要介绍骨架型高分子药物和高分子配合物药物。

(1)骨架型高分子药物

将高分子骨架本身具有治疗作用的高分子药物称为骨架型高分子药物,这类高分子药物的药理活性是高分子特异性的,即药理活性直接与高分子结构相联系。但是一般来说与合成高分子对应的单体或小分子不具备这样的药理活性。这类高分子药物的药理作用机制主要有三种:①直接发生治疗作用,如具有直接抗肿瘤活性;②通过诱导活化免疫系统发挥药理作用;③与其他药物协同作用,需要与其他药物配合才能发挥更好的作用。根据结构类型分类,主要分为葡萄糖类、聚离子型和其他骨架型药物。结构不同,往往作用机制也有差别。

① 葡萄糖类药物 葡萄糖类高分子在医疗方面主要作为重要的血容量扩充剂,是人造血浆的主要成分。其中,比较重要的是右旋糖酐,属于多糖类,其结构见图 10-5。

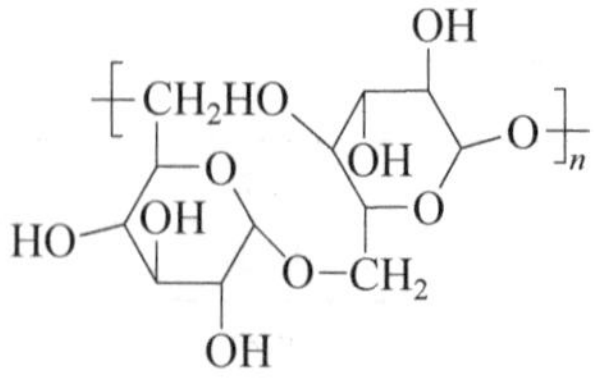

右旋糖酐以蔗糖为原料生产,采用肠膜状明串珠菌静置发酵制备。作为血容量扩充剂的右旋糖酐,分子量要求在 50000~90000

图 10-5 右旋糖酐结构

之间。分子量太大，黏度增加，与水不易混合，对红细胞有凝结作用；分子量太小，则容易在肾脏中排泄，在体内保留时间太短。在临床上，右旋糖酐主要作为大量失血患者抢救时的血浆代用品，补充血液容量，提高血浆渗透压。此外，右旋糖酐经氯磺酸和吡啶处理可以得到具有抗凝血作用的磺酸右旋糖酐钠盐；低分子量的葡萄糖具有增加血液循环、提高血压作用，可用于治疗失血性休克；右旋糖酐的硫酸酯用于抗动脉硬化和作为抗凝血剂。

② 聚离子型药物　以带有大量显性电荷的聚离子为主体制备的高分子药物已经获得临床应用，分为聚阳离子型和聚阴离子型。以抗肿瘤药物为例，多数类型的肿瘤细胞表面带有比正常细胞多的负电荷，聚阳离子型药物能中和肿瘤细胞表面的电荷及凝聚细胞，起到抑制和杀灭肿瘤细胞的作用。通常这类高分子还具有激活免疫系统的作用，以激活巨噬细胞起作用。目前，常见聚阳离子型药物有聚-L-赖氨酸等；聚阴离子型药物有聚马来酸酐、聚丙烯酸、聚乙烯基磺酸盐、聚联苯磷酸盐、二乙烯基醚-马来酸酐共聚物等。

（2）高分子配合物药物

高分子化合物中一些基团的 N、O 原子对一些金属离子或小分子具有配位作用，能生成具有一定物理、化学稳定性的配合物。由于生成的配合物与原化合物（或元素）之间存在一种化学平衡，既可保持原化合物的生理活性，又可降低其毒性和刺激性，还能因平衡而保持一定的浓度，达到低毒、高效和缓释的作用。例如抗癌药物顺铂就是已被作为临床药物使用的高分子配合药物，但目前使用最多的高分子配合物还是天然高分子，如壳聚糖类、蛋白质类和磷脂类。另外，也有通过改性小分子形成的配合物药物，如聚乙烯吡咯烷酮-碘（PVP-I）水溶性配合物，就是其中重要的一种配合物药物，其杀菌效力及杀菌谱与碘相当，对细菌、病毒、真菌、霉菌以及孢子都有较强的杀灭作用。重要的是，它保留了碘最有价值的高效局部消毒剂的优点，又克服了碘溶解度低、不稳定、易产生过敏反应、对皮肤和黏膜有刺激性而使用范围窄小等缺点。现在它已成为世界上发达国家首选的含碘杀菌消毒剂，广泛用于外科手术、预防术后感染，以及烫伤、溃疡、口腔炎和阴道炎等疾病的治疗。

10.5.2　高分子载体药物

高分子载体药物是指用化学方法通过共价键直接将小分子药物引入高分子骨架上。这样构建的高分子药物可以延长药物作用时间和减小毒副作用，有时还可以提高药效。用高分子作为小分子药物的载体可实现下述目的：增加药物的作用时间；提高药物的选择性；降低小分子药物的毒性；克服药剂剂型中所遇到的困难问题；载体能把药物输送到体内确定的部位（靶位），药物释放后，高分子载体不会在体内长时间积累，可排出或水解后被吸收。载体药物技术的关键是载体材料的选择，目前已有各种高分子材料和无机材料被用于载体药物的研究，但对材料的选择必须满足组织、血液、免疫等生物相容性的要求。此外，载体药物的制备也很重要，因为这将影响到载体药物的给药效率。

（1）高分子载体药物设计原理

林斯道夫等提出，高分子载体药物应具有如图 10-6 所示的模型，即高分子载体药物中应包含四类基团：药理活性基团、

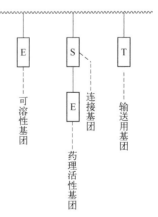

图 10-6　高分子载体药物的林斯道夫模型

连接基团、输送用基团和使整个高分子能溶解的可溶性基团。其中，药理活性基团是实现药物特定功能的作用主体。连接基团的作用是使低分子药物与聚合物主链形成稳定的或暂时的结合，而在体液和酶的作用下通过水解、离子交换或酶促反应药物基团可重新断裂下来。输送用基团是一些与生物体某些性质有关的基团，如磺酰胺基团与酸碱性有密切依赖关系，通过它可将药物分子有选择地输送到特定组织细胞中。可溶性基团，如羧酸盐、季铵盐、磷酸盐等引入可提高整个分子的亲水性，使之水溶。在某些场合下，亦可适当引入烃类亲油性基团，以调节溶解性。上述四类基团可通过共聚反应、嵌段反应、接枝反应以及高分子化反应等方法结合到聚合物主链上。

根据药物在体内的代谢动力学以及载体药物的设计思想，可提出一个高分子载体药物的模型（图10-7），即对于一个具有生物活性的高聚物，其主链至少应由3个不同的结构单元所组成。第一个单元用来使整个药物可溶并且无毒，称为增溶部分；第二个单元是连接治疗药物的区域，称为药物部分；第三个单元对应于传输系统，它的作用是将药物运送到病变部位。

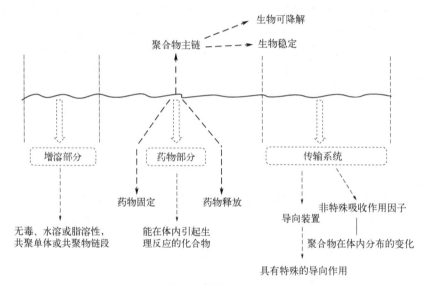

图 10-7　高分子载体药物的设计模型

把低分子药物连接到高分子主链上去的反应条件必须温和，以免对药物产生负面的影响。将低分子药物与高分子结合的方法有吸附、共聚、嵌段和接枝等。第一个实现高分子化的药物是青霉素（1962年），所用载体为聚乙烯胺，之后又有许多的抗生素、心血管药和酶抑制剂等实现了高分子化。接枝是通过化学或物理方法将药物连接到高分子载体材料上比较常用的一种改性方法，分为两种类型：即通过偶联将一种聚合物接枝到另一种聚合物表面；将带官能团的单体接枝到聚合物表面，然后引发单体聚合（也称原位聚合）[6]。接枝的方法可分为表面涂饰、火焰电晕放电或酸蚀等方法进行的氧化处理、等离子固定法、高能辐射法、光化学方法等。其中，光化学固定最具广泛应用性，该方法从酶的固定发展而来，尽管用于高分子表面改性只有十余年，但由于其特有的优点，已被运用于生物材料表面改性的各个方面。

（2）高分子药物载体分类

高分子药物载体可分为天然高分子载体、半合成高分子载体和合成高分子载体。

天然高分子载体稳定、无毒、成膜性较好，是较常用的药物载体材料，主要包括胶原、海藻酸盐、蛋白类、阿拉伯树胶、淀粉衍生物、壳聚糖等。近年来研究较多的是海藻酸盐、壳聚糖，而源于蚕丝的丝素蛋白也显示出巨大的潜力。壳聚糖是从天然甲壳素里提取得到的，具有良好的生物相容性、血液相容性且易被修饰，其体内降解产物为低分子物质寡聚糖和单糖，可被人体吸收，毒副作用小，是一种良好的药物载体材料。

半合成高分子载体包括羧甲基纤维素、乙基纤维素、邻苯二甲酸纤维素、羟丙甲纤维素、丁酸醋酸纤维素、琥珀酸醋酸纤维素等，其特点是毒性小、黏度大、成盐后溶解度增大，由于易水解，故不宜高温处理，需临时现用现配。例如，阿司匹林（乙酰水杨酸，aspirin）是一种传统的消炎、解毒、镇痛药。近年来发现它还具有许多新的药理作用，如抗风湿、抗血小板聚集（延长出血时间，防血栓、动脉粥样硬化、心肌梗死等）、防胆道蛔虫病，也可用于放疗引起的腹泻、孕妇高血压、偏头痛等的治疗。因此，阿司匹林重新引起了人们的极大兴趣，将阿司匹林以醋酸纤维素为载体，可以得到高分子化的阿司匹林，所得产物更为长效。

合成高分子载体包括聚乳酸、聚碳酸酯、聚氨基酸、聚丙烯酸树脂、聚甲基丙烯酸甲酯、聚甲基丙烯酸羟乙酯、聚氰基丙烯酸烷酯、乙交酯-丙交酯共聚物、聚乳酸-聚乙二醇嵌段共聚物、ε-己内酯-丙交酯嵌段共聚物、聚合酸酐及羧甲基葡萄糖等，其特点是无毒和化学稳定。聚乳酸及其共聚物用作一些半衰期短、稳定性差、易降解及毒副作用大的药物的控释载体，有效地增加了给药途径，减少给药次数和给药量，提高了药物利用度，减少了药物对肝、肾等的副作用。目前以聚乳酸为载体的药物研究主要是抗生素及抗癌用药、多肽药物及疫苗、激素及计生用药、解热镇痛剂、神经系统用药等。

10.5.3 新型药用高分子载体

（1）可生物降解的高分子载体

在 20 世纪上半叶，利用乙醇酸及其他羟基酸合成高分子材料的研究被逐渐地舍弃，因为该类高分子在长时间的使用下并不稳定，会发生降解，然而此特性却造就了生物可降解高分子。例如，线型脂肪族聚酯如聚乙交酯（PGA）、聚己内酯（PCL）以及它们的共聚物是生物降解性高分子中的一大类，具有良好的生物相容性和可生物降解性，无毒，且具有较高的力学强度和优异物理化学性能。

可生物降解载体与不可降解的聚合物缓释体系相比，主要具有三大优点：①缓释速率主要由载体的降解速率控制，对药物性质的依赖较小，药物包裹量和几何形状等参数的选择范围更广；②释放速率更为稳定，在理想的情况下，释放速率可维持恒定，达到零级释放动力学模式；③更适于不稳定药物的释放要求。在可降解体系中，由于载体的可降解性，药物微粒在溶液中滞留的时间较短，因而诸如多肽、蛋白质类等不稳定的药物也不致出现分解、沉淀或集聚的现象。

（2）高分子纳米药物载体

纳米药物载体是利用纳米粒子的小尺寸效应和表面效应改善人体对药物的吸收和人工控制药物的释放。制备高分子纳米药物载体的材料以合成的可生物降解聚合物体系和天然大分子体系为主，前者如聚氰基丙烯酸烷基酯、聚丙烯酰胺、乳酸-乙醇酸共聚物等，它们在体内通过主链酯键的水解而降解，降解产物对人体基本无毒性；后者如天然的蛋白、明胶、多糖等。活性组分（药物、生物活性材料等）通过溶解、包裹作用位于纳米粒子内部，或者通过吸附、附着作用位于纳米粒子表面。由于纳米粒子具有超微小体积，能穿过组织间隙并被细胞吸收，可通过人体最小的毛细血管和血脑屏障[7]，因此纳米载体控释体系在药物输送方面具有其他体系无可比拟的优越性，主要包括：可缓释药物，延长药物作用时间；可达到靶向输送的目的；可在保证药物作用的前提下减少给药剂量，从而减轻或避免毒副作用；可提高药物的稳定性，便于贮存；可以建立一些新的给药途径。制备纳米载体控释系统的方法主要有以不同单体通过聚合反应制备纳米微粒的乳液聚合和界面聚合技术，以及利用高分子聚合物超声乳化、溶剂挥发法制备纳米微粒的技术。典型高分子纳米药物载体如图 10-8 所示。

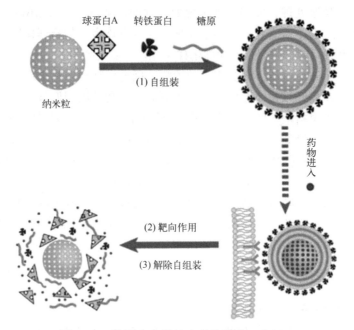

图 10-8　典型高分子纳米药物载体示意图

（3）高分子基因治疗载体

基因治疗是将外源性正常基因转移到目标细胞中，通过目的蛋白质的表达使相应疾病状态得以减轻或纠正，最终达到治疗疾病的目的。在众多的新型癌症治疗方法中，基因治疗被认为是最有前途的治疗方法之一。基因治疗已经在失明、神经肌肉疾病、血友病、免疫缺陷和癌症等的患者身上产生了临床效果。基因载体在基因治疗过程中发挥着巨大的作用，它能有效地运载目的基因进入宿主细胞，进行复制和表达，从而达到治疗的目的。选择合适的基因载体并建立安全高效的基因载体体内递送系统是基因治疗的关键。基因载体根据来源的不同，一般分为病毒载体和非病毒载体。病毒载体既有转导效率高而被较多应用的优点，但也有能诱导宿主免疫反应、潜在的致瘤性、装载容量有限、代价高等缺点。非病毒载体是利用人工合成的化合物或者天然化合物来进行基因的递送，具有免疫原反应低、化学结构容易控制、材料来源广泛、易于制备等特点，在表达质粒、反义寡核苷酸或反义表达质粒真核细胞的靶向转移中，发挥着病毒载体不可替代的作用。

目前，研究发现某些阳离子型聚合物是重要的非病毒型基因载体之一。不过，现在合成的大多数阳离子聚合物存在毒性较高和基因负载传输效率较低等问题。阳离子聚合物在基因输送过程中的作用较为复杂，主要基于其可以有效地利用静电相互作用压缩基因形成纳米复合物，促进细胞内吞并免受核酸酶的降解，然而阳离子聚合物若与基因结合过于紧密，则不利于纳米复合物的解离。目前被广泛承认的是，聚合物/基因复合粒子解离并释放出 DNA 是基因表达的重要前提[8]，然而解离程度对基因表达有重要影响，复合粒子的缓慢解离或不完全解离是导致基因转移效率低的主要原因，从而影响其在细胞内的蛋白质表达。如何使进入细胞内的复合粒子快速地解离并释放出所携带的基因是解决阳离子聚合物载体传输效率低的关键。

刺激响应型基因输送系统是指载体在体内某些特殊环境、物理、化学或外界信号因素的刺激下，发生结构或者性能的变化，实现基因的可控性释放，从而增强基因治疗的疗效。进一步研究发现，聚合物/基因复合粒子的性质和解离行为受所处的微环境的影响，这为提高复合粒子的基因传送效率提供了方向。已有研究表明，外界温度梯度、光刺激、细胞内外的化学物质和生物酶的浓度梯度以及 pH 值梯度等均可诱导复合粒子在细胞内解离并释放出所携带的基因。这里简要讲述还原性响应、温度响应、pH 值响应的基因治疗载体聚合物。

① 还原性响应基因传递系统　谷胱甘肽（GSH）还原响应是目前研究最为广泛的一种刺激响应方式。多数情况下，是在聚合物主链、侧链、交联基团或者聚合物-基因连接键上引入二硫键（S—S）或二硒键（Se—Se）等相应化学结构。在血液或细胞外基质中，GSH 浓度仅有 2~20μmol/L，二硫键或二硒键能够稳定存在；而在细胞质内，GSH 浓度高达 0.5~10mmol/L，大量的 GSH 极易通过巯基-二硫键交换反应打开二硫键或二硒键，解离基因，输送载体，释放出基因。

② 温度响应基因传递系统　温度响应性聚合物是实际应用中最为常见也最容易实现的一类刺激响应性材料。当外界温度变化时，温度响应性聚合物亲水性与疏水性发生变化，导致聚合物分子构象发生改变，从而引起聚合物溶解性的变化，并且改变聚合物/基因复合粒子的尺寸与壳/核结构。其中低临界溶解温度（LCST）温敏性单体是这类型聚合物作用的关键，如使 LCST 提高到人体环境的 37℃左右，能显著改善聚合物粒子的基因传递效率。例如，以乙二醇二甲基丙烯酸酯（EGDMA）为交联剂，二(乙二醇)酯（DEGMA）和聚(乙二醇)酯（OEGMA）进行可逆加成断裂链转移（RAFT）聚合反应，合成水溶性温敏性的超支共聚物。通过调节 DEGMA、OEGMA 和 EGDMA 的比例可以使超支共聚物的 LCST 从 25℃调整到 90℃，当温度高于 LCST 时，细胞吞噬聚合物/基因复合粒子的量与基因转移效率均大幅增加。

③ pH 值响应基因传递系统　生物体中不同组织环境的 pH 值存在差别，血液与正常组织中的 pH 值为 7.4，肿瘤组织的 pH 值为 6.0~7.0，内含体和溶酶体的 pH 值为 4.5~6.5，因此 pH 值变化通常被用来调控药物在特定器官（例如胃肠道或阴道）或细胞内细胞器（例如内含体或溶酶体）的输送过程。研究显示，基于特殊的肿瘤微环境特性，制备具有 pH 值响应的纳米载体系统，可以实现良好的治疗效果。环境 pH 值的变化可以引起聚合物溶解度变化，而且聚合物随着环境 pH 值变化可以接受或提供质子，导致聚合物分子链构象发生相应变化。例如，通过 RAFT 聚合反应制备 pH 值响应性阳离子聚合物聚丙烯酸二甲氨基乙酯（PDMAEA），其在酸性条件下叔氨基质子化，聚合物溶于水；碱性条件下叔氨基发生去质子化，聚合物亲水性变弱疏水性增强。通过制备介孔硅纳米粒子（约 20nm）并对其进行化学改性，以 pH 值敏感聚合物 PDMAEA 作为孔阀门，生物相容性的聚合物聚乙二醇（PEG）

作为保护层降低其毒性,可实现在中性环境下(pH 7.4)PDMAEA 中的叔胺基去质子化而疏水,即被包封在硅表面封装药物;相反,在酸性条件下(pH 5.0),PDMAEA 中的叔胺基质子化而亲水链伸展,阀门打开,药物被释放。

总之,药用高分子化合物及高分子药物的发展,不仅改变了传统的用药方式,开辟了药物制剂学的新领域,丰富了药物的类型,而且对制剂学与药理学提出了大量的新问题。随着高分子化学、生命科学和药物制剂学等学科的不断发展,越来越多的高分子也将被应用于药物高分子载体的研究。

10.6 生物医用高分子的发展趋势

随着社会经济、科技发展进程逐渐推进,人们生活水平不断提升,与此同时,世界范围内的人口老龄化现象加重,急需在医疗卫生、生物医学方面开展研究与创新,为人们营造良好的生活环境和诊疗条件。生物医用材料作为一类用于诊断、治疗、修复或替换人体组织、器官或增进其功能的高技术材料,其应用不仅挽救了数以千万计危重病人的生命,而且降低了心血管病、癌症、创伤等重大疾病的死亡率,在提高患者生命质量和健康水平、降低医疗成本方面发挥了重要作用。同时,作为一个人口大国,我国对生物医用材料和制品有巨大的需求。

20 世纪 60 年代生物医用材料首次用于人体内部,如今兼具生物活性和生物降解性的生物医用材料得到了广泛研究和应用。此外,生物活性降解材料能实现刺激细胞分子水平的反应,介导组织细胞的迁移、增殖、分化,促进蛋白分泌以及细胞外基质的形成,同时在体液作用下不断降解排出体外,最终植入物被新生的组织所取代,它的发现和应用大大促进了以原位组织再生和组织工程为代表的再生医学的发展。未来生物医用高分子的发展将主要集中在以下几个方面。

(1) 材料表面改性与增强生物相容性

早期的生物相容性研究,着重于材料的生物安全性,即材料不会对机体产生毒副作用。随着在分子水平上深入认识材料与机体相互作用机制,充分了解和表征材料/界面的组成、结构,植入体形态、构型、多孔结构等生物力学因素,影响组织重建和功能的体内生物化学信号(蛋白、生长因子、酶等),以及它们的相互作用和规律,在分子水平上揭示材料生物相容性的本质,指导生物学反应可控的材料设计,探索评价材料长期生物相容性和可靠性的分子标记,是当代生物医学材料研究的核心和基础。因此,医用高分子材料表面改性与增强生物相容性是研究关注点。

(2) 智能与再生组织生物材料

设计和合成可引导和诱导组织再生和重建,或恢复病变或损伤组织生物功能的材料,是新一代生物医学材料研究和生物材料科学与工程追求的终极目标。这方面的研究主要集中于:利用生物学原理,合成或装配可容纳细胞、细胞外基质和细胞产物的细胞载体或支架,用于机体结构组织(骨、肌肉、皮肤、神经等)的再生和重建;合成或装配能靶向输送和可控释放药物或生物活性物质(基因、蛋白、疫苗、细胞等)的载体和系统,以恢复或增进病变或损伤组织的功能;或二者结合。组织诱导生物材料,即可诱导组织再生和重建的细胞支架材料,是我国学者于 2004 年基于生物材料骨诱导作用研究提出的。一般认为,无生命的生物医学材料不具有活性生物物质所具有的诱导组织再生的功能,为赋予材料这种功能,通常在材料中外加生长因子或体外培养活体细胞。

重构具有三维结构的组织和器官是再生医学和组织工程的根本目标,构建的材料不仅得具备特定的生理活性,还应具备特定的三维空间拓扑结构,以诱导细胞和组织的长入,同时控制再生组织和器官的三维形态。组织工程所用的高分子材料必须具备高纯度、化学惰性、稳定性和耐生物老化等特点。目前新材料不仅要能够作为组织再生的支架,还必须能够与细胞相互作用,诱导细胞迁移、扩增和定向分化。同时新材料还被赋予调节细胞生长微环境的功能,例如释放生长因子、传递信号因子、抑制炎症发生等。更有可能实现自组装的新型生物材料,能够在外部刺激条件下,实现特定的时间和特定的环境自组装成目标组织和器官。

智能生物材料的设计来源于仿生学,指通过重建细胞外基质的分子结构和动态响应机制,模拟从细胞到组织再到器官的重塑和再生过程。目前智能材料的典型特征在于它的刺激响应性,即响应特定的内外部刺激并作出相应的动态反应。常见的刺激响应系统包括施加应力后可产生电压的压电材料,在不同温度下保持不同形状的形状记忆合金和形状记忆高分子,随温度和 pH 值的变化而膨胀或收缩的水凝胶聚合物,以及黏度和阻尼受磁场控制的磁性纳米颗粒等,该部分内容在前面章节已有相应阐述。智能生物材料利用动态仿生原理来模拟生物体内的自然响应机制,以实现药物的精准控制释放和组织的定向快速再生,是药物递送和组织工程的理想材料。

(3)纳米生物材料及软纳米技术

随着纳米技术不断发展,越来越多的纳米技术已被临床应用,为疾病诊断和治疗提供了可靠的依据,同时纳米生物材料技术的研制和开发也得到了很快发展。目前,生物纳米材料的临床研究已成为人们最关注的焦点,主要因为生物体中存有大量精细的纳米结构,从核酸、病毒到细胞器、蛋白质、大量生物结构的尺寸都在 100nm 范围内;骨骼、牙齿等也都发现有纳米结构,比如纳米磷灰石的存在。纳米生物医药材料将解决人们对高性能组织修复、器官替换、疾病诊断与治疗等的迫切需求。临床上遇到的很多医学难题都可以通过纳米生物技术去解决,在疾病防治中起着很重要的作用,国内外用多种纳米生物材料载体转运基因取得了初步的成效,基因表达与转运水平也在进一步开发中。

(4)先进的制造技术发展

生物医学材料的性能不仅和材料的组成和结构有关,还与其制造工艺有关。相同组成、不同用途的材料其制备工艺往往不相同。为得到按生物学原理设计的新一代生物医学材料和植入体,开发先进的制造方法学是生物医学材料科学的重点之一。它的主要方向包括:①自装配。材料愈接近自然组织愈易为机体所接受,模拟天然组织自装配是新一代生物医学材料发展的重点。②微制造技术。沿用电子学微加工技术发展生物医学材料制备新技术,特别适用于临床诊断材料、药物控释载体和系统的制备。③3D 打印生物制造。3D 打印技术主要在于"逐层打印,层层叠加"的理念,基于离散-堆积原理构建三维实体产品,是逐点堆积生物材料的三维仿生快速成型技术。通过计算机仿真设计并在其控制下快速成型生物医学材料和植入体,适用于个性化治疗,不仅可以模拟患者缺损部位形态,还可以模拟自然组织的分级结构,适用于生物组织器官再生、生物细胞培养、修复受伤肢体、治疗皮肤烧伤等方面,具有极大的临床应用前景[9]。

思考题

1. 医用高分子材料往往需要具有良好的生物相容性，生物相容性包括哪些方面？指出如何通过表面改性技术提高高分子材料的生物相容性。
2. 生物惰性医用高分子材料需在生物环境中保持自身惰性，并对与之接触的生物组织呈现惰性，这两种惰性之间有哪些不同点和相同点？
3. 什么是生物吸收性医用高分子材料？生物吸收性医用高分子材料一般应具有什么样的化学结构？
4. 可降解医用高分子材料在体内使用时需要控制降解材料的降解速率，以保证其有一定使用寿命。分析讨论可降解材料的降解速率都与哪些因素有关。
5. 什么是药用高分子？药用高分子分为哪几类？各有什么特点？
6. 再生医学和组织工程学分别指的是什么？

参考文献

[1] 汪锡安，胡宁先，王庆生. 医用高分子[M]. 上海：上海科学技术文献出版社，1980.

[2] 杨明京，周成飞，乐以伦. 生物材料血液相容性的表面能量观[J]. 生物医学工程杂志, 1990, 7(01): 59-69.

[3] Li C, Guo C, Fitzpatrick V, et al. Design of biodegradable, implantable devices towards clinical translation[J]. Nature Reviews Materials, 2020, 5(1): 61-81.

[4] 梁慧刚，黄可. 生物医用高分子材料的发展现状和趋势[J]. 新材料产业, 2016 (2): 12-15.

[5] Shang G. Research progress of biodegradable medical materials[C]//信息化与工程国际学会. Proceedings of 2016 7th International Conference on Mechatronics, Control and Materials (ICMCM 2016). Paris: Atlantis Press, 2016: 122-126.

[6] Jedliński Z. Polymeric nanomaterials-medical applications[J]. Corrosion Engineering, Science and Technology, 2007, 42(4): 335-338.

[7] Zhou Z B, Huang K X, Chen Z X, et al. The chemical constituents of diterpenoids from kaempferia marginata carey[J]. Journal of Chinese Pharmaceutical Sciences, 2001, 36(2): 76.

[8] 张颖，周志平. 阳离子聚合物基因载体：进展与展望[J]. 应用化工, 2018, 47(1): 145-149.

[9] 叶青，王文军，鱼泳. 3D 生物打印在再生医学中的应用及展望[J]. 医疗卫生装备, 2016, 37(10): 121-123.

第 11 章

高分子纳米复合材料和功能化碳材料

11.1 概述

　　复合材料的出现和发展促进了现代科学技术的不断进步。早期常用复合材料性能相对较差但使用范围广，随着科技发展需要而产生的先进复合材料多被应用于用量少而性能要求高的高技术领域。复合材料分为两相，即连续相和分散相，其中连续相称为基体，分散相称为增强体。基体材料有金属、无机非金属和聚合物三大类，而增强体材料主要有纤维类材料和纳米颗粒等。在种类繁多的复合材料中，高分子纳米复合材料由于具有性能易调控、成本低廉等优点，成为一个发展迅猛的新领域。就该种材料而言，首先其名称中带有"纳米"二字，是指分散相尺寸至少有一维小于 100nm 的复合材料。此外，高分子纳米复合材料的核心是高分子，保留了高分子高韧性、高可加工性、高介电性等诸多本征优势。同时，高分子与无机材料复合，能够进一步赋予刚性和稳定性等方面的提高，取得"1+1>2"的良好效果。

　　纳米材料由于其尺寸小、比表面积非常大而表现出与常规微米级材料截然不同的性质，如因其尺寸接近电子的相干长度及光的波长，而具有表面效应、小尺寸效应、量子效应以及协同效应。当纳米材料作为复合材料的增强体时，由于其大的比表面积和较强的界面相互作用，所形成的复合材料会表现出不同于宏观复合材料的性能，同时还可能具有原组分不具备的特殊性能，这将使复合材料的综合性能极大地提高。这种复合材料既有高分子材料本身的优点，又兼备了纳米粒子的特异属性，因而具有众多的功能特性，在力学、催化、功能材料（光、电、磁、传感）等领域得到广泛应用。例如，用插层法制得的聚丙烯/蒙脱土等纳米复合材料，在力学性能上具有高强度、高模量、韧性和高热变形温度等优点。

　　纳米材料科学是涉及凝聚态物理、配位化学、胶体化学、材料的表面和界面化学以及化学反应动力学等多门学科的交叉科学。高分子材料科学涉及的面非常广泛，其中一个重要方面就是改变单一聚合物的凝聚态，或添加填料来实现高分子材料使用性能的大幅提升。纳米材料的特异性能使其能顺应高分子复合材料对高性能填料的需求，具有很强的结构可设计性，对高分子材料科学突破传统理念发挥重要的作用。

11.2 高分子纳米复合材料的制备、结构与性能

高分子纳米复合材料近年来发展建立起来的制备方法多种多样，可大致归为四大类：纳米单元与高分子直接共混；在高分子基体中原位生成纳米单元；在纳米单元存在下单体分子原位聚合生成高分子；纳米单元和高分子同时生成[1]。制备纳米复合材料方法的核心思想是对复合体系中纳米单元的自身几何参数、空间分布参数和体积分数等进行有效的控制，尤其是要通过对制备条件（空间限制条件，反应动力学因素、热力学因素等）进行控制，以保证体系的某一组成相或至少在一个维度下的尺寸在纳米尺度范围内（即控制纳米单元的初级结构）；其次应当考虑控制纳米单元聚集体的次级结构[2]。本节先介绍无机纳米单元的代表性制备方法，之后再介绍典型纳米复合材料的制备与性能。

11.2.1 无机纳米单元的制备

无机纳米单元是高分子纳米复合材料的重要组成部分。相比高分子，无机纳米单元具有更高的稳定性和高度的刚性，因此无机纳米单元的形貌结构很大程度上决定了高分子纳米复合材料的形貌结构。在制备过程中，无机纳米单元的形貌结构就已基本定型，因而无机纳米单元的制备对调控高分子纳米复合材料的纳米结构尤为关键。代表性的无机纳米单元制备方法包括：沉淀法、水热法、溶胶-凝胶法、化学气相沉积法、模板法和球磨法，这些方法各自具有独特的应用场景，并在实践生产中发挥着巨大作用。

（1）沉淀法

沉淀法是制备无机纳米单元的基本方法，大多数无机纳米单元都是通过前驱体在溶液中进行反应，并以沉淀的方式析出分离而制备的。

以 ZnO 纳米颗粒的合成为例[3]，将一定量的硝酸锌溶于去离子水中，加入 NaOH 溶液，持续搅拌数小时后，可见有白色浑浊液生成。将混合物离心，用去离子水洗涤沉淀物数次后，烘干。此时沉淀物为 ZnO 及 $Zn(OH)_2$ 的混合物。将干燥的沉淀物置于马弗炉或管式炉中，在空气气氛下，500℃煅烧 2h，可得到 ZnO 纳米颗粒。改进沉淀法能够有效调控制备的无机纳米单元的形貌和尺寸。例如，通过控制反应过程中的溶液 pH 值，可以得到不同形貌的 ZnO 纳米单元，如 ZnO 纳米花[4]。通过加入结构诱导剂，例如六亚甲基四胺，可以得到片状的 ZnO 纳米片[5]。扫描电子显微镜（SEM）和透射电子显微镜（TEM）图展示了 ZnO 纳米片的独特片状形貌（图 11-1）。

图 11-1　ZnO 纳米片的 SEM 和 TEM 图[5]

（2）水热法

水热或溶剂热法是指将含有前驱体的溶液置于反应釜内衬中，使用高强度钢壳将内衬紧密封装，随后将整个反应釜置于高温（100℃以上）环境中反应一定时间。水热法类似于生活中常见的高压锅，由于溶剂的沸点低于加热温度，被加热至气态却因反应釜的密闭无法逸出，从而产生高压。在高温高压下，能够进行常温常压无法进行的反应。水热法具有设备简单、成本低、操作便捷的优点，被用于处理单分散、形貌和粒径可控、高度均匀的纳米颗粒，也可用于掺杂和纳米复合。

例如，编者课题组[6]为了合成 ZnS 纳米棒，先配制 0.05mol/L 的乙酸锌溶液，随后在磁力搅拌下逐滴加入 0.008mol 巯基乙酸，并继续搅拌 10min，可见有一些白色絮状沉淀物析出。将混合物转移到有聚四氟乙烯内衬的不锈钢反应釜中，紧密密封，将反应釜置于 108℃ 的精密烘箱中，并保持 5h。在此期间，反应釜内的反应物在高温高压和巯基乙酸的诱导作用下，支持 ZnS 晶种的取向性生长。待反应釜恢复室温后，打开反应釜，对混合物进行离心处理，将底部沉淀物用乙醇和去离子水分别洗涤 3 次，冷冻干燥后得到疏松、细碎的白色固体。在 SEM 和 TEM 下可以观察到纳米棒状的 ZnS（图 11-2）。

(a) SEM　　　　　　　　(b) TEM

图 11-2　ZnS 纳米棒的 SEM 和 TEM 图[6]

通过改变水热法的前驱体、反应温度、反应时间，加入模板或诱导试剂等，可以控制晶体的生长过程，形成特定的形貌，生长出预期尺寸的单分散纳米颗粒。尽管水热法用于制备无机纳米单元能够取得良好的结果，但需要注意该方法存在一定的危险性，由于错误地进行水热反应操作出现科研人员伤亡屡见不鲜。因此进行水热反应前必须了解反应物的特性，根据反应温度和压力选择适用的反应釜及反应釜内衬（常见的聚四氟乙烯内衬应在 220℃ 以下使用，更高温度应选用石墨内衬）；切不可在马弗炉等控温不精准的设备中进行水热反应；水热反应结束后必须等待反应釜内外均自然恢复室温才可打开反应釜。

（3）溶胶-凝胶法

溶胶-凝胶法是利用无机物或金属有机化合物作为前驱体，经过水热、缩合反应，在溶液中形成稳定的溶胶体系，经过一段时间的溶胶陈化和胶粒间聚合，形成三维空间网格结构的凝胶。将凝胶进行干燥（一般使用冷冻干燥）和烧结固化后，可以制备出纳米结构的无机纳米结构单元。举例如下。

MXene 是一类二维无机化合物，是由几个原子层厚度的过渡金属碳化物、氮化物或碳氮化物构成的。由于 MXene 材料表面有羟基或末端氧，它们有着过渡金属碳化物的金属导电性。尽管 MXene 的分子结构是层状的，但由于范德瓦耳斯力作用，纯 MXene 通常呈块状堆叠，尺寸很大。编者课题组[7]为了合成鳞片状 MXene 纳米气凝胶，使用硫堇作为同时插层分子和交联剂。由于被质子化后的硫堇带有正电荷，而 MXene 片层之间带有负电荷，因此硫堇能够进入 MXene 片层间。由于硫堇之间的静电排斥作用，MXene 被剥离开。同时，硫堇端基为两个氨基官能团，能够连接两片 MXene，从而形成三维空间网格结构，即硫堇作为交联剂。经过上述自组装后，形成的水凝胶经过冷冻干燥即可得到鳞片状 MXene 纳米气凝胶，其形貌结构如图 11-3 所示。

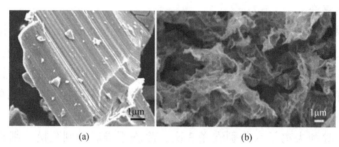

图 11-3　纯 Mxene（a）和 MXene 纳米气凝胶（b）的 SEM 图[7]

将该方法制备的鳞片状 MXene 纳米气凝胶被直接用作超级电容器电极材料，取得了良好的效果。在这种鳞片状 MXene 纳米气凝胶上生长一层共轭有机聚合物（conjugated organic polymers，COPs），构筑的高分子纳米复合材料可补偿 COPs 自身欠缺的导电性，从而作为高效的氧还原和二氧化碳还原催化剂使用。

（4）化学气相沉积法

化学气相沉积法（chemical vapour deposition，CVD）是利用有机前驱体在高温下裂解成为有机片段，并在具有催化效应的衬底表面发生化学反应，自组装成为特定结构或薄膜的方法。CVD 技术采用管式炉作为基础设备，附带有抽气泵和气体流量控制系统，被广泛用于石墨烯和碳纳米管等先进碳材料的合成制备，这些材料同样可以作为无机纳米单元用于构筑高分子纳米复合材料。

以单壁碳纳米管的合成为例[8]，流程如图 11-4 所示。使用 Fe(OH)$_3$ 作为催化剂并分散在石英基底上，首先在空气下加热至 850℃煅烧 20min，使铁物种均匀固定在石英基底上，随后以 300mL/min 的流量通入氩气 5min 进行气氛净化，再以 300mL/min 通入高纯氢气 5min

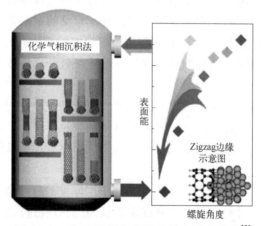

图 11-4　CVD 法制备单壁碳纳米管示意图[8]

本图彩图

进行铁物种还原。此时铁作为催化剂被均匀负载到了石英基底上。最后，以 30mL/min 的流量，将氩气流经装有乙醇的洗气瓶通入管式炉中。在高温下，乙醇裂解产生含碳的纳米片段，并在铁纳米颗粒的催化下原位组装生成单壁碳纳米管。CVD 合成的单壁碳纳米管质量非常高，径向尺寸小于 1nm，并具有锋利的 Zigzag 边缘。

目前，CVD 技术经过不断改进，等离子体增强 CVD、激光 CVD 等技术的出现，使得对催化剂和基底的要求降低，而制备出的纳米材料质量得到了明显提高。

（5）模板法

模板法以前述的沉淀法、水热法和溶胶-凝胶法、化学气相沉积法作为基础，在反应中加入具有特定纳米结构和形貌的材料作为模板。由于模板表面具有表面能，能够诱导其他材料生长在模板的表面，再利用物理或化学方法将模板刻蚀或去除，能够有效控制材料的尺寸和形貌，或者制备核壳结构的纳米材料。模板分为软模板、硬模板和自牺牲模板。其中，软模板一般选用长链烷烃表面活性剂，利用纳米乳液胶束作为模板。软模板能够在高温或多次洗涤后自行脱除，因此被用于制备多孔微球状的纳米材料。硬模板则需要刻意进行多一步的刻蚀，例如 SiO_2 微球，需要使用 NaOH 溶液或 HF 溶液进行刻蚀方可脱除。自牺牲模板是当前比较新颖的一种模板，使用低沸点的金属化合物，例如 ZnO、CdS、ZnS 等。自牺牲模板同时具有硬模板的高强度和软模板的自行脱除特性，通常利用高温煅烧可使自牺牲模板自行挥发脱除，避免了额外的模板刻蚀过程和有毒有害试剂的使用。编者课题组以 CdS 作为自牺牲模板，4-乙烯吡啶（P4VP）作为前驱体生长在自牺牲模板表面，利用 1000℃高温一步碳化、脱模板形成硫掺杂多孔碳纳米片[9]，其 TEM 形貌结构如图 11-5 所示。

（6）球磨法

球磨法利用硬球的转动和振动产生机械剪切力，对原料进行强烈地撞击、研磨、搅拌，能够克服体相材料的聚集，使脆性材料破碎，使小颗粒发生反复黏结再破碎，能够有效削减材料的尺寸并使其粒径均匀化，被广泛用于工业制备粉体纳米材料。不仅如此，高能球磨是固相反应的一种基本方法，尽管罐体温度通常低于 70℃，但微观产生了"热点"效应，具有瞬时 1000K（726.85℃）的高温和 GPa 级的高压，能够对原料分子进行活化并提供反应能。高能球磨甚至可以进行一般化学方法和一般加热方法所无法进行的反应。德国联邦材料测试与开发研究所的 Emmerling 等[10]利用原位 X 射线衍射（XRD）等方式，证实了高能球磨能帮助原料完全转化成金属-有机框架（MOFs）材料（图 11-6）。

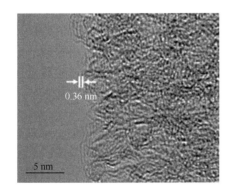

图 11-5 自牺牲模板法制备硫掺杂多孔碳纳米片的 TEM 图[9]

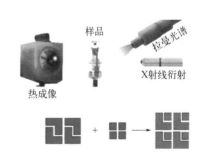

图 11-6 原位监测高能球磨法制备 MOFs 材料示意图[10]

11.2.2 聚合物-层状硅酸盐纳米复合材料的制备与特性

聚合物-层状硅酸盐纳米复合材料是一种典型的聚合物-填料复合体,作为一种常规的方法可用于提升聚合物的性能,得到了广泛的应用[11]。相比于玻璃纤维、碳纤维等微米级别的增强材料,聚合物基体与这些增强材料之间的作用通常是分子间作用力,而非化学键,因此效果一般。典型的层状硅酸盐是黏土,包括膨润土、蒙脱土、水滑石等。以蒙脱土为例,蒙脱土为2:1型蒙脱石,每一纳米层中都有三个原子晶格层,即在两个硅氧四面体层中夹着一个铝-氧-羟基八面体层。硅酸盐黏土通常纳米单层厚度为1nm,横向尺寸约为100nm,符合无机纳米单元标准。纳米层的边缘有羟基官能团,这些羟基官能团是铝晶格层的一部分。层间隙中含有可交换的阳离子(通常是Na^+),这是由铝的同型取代导致的电荷不平衡[12]。因此,使用层状硅酸盐作为增强材料,能够使聚合物基体与增强材料之间产生化学键相互作用,而这种纳米复合材料的物理和化学性能都会有显著的改善,甚至产生新的特性[13]。此外,层状硅酸盐具有非常大的长厚比,因此比表面积相比于玻璃纤维具有明显优势[14]。该类典型复合材料如下。

(1) 聚酰胺-黏土纳米复合材料

聚酰胺俗称尼龙,英文名称polyamide(PA),是分子主链上含有重复酰胺基团─NHCO─的热塑性树脂的总称,包括脂肪族PA、脂肪-芳香族PA和芳香族PA。其中脂肪族PA品种多,产量大,应用广泛,其命名由合成单体具体的碳原子数而定。

尼龙6-黏土纳米复合材料可以通过单体插层聚合方法制备。黏土首先要用有机化合物进行离子交换,以便单体能够插入黏土的片层间,形成聚合物层。采用12-氨基十二酸进行离子交换的亲有机物黏土可以被熔融的己内酰胺溶胀,其层间距由1.7nm增加到3.5nm,随后己内酰胺在黏土的缝隙中发生聚合形成尼龙6,最后构筑尼龙6-黏土纳米复合材料[15]。

尼龙66-黏土纳米复合材料采用熔融共混法制备。所用黏土为共插层有机黏土,例如使用十六烷基三甲基铵离子和环氧树脂处理过的Na型蒙脱土[16]。将尼龙66和共插层有机黏土直接用双螺杆挤出,熔融共混,即可得到尼龙66-黏土纳米复合材料。同样的方法也可以制备尼龙11-黏土复合材料[17]。

尼龙1012-黏土纳米复合材料可以通过缩聚法制备[18]。1,10-癸二胺和1,10-癸烷二酸在有机黏土的存在下可以缩聚得到尼龙1012-黏土纳米复合材料。类似地,采用12-氨基十二酸在有机黏土的存在下可以缩聚得到尼龙12-黏土纳米复合材料[19]。

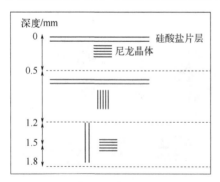

图11-7 尼龙6-黏土纳米复合材料的三层结构模型

以尼龙6-黏土纳米复合材料为例,其结构为三层:表面层、中间层和芯层,图11-7为三层模型结构示意图[20]。深度为0~0.5mm处为表面层,硅酸盐片层与表面平行,并且尼龙6晶体沿此层面单轴排列。另外,在层内分子链轴是随机排列的。深度为0.5~1.2mm处为中间层,硅酸盐片层相对平行于表面方向发生偏转,偏转幅度在±15°,偏转较大。尼龙6晶体旋转90°,几乎垂直于表面或硅酸盐片层进行排列。它们在硅酸盐片层的垂直面上随机排列。深度为1.2~1.8mm处为芯层,硅酸盐片层平行于树脂流动轴,尽管尼龙6晶体在流动轴附近随机排列，但是每个晶体的分子轴链是垂直于硅酸盐片层排列的。

纳米复合带来了许多特殊的性质，相比于纯尼龙6，尼龙6-黏土纳米复合材料在拉伸强度、弯曲强度和弯曲模量上分别是尼龙6的1.5倍、2倍和4倍，热变形温度也具有一定提高，显示更好的耐热性。含有少量黏土的聚酰胺-黏土纳米复合材料在气体阻隔方面具有明显优势，尤其是对于水蒸气和氢气的渗透系数相比于纯尼龙6大幅降低。这是因为一方面加入了黏土复合之后，气体在复合材料中的扩散路径变为错综复杂、蜿蜒曲折的曲线路径，降低了扩散效率[21]；另外，尼龙6-黏土纳米复合材料在火焰燃烧下，表面能够形成由黏土和石墨组成的热保护层，带来了一定的阻燃性。

目前，多种尼龙-黏土纳米复合材料被成功地开发，其中许多已得到了实际应用，引起了重点关注。未来，模塑成型树脂、薄膜材料、橡胶软管和电气绝缘树脂将会成为尼龙-黏土纳米复合材料潜在的应用方向。

(2) 环氧树脂-层状硅酸盐纳米复合材料

环氧树脂是一种分子上含两个以上环氧基团的聚合物，常见由双酚A和环氧氯丙烷、多元醇等缩聚而成。世界上最早的塑料酚醛树脂就属于环氧树脂。由于分子中含有环氧基团，所以经常加入固化剂使其发生开环聚合反应，使其由线型的聚合物交联生成网状聚合物，作为热固性树脂使用。环氧树脂具有易于固化、耐热、耐冲击、耐疲劳、电绝缘性等特点，因此在建筑、电气、航空航天等方面起涂料和胶黏剂、绝缘树脂等作用。通过将环氧树脂制成纳米复合材料能够进一步提高环氧树脂的性能。低摩尔质量环氧树脂常常呈液态，易与有机黏土混合固化。当环氧树脂摩尔质量很高（>10000 g/mol）时，常常呈粉末状，此时可先溶于溶剂，再与有机黏土混合复合，去除溶剂后进行固化即可得到纳米复合材料。制备环氧树脂-黏土纳米复合材料的另一种方法是将环氧树脂单体与黏土预先混合，再加入引发剂引发聚合，直接得到纳米复合材料。

在热固性复合材料的开发中，环氧树脂中引入纳米结构的增强材料具有非常重大的意义。在环氧树脂基体中掺入层状硅酸盐是研究纳米复合材料广泛采用的手段之一[22]。在原位聚合时，控制环氧树脂-有机黏土相互作用的一个关键因素是层间交换离子的性质[23]，这些离子的数目和结构决定了初始可用的间隙，因此决定了树脂、固化剂、单体对硅酸盐片层间隙的可进入性。使用链长为4~18个单元的烷基铵离子对层状硅酸盐（黏土）预先进行改性，研究发现固化前树脂对黏土的膨胀和在固化过程中的插入都受层间交换离子链长的影响。为了在最终产品中能形成纳米复合材料结构，用于离子交换改性的烷基链长至少要有8个亚甲基单元。在环氧树脂固化以及均聚反应过程中，层间交换离子的酸性和催化活性在纳米复合材料的形成过程中起到了重要作用。十八烷基伯胺到十八烷基季铵盐改性的层状硅酸盐，伯和仲的烷基铵离子有较高的Bronsted酸催化效应，在固化过程中层间隙的增加更大[24]。如图11-8所示，根据纳米单元层间距的不同和环氧树脂分子量的不同，环氧树脂-黏土纳米复合材料通常出现三种分散形态，一般以解离型（广泛插层）为主。

高性能环氧树脂-黏土纳米复合材料制备的关键在于黏土片层剥离与均匀分散。环氧树脂热固性复合材料成型过程无法像热塑性树脂那样可以通过引入剪切力来促进混合分散，所以黏土在环氧树脂中均匀分散相对比较困难，固化前黏土与环氧树脂充分混合尤为重要。黏土和环氧树脂的混合有两种方法：一是黏土与环氧树脂直接混合；二是选择合适的溶剂混合，使环氧树脂溶于该溶剂并作为溶胀剂将环氧树脂渗进黏土片层内部，实现均匀混合[25]。直接

(a) 无插层型　　　(b) 有限插层型　　　(c) 解离型

图 11-8　环氧树脂-层状硅酸盐纳米复合材料的三种分散形态

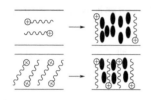

● 环氧树脂　⊕〜〜〜 有机阳离子

图 11-9　环氧树脂-层状硅酸盐的结构示意图

混合法比较实用，但若环氧树脂的分子量较高或其固化剂在室温下呈现固态，可采用溶剂混合法。通过原位插层复合法，将聚合物单体或低聚物插层到黏土硅酸盐片层内部，通过原位聚合放热反应，将硅酸盐片层剥离并分散，可制备得到多种类型的环氧树脂-层状硅酸盐纳米复合材料，例如有限插层型、解离型，以及两者的混合型。其中，解离型的性能比较优异。环氧树脂-层状硅酸盐的结构如示意图 11-9 所示。

环氧树脂-黏土纳米复合材料经过固化后出现插层剥离转变行为，在插层区只能得到插层型纳米复合材料，在剥离区则得到剥离型纳米复合材料。相比于纯环氧树脂，插层型纳米复合材料性能有较大提高，而剥离型纳米复合材料的性能又比插层型纳米复合材料更好。剥离型和插层型环氧树脂复合材料的力学性能，例如抗弯曲强度、抗冲击强度、弹性模量等方面都有很大的提高[26]。这主要因为当掺入某一特定尺度的增强填料时会产生另外一种相，实现了对聚合物基体的增韧。

由于容易制备和性能提高显著，环氧树脂纳米复合材料引起了研究人员的广泛兴趣。在适当的填料浓度下，模量、强度、断裂韧性、冲击强度、气液阻隔性、阻燃性、耐磨性等均能够得到提高[27-32]。除了黏土可以作为纳米填料外，橡胶、热塑性树脂、纤维等还能够作为第三组分，形成三元体系的聚合物纳米复合材料，甚至还可以继续加入功能性添加剂（如阻燃剂等）[33]。当然，对于这种复杂体系中存在的协同效应需进一步进行研究，并测试其性能，以促进新型高分子纳米复合材料的更好开发。

（3）聚烯烃-层状硅酸盐纳米复合材料

聚烯烃是应用最广泛的高分子材料，主要包括聚乙烯（PE）、聚丙烯（PP）等先进的高级烯烃聚合物。PE 可分为高密度聚乙烯（HDPE）和低密度聚乙烯（LDPE）。聚烯烃主要用途是用于薄膜、管道、板材、各种成型制品、电线和电缆等，也广泛应用于农业、包装、电子、电气、汽车、机械、家用电器等领域。由于原料丰富、价格低廉、易成型、综合性能好，是一种产量最大、应用广泛的高分子材料，如聚丙烯是世界上最常用的塑料之一[34]。传统的聚丙烯复合材料用滑石粉或云母以较高（20%～40%）的填充量进行制备，可以有效提高聚丙烯复合材料的力学性能和尺寸稳定性，但缺点是产品的质量明显增加，给用户带来了许多困扰。相比之下，硅酸盐纳米片由于具有更大的长厚比，可以用更低的填充量达到增强材料硬度和力学性能的效果。此外，聚丙烯-硅酸盐纳米复合材料还具有不透气性，当其分散良好和具有一定取向时，能够使复合材料的阻隔性能和阻燃性能大大提高[35]。因此，将层状硅酸盐，例如蒙脱土作为聚丙烯的多功能添加剂，在添加量仅为 5%～10%（质量分数）时，纳米复合材料相比于纯聚合物的质量增加不明显，但性能显著提高，应用前景广阔[36]。

蒙脱土片层亲水表面的改性可通过插入长链的烷基铵离子表面活性剂来实现，从而可增强蒙脱土和有机高分子之间的相互作用。当烷基链端使蒙脱土膨胀时,配位阳离子会与蒙脱土表面发生反应,改善蒙脱土在有机材料中的分散性。但是,蒙脱土经过有机改性后,许多非极性聚合物,例如聚丙烯,仍然不能润湿蒙脱土的表面,因此需要单独将这些聚合物进行功能化,然后将蒙脱土、功能化聚合物和本体聚合物三者之间进行共混制备聚合物-层状硅酸盐纳米复合材料[37]。例如,将丙烯酸首先采用马来酸酐进行接枝,制备马来酸酐接枝的聚丙烯,用于对蒙脱土进行润湿和改性,然后再加入聚丙烯,三者进行共混[38]。由于马来酸酐接枝的聚丙烯对本体聚合物聚丙烯具有很好的相容性,因此通过这种方法可以很容易地得到聚丙烯-蒙脱土纳米复合材料。

原位聚合复合同样可以制备聚丙烯(PP)纳米复合材料。使用十六烷基或十八烷基氯化铵,球磨处理黏土,对表面改性[39]。随后,在上述球磨浆料中加入 $TiCl_4$,使 Ti 负载到黏土载体上,使用正庚烷洗涤,真空干燥得到负载有 Ti 的改性黏土。按一般 PP 聚合的条件和方法,在反应器中加入甲苯和 $AlEt_3$ 助催化剂,充入一定压力的丙烯单体,在氮气保护下加入一定量上述负载有 Ti 的改性黏土。在 70~80℃反应一定时间后,加入乙醇终止反应,即可得到粉状 PP 纳米复合材料。

另外,经过有机化处理,黏土与聚丙烯可在熔融状态复合成纳米复合材料。聚丙烯熔体、接枝聚乙烯低聚物及表面处理有机化硅酸盐复合物可直接熔融挤出制备纳米复合材料[40]。若先将乙酰丙酮丙烯酰胺与马来酸酐接枝聚丙烯进行共聚,再与聚丙烯基体及表面处理有机化硅酸盐复合材料进行熔体复合,得到的材料相容性更好,粒子分散更均匀[41]。

此外,Svoboda 等[42]报道在制备 PP-有机黏土纳米复合材料时,黏土(Cloisite 20A)的加入量和材料的拉伸模量具有显著相关性,见图 11-10。黏土质量分数在 2%以下时,材料性能的提高速率大于黏土质量分数大于 2%时的性能提高速率,这与纤维增强聚合物的趋势相反。纤维增强聚合物在高填充含量时,材料的模量增加更迅速。纳米复合材料中所观察到的这种倾向,可能是分散性差或者是插层为主的复合材料在高填充量下层间距减小所导致的,使用高度剥离的纳米复合材料将显著改善这一问题。当黏土质量分数为 5%时,材料的拉伸模量提高了 30%。Ton-That 等[43]用分子量约 330000 的马来酸酐接枝聚丙烯制备了硅酸盐 Cloisite 15A 质量分数只有 2%的聚丙烯纳米复合

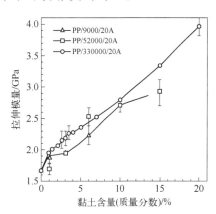

图 11-10 插层结构的 PP-有机黏土纳米复合材料的拉伸模量与黏土含量关系[42]

材料,而其拉伸性能提高了 30%。同时,使用含有两个氢化牛脂基的表面活性剂处理过的 Cloisite 15A 硅酸盐能够进一步提高其性能。Tjong 等人[44]用马来酸酐对蛭石进行处理,蛭石的长厚比是蒙脱土的两倍以上,制备的聚丙烯纳米复合材料拉伸强度很好。

在聚丙烯中掺入层状硅酸盐纳米片会对复合材料的阻隔性能产生影响,这是因为良好取向的大长厚比片层会增加扩散路径和曲折性,而且纳米片层会影响结晶尺寸和层间距[45]。聚丙烯-黏土纳米复合材料表面能够形成一层绝热的碳化层,以纳米层的形式被强化并充当了热屏障,具有阻燃效果[46]。阻燃性对作为相容剂的功能化聚丙烯中极性基团的选择相当敏感,羟基会使阻燃性降低,而马来酸酐对提高阻燃性最有效。通过将黏土和其他膨胀性

阻燃剂进行组合,如多磷酸铵和多羟基化合物及发泡剂共混,也可进一步提高纳米复合材料的阻燃性[47-48]。

11.2.3 聚合物-石墨烯纳米复合材料的制备与特性

聚合物大多具有电绝缘性,通过在聚合物基体中加入导电填料,能够使复合材料的导电性有所提高。复合材料的导电性主要随填料含量而变,在临界值下,填料含量的轻微增加就会使复合材料的导电性发生剧变,其变化值随着导电体系的不同而有所差异。另外,填料和聚合物基体的性质、加工方法及填料在基体中的分散状况对该值也有极大的影响。对于宏观复合材料,需要相对大量的填料以达到临界值,通常填料含量高会使复合材料的密度变大,对力学性能不利。基于这方面考虑,科研人员努力制备了各种具有最小化临界填料浓度的复合材料。

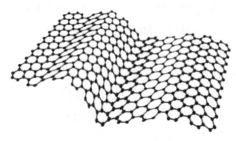

图 11-11 石墨烯结构

石墨烯是二维自由态原子晶体,其纳米结构如图 11-11 所示。它的出现彻底改变了近 80 年由 Landau 和 Peierls 提出的绝对二维晶体因热力学不稳定所以不可能存在的传统观点[49]。它是构成零维富勒烯、一维碳纳米管和三维石墨等 sp^2 杂化碳的基本结构单元。当石墨层数少于 10 层时,就会表现出与普通三维石墨不同的电子结构,将具有 10 层以下石墨片层的石墨材料称为石墨烯材料。

石墨烯因独特的结构而具有独特的特性,如石墨烯理论上的比表面积达到 $2600m^2/g$,具有优异的导热、导电性能和力学性能,其室温下的电子迁移率高达 $15000cm^2/(V \cdot s)$[50]。此外,它还具有半整数的量子霍尔效应、高持续的电导率等许多奇异的特性,受到人们的广泛关注。石墨烯是人类已知强度最高的材料,比钻石还坚硬,强度是钢铁的 100 多倍[51]。石墨烯还是目前已知的导电性能最出色的材料,这使其在微电子领域极具应用潜力。有专家指出,如果用石墨烯制造微型晶体管将能够大幅度提升计算机的运算速度。正是由于这些奇异的性能为石墨烯在化学、材料、生物、医药等领域的研究和应用带来了无限的联想和期望。

聚合物-石墨烯纳米复合材料的力学、电学性能要比聚合物、碳纳米管纳米复合材料的性能更优异,其应用领域涵盖了能源行业的燃料电池用储氢材料、合成化学工业的微孔催化剂载体、导电塑料、导电涂料、光子传感器以及建筑行业的防火阻燃材料等方面[52]。

(1) 聚烯烃-石墨烯纳米复合材料

① 聚苯乙烯-石墨烯纳米复合材料 Stankovich 等[53]制备了导电聚苯乙烯-石墨烯纳米复合材料。他们先在 DMF 溶剂中用异氰酸苯酯对氧化石墨烯进行修饰改性,然后加入水合肼($N_2H_4 \cdot H_2O$)对其进行化学还原,将还原产物除去溶剂并干燥后进行注模热压,最终制得了导电聚苯乙烯-石墨烯纳米复合材料。研究表明,制备的纳米复合材料热稳定性有了很大的提升,复合材料中的石墨烯经 300℃热处理后也不会发生团聚。所得的聚苯乙烯-石墨烯纳米复合材料的导电性能良好,当石墨烯的含量达 0.15%(体积分数)时,复合物的电导率就达到 $10^{-6}S/m$,可以满足薄膜的抗静电标准;当含量超过 0.4%时,电导率增加迅速,2.5%时高达 1S/m。

利用自由基聚合反应和重氮加成反应可在石墨烯的表面接枝聚苯乙烯链,然后再与聚苯乙烯共混制备聚苯乙烯-石墨烯复合材料[54]。研究表明，功能化石墨烯的加入使 PS 复合材料的玻璃化转变温度向高温方向迁移了 15℃，并且功能化石墨烯添加量在 0.9%（质量分数）时，复合材料的机械拉伸性能有了很大的提高，其拉伸强度提高了 70%，杨氏模量提高了 75%[55]。

Tkalya 等[56]通过氧化还原法制备石墨烯，与苯乙烯乳液相混合制得石墨烯-聚苯乙烯纳米复合材料，再经冷冻干燥后挤压成型。经这种方法制备的复合材料其导电性能有很大的提升。Hu 等[57]也用还原法制备石墨烯与苯乙烯乳液混合，使得苯乙烯的微球连在片状的石墨烯的边缘。他们还研究发现，通过这种方法制备的石墨烯/苯乙烯纳米复合材料其玻璃化温度明显升高，并有良好的导电性能和热稳定性。

② 聚丙烯-石墨烯纳米复合材料　Ryu 等[58]将氧化石墨烯（GO）进行改性制备了氨基化的氧化石墨烯和烷基化的氧化石墨烯，与聚丙烯进行熔融共混后制备了复合材料，与纯 PP 相比，复合材料的力学性能、电性能及结晶能力均有提高。Shin 等[59]研究了氧化石墨烯对 PP 塑料抗刮痕的影响，研究证明，添加了 GO 的复合材料硬度和表面抗擦损能力变强。Huang 等[60]用石墨烯与碳纳米管和 PP 进行熔融共混后制备的复合材料有很好的刚性。

③ 聚乙烯醇-石墨烯纳米复合材料　Jiang 等[61]先用氧化还原的方法制备了石墨烯，再通过液相混合的方式制备了聚乙烯醇-石墨烯纳米复合材料。通过系列测试表明石墨烯很好地分散在了聚乙烯醇母体中，由于石墨烯和聚乙烯醇之间存在的氢键有着很强的界面相互作用，复合材料的结晶度、力学性能和热力学稳定性也显著提高。Liang 等[62]利用溶液混合的方法制备了聚乙烯醇-氧化石墨烯纳米复合材料。研究结果表明，氧化石墨烯在聚乙烯醇中分散性良好，当添加量为 0.7%（质量分数）时复合材料的杨氏模量和拉伸强度分别提高了 62%和 76%。理论计算表明：石墨烯片层在聚合物基体中沿着与膜平行的方向排列分布。

（2）聚苯胺-石墨烯纳米复合材料

石墨烯与聚苯胺导电聚合物都具有类似的共轭结构，两者复合产生的导电协同作用可显著增强材料的电学性能，同时又可提升使材料的力学性能，因此聚苯胺-石墨烯纳米复合材料的研究已成为近年来研究的热点之一[63]。Wang 等[64]通过阳极电化学聚合制备了聚苯胺-石墨烯的复合材料膜。研究表明该复合材料具有较好的柔韧性，拉伸强度为 12.6MPa，质量电容和体积电容分别为 233 F/g 和 135 F/cm，可以作为高性能的电极材料，在制备超级电容器领域具有巨大的潜力。Dong 等人[65]通过现场聚合的方法合成了聚苯胺-石墨烯复合材料，石墨烯的表面被聚苯胺包覆并形成层状的堆叠结构。该复合材料在 1 A/g 的电流密度下恒流充放电，其比电容可达 800 F/g 左右，2 A/g 下保持 440 F/g 左右的比电容。Zhang 等[66]采用原位聚合的方法将聚苯胺的纳米线沉积在表面活性剂修饰过的石墨烯片层上，制备了聚苯胺-石墨烯纳米复合材料，并组装成对称超级电容器，其制备方法直接有效，但通过测试表明其电化学性能比传统电极制备方法得到的材料的电化学性能弱。Hosseini 等人[67]利用聚苯胺、氧化石墨烯和 Nafion 膜共同制备了具有多孔层级结构的高分子纳米复合材料薄膜，这种薄膜用于超级电容器显示了良好的电化学性能，且能够制成全固态电池。

（3）其他聚合物-石墨烯纳米复合材料

① 聚酰亚胺-石墨烯纳米复合材料　Zhang 等[68]用 Hummers 法制备了氧化石墨烯，采用联苯四甲酸二酐（BPDA）和对苯二胺（PDA）作为单体，合成聚酰胺酸（PAA）溶液，用溶液混合法和原位聚合法分别制备了 PAA-GO 溶液，将 PAA-GO 溶液流延成膜并进行热环化

制备聚酰亚胺-石墨烯（PI-GO）复合薄膜，研究结果表明，氧化石墨烯的加入改善了聚酰亚胺的热稳定性和热分解特性。石墨烯对原位聚合法制备的 PI-GO 纳米复合材料起到了明显的增强作用。

Luong 等[69]在片层上接上烷基短链对氧化石墨烯进行改性，选用十八胺（ODA）和均苯四甲酸二酐（PMDA）为单体采用原位聚合法合成功能化氧化聚酰亚胺-石墨烯纳米复合材料，研究发现在 GO 添加量为 0.38%时，该复合材料杨氏模量比 PI 提高了 28%，但对拉伸强度的提升有限。

② 聚甲基丙烯酸甲酯-石墨烯纳米复合材料　Paredes 等[70]通过在有机溶剂中还原氧化石墨烯的方法制备出均匀的石墨烯分散体系，并据此制备了聚甲基丙烯酸甲酯-石墨烯纳米复合材料。研究表明石墨烯在制备的复合材料中有良好的分散状况。Ramanathan 等[71]将改性后的石墨烯与聚甲基丙烯酸甲酯（PMMA）采用溶液分散法进行复合，并与单壁碳纳米管（SWCNT）和膨胀石墨的 PMMA 复合材料进行了比较，发现石墨烯在 PMMA 中的分散性比 SWCNT 要好。系统研究功能化聚合物-石墨烯纳米复合材料的结构和性能发现，与单壁碳纳米管和膨胀石墨相比，功能化的石墨烯显著提高聚甲基丙烯酸甲酯的模量、强度以及复合材料的热分解温度热幅度。功能化石墨烯填充量仅为 1%（质量分数）时，聚丙烯腈的玻璃化转变温度就可提高 40℃，并使聚合物的热稳定性大大提高。

③ 聚碳酸酯-石墨烯纳米复合材料　Kim 等[72]利用熔融共混法制备了功能化聚碳酸酯-石墨烯纳米复合材料，结果发现石墨烯片层可以均匀地分散在聚合物基体中。与聚碳酸酯-石墨烯纳米复合材料相比，其力学性能、电学性能大大提升。

④ 聚氨酯-石墨烯纳米复合材料　Appel[73]在多元醇功能化石墨烯的基础上制备了聚氨酯-石墨烯纳米复合材料，其机械强度有了明显的提升。Huang 等[74-75]用化学方法进行修饰制备了可溶性的功能化石墨烯，采用溶液共混的方法制备了聚氨酯-石墨烯纳米复合材料。在石墨烯填充量为 1%时，其复合材料的机械强度提高 75%，杨氏模量提高 120%，并利用此复合薄膜材料制备了具有很好的光驱动性能及循环稳定性的红外光诱导驱动器。

⑤ 多种聚合物-石墨烯纳米复合材料　近几年来，有研究者将石墨烯应用在了聚合物共混物中，研究分析石墨烯对聚合物共混物界面结构及性能的影响。Inuwa 等[76]以熔融机械共混的方式将石墨烯与碳纳米管一起用于聚对苯二甲酸乙二醇酯（PET）与聚丙烯（PP）共混物的掺杂。Kar 等[77]将聚甲基丙烯酸甲酯接枝到氧化石墨烯的片层上，制备了长链接枝的功能化石墨烯（PMMA-g-GO），这种功能化石墨烯提升了聚偏氟乙烯-丙烯腈-丁二烯-苯乙烯共聚物（PVDF-ABS）共混物的相容性，使共混物的杨氏模量提升了 84%，屈服强度提升了 124%。Mural 等[78]制备了聚乙烯共价键修饰的石墨烯（PE-g-GO），使 PEO 更好地分散在 LDPE 中，提升了低密度聚乙烯-聚环氧乙烯（LDPE-PEO）共混物的机械性能。

11.2.4　高分子纳米复合材料的成型技术

（1）螺杆纺丝成型技术

为了避开高黏度，聚合物的化学反应一直是在稀释系统中进行的。随着挤出设备和技术的不断进步，人们注意并认识到挤出机可以扩展应用到反应领域。所谓反应性挤出是指把挤出机作为反应器，使得单体或预聚体在挤出成型的同时完成化学反应。螺杆纺丝，亦称"螺杆挤压纺丝"，是用螺杆挤压纺丝机（如图 11-12 所示）将高聚物加热熔融纺成纤维的方法。

高聚物切片由螺杆挤压机的料斗中加入，在螺杆的挤压作用下向前移动，其间逐渐受热而熔融，最后经过纺丝泵和喷丝头组件，从喷丝头孔喷出细丝，再经固化和卷绕。直接纺丝也可用螺杆作为熔体的输送器。如用于纺制聚酯纤维、聚酰胺纤维、聚丙烯纤维等。

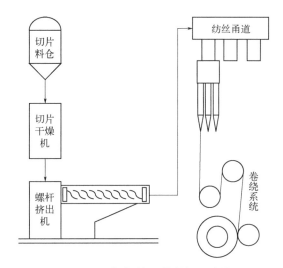

图 11-12 螺杆挤压纺丝机示意图

（2）静电纺丝成型技术

静电纺丝技术是指对聚合物的熔体或者溶液施加较高的电压，带有电荷的高分子在高压静电场的作用下喷射、拉伸、劈裂、固化、溶剂挥发，最终形成连续超细纤维的过程，也可以简称为静电纺丝或电纺丝。静电纺丝技术是目前制备一维纳米结构材料最为简单有效的方法之一，具有装置简单、工艺参数可控、可纺物质种类多、制备速度快、成本低的优点。

静电纺丝技术[79]是由电喷技术演化而来的，最早可以追溯到 1882 年 Rayleigh 的雾滴静电化研究。1934 年，Formhals 首次报道了一系列关于静电纺丝装置以及溶液性质对收集板上纤维影响的专利。在此后的 60 年间，有关静电纺丝技术的报道相对较少，直到 20 世纪 90 年代，随着聚合物种类的增加和材料科学的发展，人们对静电纺丝技术的热情又重新点燃。1996 年，Reneker 研究组[80]利用溶液和熔体静电纺丝技术制备了超过 20 种聚合物微纳米纤维，并且对静电纺丝的机理进行了讨论。他们利用高速摄像设备观察了聚合物溶液从喷丝头到接收板间的运动过程，发现带电射流喷出后首先以接近直线的方向运动，拉伸至一定距离后会在电场力的作用下出现非稳定弯曲，呈现半径逐渐增大的螺旋或振荡状态，这被称为弯曲不稳定机理。随着静电纺丝法可纺材料的增加和纳米科学的兴起，这种利用简单的装置、低廉的成本即可制备一维纳米材料的技术迅速发展，关于静电纺丝的研究和报道也逐年增加。高压静电纺丝的基本装置包括高压电源、喷丝头和接收装置三个部分，如图 11-13 所示。

静电纺丝的具体过程是：将高压直流电源的正极与金属制的喷丝头相连接；高压直流电源负极与纺丝接收装置（一个金属滚筒）相连接，接收装置亦可接地；聚合物的溶液或熔体置于针管内，通过管路输送至喷丝头。由于静电纺丝具有一定的危险性，因此必须严格按照设备说明及规程操作，穿着特制防护用具，断电后进行装置搭建和原料填充，牢记通电时切勿触碰纺丝机组件，切勿把手伸入强电场范围。纺丝过程中，纺丝液在喷丝口挤出形成小液滴，由于喷丝头和接收装置之间存在电势差，带电小液滴在电场力的作用下被

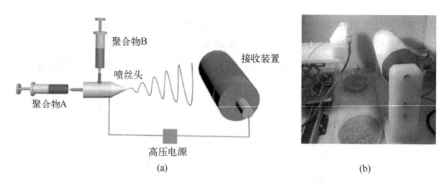

图 11-13 静电纺丝装置（a）及实物照片（b）

拉长形成锥形,这个锥形被称为"泰勒锥"。当施加的电压超过临界值时,流体表面电荷斥力大于表面张力,锥体进一步拉伸形成射流,向接收板方向运动,带电射流从喷丝头喷出后首先以接近直线的轨迹运动,拉伸到一定距离时,射流在电场力的作用下会发生非稳定现象,包括振荡、螺旋旋转等运动,这种高速的非稳定运动会一直持续直至到达接收板,在此过程中射流被拉伸细化,溶液挥发或熔体固化,最终在接收板上沉积成为具有无纺布结构的纳米纤维。静电纺丝技术是目前制备纳米纤维和纳米纤维膜材料最简便有效的方法之一,具有装置简单、适用材料种类多、工艺参数可调、成本低廉等优点。通过改变纺丝过程中的工艺参数,可以调节纤维的直径、表面形貌和结构,这些影响因素包括聚合物溶液本身的性质（溶剂、黏度等）、过程控制参数（电压、流速等）以及环境参数。表 11-1 中是各个主要参数对纤维影响的一般规律。除了这些本征参数影响外,研究者们还通过不断改变喷丝头的类型以及接收装置的形式来得到不同的一维形貌以满足不同领域的需要。通过静电纺丝制备的纳米纤维膜具有孔隙率高、比表面积大、密度小等优势,不但可以单独使用,也可以通过后续处理加工使其性能得到改善,或与其他材料相结合获得更多的功能。因此,在过滤、电池、超级电容器、催化、传感、能源转换、生物医药等各个领域都展现出了巨大的应用潜力。

表 11-1 电纺参数对纤维直径和形态的影响

工艺参数		纤维直径和形态变化
聚合物参数	分子量↑	纤维的直径变大
	分子量分布↑	增加了串珠结构的纤维形成的概率
	溶解性↑	聚合物链更加地舒展,利于形成纤维
溶剂参数	挥发性↑	产生多孔结构纤维
	导电性↑	纤维的直径变小
溶液参数	浓度（黏度）↑	纤维的直径变大
	表面张力↑	纤维的直径变大,生成串珠结构的概率增加
	导电性↑	纤维的直径变小,但分布变得宽了
过程控制参数	电压↑	纤维的直径先变小,后变大
	流速↑	纤维的直径变大（流速过大时生成串珠结构）
	接收距离↑	纤维的直径变小
环境参数	温度↑	纤维的直径变小
	湿度↑	纤维的表面易形成多孔结构
	空气流动↑	加快溶剂的挥发,可能会形成多孔纤维

(3) 辐射固化成型技术

紫外光辐射固化技术是以 200~400nm 的紫外光为辐射光源促使紫外光可固化体系快速聚合的技术。这种紫外光可固化体系是碳碳双键的不饱和有机化合物（包括低聚物和活性稀释剂）和光敏剂组成的多组分稀溶液，它在紫外光辐射下可以发生自由基加成聚合反应，形成三维网状结构的有机材料。这是一种新型的环境友好的固化技术，具有能量利用率高、易散热、聚合速率快、100%的聚合转化率、固化材料质量高等诸多优点，已成功地应用于涂料、黏合剂、油墨、光刻胶等领域，也可应用于制备液晶等各种功能高分子材料。研究人员在紫外光可固化材料中填充各种传统填料，例如纤维素酯、玻璃纤维、氢氧化铝粉末等，研究固化材料的力学性能。

Xu 等[81]将环氧丙烯酸酯等低聚物活性稀释剂、光引发剂、纳米二氧化硅在高速研磨机上充分分散，形成稳定的分散体系，然后在紫外光固化机上固化形成复合材料，整个固化过程在 1s 内完成。固化材料的力学性质和光学性质的测试表明，这种复合材料具有纳米复合材料的特征。这说明利用紫外光固化技术合成复合材料是可行的。该方法具有以下特点：①材料性质，紫外光固化材料具有较高的力学性能，而且还有特殊的光、电、磁等性能，同时兼有两种组分协同效应下的综合性能；②聚合材料的选择，可自由地选择聚合物基体，可以是环氧树脂型、聚氨酯型、聚酯型、聚醚型以及聚丙烯酸酯型等；③纳米材料的选择，可以是金属氧化物、非金属氧化物、氮化物、金属微粒等成品化纳米材料及其相应的混合物；④加工方法，可快速加工成薄型定型材料或是将这种纳米复合材料直接覆于其他基体上；⑤分散问题，由于紫外光可固化体系是有机稀溶液，不需要借助有机溶剂等其他间接方法，可直接利用机械超声分散法较均匀、细度地分散纳米材料，再者通过纳米材料表面改性，可进一步增强纳米材料的可分散性。

(4) 3D 打印成型技术

3D 打印技术是诞生于 20 世纪 90 年代的快速成型技术，与传统的"去除"式加工方式不同，3D 打印技术是一种自下而上的成型技术，也被称为增材制造技术。其基本原理是分层制造，即通过计算机软件将三维模型进行切片处理，分割成许多二维片层，然后逐层成型，并将这些片层叠加，最终得到三维结构。与传统技术相比，3D 打印技术有如下优点：

a. 快速高效：3D 打印过程可以直接快速实现数字模型到实物的制造，而且人们可以通过计算机软件对模型进行评价与修改，大大缩短了产品的生产周期。

b. 可以实现复杂结构的制造：3D 打印技术不需要模具、刀具，可以通过计算机软件直接将三维模型进行切片处理，因此其制造过程不受模型复杂程度的影响，可以实现复杂结构的制造。

c. 可以实现个性化定制：传统制造过程通常需要先制作相应的模具，烦琐且费时，而通过 3D 打印过程，人们可以根据需要设计产品模型，并通过计算机软件控制直接实现产品的制造，从而满足了个性化定制需求。

根据原材料和成型技术的不同，3D 打印技术有许多类型，主流方法包括熔融层积成型技术、选择性激光烧结技术、立体平版印刷技术及数字激光成型技术，下面将作简要介绍。

① 熔融层积成型技术　熔融层积成型（FDM）技术，又称熔丝沉积技术，它是以低熔点的材料为原料，将丝状的原料通过电加热或其他方式加热至略高于其熔点，喷头在计算机的控制下在 x-y 平面上运动，同时将熔融的材料喷出，材料快速冷却后形成一层截面。一层

完成后,机器工作台下降一个高度或喷头上移一个高度(即分层厚度),再成形下一层。如此循环,直至实现三维实体造型。

目前适用于 FDM 技术的原料有丙烯腈-丁二烯-苯乙烯塑料(ABS)、聚乳酸(PLA)、尼龙等。FDM 技术的优势在于操作环境干净、安全,工艺简单,易于操作,成本低廉,材料利用率高。但是,其出料结构简单,成型效果受温度影响大,精度相对较低,并且成品边缘通常有分层沉积产生的台阶效应,因此目前 FDM 技术主要用于制造蜡膜、样件和模型等,难以用于对精度要求较高的领域。

② 选择性激光烧结技术　选择性激光烧结(SLS)技术以激光器作能源,先在工作台上将粉末铺平,然后让激光在计算机控制下按照分层截面轮廓信息选择性烧结,逐层烧结,层层堆积成型。根据其成型原理可以看出,SLS 技术可加工的材料十分广泛,一般认为,加热后能够发生黏结的粉末都可以作为 SLS 技术的制造原料。

与其他 3D 打印技术相比,SLS 技术具有成型材料广泛的突出优势,但是也存在着产品精度不高、表面质量差的缺点,而且目前 SLS 的设备主要为工业级,费用较高,运营成本也很高。因此,SLS 技术主要用于制造铸造业制造模具,如何通过 SLS 技术实现金属粉末直接烧结并获得传统制造方法难以得到的高强度结构,仍是人们研究的重点。

③ 光固化成型技术　光固化成型技术包括立体平版印刷(SLA)技术和数字激光成型(DLP)技术。SLA 技术是以液态光敏树脂为原料,将适合原料树脂的特定波长的激光聚焦到树脂液槽的表面,然后根据软件的分层截面信息,通过计算机控制激光在液态的光敏树脂表面进行逐点扫描,由点到线,由线到面,被扫描区域的树脂固化,形成零件的一个薄层。此后,工作台下降到一定距离(一个层厚),再在先前固化好的薄层表面覆盖液态树脂,进行扫描,这样一来,后来固化的一层与先前固化的一层树脂紧密黏结,逐层固化累积后,最终形成三维结构。

DLP 技术与 SLA 技术成型原理类似,它们的区别在于光源。SLA 技术用激光点光源;而 DLP 技术则采用数字光处理器投影仪作为光源,光源每次照射的是一个二维平面,而不是点。因此,DLP 技术省去了 SLA 技术由点到线、由线到面的过程,大大提高了固化效率。

3D 打印高分子纳米复合材料的应用非常广。例如,为了得到具有抗菌能力的聚乳酸-Ag 纳米线复合材料,首先采用溶液混合法制备含有 Ag 纳米线的聚乳酸纳米复合材料,然后再 3D 打印成型。类似地,多壁碳纳米管-聚偏氟乙烯纳米复合材料被用作熔融沉积成型方式 3D 打印的一种新型长丝材料。采用分散的多壁碳纳米管网络降低了聚偏氟乙烯的高热膨胀和模膨胀,在保持聚偏氟乙烯的柔韧性等性能的同时,还实现了快速挤出和打印零件的功能,此外加入多壁碳纳米管可以提升导电率。

11.3　功能化碳材料

碳是一种常见且特殊的元素。碳原子不仅可以与碳原子成键,还能与氢、氧、氮、硫等许多其他原子成键,这些丰富多样的分子构成了有机化学的基础。碳原子与碳原子之间的键合形式有单键、双键以及三键,多个碳原子相连可成链、成环,甚至形成三维(3D)立体网络。在自然条件下,碳可形成结晶,例如天然钻石和天然石墨。在天然钻石中,碳原子呈 sp^3 杂化,所有的键都是 σ 键,且呈四面体晶格排列,每个共价键的键长都为 1.54Å。这种稳固的结构使得天然钻石成为自然界最坚硬的材料。与之截然相反的是,天然石墨却是一种相当软的材料。天然石墨中,碳原子呈 sp^2 杂化,以平面的六元环展开,石墨层间距为 3.35Å。碳材料性能之所以如此特殊,是因为以石墨烯为基本构筑单元能够通过各种不同的方式"组装"成丰富多样的结构,而且这些特殊结构的碳材料具有与体相石墨截然不同的性质。在这些碳材料中,有些早被人们所发现,而有些则是在近些年才被开发。

伴随着人类社会的不断进步和全球经济的飞速发展,人们对能源的依赖性逐渐增强。然而,传统的化石燃料给全球带来了严重的环境污染。因此,可再生能源在解决能源危机中发挥着越来越重要的作用。近年来,碳材料在新一代储能设备中得到了广泛的应用。追溯到 1985 年,美国科学家 Robert F. Curl、Harold W. Kroto 和 Richard E. Smalley 等首次发现了 C_{60} 分子,并将其命名为富勒烯,三位科学家也因此获得 1996 年诺贝尔化学奖。从此,碳材料逐渐引起科学家们的广泛关注。2004 年,英国曼彻斯特大学的 Andre Geim 和 Konstantin Novoselov 等[82]又有了重大发现,他们成功从石墨中剥离出了单层石墨烯。自此,基于其高电子迁移率、高热导率和高机械强度等性质,石墨烯这个概念开始进入大家的视野,并再次掀起了大家对碳材料的研究浪潮,两位科学家也因此于 2010 年获得了诺贝尔物理学奖。

功能化碳材料的应用是相当广泛的,在未来功能化碳材料一定会被作为相当重要的材料应用于各行各业中,其发展前景也将是不可估量的。值得注意的是,高分子纳米复合材料是功能化碳材料的主要来源之一。本节将围绕在生产和科研中应用广泛的多孔碳材料和掺杂碳材料进行介绍。

11.3.1 多孔碳材料

多孔材料因其丰富的孔结构和高的比表面积,在吸附、催化及储能领域均有很好的利用价值。为了满足不同的电化学反应,需要制备具有合适孔结构的多孔材料。根据国际纯粹与应用化学联合会(IUPAC)的定义[83],多孔材料的孔根据其直径大小可以分为三种:微孔(孔径小于 2nm)、介孔(孔径在 2～50nm 之间)和大孔(孔径大于 50nm)。丰富的孔结构有助于增大碳材料的有效比表面积,提高多孔碳材料的吸附效果。此外,根据孔道结构的有序性和无序性,多孔碳材料又可以分为无序多孔碳和有序多孔碳。无序多孔碳指的是无定形碳材料,如活性炭材料,该类碳材料具有较多的缺陷,石墨化程度较低。有序多孔碳一般为具有较高石墨化程度的碳材料,如石墨烯和碳纳米管等,该类碳材料具有较为优异的电子导电性。根据不同需求,两种类型的多孔碳材料在不同的储能领域均发挥着重要的作用。

多孔碳材料的优点主要概括为以下几个方面。首先,制备多孔碳材料的前驱体种类多样化,成本也较为低廉。其次,碳材料一般具有生物相容性好、化学稳定性高、密度低、热导率高、电化学导电性高、机械强度高等优点。最重要的一点,丰富的孔道具有优良的吸附性能,多孔碳材料可以根据需要,通过调控孔结构从而满足不同储能器件的需求。基于以上优点,多孔碳材料被广泛应用于超级电容器、锂硫电池、催化剂载体等领域。

多孔碳材料的合成方法主要有模板法和活化法,其中模板法包括硬模板法和软模板法。

(1)硬模板法制备多孔碳材料

硬模板法指的是将碳前驱体注入具有特定结构的多孔模板中,碳前驱体在孔道中聚合并经高温煅烧,最后通过化学刻蚀或溶解将模板去除,从而获得多孔碳材料的方法(图 11-14)。硬模板主要包括沸石、硅基模板和金属氧化物模板等。最早利用硅基模板合成多孔碳可以追溯到 1982 年，Gilbert 等[84]首次利用树脂为碳源，球形硅胶为模板，成功制备出多孔碳材料。在此基础上，Knox 等[85]在 1986 年以硅胶为模板制备出多孔碳进一步用于气相色谱和高效液相色谱分析。后来，韩国科研团队 Ryoo 等[86]通过 MCM-48 和 SBA-15 的介孔二氧化硅为模板均合成了碳分子筛（carbon molecular sieves，CMS）系列材料。CMS 类多孔碳材料具有大的比表面积和孔结构，被广泛应用在吸附和能源存储方面。

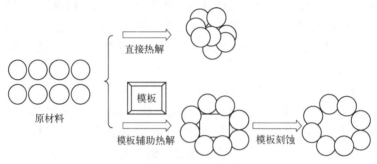

图 11-14　硬模板法制备多孔碳材料示意图

尽管硬模板法可以合成具有不同结构的孔材料，但是其整个制备流程相对比较复杂，对模板剂的要求也比较高。首先，硬模板的表面应该具有亲水性，尽量使碳前驱体充分润湿孔道管壁。其次，碳前驱体在模板孔道中组装聚合时，模板需要保持一定的稳定性，合成碳材料之后还需要用酸或碱刻蚀去除模板，这个过程很容易对碳材料的形貌造成破坏。因此，硬模板法制备多孔碳材料在实际工业生产上受到一定的限制。

（2）软模板法制备多孔碳材料

软模板法指的是以有机超分子（通常为表面活性剂或嵌段共聚物）为模板剂合成多孔碳的方法（图 11-15）。一般来说，表面活性剂具有双极性结构，能够在溶剂中自组装形成带电荷的胶束，通过静电作用与碳前驱体相结合，最终将有机胶束包裹在碳前驱体内部。经过高温煅烧，软模板剂分解蒸发掉从而在碳材料内部留下适当的孔。由于表面活性剂能和碳前驱体产生较强的相互作用，因此，制备出的多孔碳材料容易形成不同的形貌和孔结构，且实验可操作性较强。相对于硬模板法，软模板法制备多孔碳材料省去了去除模板剂的步骤，流程相对较简单。常用的表面活性剂为十六烷基三甲基溴化铵（CTAB）。关于 CTAB 为软模板合成介孔碳的工作有很多报道，大部分是利用带正电的 CTAB 和带负电的酚醛树脂之间的相互作用，通过自组装合成有序介孔碳材料。不过，该方法获得的碳材料的结构稳定性普遍较差。

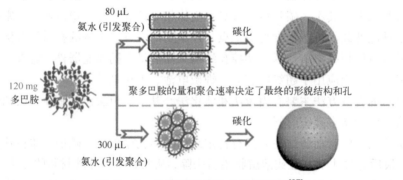

图 11-15　软模板法制备多孔碳材料[87]

本图彩图

另一类使用较广泛的软模板为嵌段共聚物。Li 等[88]以聚苯乙烯-b-聚 4-乙烯基吡啶（PS-P4VP）嵌段共聚物为模板，间苯二酚（RF）为碳源，通过甲醛蒸气处理和高温碳化，成功制备出有序介孔碳材料。此外，Hasegawa 等[89]以三嵌段聚合物 F127（$EO_{106}PO_{70}EO_{106}$）为软模板，RF 为碳源，三甘醇（TEG）为主要溶剂，结合纳米尺度的胶束模板和微米尺度的相分离，通过一锅法自组装合成了具有分级多孔的间苯二酚树脂凝胶。随后碳化处理，得到了维持特定纳米结构的分级多孔碳材料，该材料整体为大孔框架结构，同时每个纳米棒上兼备有序的介孔。

虽然软模板法能够合成特定的有序孔结构多孔碳材料，但其对碳前驱体和反应条件均有较高的要求。首先，软模板和碳前驱体之间必须存在较强的作用力；其次，由于软模板是在反应过程中形成的，因此需要控制好反应条件，以免碳化过程中结构坍塌；此外，软模板法制备多孔碳的成本相对较高，限制了其商业化的应用。

（3）活化法制备多孔碳材料

虽然模板法可以制备出具有一定有序孔结构的多孔碳，但其受限于模板剂，使得其孔结构较为单一，比表面积不足，很难满足电化学储能的应用。因此，更多的科研工作将研究重心放到如何丰富多孔碳的孔结构上，致力于制备大孔、介孔和微孔中的两者甚至三者共存的分级多孔碳材料。

活化法指的是通过在高温下热解和化学活化有机前驱体（大蒜皮、蒲公英、莲子壳、兽骨以及高分子聚合物等[90-95]），从而合成具有丰富孔结构的多孔碳材料（图 11-16）。由于生物质在自然界中广泛存在，同时生物质中含有丰富的碳元素，因此直接将其高温碳化处理，就可以获得相应的碳材料。此外，还有一些有机高分子聚合物同样可以通过活化法制备丰富孔结构的多孔碳材料。该方法制备的多孔碳材料一般具有分级多孔结构，同时具备大孔、介孔和微孔中的两种甚至三种，因此被广泛应用在吸附、催化及电化学储能等领域。

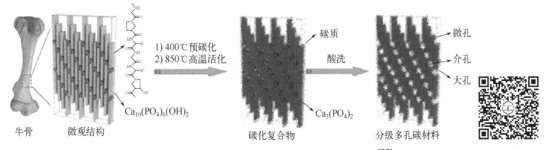

图 11-16　以动物骨头为原料热解制备分级多孔碳材料[96]

通常用到的活化试剂包括 NaCl、$ZnCl_2$、KOH 和 H_3PO_4 等。其中 NaCl 在制备多孔碳的过程中也可以作为模板，优化碳材料孔隙结构，提高比表面积。由于生物质或者聚合物自身在热解过程中分解所产生的孔道有限，因此活化试剂一般在高温碳化过程中加入。活化试剂可以刻蚀碳材料表面，丰富碳材料表面的孔结构，一般生成微孔或较小的介孔。

11.3.2　掺杂碳材料

传统的多孔碳材料具有高的比表面积、丰富的孔结构、优异的导电性等优点，但其表面缺少官能团，一般表现为非极性，因此在一定程度上限制了其应用。杂原子掺杂可以有效地调节碳材料中碳原子的电子状态,从而影响其电荷密度和电子云分布,进而提升多孔碳材料在电化学储能中的应用。鉴于此,许多研究开始围绕着B、N、S、P等杂原子掺杂的多孔碳材料展开,其中氮原子的掺杂受到了众多科研人员的关注。

(1) 杂原子掺杂的作用

氮原子掺杂碳晶格一般分为四种类型:吡啶氮、吡咯氮、石墨氮以及氧化态的吡啶氮(简称氧化氮),如图11-17所示。不同类型的氮掺杂对碳材料性能的影响各不相同。吡啶氮存在于六元环中,N上孤对电子不参与π共轭,一般位于石墨烯层边缘或缺陷位置,因此可以在六元碳晶格中引入更多的缺陷位点。吡咯氮存在于五元环中,同样也是 sp^2 杂化,但其孤对电子参与π共轭,碱性较弱,五元环电子云密度较高。石墨氮直接与三个碳相连,一般位于石墨烯层内部,可以进一步提高碳材料的导电性。由热稳定的含氧基团所构成的氧化态吡啶氮同样能够参与法拉第反应,有助于电容的增强。

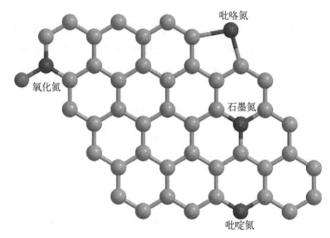

图 11-17　碳材料上不同类型的氮

除了氮掺杂,硫原子的掺杂也得到了广泛的应用。由于硫的电负性较低,孤对电子的给电子能力较强,在掺杂过程中可以产生缺陷或留下孔隙,有助于改善碳材料的电化学活性。此外,氮、硫共掺杂产生的协同效应能够有效改善碳材料的表面极性,提高电极材料的电化学性能,这主要与掺杂过程中两者的电荷密度以及自旋密度的重新分配有关。

可见,将杂原子掺杂到碳结构中,可以有效改善以下几个方面:首先可以提高材料的导电性,促进电子的转移;其次,可以改善材料的亲水性,使电极材料表面润湿性得以增强,从而促进离子在多孔碳材料表面的孔隙内快速迁移;再次,碳材料结构中引入官能团,能够引起额外的法拉第反应,从而产生额外的赝电容;最后,由于极性杂原子的掺杂对多硫化锂具有较强的化学亲和力,可以通过化学吸附作用抑制"穿梭效应",进而提升锂硫电池的循环稳定性。

(2) 杂原子的掺杂方法

杂原子的掺杂一般有两种方法,分别为原位直接掺杂法和后续间接掺杂法。

原位直接掺杂法指的是本身携带杂原子官能团的有机前驱体,在碳化过程中将杂原子直接掺杂到碳结构中。例如,生物质材料本身携带含氮、硫等原子的有机物官能团,高温煅烧过程可以将杂原子成功引入碳骨架中。Lu 等[97]通过高温碳化生物质得到类石墨烯状多孔碳,该多孔碳材料呈现高度石墨化，使得材料具有高的电子导电性。此外，该材料同时具备微孔、介孔和大孔，有利于离子的传输和电解液的扩散。更重要的是，氮硫共掺可以提高材料的润湿性，引入额外的赝电容。直接原位掺杂法流程较为简单，且碳源廉价易得，但生物质的多孔结构和掺杂量受温度影响较大，因此实验条件较难控制。

后续间接掺杂法指的是有机前驱体不含杂原子，而是额外添加含氮、磷、硫的有机物（如尿素、硫脲等）作为杂原子源，通过碳化热处理得到杂原子掺杂的多孔碳材料。Xie 等[98]最初以苯为前驱体，通过氧化镁原位模板法制备了高比表面积的多孔碳笼。之后继续改进实验方法，通过引入吡啶作为氮源，进一步合成了亲水性的氮掺杂多孔碳笼。在保持原来形貌的基础上引入氮元素掺杂，提高了碳材料的亲水性，有效增加了与电解液的接触面积，促进了离子的扩散，降低了电荷转移的阻抗。

11.3.3 金属负载碳材料和单原子碳材料

为了提升多孔碳材料的应用范围，将具有催化活性的金属纳米颗粒（M）分散到多孔碳材料中，可形成 M@C 的结构。其中金属纳米颗粒被包裹在碳层中，一方面，可以提高金属颗粒在碳材料表面的分散而降低团聚，同时可以有效抑制金属在反应过程中的体积变化；另一方面，金属在高温煅烧过程中会对外层碳材料起到催化石墨化的作用，从而提高材料整体的导电性。此外，两者的结合可以促进碳和金属之间的电荷转移，进而调节催化的电子结构，改善材料整体的电催化活性。基于此，金属纳米颗粒修饰的多孔碳材料被普遍应用在催化领域，比如氧还原反应（ORR）、析氧反应（OER）等。编者课题组[99]利用热解法将三聚氰胺-植酸-硝酸铁的复合聚合物进行热解，高效转化为负载有铁/磷化铁纳米颗粒的氮磷共掺杂碳材料，该材料对 ORR 和 OER 均展现出优异的电催化活性和长循环稳定性。铁作为活性位点，对 ORR 和 OER 反应动力学具有明显的提升作用；磷化铁作为辅助活性位点，能够利用协同效应增强铁的活性；而氮磷共掺杂碳材料作为基底，能够提高材料的导电性，进一步提升催化剂的电催化性能。

由于金属颗粒的几何结构和电子结构不同，其尺寸会严重影响其催化性能。催化效应与表面原子密切相关，而与内部原子的关系较小。纳米颗粒越小，有效比表面积越大，催化活性越高，特别是单原子体现了 100%的原子利用效率。此外，如图 11-18 所示，表面自由能随着金属尺寸的减小而增大，这使得金属与吸附物的化学反应更加活跃。因此，人们对金属在吸附和催化领域的研究由纳米颗粒逐渐向原子级别靠近。单原子型碳材料是基于元素 N 掺杂与过渡金属 M（Fe、Ni、Co 等）共同修饰的多孔碳材料。该结构中 M 展现的是原子级别的金属，与 N 原子构成 M-N 基团，从而进一步提高多孔碳材料的电催化活性。

单原子型碳材料的制备方法一般有两种。一种是一步法高温煅烧同时包含金属元素和氮元素的有机前驱体，比如酞菁类的金属大环配合物。经过高温煅烧，可以直接将 M-N 配位节点保留在多孔碳骨架中，形成 M-N-C 型碳材料。Liang[100]等以铁酞菁（FePc）为前驱体，负载到沸石咪唑 ZIF-8 上，一步热解制备了铁单原子催化剂（图 11-19）。

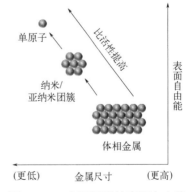

图 11-18 金属原子的表面自由能和比活性的变化规律示意图

在热解过程中，ZIF-8 原位热解生成多孔碳基底，铁酞菁热解为含有 Fe-N₄ 的碳片段并与多孔碳基底接合，生成了氮掺杂碳负载的 Fe-N₄ 单原子位点电催化材料。在 0.1mol/L KOH 电解液下，该单原子碳材料具有媲美商业化贵金属 Pt/C 催化剂的 ORR 性能。

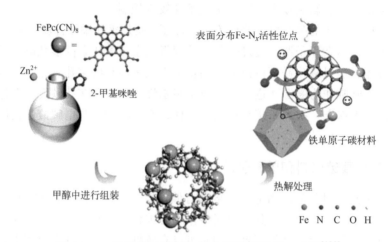

图 11-19　热解铁酞菁制备铁单原子碳材料示意图[100]

以碳材料为载体负载氮配位金属单原子催化剂，引入 B、P、S 等异质原子，采用双组分掺杂有效地调控局部配位环境及电子态，可影响反应中间体的吸附能并最终改变催化活性及选择性，进而实现 ORR 性能的提升。编者课题组[101]利用植酸、铁盐、聚吡咯为前驱体，通过几何结构和电子结构工程开发了碳纳米片上嵌有氮磷双配位单原子铁（Fe-N₃P）活性位点催化剂（图 11-20），并使用尖端技术对其结构进行了表征。实验表明，该催化剂组成和结构上的优点（一个铁原子和 3 个氮原子及一个磷原子配位）以及原子级活性中心优化的电子结构，使得这种具有丰富的 Fe-N₃P 活性位点的新型催化剂显示出卓越的 ORR 性能，优异的耐久性和对甲醇的耐受性，其性能优于一般的 Fe-N₄ 单原子碳材料和 Pt/C 催化剂。

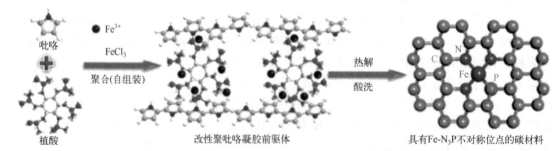

图 11-20　嵌有 Fe-N₃P 活性位点的碳纳米片催化剂制备示意图[101]

11.4　高分子纳米复合材料及功能化碳材料在超级电容器中的应用

超级电容器（又名电化学电容器）是基于界面电荷快速积累或法拉第电荷转移过程实现储能的元器件。超级电容器具有库仑效率高（＞90%）、循环稳定性优异（＞104 次）、充放电速率快（几秒至几十秒）、运行温度范围较宽（-10～80℃）、安全性高、便于维护、经济环保的特点。如图 11-21 所示，超级电容器的组成包括集流体、隔膜、电解液和电极，即负载了活性材料的集流体。

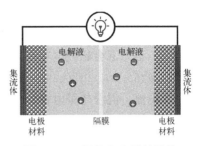

图 11-21 超级电容器的结构

11.4.1 超级电容器的类型及储能机理

（1）双电层电容器

双电层电容器是根据电极界面静电荷积累实现电荷储存的装置。当电容器充电时，持有负电荷的离子快速吸附于正极，而持有正电荷的离子快速吸附于负极，从而构成了双电层。当电容器放电时，离子迅速挣脱电极表面以完成电荷的释放。双电层电容器的界面电荷储存过程可由下列等式描述：

正极充/放电过程：　　　　$E_P + A^- \rightleftharpoons E_P//A^- + e^-$

负极充/放电过程：　　　　$E_N + C^+ \rightleftharpoons E_P//C^+ + e^-$

其中，正极记为 E_P；负极记为 E_N；阴离子与阳离子分别用 A^- 和 C^+ 表示；电极界面用"//"符号描述。双电层电容器储能机理简单，生产最为方便，功率较好，循环性能好，已广泛产业化，但是电荷储存能力仍很难满足广泛应用的要求。

（2）赝电容电容器

赝电容电容器依靠欠电位沉积、氧化还原赝电容、插入/插层式赝电容进行储能，其储能机理如图 11-22 所示。欠电位沉积指在电极表面和近表面或体相中的二维或准二维空间上，电活性物质进行欠电位沉积，发生高度可逆的化学吸脱附和氧化还原反应，产生与电极充电电位有关的电容。氧化还原赝电容指在具有氧化还原活性的电极材料表面或者近表面发生电荷转移，实现电荷储存。插入/插层式赝电容指电解质离子在活性材料层间，可逆嵌入、脱出过程中发生法拉第电荷转移，实现电荷储存。导电聚合物（例如聚苯胺、聚噻吩和聚吡咯等）具有掺杂型赝电容机制，通过在表面与内部发生离子的掺杂和去掺杂行为实现储能。

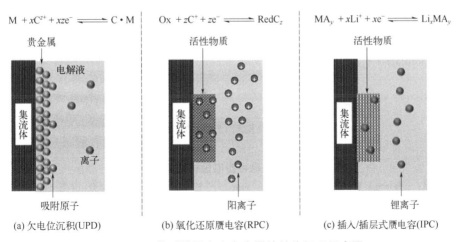

图 11-22 典型的赝电容电容器的储能机理示意图

（3）混合超级电容器

相比于只选择一种器件或者选择两种器件作为两个分立组件的方法，还有一种可行的替代方案，称为混合超级电容器。这种储能器件并不是简单地将一个可充电电池和一个超级电容器打包在一起，相反，它采用了一种独特的结构，其中的单个组件既是一个超级电容器又是一个电池。混合超级电容器指一极采用传统的电池电极并通过电化学反应来储存和转化能量，另一极则通过双电层来储存能量的一种超级电容器。由于混合超级电容器特殊的储能机理，因此具有很多优点：较高的功率密度、高能量密度、低自放电、良好的倍率性能。但是，成本较高，商业化难度大。

11.4.2 超级电容器的设计及材料选择

评价超级电容器性能的主要指标包括：比电容、电压窗口、内阻、能量密度、功率密度和循环寿命等[102]。比电容表示单位质量/面积/体积内储存的法拉第电容量，单位分别为 F/g、F/cm²与 F/cm³；电压窗口为器件的稳定工作电压范围，单位为 V；内阻又称为等效串联电阻，单位为 Ω；能量密度表示单位质量/面积/体积内存储的能量，单位分别为 W·h/kg、W·h/cm²与 W·h/cm³；功率密度是指单位质量/面积/体积内器件在放电时进行能量输出的速率，单位分别为 W/kg、W/cm²与 W/cm³；循环寿命表示器件在经历多次充放电循环后其电容性能的衰减或保持情况，通常用百分数（%）来表示。

如图 11-23 所示，根据能量密度计算公式 $E=\dfrac{1}{2}CV^2$，超级电容器的能量密度（E）与电容量（C）及其电压窗口（V）的平方成正比。因此，拓宽工作电压窗口、增大电极材料的比电容是提高超级电容器能量密度的一种简单高效的方法[103]。通过构筑孔结构、制备复合材料等方式，可以有效提高材料的比表面积，扩大电容量[104]。此外，设计合理、充分利用正负极材料电压窗口可以有效拓宽工作电压范围，从而提高能量密度[105]。

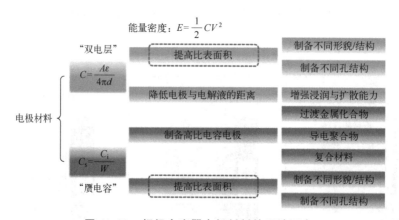

图 11-23 超级电容器电极材料的设计要点

C 为电容量；ε 为介电常数，表示材料的电容率，F/m，对于给定的电解质是一个常数；A 为两个极板之间的正对面积，m²；d 为两个极板之间的距离，也称为极板间距，m；C_s 为比电容；C_i 为总电容量；W 为质量

使用有机电解液或离子液体电解液可以有效拓宽超级电容器的工作电压。但有机电解液和离子液体电解液的诸多不足严重制约了其广泛应用[106]。与水系电解液相比，有机电解液和

离子液体电解液具有更低的离子电导率和更高的黏度，这阻碍了离子的渗透并导致较高的内阻。因此，基于有机电解液和离子液体电解液的超级电容器器件的比电容值通常低于200F/g，并且显示出相对低的功率密度。由于这些电解液具有高挥发性、易燃性和毒性，制备的超级电容器通常也受到低安全性和高成本的限制。此外，为了保证有机电解液超级电容器的正常工作，需要复杂而严格的组装环境，需要严格控制环境中水分杂质和氧气的含量。相比之下，水系电解液由于其成本低、离子导电率高、资源丰富、环境友好等优点，引起了人们更多的研究兴趣。由于水系电解液的离子尺寸较小，离子电导率高，水系超级电容器可以获得较高的比电容和功率密度。更重要的是，水系超级电容器的组装无需昂贵的严苛环境。在这种背景下，宽电压窗口水系超级电容器技术为需要大功率储存和输送能量的广泛应用提供了机遇，代表了当前清洁能源未来的发展趋势。

水系电解液由于其独特的性质而被认为是很有前途的电解液。它避开了离子液体电解液和有机电解液的不足，在离子电导率、安全性、操作和价格方面有明显的优势。然而，窄的电化学稳定窗口（纯水，1.23V）限制了它们在高电压下的应用。近年来，科研工作者对水系电解液电压窗口的拓宽进行了大量的研究，发展了包括"水包盐"（water-in-salt）电解液，"盐包水"（water-in-bisalt）电解液，水/非水杂化电解液和微乳液电解液等诸多类型水系电解液。这些方法极大地改善了水系电解液的电压窗口，并展现出优异的理化性能，并已成功应用于电池和超级电容器。编者课题组[107]提出利用"拥挤试剂"拓宽水系电解液电压窗口的概念，通过模拟活细胞中的拥挤环境，在电解液中加入聚乙二醇（PEG），利用PEG对水分子间氢键的扰动扩大电压窗口。研究发现，PEG200作为拥挤试剂展现出普适性。$NaClO_4$、$LiClO_4$、NaOTf三种盐能很好地溶解在PEG200中，制备出1mol/L $NaClO_4$-94%PEG200、0.35mol/L $LiClO_4$-94%PEG200和1mol/L NaOTf-94%PEG200三种分子拥挤电解液。由三种分子拥挤电解液组装的超级电容器的电压窗口均达到2.5V，均高于其对应的稀电解液和浓电解液组装的超级电容器的电压窗口，且能量密度显著提高。分子拥挤电解液相比于目前发展的水包盐、盐包水和水/非水杂化电解液，在电压窗口和成本方面表现出显著的优势。下面主要介绍两种超级电容器相关的材料设计。

(1) 双电层超级电容器的材料设计

双电层电极材料主要是一些具有高比表面积、高孔隙率和较好导电性的碳材料。这些碳材料主要包括活性炭、石墨烯、碳纳米管、碳气凝胶和碳纳米纤维，以及其他衍生的碳材料。其中活性炭因制备简单、来源丰富且价格低廉而被广泛地应用，并已实现商业化。增加活性炭的比表面积、改善孔径大小与分布和表面官能团化是提高其电容的主要方法，在水系电解液中其质量比电容一般在200F/g左右。石墨烯有着很高的比表面积（2675m^2/g）、良好的导电性和力学性能，被认为是十分具有潜力的电容器材料。碳纳米管因具有大的比表面积、良好的导电性和化学惰性，也被认为是优良的超级电容器电极材料。碳纳米纤维（carbon nanofibers，CNFs）是一种介于碳纳米管和普通碳纤维之间的一维碳材料，具有良好的力学性能、物理性能和化学稳定性，比如具有较大的比表面积、高的机械强度和杨氏模量以及与石墨相接近的高导电和导热性能等特点，尤其是在柔性可穿戴的储能器件中有着巨大的应用前景。目前碳纳米纤维的应用除了集中在传统的航空航天以及体育娱乐产品中外，还在土木建筑、储氢材料、储能材料、催化剂载体、电子元器件、复合材料等领域获得了大量的关注和应用。

编者课题组[108]提出,以 4-碘苯基取代石墨烯(RGO-I)为模板,通过 Sonogashira-Hagihara 偶联,合成了由二维石墨烯和共轭微孔聚合物组成的三明治形高分子纳米复合材料(G-CMP)。RGO-I 作为一种有效的二维模板,支持多孔 CMP 的生长。G-CMP 通过热解碳化转化为氮掺杂纳米多孔碳材料,同时保持了二维形貌。这种二维氮掺杂纳米多孔碳材料作为超级电容器的电极材料,其能量密度和功率密度分别达到了 9.3W·h/kg 和 9581W/kg。该材料制备简单,因此,有望利用热解高分子纳米复合材料开发低成本、高性能的超级电容器。采用相同的设计思路,编者课题组[109]提出通过热解制备还原氧化石墨烯/氨基碳管/聚多巴胺互穿网格状结构的高分子纳米复合电极材料,制备了极为轻质的气凝胶碳材料用于超级电容器(图 11-24)。这种具有丰富微孔-大孔分级多孔结构的碳材料具有较高的双电层电容,但因为其质量很小,以这种碳材料作为电极材料的超级电容器具有很高的质量比能量密度和功率密度。

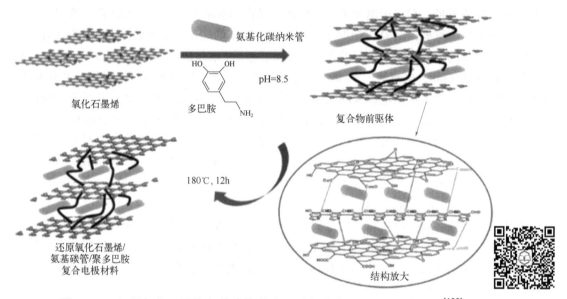

图 11-24　还原氧化石墨烯/氨基碳管/聚多巴胺复合电极材料的制备流程[109]　　本图彩图

(2) 赝电容超级电容器的材料设计

目前报道的具有赝电容性能的材料主要有过渡金属氧化物和氢氧化物、金属有机框架以及导电聚合物等[103]。相对于碳材料,过渡金属氧化物具有高得多的理论比容量;相对于导电聚合物,金属氧化物又具有较好的循环稳定性。因此,金属氧化物自被开发以来一直受到研究者们的高度重视。图 11-25 展示了从电容器材料到电池材料的典型电化学行为(循环伏安曲线和恒流充放电曲线)并总结了这些材料各自的特征。

金属氧化物电极材料可分为贵金属氧化物(RuO_2)和基于 Ni、Co、Mn、V 等过渡金属的氧化物及其水合物电极材料,都显示出作为赝电容材料的潜力。金属氢氧化物如氢氧化镍、氢氧化钴,也是被广泛报道具有应用前景的赝电容材料。氢氧化钴因拥有较高的理论比电容、可调控的层间距以及较高的电化学反应活性,被广泛研究并用作超级电容器的电极材料。现阶段,对氢氧化钴这类金属氢氧化物的充放电储能机理的理解并不透彻,尤其是对原子或分子层面上影响材料性能的动态过程了解甚少。

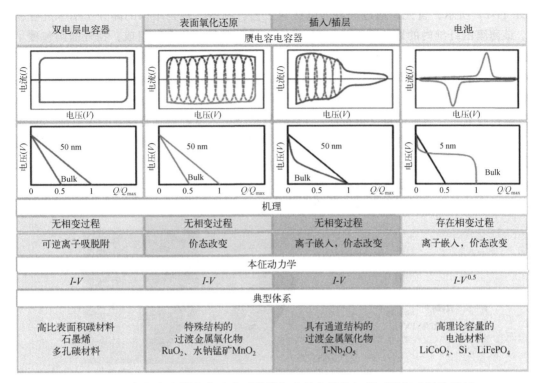

图 11-25 超级电容器和电池典型的特征曲线和储能机制以及相应储能材料

编者课题组[110]制备了一系列三明治结构的 4-氨基苯基功能化的二硫化钼（MoS_2）-聚苯胺高分子纳米复合材料，作为赝电容超级电容器电极材料（图 11-26）。在 0.5 A/g 的电流密度下，该材料展现 326.4F/g 的比电容，且在 10000 次充放电循环后，依然能够具有 96.5%的容量保持率。研究发现，4-氨基苯基功能化官能团能够稳定 MoS_2-聚苯胺高分子纳米复合材料的结构，辅助聚苯胺（作为赝电容反应活性位点）有序、紧密地通过共价键锚定在 MoS_2基底，并提供丰富的电子传输通路，因此该材料同时表现出高的比电容和优异的循环稳定性。

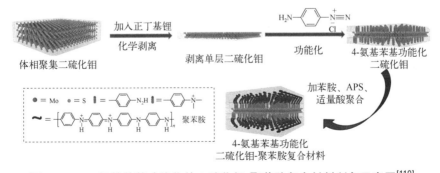

图 11-26 4-氨基苯基功能化的二硫化钼-聚苯胺复合材料制备示意图[110]

考虑到电极材料的实际应用场景，编者课题组提出结合静电纺丝成型技术和水热生长法制备了一种能够自支撑，且具有双重毛细管特性的赝电容材料薄膜（$NiCo_2S_4$@DCCNF）[111]。

如图 11-27 所示，首先，通过同轴静电纺丝工艺，制备了核壳结构的高分子纳米复合物薄膜。该薄膜由纤维内的聚乙烯吡咯烷酮（PVP）-金属盐纳米复合物组成，在外面则包覆了一层聚丙烯腈（PAN）外壳。高温碳化后，生成了嵌有 $NiCo_2O_4$ 纳米颗粒的双毛细管纳米纤维（DCCNF）。将 DCCNF 置于硫代硫酸钠溶液中，在 120℃下水热处理 6 h 后，表面的 $NiCo_2O_4$ 转化为 $NiCo_2S_4$，向外沿以纳米片的结构生长到 DCCNF 表面。最终得到的 $NiCo_2S_4$@DCCNF 仍然保持静电纺丝薄膜的自支撑特性，且这种纤维型纳米复合物具有良好的导电性。2D 纳米片-1D 纳米纤维分级结构提供了大量的空间供活性位点与电解质接触，降低了离子扩散距离和扩散阻抗，提供了大量的赝电容。利用 $NiCo_2S_4$@DCCNF 与聚乙烯醇（PVA）-KOH 凝胶电解质组装成准固态柔性超级电容器，具有 55.6W·h/kg 的高能量密度和良好的循环稳定性。这种柔性器件代表了新型可穿戴电源的发展趋势。

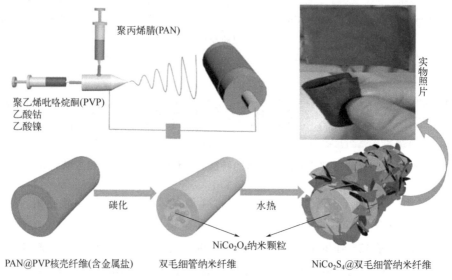

图 11-27　$NiCo_2S_4$@DCCNF 自支撑电极的制备方法[111]

总之，超级电容器作为一种新型储能器件，具有功率密度高和可实现快速充放电的不可替代优势，在电网、军工、交通、电子设备方面具有很好的应用潜力。国家行动纲领《中国制造 2025》中将超级电容器列为重点扶持储能器件，充分说明了超级电容器在未来的发展潜力。如何合理设计超级电容器器件结构并开发与之相容匹配的高性能电极材料和电解质是提高超级电容器性能的关键科学问题，而高分子及高分子纳米复合材料正好能在电解液和电极材料设计中发挥重要作用。

11.5　高分子纳米复合材料及功能化碳材料在锂离子电池中的应用

锂是所有单质中质量最小和电极电位最低的金属，由锂组成的电池具有工作电压高、质量比容量高和比能量大等特点。相比于上一节提到的超级电容器，两者的区别在于超级电容器是基于高速静电吸附或可逆法拉第电化学过程，速度极快，因此功率密度高而能量密度低，由于活性材料发生的改变轻微，所以循环次数高，寿命长。而锂离子电池通过在电极上的锂离子嵌入和脱嵌反应进行电荷转移，因此能量密度高，而功率密度低，由于电极材料会重新产生或劣化,所以循环次数和寿命低于超级电容器。经过数十年发展,从微电子领域到航空航天领域,锂离子电池已逐渐取代传统的镍铬电池、铅酸电池。

11.5.1 锂离子电池的组成及储能机理

组成锂离子电池的主要部件有:正极材料、负极材料、隔膜、电解质和外壳。

正极材料的作用是放电时供锂离子嵌入,充电时供锂离子脱嵌。磷酸铁锂、锰酸锂、钴酸锂、三元材料(镍钴锰、镍钴铝)等正极材料均已得到商业化。目前多数锂离子电池都是三元正极锂电池,能量密度较高,但一旦电池短路,温度升高则会引发三元材料的连锁热分解反应,在释放氧气助燃的同时,会使温度不受控制地继续升高,并引燃电解质,导致爆燃。使用干粉灭火器和二氧化碳灭火器无法扑灭三元锂电池所造成的火灾,只能使用大量水来控制火情。随着技术进步,基于磷酸铁锂的刀片电池能量密度已经可以媲美三元锂,而且磷酸铁锂电池正极材料电化学性能比较稳定,不含任何对人体有害的重金属元素,其橄榄石结构中氧很难析出,能够缓解热失控,提高了安全性。

负极材料的作用与正极材料相反,充电时供锂离子嵌入,放电时供锂离子脱嵌。碳材料、锡基复合材料、含锂过渡金属氮化物、合金材料、纳米碳材料等均可作为负极材料。2021 年小米公司发布的小米 11 Ultra 手机,就搭载了新型硅氧负极锂离子电池,具有更高的能量密度,且能够支持快速充电。

隔膜是一种经特殊成型的高分子薄膜,具有微孔结构,允许锂离子自由通过,而电子不能通过,防止正负极短接。隔膜在电池内部温度过高时能够熔化,一定程度上阻止电池爆炸。隔膜表面为网状结构,通常采用 PE、PP 及其复合物作为锂离子电池的隔膜。

此外,锂离子电池的外壳有钢壳(方形电池用)、铝壳、镀镍铁壳(圆柱电池用)、铝塑膜(软包电池用),根据行业标准制作。

以钴酸锂($LiCoO_2$)为正极材料,碳材料为负极的锂离子电池体系为例,其电极反应如下:

正极: $LiCoO_2 + Li^+ + e^- \rightleftharpoons Li_{1-x}CoO_2$

负极: $C + Li^+ + e^- \rightleftharpoons LiC$

总反应: $LiCoO_2 + C \rightleftharpoons Li_{1-x}CoO_2 + LiC$

其中,x 表示锂离子嵌入量;$Li_{1-x}CoO_2$ 和 LiC 是储存锂离子的化合物。当电池放电时,$Li_{1-x}CoO_2$ 向负极释放锂离子并转变为 $LiCoO_2$,而负极的 LiC 则被锂离子还原为 C。当电池充电时,反应逆向进行。Li^+ 在石墨和 $LiCoO_2$ 层间来回嵌入和脱嵌,一般只引起层间距的变化,不破坏晶体结构。因此,从充放电反应的可逆性看,锂离子电池的反应是一种理想的可逆反应。

11.5.2 高分子纳米复合材料和功能化碳材料用于锂离子电池

在锂离子电池中,高分子纳米复合材料和功能化碳材料在电极材料的设计与性能优化中有着重要的应用,而聚合物电解质可取代传统有机液体电解液,从根本上改善锂离子电池安全性能。这里具体介绍以下三类应用。

(1)负极材料

锂离子电池负极材料需满足以下条件:负极材料的氧化还原电位要尽可能低,以提高电池的输出电压;在负极材料中能发生可逆嵌入/脱嵌的锂离子数目要尽可能大,以获得高容量密度;在嵌入/脱嵌的过程中,材料的结构能保持稳定,以确保良好的循环性能;有平稳的放电平台;材料具有较高的电子电导率和 Li^+ 导率以减小极化,满足大电流充放电的要求;材料合成工艺简便、原料便宜、对环境友好等。功能化碳材料在提升锂离子电池负极性能方面发挥了重要作用。

锂离子电池最早以天然石墨为负极材料,但溶剂相容性较差,溶剂分子的共嵌入会造成石墨片层的剥离,并且 Li^+ 在石墨中的扩散速度较慢。将石墨表面功能化改性,如进行氧化处理[112]、包覆聚合物[113]、聚合物裂解碳[114]及金属等形成核壳材料或者插层材料[115],可以改善它的充放电性能,提高可逆容量以及改善与电解质的相容性。人工石墨化软碳负极材料具有低而平稳的充放电电压平台、充放电容量大且效率高、循环性能好等优点,是商业电池中主要的负极材料。硬碳指热处理温度达到石墨化温度时仍保持无序结构的碳。硬碳多为高分子材料的热解碳,如树脂、有机聚合物的热解碳以及乙炔黑等[116]。由于无定形结构和低石墨化程度,硬碳材料中存在很多微孔[117-118]。基于微孔储锂,硬碳材料的嵌锂容量较高,甚至超过了理论比容量 $372mA \cdot h/g$,但随着充放电过程微孔结构的破坏,其比容量衰减非常明显,首次不可逆比容量也较大。

与碳同族的硅基材料、锡基材料由于具有较高的容量而受到广泛瞩目。Si 与 Li 的插入化合物($Li_{22}Si_5$)理论比容量可达到 $4200mA \cdot h/g$。但是,无定形硅负极比容量衰减较快,原因是 Li 插入 Si 是无序化过程,在循环过程中,Si 会从无定形转化为晶型结构,导致比容量下降[119]。此外,在嵌锂过程中,Si 的体积膨胀,造成颗粒破裂,失去活性。为了获得好的循环性能,把 Si 分散在有较大的可塑性变形区和导电性、延展性好的载体中形成复合材料是常用的方法[120]。功能化碳材料是一种良好的硅负极载体[121],用化学气相沉积法、共热解法、溶胶-凝胶法等制备纳米 Si/C 复合物,不仅能抑制由嵌锂引起的材料膨胀,还能够起到较好地分散纳米硅颗粒的作用,有效防止 Si 粒子的团聚,提高材料的电化学性能[122-123]。

(2)正极材料

在锂离子电池中,正极材料是锂离子的主要提供者,其化学形式普遍为锂的嵌入化合物。正极材料应符合以下特性:嵌入化合物 $Li_aM_bN_c$ 中金属离子 M 应有较高的氧化还原电位,从而提高锂离子电池的输出电压;在嵌入化合物 $Li_aM_bN_c$ 中 a 值尽可能大,确保有足够的锂发生嵌入和脱嵌,提高容量;Li^+ 在嵌入化合物 $Li_aM_bN_c$ 中的嵌入/脱嵌过程高度可逆,且材料结构基本不发生变化,以确保良好的循环性能;有较好的电子电导率、离子电导率和 Li^+ 扩散系数,从而减小极化,并可进行大电流充放电,实现快速充放电;在工作电压范围内化学稳定性好,不与电解质等发生反应;成本低廉、环境友好。

$LiCoO_2$ 是研究得最早且最深入的锂离子电池正极材料[124]。其理论比容量为 $274mA \cdot h/g$,可逆比容量在 $140mA \cdot h/g$ 左右,具有振实密度高、电化学性能稳定、易于合成等优点,是目前商品小功率锂离子电池的主要正极材料。

$LiMn_2O_4$ 具有尖晶石结构,理论比容量为 $148mA \cdot h/g$,实际可逆比容量为 $140mA \cdot h/g$。其优点是放电电压较高,可以达到 $4.15V$,安全性能好,放电平稳,生产成本低;缺点是在充放电时结构不稳定,尤其是高温时,循环过程中比容量衰减严重。加入导电高分子聚苯胺纳米颗粒,能够有效抑制 Mn^{3+} 的歧化溶解、高充电电压电解液的分解以及低放电电压时 Jahn-Teller 效应引发的相变[125],改善高温循环性能与储存性能。

LiMPO$_4$（M = Fe, Co, Ni, Mn）是新型的正极材料，研究工作开始于 1997 年，其代表材料为 LiFePO$_4$，即磷酸铁锂。LiFePO$_4$ 的理论比容量为 170mA·h/g。其优点是 O^{2-} 通过共价键与 P^{5+} 构成稳定的 (PO$_4$)$^{3-}$ 聚阴离子基团，因此晶格中的 O 不易丢失，提高了其结构稳定性和安全性能。除此之外 LiFePO$_4$ 还具有原料来源广泛、价格便宜、无毒、环境友好、无吸湿性等优点。LiFePO$_4$ 作为正极材料被认为是标志着"锂离子电池一个新时代的到来"。但是由于 Li$^+$ 在 LiFePO$_4$ 中的扩散系数较小，及 LiFePO$_4$ 的电子电导也远低于其他材料，导致它的大电流放电性能较差。改性的方法同样是表面包覆和体相掺杂。在物理掺杂方面，导电碳的表面包覆被认为最有成效，碳的加入不仅可以提高材料粒子之间的电子导电性，并且可以防止三价铁的生成及抑制晶粒生长。在 LiFePO$_4$ 晶格中掺入金属离子，通过锂位掺杂可以提高晶体的电子导电性；而铁位掺杂可以提高材料的倍率放电性能；有效调控 LiFePO$_4$ 的粒子尺寸则被认为是改善 Li$^+$ 扩散能力的关键。

（3）电解质

聚合物电解质的研究始于 20 世纪 70 年代，由于采用聚合物电解质取代传统的有机液体电解液加隔膜，实现了离子传导，可以从根本上改善锂离子电池的安全性能，并体现出成本低廉、有利于发展形状可控的锂离子电池等一系列优点。聚合物电解质应满足以下条件：较高的室温锂离子电导率，至少达到 10^{-3}S/cm，这是保证锂离子电池快速充放电的基本条件；较高的锂离子迁移数，从而降低电解质的浓差极化，提高电池的功率密度；较高的化学、电化学及热稳定性，电化学窗口可以达到 4.5V 以上；一定的机械强度，以满足锂离子电池装配过程的需要。近年来，世界各国在聚合物电解质的研究方面投入了很大的力量，研究过的体系种类繁多，新体系层出不穷。目前在手机等便携电子设备中，采用凝胶聚合物电解质的聚合物锂离子电池被广泛使用。2023 年 4 月 19 日，宁德时代发布了一款名为"凝聚态电池"的新型锂离子电池，单体能量密度最高达 500W·h/kg，其主要特点正是使用了凝胶聚合物电解质。

凝胶聚合物电解质由聚合物、增塑剂和无机盐等组成，通常由范德瓦耳斯力或氢键、结晶以及聚合物间化学交联等凝胶化作用而形成。凝胶聚合物电解质中常用的聚合物基体包括聚氧化乙烯（PEO）基、聚甲基丙烯酸甲酯（PMMA）基、聚丙烯腈（PAN）基、聚偏氟乙烯（PVDF）基、聚偏氟乙烯-共六氟丙烯[P(VDF-HFP)]基、聚丙烯腈-甲基丙烯酸甲酯[P(AN-MMA)]基和聚氯乙烯（PVC）基等。增塑剂是液体电解质体系中的溶剂，通常使用的是碳酸酯类有机溶剂，如碳酸乙烯酯（EC）、碳酸丙烯酯（PC）、N,N-二甲基甲酰胺（DMF）、邻苯二甲酸二甲酯（DEP）、碳酸二乙酯（DEPC）、碳酸甲乙酯（MEC）、γ-丁内酯（GBL）、亚硫酸甘油酯（GS）等。液体电解质承担离子导电功能，而聚合物起支撑作用，使凝胶维持一定的几何形状。要使凝胶聚合物电解质达到一定的离子电导率，需要加入较多的增塑剂，而这往往会导致聚合物电解质的强度降低。另外，增塑剂容易与锂电极发生反应，致使锂电极的稳定性较差。因此，如何平衡聚合物基体和增塑剂的使用量成了提高凝胶聚合物电解质性能的关键。

思考题

1. 溶胶-凝胶法制备无机/高分子纳米复合材料的优缺点是什么？
2. 通过高分子复合，能够提升材料哪些方面的性能？
3. 高分子纳米复合材料大规模制备将会面临哪些问题？

4. "自上而下"和"自下而上"制备纳米材料的方法有什么本质区别？
5. 结合某一高分子纳米复合材料的组成和结构，谈谈其潜在的应用领域。
6. 什么是比表面积？具有高比表面积的材料具有哪些优点？
7. 什么叫作碳材料的缺陷？缺陷具有什么样的性质？如何构建缺陷？
8. 在金属单原子碳材料中，金属的价态是否与常见价态一致？如何解释？
9. 谈谈模板法制备功能化碳材料的优势与局限性。
10. 试提出一种具体方案，将常见的生物质材料（如瓜果壳）加工为功能化碳材料，指出其具有的功能，并合理分析该碳材料具有该功能的原因。
11. 简述超级电容器与普通电容器（如铝电解电容器）的不同之处。
12. 举例说明提高超级电容器能量密度的几种可行方案。
13. 用水作为主要溶剂用于超级电容器电解液，其优势和劣势分别是什么？
14. 功能化碳材料用于超级电容器，需要具备哪些特征？
15. 双电层电容器和赝电容器的应用场景分别是什么？
16. 简要对比锂离子电池和超级电容器。
17. 具备什么特点的功能化碳材料适合用于锂离子电池？
18. 如何理性分析市场上出现的各种"石墨烯电池"？
19. 简要对比磷酸铁锂电池和三元锂电池。
20. 如何有效防止锂离子电池发生自燃、爆炸等安全事故？

参考文献

[1] Visakh P M, Semkin A O. High performance polymers and their nanocomposites[M]. Hoboken: Wiley-Scrivener, 2018.

[2] Hussain F, Hojjati M, Okamoto M, et al. Review article: Polymer-matrix nanocomposites, processing, manufacturing, and application: An overview[J]. Journal of Composite Materials, 2006, 40(17): 1511-1575.

[3] Sabir S, Arshad M, Chaudhari S K. Zinc oxide nanoparticles for revolutionizing agriculture: Synthesis and applications[J]. The Scientific World Journal, 2014, 2014: 1-8.

[4] Sharma P, Kumar N, Chauhan R, et al. Growth of hierarchical ZnO nano flower on large functionalized rGO sheet for superior photocatalytic mineralization of antibiotic[J]. Chemical Engineering Journal, 2020, 392: 123746.

[5] Liu S, Zhou J, Song H. 2D Zn-hexamine coordination frameworks and their derived N-rich porous carbon nanosheets for ultrafast sodium storage[J]. Advanced Energy Materials, 2018, 8(22): 1800569.

[6] Li Y, Cao R, Li L, et al. Simultaneously integrating single atomic cobalt sites and Co_9S_8 nanoparticles into hollow carbon nanotubes as trifunctional electrocatalysts for Zn-air batteries to drive water splitting[J]. Small, 2020, 16(10): 1906735.

[7] Peng M, Yang W, Li L, et al. Fast assembly of MXene hydrogels by interfacial electrostatic interaction for supercapacitors[J]. Chemical Communications, 2021, 57(82): 10731-10734.

[8] Zhao Q, Xu Z, Hu Y, et al. Chemical vapor deposition synthesis of near-zigzag single-walled carbon nanotubes with stable tube-catalyst interface[J]. Science Advances, 2016, 2(5): e1501729.

[9] Yuan K, Lu C, Sfaelou S, et al. In situ nanoarchitecturing and active-site engineering toward highly efficient carbonaceous electrocatalysts[J]. Nano Energy, 2019, 59: 207-215.

[10] Kulla H, Haferkamp S, Akhmetova I, et al. In situ investigations of mechanochemical one-pot syntheses[J].

Angewandte Chemie International Edition, 2018, 57(20): 5930-5933.

[11] Gudivada G, Kandasubramanian B. Polymer-phyllosilicate nanocomposites for high-temperature structural application[J]. Polymer-Plastics Technology and Materials, 2020, 59(6): 573-591.

[12] Zanetti M, Lomakin S, Camino G. Polymer layered silicate nanocomposites[J]. Macromolecular Materials and Engineering, 2000, 279(1): 1-9.

[13] Holmström S C, Patil A J, Butler M, et al. Influence of polymer co-intercalation on guest release from aminopropyl- functionalized magnesium phyllosilicate mesolamellar nanocomposites[J]. Journal of Materials Chemistry, 2007, 17(37): 3894.

[14] Geckeler K E, Nishide H. Advanced nanomaterials[M]. NewYork: Wiley-VCH, 2009.

[15] Shelley J S, Mather P T, DeVries K L. Reinforcement and environmental degradation of nylon-6/clay nanocomposites[J]. Polymer, 2001, 42(13): 5849-5858.

[16] Shen L, Phang I Y, Chen L, et al. Nanoindentation and morphological studies on nylon 66 nanocomposites. I. Effect of clay loading[J]. Polymer, 2004, 45(10): 3341-3349.

[17] Hu Y, Shen L, Yang H, et al. Nanoindentation studies on nylon 11/clay nanocomposites[J]. Polymer Testing, 2006, 25(4): 492-497.

[18] Wu Z, Zhou C, Qi R, et al. Synthesis and characterization of nylon 1012/clay nanocomposite[J]. Journal of Applied Polymer Science, 2002, 83(11): 2403-2410.

[19] Kojima Y, Usuki A, Kawasumi M, et al. One-pot synthesis of nylon 6-clay hybrid[J]. Journal of Polymer Science Part A: Polymer Chemistry, 1993, 31(7): 1755-1758.

[20] Winey K I, Vaia R A. Polymer nanocomposites[J]. MRS Bulletin, 2007, 32(4): 314-322.

[21] Aalaie J, Khanbabaie G, Khoshniyat A R, et al. Study on steady shear, morphology and mechanical behavior of nanocomposites based on polyamide 6[J]. Journal of Macromolecular Science, Part B, 2007, 46(2): 305-316.

[22] Yasmin A, Luo J J, Abot J L, et al. Mechanical and thermal behavior of clay/epoxy nanocomposites[J]. Composites Science and Technology, 2006, 66(14): 2415-2422.

[23] Gupta N, Lin T C, Shapiro M. Clay-epoxy nanocomposites: Processing and properties[J]. JOM, 2007, 59(3): 61-65.

[24] Asif A, Leena K, Lakshmana Rao V, et al. Hydroxyl terminated poly(ether ether ketone) with pendant methyl group- toughened epoxy clay ternary nanocomposites[J]. Journal of Applied Polymer Science, 2007, 106(5): 2936-2946.

[25] Azeez A A, Rhee K Y, Park S J, et al. Epoxy clay nanocomposites-processing, properties and applications: A review[J]. Composites Part B: Engineering, 2013, 45(1): 308-320.

[26] Yasmin A, Abot J L, Daniel I M. Processing of clay/epoxy nanocomposites by shear mixing[J]. Scripta Materialia, 2003, 49(1): 81-86.

[27] Gam K T, Miyamoto M, Nishimura R, et al. Fracture behavior of core-shell rubber-modified clay-epoxy nanocomposites[J]. Polymer Engineering & Science, 2003, 43(10): 1635-1645.

[28] Ha S R, Ryu S H, Park S J, et al. Effect of clay surface modification and concentration on the tensile performance of clay/epoxy nanocomposites[J]. Materials Science and Engineering: A, 2007, 448(1-2): 264-268.

[29] Silani M, Talebi H, Ziaei-Rad S, et al. Stochastic modelling of clay/epoxy nanocomposites[J]. Composite Structures, 2014, 118: 241-249.

[30] Akbari B, Bagheri R. Deformation mechanism of epoxy/clay nanocomposite[J]. European Polymer Journal, 2007, 43(3): 782-788.

[31] Msekh M A, Cuong N H, Zi G, et al. Fracture properties prediction of clay/epoxy nanocomposites with interphase zones using a phase field model[J]. Engineering Fracture Mechanics, 2018, 188: 287-299.

[32] Bagherzadeh M R, Mahdavi F. Preparation of epoxy-clay nanocomposite and investigation on its anti-corrosive behavior in epoxy coating[J]. Progress in Organic Coatings, 2007, 60(2): 117-120.

[33] Bozkurt E, Kaya E, Tanoğlu M. Mechanical and thermal behavior of non-crimp glass fiber reinforced layered

clay/epoxy nanocomposites[J]. Composites Science and Technology, 2007, 67(15-16): 3394-3403.

[34] Karian H G. Handbook of polypropylene and polypropylene composites[M]. Hoboken: Marcel Dekker Inc, 2003.

[35] Kawasumi M, Hasegawa N, Kato M, et al. Preparation and mechanical properties of polypropylene-clay hybrids[J]. Macromolecules, 1997, 30(20): 6333-6338.

[36] Solomon M J, Almusallam A S, Seefeldt K F, et al. Rheology of polypropylene/clay hybrid materials[J]. Macromolecules, 2001, 34(6): 1864-1872.

[37] Leuteritz A, Pospiech D, Kretzschmar B, et al. Progress in polypropylene nanocomposite development[J]. Advanced Engineering Materials, 2003, 5(9): 678-681.

[38] Li C-Q, Zha J-W, Long H-Q, et al. Mechanical and dielectric properties of graphene incorporated polypropylene nanocomposites using polypropylene-graft-maleic anhydride as a compatibilizer[J]. Composites Science and Technology, 2017, 153: 111-118.

[39] Almeida L A, Marques M de F V, Dahmouche K. Synthesis, structure, and thermal properties of new polypropylene nano- composites prepared by using $MgCl_2$-mica/$TiCl_4$ based catalyst: Article[J]. Journal of Applied Polymer Science, 2018, 135(1): 45587.

[40] Salavati M, Yousefi A A. Polypropylene-clay micro/nanocomposites as fused deposition modeling filament: effect of polypropylene-g-maleic anhydride and organo-nanoclay as chemical and physical compatibilizers[J]. Iranian Polymer Journal, 2019, 28(7): 611-620.

[41] Delogu F, Gorrasi G, Sorrentino A. Fabrication of polymer nanocomposites via ball milling: Present status and future perspectives[J]. Progress in Materials Science, 2017, 86: 75-126.

[42] Svoboda P, Zeng C, Wang H, et al. Morphology and mechanical properties of polypropylene/ organoclay nanocomposites[J]. Journal of Applied Polymer Science, 2002, 85(7): 1562-1570.

[43] Lei S G, Hoa S V, Ton-That M-T. Effect of clay types on the processing and properties of polypropylene nanocomposites[J]. Composites Science and Technology, 2006, 66(10): 1274-1279.

[44] Tjong S C, Meng Y Z, Hay A S. Novel preparation and properties of polypropylene-vermiculite nanocomposites[J]. Chemistry of Materials, 2002, 14(1): 44-51.

[45] Kato M, Matsushita M, Fukumori K. Development of a new production method for a polypropylene-clay nanocomposite[J]. Polymer Engineering and Science, 2004, 44(7): 1205-1211.

[46] Idumah C I. Emerging advancements in flame retardancy of polypropylene nanocomposites[J]. Journal of Thermoplastic Composite Materials, 2020, 35: 2665-2704.

[47] Kim D W, Han S, Lee H, et al. Swelling-based preparation of polypropylene nanocomposite with non-functionalized cellulose nanofibrils[J]. Carbohydrate Polymers, 2022, 277: 118847.

[48] Sharma S K, Nayak S K. Surface modified clay/polypropylene (PP) nanocomposites: Effect on physico-mechanical, thermal and morphological properties[J]. Polymer Degradation and Stability, 2009, 94(1): 132-138.

[49] Novoselov K S, Fal'ko V I, Colombo L, et al. A roadmap for graphene[J]. Nature, 2012, 490(7419): 192-200.

[50] Soldano C, Mahmood A, Dujardin E. Production, properties and potential of graphene[J]. Carbon, 2010, 48(8): 2127-2150.

[51] Wei Y, Wang B, Wu J, et al. Bending rigidity and gaussian bending stiffness of single-layered graphene[J]. Nano Letters, 2013, 13(1): 26-30.

[52] Mukhopadhyay P, Gupta R K. Graphite, graphene, and their polymer nanocomposites[M]. Boca Raton: CRC Press, 2012: 615.

[53] Stankovich S, Dikin D A, Dommett G H B, et al. Graphene-based composite materials[J]. Nature, 2006, 442(7100): 282- 286.

[54] Kausar A. Technical viewpoint on polystyrene/graphene nanocomposite[J]. Journal of Thermoplastic Composite Materials, 2022, 35(10): 1757-1771.

[55] Patole A S, Patole S P, Jung S-Y, et al. Self assembled graphene/carbon nanotube/polystyrene hybrid nanocomposite by in situ microemulsion polymerization[J]. European Polymer Journal, 2012, 48(2):

252-259.

[56] Tkalya E, Ghislandi M, Otten R, et al. Experimental and theoretical study of the influence of the state of dispersion of graphene on the percolation threshold of conductive graphene/polystyrene nanocomposites[J]. ACS Applied Materials & Interfaces, 2014, 6(17): 15113-15121.

[57] Hu H, Wang X, Wang J, et al. Preparation and properties of graphene nanosheets-polystyrene nanocomposites via in situ emulsion polymerization[J]. Chemical Physics Letters, 2010, 484(4-6): 247-253.

[58] Ryu S H, Shanmugharaj A M. Influence of long-chain alkylamine-modified graphene oxide on the crystallization, mechanical and electrical properties of isotactic polypropylene nanocomposites[J]. Chemical Engineering Journal, 2014, 244: 552-560.

[59] Shin K-Y, Hong J-Y, Lee S, et al. Evaluation of anti-scratch properties of graphene oxide/polypropylene nanocomposites[J]. Journal of Materials Chemistry, 2012, 22(16): 7871.

[60] Huang G, Wang S, Song P, et al. Combination effect of carbon nanotubes with graphene on intumescent flame-retardant polypropylene nanocomposites[J]. Composites Part A: Applied Science and Manufacturing, 2014, 59: 18-25.

[61] Jiang L, Shen X-P, Wu J-L, et al. Preparation and characterization of graphene/poly(vinyl alcohol) nanocomposites[J]. Journal of Applied Polymer Science, 2010, 118(1): 275-279.

[62] Liang J, Huang Y, Zhang L, et al. Molecular-level dispersion of graphene into poly(vinyl alcohol) and effective reinforcement of their nanocomposites[J]. Advanced Functional Materials, 2009, 19(14): 2297-2302.

[63] Zheng J, Ma X, He X, et al. Praparation, characterizations, and its potential applications of PANi/ graphene oxide nanocomposite[J]. Procedia Engineering, 2012, 27: 1478-1487.

[64] Wang L, Yao Q, Bi H, et al. PANI/graphene nanocomposite films with high thermoelectric properties by enhanced molecular ordering[J]. Journal of Materials Chemistry A, 2015, 3(13): 7086-7092.

[65] Zheng M S, Wei Z K, Dong Q F. Polyaniline/graphene composite as supercapacitor electrode[J]. Advanced Materials Research, 2012, 476-478: 1446-1449.

[66] Yu P, Li Y, Zhao X, et al. Graphene-wrapped polyaniline nanowire arrays on nitrogen-doped carbon fabric as novel flexible hybrid electrode materials for high-performance supercapacitor[J]. Langmuir, 2014, 30(18): 5306-5313.

[67] Hosseini M G, Shahryari E. Fabrication of novel solid-state supercapacitor using a Nafion polymer membrane with graphene oxide/multiwalled carbon nanotube/polyaniline[J]. Journal of Solid State Electrochemistry, 2017, 21(10): 2833-2848.

[68] Gan F, Dong J, Zhang D, et al. High-performance polyimide fibers derived from wholly rigid-rod monomers[J]. Journal of Materials Science, 2018, 53(7): 5477-5489.

[69] Vashist S K, Luong J H T. Recent advances in electrochemical biosensing schemes using graphene and graphene-based nanocomposites[J]. Carbon, 2015, 84: 519-550.

[70] Paredes J I, Villar-Rodil S, Martínez-Alonso A, et al. Graphene oxide dispersions in organic solvents[J]. Langmuir, 2008, 24(19): 10560-10564.

[71] Ramanathan T, Abdala A A, Stankovich S, et al. Functionalized graphene sheets for polymer nanocomposites[J]. Nature Nanotechnology, 2008, 3(6): 327-331.

[72] Kim H, Macosko C W. Processing-property relationships of polycarbonate/graphene composites[J]. Polymer, 2009, 50(15): 3797-3809.

[73] Appel A-K, Thomann R, Mülhaupt R. Polyurethane nanocomposites prepared from solvent-free stable dispersions of functionalized graphene nanosheets in polyols[J]. Polymer, 2012, 53(22): 4931-4939.

[74] Chen H, Ma W, Huang Z, et al. Graphene-based materials toward microwave and terahertz absorbing stealth technologies[J]. Advanced Optical Materials, 2019, 7(8): 1801318.

[75] Li G, Xiao P, Hou S, et al. Graphene based self-healing materials[J]. Carbon, 2019, 146: 371-387.

[76] Inuwa I M, Hassan A, Samsudin S A, et al. Mechanical and thermal properties of exfoliated graphite nanoplatelets reinforced polyethylene terephthalate/polypropylene composites[J]. Polymer Composites, 2014,

35(10): 2029-2035.

[77] Kar G P, Biswas S, Bose S. Tailoring the interface of an immiscible polymer blend by a mutually miscible homopolymer grafted onto graphene oxide: Outstanding mechanical properties[J]. Physical Chemistry Chemical Physics, 2015, 17(3): 1811-1821.

[78] Mural P K S, Jain S, Kumar S, et al. Unimpeded permeation of water through biocidal graphene oxide sheets anchored on to 3D porous polyolefinic membranes[J]. Nanoscale, 2016, 8(15): 8048-8057.

[79] Teo W E, Ramakrishna S. A review on electrospinning design and nanofibre assemblies[J]. Nanotechnology, 2006, 17(14): 89-106.

[80] Doshi J, Reneker D H. Electrospinning process and applications of electrospun fibers[J]. Journal of Electrostatics, 1995, 35(2-3): 151-160.

[81] Xu G C, Yao B H, Xing H L, et al. Internal friction of polymer composites with nanosilicas fabricated by ultraviolet irradiation[J]. Journal of Thermoplastic Composite Materials, 2011, 24(6): 767-776.

[82] Geim A K, Novoselov K S. The rise of graphene[A]//Nanoscience and Technology, Co-Published with Macmillan Publishers Ltd, UK, 2009: 11-19.

[83] Thommes M, Kaneko K, Neimark A V, et al. Physisorption of gases, with special reference to the evaluation of surface area and pore size distribution (IUPAC Technical Report)[J]. Pure and Applied Chemistry, 2015, 87(9-10): 1051-1069.

[84] Gilbert M T, Knox J H, Kaur B. Porous glassy carbon, a new columns packing material for gas chromatography and high-performance liquid chromatography[J]. Chromatographia, 1982, 16(1): 138-146.

[85] Knox J H, Kaur B, Millward G R. Structure and performance of porous graphitic carbon in liquid chromatography[J]. Journal of Chromatography A, 1986, 352: 3-25.

[86] Joo S H, Jun S, Ryoo R. Synthesis of ordered mesoporous carbonmolecular sieves CMK-1[J]. Microporous and Mesoporous Materials, 2001, 44-45: 153-158.

[87] Yang X, Lu P, Yu L, et al. An efficient emulsion-induced interface assembly approach for rational synthesis of mesoporous carbon spheres with versatile architectures[J]. Advanced Functional Materials, 2020, 30(36): 2002488.

[88] Tenneti K K, Chen X, Li C Y, et al. Hierarchical nanostructures of bent-core molecules blended with poly(styrene-b-4- vinylpyridine) block copolymer[J]. Macromolecules, 2007, 40(14): 5095-5102.

[89] Itoh T, Shimomura T, Hasegawa Y, et al. Assembly of an artificial biomembrane by encapsulation of an enzyme, formaldehyde dehydrogenase, into the nanoporous-walled silica nanotube-inorganic composite membrane[J]. J Mater Chem, 2011, 21(1): 251-256.

[90] Gong Y, Li D, Luo C, et al. Highly porous graphitic biomass carbon as advanced electrode materials for supercapacitors[J]. Green Chemistry, 2017, 19(17): 4132-4140.

[91] Kalyani P, Anitha A. Biomass carbon & its prospects in electrochemical energy systems[J]. International Journal of Hydrogen Energy, 2013, 38(10): 4034-4045.

[92] Huang W, Zhang H, Huang Y, et al. Hierarchical porous carbon obtained from animal bone and evaluation in electric double-layer capacitors[J]. Carbon, 2011, 49(3): 838-843.

[93] Prabu D, Kumar P S, Rathi B S, et al. Feasibility of magnetic nano adsorbent impregnated withactivated carbon from animal bone waste: Application for the chromium (Ⅵ) removal[J]. Environmental Research, 2022, 203: 111813.

[94] Kemper J. Biomass and carbon dioxide capture and storage: A review[J]. International Journal of Greenhouse Gas Control, 2015, 40: 401-430.

[95] Abioye A M, Ani F N. Recent development in the production of activated carbon electrodes from agricultural waste biomass for supercapacitors: A review[J]. Renewable and Sustainable Energy Reviews, 2015, 52: 1282-1293.

[96] Dou M, He D, Shao W, et al. Pyrolysis of animal bones with vitamin B_{12}: A facile route to efficient transition metal-nitrogen-carbon (TM-N-C) electrocatalysts for oxygen reduction[J]. Chemistry-A European Journal, 2016, 22(9): 2896-2901.

[97] Zhu Z, Ma C, Yu K, et al. Synthesis Ce-doped biomass carbon-based g-C_3N_4 via plant growing guide and temperature- programmed technique for degrading 2-mercaptobenzothiazole[J]. Applied Catalysis B: Environmental, 2020, 268: 118432.

[98] Cai M, Zhou X, Zhao Z, et al. Engineering electrolytic silicon-carbon composites by tuning the in situ magnesium oxide space holder:molten-salt electrolysis of carbon-encapsulated magnesium silicates for preparing lithium-ion battery anodes[J]. ACS Sustainable Chemistry & Engineering, 2020, 8(26): 9866-9874.

[99] Tang X, Wu Y, Zhai W, et al. Iron-based nanocomposites implanting in N, P co-doped carbon nanosheets as efficient oxygen reduction electrocatalysts for Zn-air batteries[J]. Composites Communications, 2021, 29: 100994.

[100] Wang Y, Wang M, Zhang Z, et al. Phthalocyanine precursors to construct atomically dispersed iron electrocatalysts[J]. ACS Catalysis, 2019, 9(7): 6252-6261.

[101] Yuan K, Lützenkirchen-Hecht D, Li L, et al. Boosting oxygen reduction of single iron active sites via geometric and electronic engineering: Nitrogen and phosphorus dual coordination[J]. Journal of the American Chemical Society, 2020, 142(5): 2404-2412.

[102] Huang J, Wei J, Xiao Y, et al. When Al-doped cobalt sulfide nanosheets meet nickel nanotube arrays: A highly efficient and stable cathode for asymmetric supercapacitors[J]. ACS Nano, 2018, 12(3): 3030-3041.

[103] Huang J, Yuan K, Chen Y. Wide voltage aqueous asymmetric supercapacitors: Advances, strategies, and challenges[J]. Advanced Functional Materials, 2022, 32(4): 2108107.

[104] Joshi B, Samuel E, Kim Y, et al. Review of recent progress in electrospinning-derived freestanding and binder-free electrodes for supercapacitors[J]. Coordination Chemistry Reviews, 2022, 460: 214466.

[105] Guo Y, Bae J, Fang Z, et al. Hydrogels and hydrogel-derived materials for energy and water sustainability[J]. Chemical Reviews, 2020, 120(15): 7642-7707.

[106] Béguin F, Presser V, Balducci A, et al. Carbons and electrolytes for advanced supercapacitors[J]. Advanced Materials, 2014, 26(14): 2219-2251.

[107] Peng M, Wang L, Li L, et al.molecular crowding agents engineered to make bioinspired electrolytes for high-voltage aqueous supercapacitors[J]. eScience, 2021, 1(1): 83-90.

[108] Yuan K, Hu T, Xu Y, et al. Engineering the morphology of carbon materials: 2D porous carbon nanosheets for high- performance supercapacitors[J]. ChemElectroChem, 2016, 3(5): 822-828.

[109] Zeng R, Deng H, Xiao Y, et al. Cross-linked graphene/carbon nanotube networks with polydopamine "glue" for flexible supercapacitors[J]. Composites Communications, 2018, 10: 73-80.

[110] Zeng R, Li Z, Li L, et al. Covalent connection of polyaniline with MoS_2 nanosheets toward ultrahigh rate capability supercapacitors[J]. ACS Sustainable Chemistry & Engineering, 2019, 7(13): 11540-11549.

[111] Xiao Y, Huang J, Xu Y, et al. Hierarchical 1D nanofiber-2D nanosheet-shaped self-standing membranes for high- performance supercapacitors[J]. Journal of Materials Chemistry A, 2018, 6(19): 9161-9171.

[112] Zhang J, Xie Z, Li W, et al. High-capacity graphene oxide/graphite/carbon nanotube composites for use in Li-ion battery anodes[J]. Carbon, 2014, 74: 153-162.

[113] Ein-Eli Y, Koch V R. Chemical oxidation: A route to enhanced capacity in Li-ion graphite anodes[J]. Journal of The Electrochemical Society, 1997, 144(9): 2968-2973.

[114] Kausar A, Ashraf R, Siddiq M. Polymer/nanodiamond composites in Li-ion batteries: A review[J]. Polymer-Plastics Technology and Engineering, 2014, 53(6): 550-563.

[115] Huang H, Kelder E M, Schoonman J. Graphite-metal oxide composites as anode for Li-ion batteries[J]. Journal of Power Sources, 2001, 97-98: 114-117.

[116] Xie L, Tang C, Bi Z, et al. Hard carbon anodes for next-generation Li-ion batteries: Review and perspective[J]. Advanced Energy Materials, 2021, 11(38): 2101650.

[117] Su L, Jing Y, Zhou Z. Li ion battery materials with core-shell nanostructures[J]. Nanoscale, 2011, 3(10): 3967.

[118] Liu X-M, Huang Z D, Oh S W, et al. Carbon nanotube (CNT)-based composites as electrode material for rechargeable Li-ion batteries: A review[J]. Composites Science and Technology, 2012, 72(2): 121-144.

[119] Li H. The crystal structural evolution of nano-Si anode caused by lithium insertion and extraction at room temperature[J]. Solid State Ionics, 2000, 135(1-4): 181-191.

[120] Cho J. Porous Si anode materials for lithium rechargeable batteries[J]. Journal of Materials Chemistry, 2010, 20(20): 4009.

[121] Terranova M L, Orlanducci S, Tamburri E, et al. Si/C hybrid nanostructures for Li-ion anodes: An overview[J]. Journal of Power Sources, 2014, 246: 167-177.

[122] Tian H, Tan X, Xin F, et al. Micro-sized nano-porous Si/C anodes for lithium ion batteries[J]. Nano Energy, 2015, 11: 490-499.

[123] Zhang M, Zhang T, Ma Y, et al. Latest development of nanostructured Si/C materials for lithium anode studies and applications[J]. Energy Storage Materials, 2016, 4: 1-14.

[124] Papp J K, Li N, Kaufman L A, et al. A comparison of high voltage outgassing of $LiCoO_2$, $LiNiO_2$, and Li_2MnO_3 layered Li-ion cathode materials[J]. Electrochimica Acta, 2021, 368: 137505.

[125] Ouyang C Y, Shi S Q, Lei M S. Jahn-Teller distortion and electronic structure of $LiMn_2O_4$[J]. Journal of Alloys and Compounds, 2009, 474(1-2): 370-374.

电子教学课件获取方式

请扫描下方二维码关注化学工业出版社"化工帮 CIP"微信公众号，在对话页面输入"功能高分子"发送至公众号获取电子教学课件下载链接。